高职高专土建类"411"人才培养模式
综合实务模拟系列教材

高层建筑专项施工方案实务模拟

主　编　陈杭旭
副主编　潘丽君
主　审　俞增民

中国建筑工业出版社

图书在版编目（CIP）数据

高层建筑专项施工方案实务模拟/陈杭旭主编. —北京：中国建筑工业出版社，2010
（高职高专土建类"411"人才培养模式综合实务模拟系列教材）
ISBN 978-7-112-11751-2

Ⅰ.高… Ⅱ.陈… Ⅲ.高层建筑-工程施工-高等学校：技术学校-教材 Ⅳ.TU974

中国版本图书馆 CIP 数据核字（2010）第 010200 号

本书以工作过程为导向，以能力培养为主线，围绕模拟工程施工的背景材料，讲述了如何编制高层建筑的专项施工方案。全书分为 4 个项目，主要内容包括：基坑支护工程专项施工方案、模板工程专项施工方案、脚手架工程专项施工方案和塔吊基础专项施工方案等。本书可作为高职高专土建类专业的教学用书，也可供相关专业技术人员参考。

* * *

责任编辑：朱首明 李 明
责任设计：崔兰萍
责任校对：张 虹 赵 颖

高职高专土建类"411"人才培养模式综合实务模拟系列教材
高层建筑专项施工方案实务模拟
主 编 陈杭旭
副主编 潘丽君
主 审 俞增民

*

中国建筑工业出版社出版、发行（北京西郊百万庄）
各地新华书店、建筑书店经销
北京千辰公司制版
北京建筑工业印刷厂印刷

*

开本：850×1168毫米 1/16 印张：25¾ 字数：740千字
2010年9月第一版 2013年12月第三次印刷
定价：39.00元
ISBN 978-7-112-11751-2
（18999）

版权所有 翻印必究
如有印装质量问题，可寄本社退换
（邮政编码 100037）

编审委员会

顾　问：杜国城
主　任：何　辉
副主任：丁天庭　张　敏　张　伟　赵　研
委　员：陈杭旭　陈绍名　郑大为　傅　敏　金　睿
　　　　林滨滨　项建国　夏玲涛　余伯增　俞增民

序　言

　　20世纪90年代开始，随着我国固定资产投资规模的扩大，我国建筑业蓬勃发展，已成为国民经济的支柱产业之一。随着城市化进程的加快、新农村建设规划的推广、建筑业技术升级、市场竞争日趋激烈，急需大量的建筑技术应用型人才。人才紧缺已成为制约建筑业全面协调发展的障碍。我院从1958年办学以来为建筑行业输送了大量的人才，面对新形势下的办学，学院从多个方面对人才培养模式进行了探索和实践，构建了高职建筑类"411"人才培养模式。

　　"411"人才培养模式的构建是我院依据中国高等教育和职业教育发展的规律，结合我省建设行业发展的实际情况，经过长期的教学实践和理论探索积累而成的人才培养模式。它是我院教育工作者几代人坚持不懈努力集体智慧的结晶，是我院从原中等职业技术教育向高等职业技术教育转型的成果，是我院多年办学历史的见证。"411"人才培养模式的构建与实施，不仅见证了我院办学的发展历史，也代表了同一时期全国同类院校在高等职业教育发展的探索中取得的新的教育改革成果。

　　"411"人才培养模式是以培养高等技术应用型人才为目的，以职业能力为支撑，以实际工程项目为载体，以仿真模拟与工程实践为手段，以实现零距离顶岗为目标的人才培养模式。该人才培养模式通过前四个学期学习，使学生具备工程图识读、工程计算分析、施工技术应用、工程项目管理4个方面的专项能力；第五学期在校内实施以真实的工程项目为载体的模拟仿真综合实践训练，使学生具备综合实务能力；第六学期在企业的真实情境中进行实习，使学生具备就业顶岗能力。

　　为了更好地开展第五学期的模拟仿真综合实务训练，我院在多年教学实践的基础上，在原编写的任务书和指导书的基础上，组织既有丰富实践经验，同时又有丰富教学经验的教师编写了第一批"411"人才培养模式综合实务能力训练（综合实训）系列教材：《施工图识读与翻样》、《专项施工方案》、《施工管理实务模拟》、《工程监理实务模拟》。

　　该系列教材是我院结合建设工程实际和建设行业发展趋势，依据"411"人才培养模式的要求，在大量工程实践基础资料的基础上加以提炼编写而成。该系列教材与工程背景资料、工程技术资料一起构成指导学生第五学期模拟仿真综合实训的配套资料。

　　此系列教材的出版不仅将有力地推动综合实训的开展，全面提高综合实训的质量。同时对全国同类高职院校综合实训项目的开展也有一定的指导作用，对本建设行业专业技术和管理人员也有一定的参考价值。

前　言

施工组织设计是指导一个拟建工程进行施工准备和组织实施施工的技术经济文件。在构成施工组织设计主要内容的"一案、一表、一图"（施工方案、施工进度计划表和施工现场平面图）中，施工方案是核心，它的合理与否将直接影响到工程的成本、工期和质量，同时它也是编制施工进度计划和设计施工现场平面图的重要依据，是指导现场作业的重要文件之一。

《高层建筑专项施工方案》一书是我院首创的"411"人才培养模式即以培养学生职业能力为目标的"项目教学法"实践教学体系下编制的第二本施工专业试用教科书。

本教材是根据"411人才培养方案"（即4学期理论教学、1学期综合实训、1学期的企业工作实践）和该门课程的教学基本要求编制的。本书系统介绍了基坑支护中的土钉支护、主体工程中的模板和脚手架工程、塔吊基础共4个专项施工方案的编写方法、编制内容、具体构造、施工工艺、安全措施与应急预案、质量通病的防治和相关知识点、实例等；对于学生难于掌握的一些基本计算，我们选用详细计算简图加以说明，而且循序渐进地提供了一些计算实例以方便学生理解，最后还给出了实训课题、复习思考题和能力测试题。

本教材按教学计划要求的课程教学周数为4周，每周16学时，讲授辅导64学时。

教材由陈杭旭主编，潘丽君副主编，项目2、项目3的单元1由浙江建设职业技术学院陈杭旭编写，项目1、项目3的单元2由潘丽君编写，项目4由李启华编写。全书由俞增民教授级高工主审。书中四个专项施工方案实例由浙江宝业建设集团有限公司提供，特表感谢。

由于编者水平有限，加之时间仓促，缺陷和错误在所难免，敬请广大师生、读者批评指正。

目 录

项目 1 综 述 1

复习思考题 13

项目 2 基坑支护工程专项施工方案 15

单元 1　土钉工程专项施工方案 17

单元 2　水泥搅拌桩止水-钻孔灌注桩挡土基坑支护专项施工方案 73

项目 3 主体结构专项施工方案 77

单元 1　模板工程专项施工方案 79

单元 2　脚手架工程专项施工方案 220

项目 4 塔吊基础专项施工方案 333

附图（专项施工方案实例配图） 389

主要参考文献 403

项目 1

综 述

能力目标：通过学习，懂得专项施工方案的编制规定、编制内容；把握专项施工方案和施工组织设计两者的关系，认识到专项施工方案的重要性。

1.1 编制专项施工方案的原则和编制内容简介

1.1.1 编制专项施工方案的原则

施工方案的编制形式分包含在施工组织设计里的施工方案和独立编制的专项施工方案两种，对于钢筋混凝土结构形式的建筑，投标前施工组织设计里包含的施工方案一般根据分部工程举例如下：

地基基础工程有土方工程、基坑护坡工程、地下室防水工程、混凝土结构自防水施工方案；主体结构工程有钢筋工程、模板工程、混凝土工程施工方案；建筑装饰装修工程分建筑装饰装修工程，室内铝合金复合板墙面，外墙面砖，不锈钢玻璃隔断，楼梯不锈钢玻璃栏板、不锈钢玻璃栏杆，铝合金方板、条板、格栅顶棚，花岗石地面，地砖地面，抗静电活动地板安装，胶地板，耐磨楼地面，地毯块铺设，变形缝安装，楼地面工程，玻璃幕墙工程，GRC 隔墙板安装，轻骨料混凝土小型空心砌块砌筑，干挂花岗石工程等施工方案；建筑屋面工程有平屋面工程，屋面钢结构，屋面工程施工方案；建筑给水排水工程有建筑给水排水工程、消防工程施工方案；建筑电气工程有建筑电气工程施工方案、配电箱（柜）安装方案、建筑工程施工现场临时用电方案；智能建筑工程有楼宇自控、保安、对讲系统安装工程施工方案；通风与空调工程有通风空调设备吊装运输方案、通风空调系统调试方案、通风与空调工程施工方案；电梯工程有施工电梯（SCD200/200J）安装方案；其他项目方案常见的有施工测量方案，施工试验方案，施工资料目标设计方案，计量器具选用方案，冬期施工方案，雨期施工方案，塔吊安装方案，脚手架工程施工方案，成品保护方案，现场文明施工方案，环境保护方案，建筑工程施工现场临边与洞口安全防护方案，质量控制方案，建筑工程新材料、新工艺、新技术的推广与应用方案。以上所述施工方案可以根据工程特点和施工需要进行适当取舍或增列。

专项施工方案只出现在投标后施工组织设计中，它与施工组织设计可以合册编制，也可以分册编制。在下列情况下应编制专项施工方案：

（1）专业性较强或一些施工较复杂、容易出质量问题的分部分项工程，施工企业一般要求有针对性的专项施工方案。

例如较大的有：地基加固工程、地下室工程、大体积混凝土工程、地下连续墙工程、装修工程、屋面防水工程等专项施工方案；小的有：止水带、后浇带、SBS 卷材防水工程等专项施工方案；专业性较强或难度较大的分部分项工程：桩基工程、幕墙工程、仿古屋面施工、电梯安装、塔吊基础和附着设计等。对于一些特殊工艺、新工艺和特殊结构一般也均要求有专项施工方案，例如滑模、大模板、钢结构安装工程、预应力工程、外墙保温、断热铝合金窗安装工程、发光石墙、空调安装、管道安装、成品保护和建筑工程新材料、新工艺、新技术的推广与应用等专项施工方案。

（2）易发生安全事故的项目：如大型土方（深基础）开挖工程、基坑支护与降水工程、脚手架工程、模板工程、人工挖（扩）孔桩基工程、拆除工程等专项施工方案。

（3）工作环境特殊时，如冬（雨）期施工专项施工方案等。

（4）保证施工安全、顺利、文明进行的辅助配套工程：如施工测量、消防工程、临时用电、环境保护和现场文明等专项施工方案。

同时,《建设工程安全生产管理条例》第二十六条有明确规定:施工单位应当在施工组织设计中编制安全技术措施和施工现场临时用电方案,对下列达到一定规模的危险性较大的分部分项工程编制专项施工方案,并附具安全验算结果,经施工单位技术负责人、总监理工程师签字后实施,由专职安全生产管理人员进行现场监督:

(1) 基坑支护与降水工程;

(2) 土方开挖工程;

(3) 模板工程;

(4) 起重吊装工程;

(5) 脚手架工程;

(6) 拆除、爆破工程;

(7) 国务院建设行政主管部门或者其他有关部门规定的其他危险性较大的工程。

《建设工程安全生产管理条例》第十七条还规定:安装、拆除施工起重机械和整体提升脚手架、模板等自升式架设设施,应当编制拆装方案、制定安全施工措施。

另原建设部2004年12月1日发布的(建质〔2004〕213号)《危险性较大工程安全专项施工方案编制及专家论证审查办法》一文中第三条也有明确界定:

第三条 危险性较大工程是指依据《建设工程安全生产管理条例》第二十六条所指的七项分部分项工程,并应当在施工前单独编制安全专项施工方案。

(1) 基坑支护与降水工程:基坑支护工程是指开挖深度超过5m(含5m)的基坑(槽)并采用支护结构施工的工程;或基坑虽未超过5m,但地质条件和周围环境复杂、地下水位在坑底以上等工程。

(2) 土方开挖工程:土方开挖工程是指开挖深度超过5m(含5m)的基坑、槽的土方开挖。

(3) 模板工程:各类工具式模板工程,包括滑模、爬模、大模板等;水平混凝土构件模板支撑系统及特殊结构模板工程。

(4) 起重吊装工程。

(5) 脚手架工程:

1) 高度超过24m的落地式钢管脚手架;

2) 附着式升降脚手架,包括整体提升与分片式提升;

3) 悬挑式脚手架;

4) 门形脚手架;

5) 挂脚手架;

6) 吊篮脚手架;

7) 卸料平台。

(6) 拆除、爆破工程:采用人工、机械拆除或爆破拆除的工程。

(7) 其他危险性较大的工程:

1) 建筑幕墙的安装施工;

2) 预应力结构张拉施工;

3) 隧道工程施工;

4) 桥梁工程施工(含架桥);

5) 特种设备施工;

6) 网架和索膜结构施工;

7) 6m以上的边坡施工;

8) 大江、大河的导流、截流施工;

9) 港口工程、航道工程;

10) 采用新技术、新工艺、新材料,可能影响建设工程质量安全,已经行政许可,尚无技术标准的施工。

《危险性较大工程安全专项施工方案编制及专家论证审查办法》一文中第四、五、六条还规定:

第四条 安全专项施工方案编制审核

建筑施工企业专业工程技术人员编制的安全专项施工方案,由施工企业技术部门的专业技术人员及监理单位专业监理工程师进行审核,审核合格,由施工企业技术负责人、监理单位总监理工程师签字。

第五条 建筑施工企业应当组织专家组进行论证审查的工程

(1) 深基坑工程:开挖深度超过5m(含5m)或地下室三层以上(含三层),或深度虽未超过5m(含5m),但地质条件和周围环境及地下管线极其复杂的工程。

(2) 地下暗挖工程:地下暗挖及遇有溶洞、暗河、瓦斯、岩爆、涌泥、断层等地质复杂的隧道工程。

(3) 高大模板工程:水平混凝土构件模板支撑系统高度超过8m,或跨度超过18m,施工总荷载大于$10kN/m^2$,或集中线荷载大于15kN/m的模板支撑系统。

(4) 30m及以上高空作业的工程。

(5) 大江、大河中深水作业的工程。

(6) 城市房屋拆除爆破和其他土石大爆破工程。

第六条 专家论证审查

建筑施工企业应当组织不少于5人的专家组,对已编制的安全专项施工方案进行论证审查。

1) 安全专项施工方案专家组必须提出书面论证审查报告,施工企业应根据论证审查报告进行完善,施工企业技术负责人、总监理工程师签字后,方可实施。

2) 专家组书面论证审查报告应作为安全专项施工方案的附件,在实施过程中,施工企业应严格按照安全专项方案组织施工。

从上述两个安全条例和建质 [2004] 213号文可以得出结论:对于一般的钢筋混凝土高层建筑不但必须单独编制深基础土方开挖、基坑支护与降水、脚手架、模板工程、塔吊装拆、塔吊基础和附着设计、桩基等专项施工方案,而且对大部分深基坑支护工程(例开挖深度超过5m)、模板工程、脚手架工程(例悬挑架和高度超过24m的落地架)、开挖深度超过5m的土方开挖工程、塔吊装拆、悬挑卸料平台等施工方案等还必须要有周密考虑的专项安全技术保证措施和详细计算书,编写完成更翔实的安全专项施工方案。其中对于深基坑支护工程(开挖深度超过5m等)和高大模板工程,建筑施工企业应当组织专家组进行论证审查。

本书主要围绕普遍的基坑支护与降水、模板、脚手架三个安全专项施工方案的撰写和塔吊基础专项施工方案的撰写而展开。

1.1.2　施工方案的编制内容简介

为了严格施工方案的编制要求，《建设工程项目管理规范》(GB/T 50326—2006) 第 4.3.7 条规定，施工方案应包括下列内容：

(1) 施工流向和施工顺序。
(2) 施工阶段划分。
(3) 施工方法和施工机械选择。
(4) 安全施工设计。
(5) 环境保护内容及方法。

上述这些施工方案内容对于项目管理规划大纲或项目管理实施大纲的非单独编制施工方案能基本满足施工要求，但对一分项工程单独编制施工方案时，则只包含上述内容是不够的，一般来说，对一分项工程单独编制的专项施工方案应包括以下主要内容：

(1) 编制依据。
(2) 分项工程概况和施工条件。
(3) 施工总体安排。
(4) 施工方法（包括施工工艺流程）和施工机械选择，施工工序，四新项目详细介绍。可以附图、附表直观说明，有必要的进行设计计算。
(5) 质量标准验收。阐明主控项目、一般项目和允许偏差项目的具体根据和要求，注明检查工具和检验方法。
(6) 质量管理点及控制措施。分析分项工程的重点难点，制定针对性的施工及控制措施和成品保护措施。
(7) 安全、文明及环境保护措施，涉及到危险性较大工程还应有应急预案，阐述各种状态下的应急预案及组织保证体系。
(8) 其他事项。

专项施工方案的撰写和施工方案比较不仅内容要增加，而且应具有针对性，执行起来具有可操作性，能有效组织施工且质量技术措施和安全防护措施得力的特点。最好能事先编写各种状态下的专项施工方案范本作为指导编写人员的参考文件。

下面我们选择部分上述内容逐一详细说明。

(1) 施工方案的编制依据说明和方法。

施工方案的编制依据主要是：施工图纸，施工组织设计，施工现场勘察调查得来的资料信息，施工验收规范，质量检查验收标准，安全操作规程，施工及机械性能手册，新技术、新设备、新工艺及企业标准。结合企业特点和工程技术人员的经验、技术素质及创造能力。

施工现场调查的内容包括：

1) 地形、地质、水文、气象、周边条件等内容。
2) 技术经济条件。指"三通一平"情况，材料、预制品加工和供应条件、劳动力及生活设施条件、机械供应条件、运输条件、企业管理情况、市场竞争情况等。

调查途径有：向设计单位和建设单位调查，向专业机构包括勘察、气象、交通运输、建材供应等单位调查，实地勘察，市场调查和企业内部经营能力调查（经营能力指由企业的人力资源、机械装备、资金供应、技术水平、经营管理水平等合理组合形成的施工生产能力，生产发展能力，盈利能力，竞争能力和应变能力等）。

在编制施工方案时不一定将上述编制依据内容——列举，可以进行适当取舍。

（2）分项工程概况和施工条件说明和方法。

说明分项工程的具体情况，建设项目的特点和建设地区的特征，选择本方案的优点、因素以及在方案实施前应具备的作业条件。

（3）施工总体安排。

包括施工准备、劳动力计划、材料计划、人员安排、施工时间、现场布置及流水段的划分等。

其中各部位施工流水段的划分要按照施工规范、图纸中后浇带位置、结构形式、现场混凝土供应能力、设备的配备、材料投入及劳动力情况来划分。施工缝的位置要留设合理，避开弯矩和剪力最大处，并要控制地下室外墙一次浇筑的长度，防止由于浇筑过长出现混凝土收缩裂缝。施工缝若分水平与竖向缝，应说明。通常情况下应根据现场情况，附流水段划分示意图（标出轴线位置尺寸及施工缝与轴线间尺寸）。

（4）施工方法（包括施工工艺流程）、施工机械选择。

1）主要项目的施工方法是施工方案的核心。编制时首先要根据本工序的特点和难点，找出哪些项目是主要控制点，以便选择施工方法有针对性，能解决关键问题。主要项目工序的重点随工程的不同而异，不能千篇一律。同一类工程的相同工序又有各不相同的主要控制点，应分别对待。

在选择施工方法时，有几条原则应当遵循：

① 方法可行，条件允许，可以满足施工工艺要求。

② 符合国家颁发的施工验收规范的有关规定。

③ 尽量选择那些经过试验鉴定的科学、先进、节约的方法，尽可能进行技术经济分析。

④ 要与选择的施工机械及划分的流水段相协调。

⑤ 必须能够找出关键控制工序，专门重点编制措施。

⑥ 有些新工艺、新技术当国家、地方还没有相关的验收规范时，则需经政府行业主管部门组织专家编制、论证并经行政主管部门批准方可实施。

一般说来，编制主要工序的施工方案应当围绕以下项目和对象：

① 施工准备：施工材料、机械仪器设备、工具、劳动力和技术人员的准备和规范标准、施工测量基准点等技术条件的准备。

② 土石方工程：是否采用机械、开挖方法，放坡要求，石方的爆破方法及所需机具、材料、排水方法及所需设备，土石方的平衡调配等。在该类方案中开挖方法是关键，要重点描述并要配图表说明。例如开挖路线图等。

③ 混凝土及钢筋混凝土工程：模板类型和支模方法，隔离剂的选用，钢筋加工、运输和安装方法，混凝土搅拌和运输方法，混凝土的浇筑顺序，施工缝位置，分层高度，工作班次，浇筑方法和养护制度等。在选择施工方法时，特别应注意大体积混凝土的施工，模板工程的工具化和钢筋、混凝土施工的机械化。

④ 结构吊装工程：根据选用的机械设备确定吊装方法，吊装顺序，机械位置、行驶路线，构件的制作、拼装方法，场地，构件的运输、装卸和堆放方法。

⑤ 现场垂直、水平运输：确定垂直运输量（有标准层的要确定标准层的运输量），选择垂

直运输方式，脚手架的选择及搭设方式，水平运输方式及设备的型号、数量，配套使用的专用工具设备（如砖车、砖笼、混凝土车、灰浆车和料斗等），确定地面和楼层上水平运输的行驶路线，合理地布置垂直运输设施的位置，综合安排各种垂直运输设施的任务和服务范围，混凝土后台上料方式。

⑥ 装修工程：围绕室内装修、室外装修、门窗安装、木装修、油漆、玻璃等，确定采用工厂化、机械化施工方法并提出所需机械设备，确定工艺流程和劳动组织，组织流水施工，确定装修材料逐层配套堆放的数量和平面布置。

⑦ 特殊项目：如采用新结构、新材料、新工艺、新技术，高耸、大跨、重型构件，大型吊装，以及水下、深基和软弱地基项目等，应单独选择施工方法，阐明工艺流程，需要的平面、剖面示意图，施工方法，劳动组织，技术要求，质量安全注意事项，施工进度，材料，构件和机械设备需用量。

2) 施工工艺流程：施工工艺流程体现了施工工序步骤上的客观规律性，组织施工时符合这个规律，对保证质量、缩短工期、提高经济效益均有很大意义。施工条件、工程性质、使用要求等均对施工程序产生影响。一般来说，安排合理的施工程序应考虑以下3点：

① 一般组织施工时对于主要的工序之间的流水安排，在施工组织设计中已经作了分析和策划，但对于单个方案来讲，主要是说明单个工序的工艺流程。

② 在实际编制中要有合理的施工流向。合理施工流向是指在保证施工质量和安全的前提下，有条不紊施工活动在空间的展开与进程。对单层建筑要定出分段施工在平面上的流向；对多层建筑除了定出平面上的流向外，还要定出分层施工的流向。确定时应考虑以下三方面：满足业主使用上的先后需要，对生产性建筑要考虑生产工艺流程及投产的先后顺序；适应施工组织的分区分段，不与材料、构件的运输方向发生冲突；适应主导工程的合理施工顺序。

③ 在施工程序上要注意施工最后阶段的收尾清理，以便交工验收。前有准备，后有收尾，这才是周密的安排。

3) 施工机械的选择：

施工机具选择应遵循切实需要、实际可能、经济合理的原则，具体要考虑以下几点：

① 技术条件。包括技术性能、工作效率、工作质量，能源耗费、劳动力的节约、高峰劳动力人数、使用安全性和灵活性，通用性和专用性，维修的难易程度、耐用程度等。

② 经济条件。包括原始价值、使用寿命、使用费用、维修费用等。如果是租赁机械应考虑其租赁费及进退场时间。

③ 要进行定量的技术经济分析比较，以使机械选择最优。

(5) 技术组织措施

技术组织措施是指在技术、组织方面对保证质量、安全、节约和季节施工所采用的方法，确定这些方法是施工方案编制者带有创造性的工作。一般在方案编制中，均对质量、安全、文明施工作专门章节描述。

1) 保证质量措施：保证质量的关键是对施工方案的工程对象经常发生的质量通病制订防治措施，要从全面质量管理的角度把措施落到实处，建立质量保证体系，保证"PDCA循环"的正常运转。对采用的新工艺、新材料和新结构，须制定有针对性的技术措施，以保证工程质量。在方案编制中，还应该认真分析本方案的特点和难点，针对特点和难点中存在的质量通病进行分析和预防。

2) 安全施工措施：由于建筑工程的结构复杂多变，各施工工程所处地理位置、环境条件不尽相同，无统一的安全技术措施，所以编制时应结合本企业的经验教训，工程所处位置和结构特点，以及既定的安全目标，并仔细分析该方案在实施中主要的安全控制点进行专门描述。安全技术措施的编制一般要符合三个要求即针对性、具体化和及时性。针对性，要结合施工现场具体情况，针对工程不同的结构特点和不同的施工方法，针对施工场地、作业条件及周围环境等，从防护上、技术上和管理上提出相应的安全措施。具体化，所有安全技术措施都必须明确、具体，具有指导性、可操作性和实用性。及时性，安全技术措施必须要在工程施工前编好，以起到"预防为主"的目的。一般工程安全技术措施的编制主要考虑以下内容：

① 从建筑或安装工程整体考虑。土建工程方案首先考虑施工期内对周围道路、行人及邻近居民、设施的影响，采取相应的防护措施（全封闭防护或部分封闭防护）；平面布置应考虑施工区与生活区分隔、施工排水、安全通道，以及高处作业对下部和地面人员的影响；临时用电线路的整体布置、架设方法；安装工程中的设备、构配件吊运，起重设备的选择和确定起重半径以外安全防护范围等。复杂的吊装工程还应考虑视角、信号、试吊、指挥、步骤等细节。

② 对深基坑、基槽的土方开挖，应根据开挖深度、周边环境、地质条件编写基坑围护及土方开挖专项施工方案并经专家论证后实施。

③ 30m以上脚手架或设置的挑架，大型混凝土模板工程，还应进行架体和模板的荷载和承载能力计算，如采用钢支撑则还需有避雷接地措施，以保证施工过程中的安全。同时这也是确保施工质量的前提。

④ 安全平网、立网的架设要求，架设层次段落。如一般民用建筑工程的首层、固定层、随层（操作层）安全网的安装要求。事故往往发生在随层，所以作好严密的随层安全防护至关重要。

⑤ 龙门架、井架等垂直运输设备的拉结、固定方法及防护措施，其安全与否，严重影响工期甚至造成群伤事故。

⑥ 施工过程中的"四口"防护措施，即楼梯口、电梯口、通道口、预留洞口应有防护措施。如楼梯、通道口应设置1.2m高的防护栏杆并加装安全立网；预留孔洞应加盖；大面积孔洞如吊装孔、设备安装孔、天井孔等应加周边栏杆并安装立网。

⑦ 交叉作业应采取隔离防护。如上部作业应满铺脚手板，外侧边沿应加挡板和安全网等防物体下落措施。

⑧ "临边"防护措施。施工中未安装栏杆的阳台（走台）周边，无外架防护的屋面（或平台）周边，框架工程楼层周边，跑道（斜道）两侧边，卸料平台外侧边等均属于临边危险地域，应采取防人员和物料下落的措施。

⑨ 施工过程中与外电线路发生人员触电事故屡见不鲜。当外电线路与在建工程（含脚手架具）的外侧边缘和外电架空线的边线之间达到最小安全操作距离时，必须采取屏障、保护网等措施。如果小于最小安全距离时，还应设置绝缘屏障，并悬挂醒目的警示标志。

根据施工总平面的布置和现场临时用电需要量，制定相应的安全用电技术措施和电气防火措施，如果临时用电设备在5台及5台以上或设备总容量在50kW及50kW以上者，应编制临时用电组织设计。

⑩ 施工工程、暂设工程、井架门架等金属构筑物，凡高于周围原有避雷设备，均应有防雷

设施，井架、高塔的接地深度、电阻值必须符合要求等。

⑪ 对易燃易爆作业场所必须采取防火防爆措施。

⑫ 季节性施工的安全措施。如暑期防止中暑措施，包括降温、防热辐射、调整作息时间、疏导风源等措施；雨期施工要制定防雷防电，防坍塌措施；冬期防火、防风等。以上各种情况还需有相应的应急措施及组织保证体系。

安全技术措施编制内容不拘一格，按其施工项目的复杂、难易程度、结构特点及施工环境条件，选择其安全防患重点，但施工方案的通篇必须贯彻"安全施工"的原则。为了进一步明确编制施工安全技术措施的重点，根据多发性事故的类别，应抓住以下6种伤害的防患，制定相应的措施，内容要翔实，有针对性：防高空坠落、防物体打击、防坍塌、防触电、防机械伤害、防中毒事故。

3）降低成本措施：降低成本措施的制定应以施工预算为尺度，以企业（或基层施工单位）年度、季度降低成本计划和技术组织措施计划为依据进行编制。要针对工程施工中降低成本潜力大的（工程量大、有采取措施的可能性、有条件的）项目，充分开动脑筋，把措施提出来，并计算出经济效果和指标，加以评价、决策。这些措施必须是不影响质量的、能保证施工的、能保证安全的。降低成本措施应包括节约劳动力、节约材料、节约机械设备费用、节约工具费、节约间接费、节约临时设施费、节约资金等措施。一定要正确处理降低成本、提高质量和缩短工期三者的关系，对措施要计算经济效果。

4）季节性施工措施：当工程施工跨越冬期和雨期时，就要制定冬期施工措施和雨期施工措施。制定这些措施的目的是保质量、保安全、保工期、保节约。

雨期施工措施要根据工程所在地的雨量、雨期及施工工程的特点（如深基础、大量土方、使用的设备、施工设施、工程部位等）进行制定。要在防淋、防潮、防泡、防淹、防拖延工期等方面，分别采用"疏导"、"堵挡"、"遮盖"、"排水"、"防雷"、"合理储存"、"改变施工顺序"、"避雨施工"、"加固防陷"等措施。

冬期因为气温、降雪量不同或工程部位及施工内容不同或施工单位的条件不同，则应采用不同的冬期施工措施。北方地区冬期施工措施必须严格、周密。要按照《冬期施工手册》或有关资料包括科研成果选用措施，以达到保温防冻、改善操作环境、保证质量、控制工期、安全施工、减少浪费的目的。

1.2 编制专项施工方案的重要性

1.2.1 与施工组织设计的关系

施工组织设计是对施工过程实行科学管理的重要手段，是施工的指导性文件；是编制施工预算和施工计划的重要依据；是建筑企业施工管理的重要组成部分。施工组织设计根据建筑产品的生产特点，从人力、资金、材料、机械和施工方法这五个主要因素进行科学合理地安排，使之在一定的时间和空间内，得以实现有组织、有计划、有秩序的施工，以期在整个工程施工上达到相对的最优效果。施工组织设计是在充分研究工程的客观情况和施工特点的基础上编制的，用以部署全部施工生产活动。因此从总的方面看，施工组织设计具有战略部署作用。

施工方案包括独立编制的专项施工方案本身就是标前、标后施工组织设计的主要内容之一和配套内容，形象地说，如果说前面部分的施工组织设计是战略部署的话，那么施工方案就是战术安排。它们的编制内容和侧重点是不同的：施工组织设计编制的对象是工程整体，可以是一个建设项目或建筑群，也可以是一个单位工程。它所包含的文件内容广泛，它提供了各阶段的施工准备工作内容（建立施工条件，集结施工力量，解决施工用水、电、交通道路，以及其他生产、生活设施，组织资源供应等）；协调着施工中各施工单位，各工种之间，资源与时间之间，各项资源之间，在程序、顺序上和现场部署的合理关系。因此施工组织设计是从施工全局出发，按照客观的施工规律，统筹安排施工活动有关的各个方面，是企业部署施工和对每个建筑物施工进行管理的依据，据此依据，将能达到多、快、好、省的目的。施工组织设计是依据合同、设计图纸以及各类规范、标准、规定和文件来编制的，是对工程全局全方面的纲领性文件，应该具有科学性和指导性，很明显，它侧重于决策，强调全局规划；而施工方案编制的对象通常指的是分部、分项工程，它是依据施工组织设计关于某一分部、分项工程的施工方法而编制的具体施工工艺和和质量、安全、文明施工等具体保证措施，即对此分项工程的材料、机具、人员、工艺进行详细的部署以保证质量要求和安全文明施工要求。其编制内容通常包括该工程概况、施工中的难点及重点分析、施工方法的选用比较、具体的施工工艺和质量、安全控制以及成品保护等方面的内容。它应该具有可行性、针对性，并符合施工及验收规范；显而易见，施工方案侧重实施，强调可操作性以便于局部具体的施工指导。

当然，施工方案的编制必须在施工组织设计的总体规划和全局部署下进行，两者具有指导与被指导、整体与局部的关系。一方面，完全脱离了施工组织设计的施工方案是不切实际的技术文件，无法指导施工；另一方面，缺少了施工方案的施工组织设计就变得宏而无实，不具备指导实施的作用，而且施工方案的优劣直接决定了整篇施工组织设计的水平。

1.2.2 专项施工方案的重要性

如上所述，施工方案的优劣直接决定了整篇施工组织设计的水平。由于施工方案侧重实施，强调可操作性以便于局部具体的施工指导，所以缺少了施工方案的施工组织设计就只剩下空洞的外壳，丧失了管理和具体指导施工实施的作用。事实上，在构成施工组织设计主要内容的"一案、一表、一图"（施工方案、施工进度计划表和施工现场平面图）中，施工方案是核心，它的合理与否将直接影响到工程的成本、工期和质量，同时它又是编制施工进度计划表和设计施工现场平面图的重要依据，是指导现场作业的重要文件之一。施工方案的优劣，对工程施工阶段的经济效益，对工程质量和安全生产有着直接的、决定性的影响，它也是在招投标过程中作为评标的重要依据之一。

更重要的是，随着社会生产力的不断发展，建筑工程尤其高层、超高层建筑日益增多，由于设计规范和人防及业主的三重要求，深基坑工程数量迅速增多。但是许多高层建筑都建在沿海城市交通繁忙的建筑密集区，施工环境十分严峻，稍有不慎就会造成严重的工程事故。这些年，深基坑工程事故时有发生，造成了重大的损失和严重后果（图1-1和图1-2）。这些事故中属于施工问题的又占了大多数，例如施工质量差，不严格遵守施工规程，施工管理混乱、安全意识淡漠，降水、排水、防水的措施不力，不重视信息施工，随意修改设计，缺乏经验、技术水平低，延误抢险时机都是基坑工程事故的常见问题。

图 1-1 某基坑支护桩折断倒塌时现场的情景　　　图 1-2 某喷锚支护基坑边坡滑塌的情景

怎样避免或者最大程度上减弱以上提到的这些事故的施工起因就显得尤为重要，例如信息化施工等措施就可以化解很多设计考虑不周甚至错误导致的基坑支护坍塌灾难，使业主、设计方、施工方、监理方能迅速共同协商及时采取补救措施。深基坑支护专项施工方案作为指导深基坑支护施工的翔实作业指导书，其内容包括详细施工部署，周详的施工准备，择优选取、有针对性的施工方法、施工工艺流程，缜密考虑的工序施工的要点难点、质量问题的防治措施，配套的基坑止水、降水方案和考虑信息化施工的周密基坑施工监测方案等。显而易见，只要深基坑支护专项施工方案中的以上这些内容针对性强，通俗易懂、可操作性高，能起到指导和控制施工作用，并在实际施工中切实贯彻执行，那么对于防范基坑工程事故的发生是极其有效的，可以预见，随着深基坑支护专项施工方案的大量实践和教训经验的吸取，它会变得越来越成熟，成为保证深基坑支护施工顺利进行的利器。

脚手架、模板工程在整个工程施工中一直具有极其重要的作用，出现工程事故不仅影响工程质量、工程进度和工程造价，严重影响施工的声誉和发展，而且往往吞噬宝贵的生命，造成无可挽回的重大人员伤亡。因此如何防止脚手架、模板倒塌事故，是各施工企业应当高度重视的问题。

20 世纪 90 年代以来，我国一些地区多次发生脚手架、模板倒塌的重大事故，造成很大损失。如 1992 年全国建筑施工中发生一次死亡 3 人以上的重大事故共 31 起，死亡人数达 156 人，重伤 34 人，其中脚手架、模板倒塌造成的死亡人数达 59 人，重伤 20 人，分别占 38% 和 59%。1993 年脚手架、模板倒塌事故仍屡有发生，在福建、广东、重庆、株洲、大连等地，连续发生由于支撑失稳，造成模板倒塌的重大事故。死亡人数达 19 人，重伤 10 人。近年来，脚手架、模板倒塌事故每年都有发生，较大的有 1998 年 9 月，青海省桥头电厂某冷却塔施工中，模板支撑失稳全部倒塌，造成 4 人死亡、10 人重伤、38 人轻伤的重大事故；2000 年 10 月，南京电视台演播厅工程，由于脚手架失稳模板倒塌，造成 5 人死亡、35 人受伤的重大事故；2002 年 2 月 18 日，浙江省杭州市 UT 斯达康杭州研发生产中心模板支架坍塌，导致正在用混凝土浇筑的宽 24m、高 28m 的门厅屋顶轰然倒塌，造成 13 人死亡、16 人受伤的重大事故（图 1-3）。

图 1-3 UT 斯达康杭州研发生产中心模板支架倒塌事故现场

以上脚手架、模板发生倒塌事故的主要原因，可以归纳为管理不善，搭设脚手架材料不合格，模板和脚手架没有经过设计、计算，支撑系统承载力不足，整体稳定性差等。防止脚手架、模板倒塌的有效措施除了加强监管，对变形或磨损严重的钢管应严禁使用外，编制周密的有指导作用的脚手架、模板专项施工方案并贯彻执行最为关键。模板、脚手架专项施工方案中不仅要有设计计算书，还要对细部构造绘制大样图，对材料选用、规格尺寸、接头方法、横杆布置间距、连墙杆设置和剪力撑设置要求等，均应在模板、脚手架设计中详细说明；而且应有详细施工部署，周详的施工准备，可操作性的施工方法、施工工艺流程，缜密考虑的施工技术、组织和安全措施等。当然，脚手架和模板的搭设、拆除方案必须经过审批，在实施前应向操作工人进行安全技术交底，操作人员必须严格按模板、脚手架设计及施工方案施工，不得随意更改设计要求，经验收合格后，方可投入使用，上述环节是脚手架和模板专项施工方案发挥指导作用的必要保证。

复习思考题

1. 《建设工程安全生产管理条例》第二十六条规定哪 7 项危险性较大的分部分项工程要编制专项施工方案、并附具安全验算结果？
2. 危险性较大的 7 项分部分项工程的具体界定是什么？
3. 除了从安全角度出发，《建设工程安全生产管理条例》第十七条规定必须要写的专项施工方案外，在工程实际中还可能要写哪些专项施工方案？
4. 建筑施工企业应当组织专家组进行论证审查的工程有哪些？是由哪一文件规定的？
5. 对一分项工程单独编制的专项施工方案应主要包括哪几项内容？每项内容具体应考虑哪几点？
6. 专项施工方案和施工组织设计有什么关系？它们分别起什么作用？
7. 结合相关资料，谈谈专项施工方案的重要性。

项目 2

基坑支护工程专项施工方案

能力目标： 了解土钉构造和工程应用范围；根据地质情况和施工环境能选择合适的土钉墙施工工艺流程及施工方法；能识别土钉支护的危险源并选择土钉和其他基坑支护施工的监测项目和适当预警值，能选择正确的应急预案；掌握土钉规程规定和土钉施工质量问题及防治。通过土钉墙施工真实情境的模拟训练，使学生能编制基坑土钉墙支护专项施工方案，并能在背景材料提示下查找相关资料，试写出有一定水平的水泥搅拌桩-钻孔灌注桩支护专项施工方案。

土钉工程专项施工方案

1.1 编制依据与编制主要内容

1.1.1 编制依据

（1）施工合同；

（2）施工组织设计；

（3）基坑支护施工图；

（4）勘察设计文件；

（5）现场踏勘资料；

（6）主要规程与规范：如《基坑土钉支护技术规程》(CFCS 96：1997)，《建筑工程施工质量验收统一标准》(GB 50300—2001)，《混凝土结构工程施工质量验收规范》(GB 50204—2002)，《锚杆喷射混凝土支护技术规范》(GB 50086—2001)，《建筑基坑工程技术规范》(YB 9258—1997)，《建筑基坑支护技术规程》(JGJ 120—1999)，《建筑边坡工程技术规范》(GB 50330—2002)，《建筑地基基础工程施工质量验收规范》(GB 50202—2002)；

（7）有关地方标准、规程；

（8）有关企业标准：如企业 ISO 质量体系管理文件和环境/职业健康安全管理体系文件，企业项目管理手册等。

1.1.2 编制主要内容

1. 编制依据

应简单说明编制依据，尤其是当采用的企业标准与国家通用规范不一致时，应重点说明。

2. 工程概况

工程概况应简洁明了，把和方案有关的内容说明清楚就可以了，不必把整个工程的情况都作说明。建筑工程概况可以简单介绍，但基坑工程概况、周边环境和基坑支护设计概况及要求、场址工程地质条件应作重点介绍，同时对工期与质量要求作一交代。

3. 施工准备

组织、技术准备，材料准备与计划，机械需用计划等。

4. 土钉墙施工

工序流程、技术要点等。

写出土钉墙的施工工艺流程及每个施工步骤的详细施工方法。其中施工工艺流程是土钉墙具体单个工序的工艺流程，同时针对每一个工序的特点和难点，选择最合适、经济的施工方法。

5. 降水、排水

在土钉墙施工中，应根据土质条件采用降水或止水措施，如为砂质粉土之类的砂性土，其渗透系数大就需采用降水措施，如为淤泥质土，其渗透系数小，则应采用止水措施。因此降水、排水措施得当对基坑安全至关重要，应写出各种有效临时排水措施排除地表水和基坑作业面积水，排水措施包括地表排水、支护内部排水以及基坑排水，也可采用堵、挡、抽、事先预防等方法，以避免土体处于饱和状态并减轻作用于面层上的静水压力。要注意具体写出降水、排水的施工工序流程、技术要点等。

6. 施工监测及应急预案

在基坑支护结构施工中，开展施工监测是防止基坑支护施工事故的最有力武器。应在《建筑基坑支护技术规程》(JGJ 120—1999)已明确规定的监测内容范围内，参考相关资料、案例确定监控方案，监控方案中应确定监测点布置、监测方法及实施、抽水监测与管理、监测报告和应急措施等。这里特别注意的是要写出基坑支护危险源和交叉危险源识别与监控重点，《基坑土钉支护技术规程》8.0.1 条中提到的至少应监测的项目，可以列表分析总结类似工程基坑支护事故的类型和引发事故的主要原因，然后有的放矢地写出应对措施。

应急预案一般包括预案使用范围、重特大事故应急处理指挥系统及组织构架、指挥部系统职责及责任人、重特大事故报告和现场保护、应急处理预案以及其他事项。

7. 施工机械与人员配备

项目经理部人员配备，施工人员配备，主要施工机械设备。

8. 工程进度计划与工期保证的组织、经济措施

9. 质量保证措施和质量通病及预防措施

保证质量的关键是对基坑土钉支护经常发生的质量通病制订防治措施，所以要尽量举出在基坑土钉支护施工中可能出现的质量通病并提出针对性的防治措施，特别是方案中的特点和难点；另外要从全面质量管理的角度，把措施落到实处，建立质量保证体系，保证"PDCA 循环"的正常运转。

10. 安全、环保、文明施工措施

11. 应提交的交工资料

1.2 土钉构造和工程应用范围

1.2.1 土钉概念

土钉支护是深基坑逐层开挖过程中，逐层在边坡现场原位土体中以较小间距（上下左右）打入细长杆件（钢筋或钢管），通常还外裹水泥砂浆或水泥净浆浆体来强化受力土体，并在坡面设置钢筋网，分层喷射混凝土，亦称喷锚支护、土钉墙，英文名称 Soil Nailing。土钉作为一种原位加筋体，既不同于挡墙复合体和挡土结构，也不同于一般的土质边坡。

临时基坑支护的常见做法：在基坑开挖坡面，用机械钻孔或洛阳铲成孔，孔内放钢筋或钢管并注浆；在坡面安装钢筋网，喷射 C20 50～150mm 厚的混凝土，使土体、钢筋与喷射混凝土面板结合，构成深基坑土钉支护，如图 2-1、图 2-2 所示。基坑坡面一般在 70°～85°之间，钢筋或钢管的倾角一般在 3°～15°之间，土钉长度按计算确定。

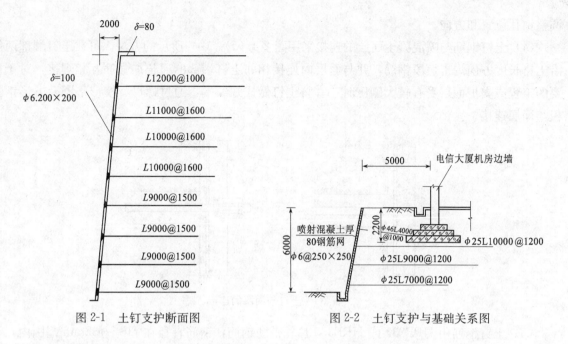

图 2-1 土钉支护断面图　　　　图 2-2 土钉支护与基础关系图

1.2.2 土钉构造和类型

1. 土钉构造

临时基坑支护中最常见的钻孔注浆土钉构造见图 2-3（a）、（b）、（c）。

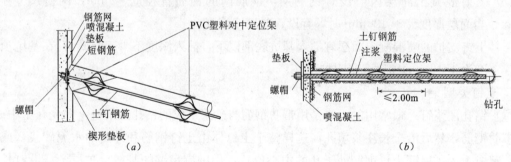

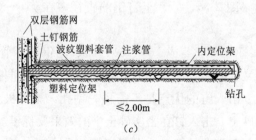

图 2-3 钻孔注浆土钉构造

（1）一般用于基坑在 15m 以下的边坡，斜面坡为 70°～85°。

（2）土钉长度一般为开挖深度的 0.5～1.2 倍，其间距宜为 1～2m，根据土类别和含水量选择。

（3）土钉钻孔与水平面向下倾角宜在 0°～20°的范围内，当利用重力向孔中注浆时，倾角不宜小于 15°，当用压力注浆且有可靠排气措施时，倾角宜接近水平；当遇有局部障碍物时，允许调整钻孔位置和方向。

（4）土钉钢筋与喷混凝土面层的连接采用图 2-4（a）、（b）所示的方法。可在土钉端部两侧沿土钉长度方向焊上短段钢筋，并与面层内连接相邻土钉端部的通长加强筋互相焊接。对于重要的工程或支护面层受有较大侧压时，宜将土钉做成螺纹端，通过螺母、楔形垫圈及方形钢垫板与面层连接。

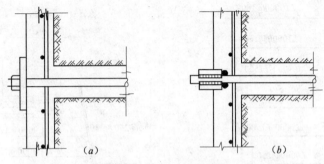

图 2-4　土钉与面层的连接

（5）土钉钢筋用 HPB235 或 HRB335 热轧带肋钢筋，钢筋直径在 $\phi 18 \sim \phi 32$mm 范围内，钻孔直径在 $\phi 75 \sim \phi 150$mm 之间，注浆强度等级不低于 12MPa，3d 不低于 6MPa。

（6）喷混凝土面层的厚度在 50～150mm 之间，混凝土强度等级不低于 C20，3d 不低于 10MPa。

（7）喷射混凝土面层内应设置钢筋网，钢筋网的钢筋直径 6～8mm，网格尺寸 150～300mm。当面层厚度大于 120mm 时，宜设置二层钢筋网。

（8）土钉支护的喷混凝土面层宜插入基坑底部以下，插入深度不少于 0.2m；在基坑顶部也宜设置宽度为 1～2m 的喷射混凝土护顶。

2. 土钉类型

（1）钻孔注浆钉：最常用的土钉是用带肋钢筋与砂浆组成的钻孔注浆钉，即先在土中成孔，置入带肋钢筋，然后沿全长注浆填孔，这样整个土钉体由土钉钢筋和外裹的水泥砂浆（或水泥净浆）组成。为了保证土钉钢筋处于孔的中心位置，周围有足够的浆体保护层，需沿钉长每隔 2～3m 设置对中定位用支架（图 2-3a、b）。土钉钢筋直径多在 $\phi 16 \sim \phi 32$mm 之间，置于 $\phi 70 \sim \phi 150$mm 的钻孔中。

（2）击入钉：用角钢（L 50×50×5 或 L 60×60×6）、圆钢或钢管作土钉。击入钉不注浆，与土体的接触面积小，钉长又受限制，所以布置较密，每平方米竖向投影面积内可达 2～4 根，用振动冲击钻或液压锤击入。击入钉的优点是不需预先钻孔，施工极为快速，但击入钉不适用于砾石土、硬胶结土和松散砂土。击入钉在密实砂土中的效果要优于黏性土。

（3）注浆击入钉：常用周面带孔的钢管，端部密闭，击入后从管内注浆并透过壁孔将浆体渗到周围土体。国外有特殊加工的土钉，在轴向有孔槽，能在贯入土体后注浆与周围土体粘结。

（4）高压喷射注浆击入钉：原为法国专利，这种土钉中间有纵向小孔，利用高频（可到 70Hz）冲击振动锤将土钉击入土中，同时以 20MPa 的压力将水泥浆从土钉端部的小孔中射出，或通过焊于土钉上的一个薄壁钢管射出，水泥浆射流在土钉入土的过程中起到润滑作用并且能透入周围土体，提高与土体之间的粘结力。

（5）气动射击钉：为英国开发，用高压气体作动力，发射时气体压力作用于钉的扩大端，所以钉子在射入土体过程中时受拉。钉径有 25mm 和 38mm 两种，每小时可击入 15 根以上，但其长度仅为 3m 和 6m。

1.2.3 土钉支护的特点及应用范围

土钉的受力特点是沿通长与周围土体接触，以群体起作用，与周围土体形成一个组合体，在土体发生变形的条件下，通过与土体接触界面上的粘结力或摩擦力，使土钉被动受拉，并主要通过受拉工作给土体以约束加固或使其稳定。其工作特点和应用范围总结如下：

（1）安全可靠，土钉支护施工采用边挖边支护，安全程度较高；由于土钉数量众多并作为群体起作用，即使个别土钉出现问题或失效对整体影响不大，还可补钉；土钉支护自重小有很好的延性，即使破坏也有一个变形发展过程，改变边坡突然坍方性质，有利于安全施工。

（2）施工所需的场地较小，能紧贴已有建筑物进行基坑开挖，这是桩、墙等其他支护难以做到的；土钉墙体位移小与撑式桩墙支护相当，一般测试位移约 20mm，对相邻建筑影响小。

（3）设备简单，易于推广。由于土钉（一般 12m 以内）比土层锚杆长度（一般至少 10m 以上）小得多，钻孔方便，注浆相对容易，喷射混凝土等设备，施工单位均易办到。

（4）材料用量和工程量少，施工速度快。土钉支护的土方开挖量和混凝土工程量较少，用钢量甚为有限，材料用量远低于桩支护和连续墙支护；如能与土方开挖配合好，实行平行流水作业，则工期可缩短，噪声小。

（5）经济效益好，一般成本低于灌注桩支护和锚杆支护。根据欧洲经验，土钉支护可比一般的锚杆支护节约造价 20%～30%；据我国统计，土钉支护比起灌注桩支护可节约造价 1/3～2/3。

（6）因分段分层施工，易产生施工阶段的不稳定性，因此必须在施工开始就进行土钉墙体位移监测，以便采取必要的措施。

（7）适宜于地下水位以上或经降水措施后的杂填土、普通黏土或非松散性的砂土，一般认为可用于 N 值在 5 以上的砂质土与 N 值在 3 以上的黏性土。

（8）土钉支护应控制在用地红线范围内。

1.3 土钉墙施工工艺流程及其主要设计施工的规程规定

1.3.1 施工工艺流程（钻孔注浆钉）

（1）常见的先锚后喷（图 2-5）施工工艺流程：

确定基坑开挖边线→按线开挖工作面→修整边坡→埋设喷射混凝土厚度控制标志→放土钉孔位线做标志→成孔、安设土钉（钢筋）、注浆→绑扎钢筋网，土钉与加强钢筋或承压板焊接连接或螺栓连接，设置钢筋网垫块→喷射混凝土面层（图 2-6），当面层厚度超过 100mm 时，应分两次喷射；继续进行下一步土的开挖，并重复上述步骤，直至所需的深度。

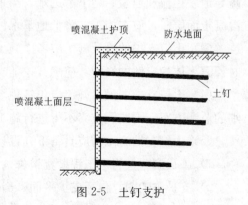

图 2-5 土钉支护

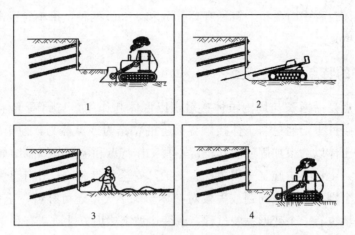

图 2-6 土钉支护施工工艺流程
1—开挖；2—钻孔、置钉、注浆；3—铺设固定钢筋网、喷混凝土；4—下步开挖

（2）为防止基坑边坡的裸露土体发生塌陷，对于易塌的土体可考虑采用以下措施：

对修整后的边壁立即喷上一层薄的砂浆或混凝土，待凝结后再进行钻孔；或者在作业面上先构筑钢筋网喷混凝土面层，而后进行钻孔并设置土钉。后一种方法叫先喷后锚，施工工艺流程如下：

挖土到土钉位置下一定距离，铺钢筋网，并预留搭接长度，喷射混凝土，达到一定强度后，打入土钉（包括成孔、置入钢筋、注浆、补浆）；挖土方到第二层土钉下一定距离，铺钢筋网，与上层钢筋网上下搭接好，同样预留钢筋网搭接长度，喷射混凝土，打第二层土钉。如此循序渐进，直到基坑全部的深度。

1.3.2 主要设计施工的规程规定

1. 基本规定

（1）土钉支护用于基坑开挖施工应采取从上到下分层修建的施工工序：

1）开挖有限的深度；

2）在这一深度的作业面上设置一排土钉，并喷混凝土面层；

3）继续向下开挖，并重复上述步骤，直至所需的基坑深度。

（2）土钉支护的设计施工应重视水的影响，并应在地表和支护内部设置适宜的排水系统以疏导地表径流和地表、地下渗透水。当地下水的流量较大，在支护作业面上难以成孔和形成喷混凝土面层时，应在施工前降低地下水位，并在地下水位以上进行支护施工。

（3）土钉支护的设计施工应考虑施工作业周期和降雨、振动等环境因素对陡坡开挖面上暂时裸露土体稳定性的影响，应随开挖随支护，以减少边坡变形。

（4）土钉支护的设计施工应包括现场测试与监控以及反馈设计的内容。施工单位应制定详细的监测方案，无监测方案不得进行施工。

（5）土钉支护施工前应具备下列设计文件：

1）工程调查与岩土工程勘察报告；

2）支护施工图，包括支护平面、剖面图及总体尺寸；标明全部土钉（包括测试用土钉）的位置并逐一编号，给出土钉的尺寸（直径、孔径、长度）、倾角和间距，喷混凝土面层的厚度与钢筋网尺寸，土钉与喷混凝土面层的连接构造方法；规定钢材、砂浆、混凝土等材料的规格与强度等级；

3）排水系统施工图（需要工程降水时的降水方案设计）；

4）施工方案和施工组织设计，规定基坑分层、分段开挖的深度和长度，边坡开挖面的裸露时间限制等；

5）支护整体稳定性分析与土钉及喷混凝土面层的设计计算书；

6）现场测试监控方案，以及为防止危及周围建筑物、道路、地下设施而采取的措施和应急方案。

（6）当支护变形需要严格限制且在不良土体中施工时，宜联合使用其他支护技术，将土钉支护扩展为土钉—预应力锚杆联合支护、土钉—桩联合支护、土钉—防渗墙联合支护等，并参照相应标准进行设计施工。

2. 施工规程规定

（1）土钉支护施工前必须了解工程的质量要求以及施工中的测试监控内容与要求，如基坑支护尺寸的允许误差，支护坡顶的允许最大变形，对邻近建筑物、管线、道路等环境安全影响的允许程度。

（2）土钉支护施工前应确定基坑开挖线、轴线定位点、水准基点、变形观测点等，并在设置后加以妥善保护。

（3）土钉支护施工应按施工组织设计制定的方案和顺序进行，仔细安排土方开挖、出土和支护等工序并使之密切配合；力争连续快速施工，在开挖到基底经地基验槽后应立即构筑底板。

（4）土钉支护的施工机具和施工工艺应按下列要求选用：

1）成孔机具的选择和工艺要适应现场土质特点和环境条件，保证进钻和抽出过程中不引起塌孔，可选用冲击钻机、螺旋钻机、回转钻机、洛阳铲等，在易塌孔的主体中钻孔时宜采用套管成孔或挤压成孔；

2）注浆泵的规格、压力和输浆量应满足施工要求；

3）混凝土喷射机的输送距离应满足施工要求，供水设施应保证喷头处有足够的水量和水压（不小于0.2MPa）；

4）空压机应满足喷射机工作风压和风量要求，宜选用风量 $9m^3/min$ 以上、压力大于 $0.5MPa$ 的空压机。

（5）土钉支护每步施工的一般流程如下：

1）开挖工作面，修整边坡；

2）设置土钉（包括成孔、置入钢筋、注浆、补浆）；

3）铺设、固定钢筋网；

4）喷射混凝土面层。

根据不同的土性特点和支护构造方法，上述顺序可以变化。支护的内排水以及坡顶和基底的排水系统应按整个支护从上到下的施工过程穿插设置。

（6）施工开挖和成孔过程中应随时观察土质变化情况并与原设计所认定的加以对比，如发现异常应及时进行反馈设计。

3. 开挖

（1）土钉支护应按设计规定的分层开挖深度按作业顺序施工，在完成上层作业面的土钉与喷混凝土以前，不得进行下一层深度的开挖。当基坑面积较大时，允许在距离四周边坡 8~10m 的基坑中部自由开挖，但应注意与分层作业区的开挖相协调。

（2）当用机械进行土方作业时，严禁边壁出现超挖或造成边壁土体松动。基坑的边壁宜采用小型机具或铲锹进行切削清坡，以保证边坡平整并符合设计规定的坡度。

（3）支护分层开挖深度和施工的作业顺序应保证修整后的裸露边坡能在规定的时间内保持自立并在限定的时间内完成支护，即及时设置土钉并喷射混凝土。基坑在水平方向的开挖也应分段进行，每段长度可取 10~20m。应尽量缩短边壁土体的裸露时间。对于自稳能力差的土体如高含水量的黏性土和无天然粘结力的砂土应立即进行支护。

（4）为防止基坑边坡的裸露土体发生坍陷，对于易塌的土体可采用以下措施：

1）对修整后的边壁立即喷上一层薄的砂浆或混凝土，待凝结后再进行钻孔（图 2-7a）；

2）在作业面上先构筑钢筋网喷混凝土面层，而后进行钻孔并设置土钉；

3）在水平方向上分小段间隔开挖（图 2-7b）；

4）先将作业深度上的边壁做成斜坡，待钻孔并设置土钉后再清坡（图 2-7c）；

5）在开挖前，沿开挖面垂直击入钢筋或钢管，或注浆加固土体。

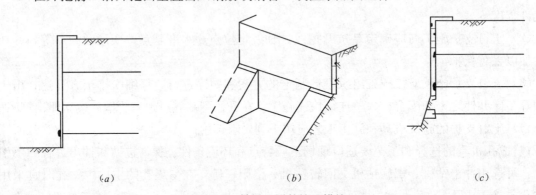

图 2-7 易塌土层的施工措施
(a) 先喷浆护壁后钻孔置钉；(b) 方向分小段间隔开挖；(c) 预留斜坡设置土钉后清坡

4. 排水系统

（1）土钉支护宜在排除地下水的条件下进行施工，应采取恰当的排水措施包括地表排水，支护内部排水，以及基坑排水，以避免土体处于饱和状态并减轻作用于面层上的静水压力。

（2）基坑四周支护范围内的地表应加修整，构筑排水沟和水泥砂浆或混凝土地面，防止地表降水向地下渗透。靠近基坑坡顶宽 2~4m 的地面应适当垫高，并且里高外低，便于径流远离边坡。

（3）在支护面层背部应插入长度为 400~600mm、直径不小于 40mm 的水平排水管，其外端伸出支护面层，间距为 1.5~2m，以便将喷混凝土面层后的积水排出（图 2-8）。

（4）为了排除积聚在基坑内的渗水和雨水，应在坑底设置排水沟及集水坑。排水沟应离开边壁 0.5~1m，排水沟及集水坑宜用砖砌并用砂浆抹面以防止渗漏，坑中积水应及时抽出。

5. 土钉设置

（1）土钉成孔前，应按设计要求定出孔位并作出标

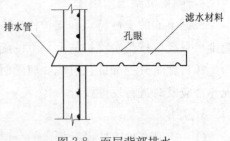

图 2-8 面层背部排水

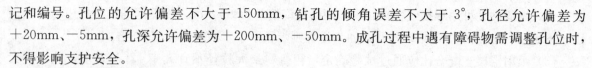

记和编号。孔位的允许偏差不大于150mm,钻孔的倾角误差不大于3°,孔径允许偏差为+20mm、-5mm,孔深允许偏差为+200mm、-50mm。成孔过程中遇有障碍物需调整孔位时,不得影响支护安全。

(2) 成孔过程中应做好成孔记录,按土钉编号逐一记载取出的土体特征、成孔质量、事故处理等。应将取出的土体与初步设计时所认定的加以对比,有偏差时应及时修改土钉的设计参数。

(3) 钻孔后应进行清孔检查,对孔中出现的局部渗水塌孔或掉落松土应立即处理。成孔后应及时安设土钉钢筋并注浆。

(4) 土钉钢筋置入孔中前,应先设置定位支架,保证钢筋处于钻孔的中心部位,支架沿钉长的间距为2~3m,支架的构造应不妨碍注浆时浆液的自由流动。支架可为金属或塑料件。

(5) 土钉钢筋置入孔中后,可采用重力、低压(0.4~0.6MPa)或高压(1~2MPa)方法注浆填孔。水平孔应采用低压或高压方法注浆。压力注浆时应在钻孔口部设置止浆塞(如为分段注浆,止浆塞置于钻孔内规定的中间位置),注满后保持压力3~5min。重力注浆以满孔为止,但在初凝前需补浆1~2次。

(6) 对于下倾的斜孔采用重力或低压注浆时宜采用底部注浆方式,注浆导管底端应先插入孔底,在注浆同时将导管以匀速缓慢撤出,导管的出浆口应始终处在孔中浆体的表面以下,保证孔中气体能全部逸出。

(7) 对于水平钻孔,应用口部压力注浆或分段压力注浆,此时需配排气管并与土钉钢筋绑牢,在注浆前与土钉钢筋同时送入孔中。

(8) 向孔内注入浆体的充盈系数必须大于1。每次向孔内注浆时,宜预先计算所需的浆体体积并根据注浆泵的冲程数求出实际向孔内注入的浆体体积,以确认实际注浆量超过孔的体积。

(9) 注浆用水泥砂浆的水灰比不宜超过0.45,当用水泥净浆时水灰比不宜超过0.5,并宜加入适量的速凝剂等外加剂用以促进早凝和控制泌水。施工时当浆体工作度不能满足要求时可外加高效减水剂,不准任意加大用水量。浆体应搅拌均匀并立即使用,开始注浆前、中途停顿或作业完毕后须用水冲洗管路。

(10) 用于注浆的砂浆强度用70mm×70mm×70mm立方试件经标准养护后测定,每批至少留3组(每组3块)试件,给出3d和28d强度(3d试件为同条件养护,28d试件为标化养护)。

(11) 当土钉钢筋端部通过锁定筋与面层内的加强筋及钢筋网连接时(图2-4a),其相互之间应可靠焊牢。当土钉端部通过其他形式的焊接件与面层相连时,应事先对焊接强度作出检验。当土钉端部通过螺纹、螺母、垫板与面层连接时(图2-4b),宜在土钉端部约600~800mm的长度段内,用塑料包裹土钉钢筋表面使之形成自由段,以便于喷射混凝土凝固后拧紧螺母;垫板与喷射混凝土面层之间的空隙用高强水泥砂浆填平。

(12) 土钉支护成孔和注浆工艺的其他要求与注浆锚杆相同,可参照《土层锚杆设计与施工规范》(CECS 22:90)。

6. 喷混凝土面层

(1) 在喷射混凝土前,面层内的钢筋网片应牢固固定在边壁上并符合规定的保护层厚度要求。钢筋网片可用插入土中的钢筋固定,在混凝土喷射下应不出现振动。

（2）钢筋网片可用焊接或绑扎而成，网格允许偏差为±10mm。钢筋网铺设时每边的搭接长度应不小于一个网格边长或200mm，如为搭焊则焊长不小于网筋直径的10倍。

（3）喷射混凝土配合比应通过试验确定，粗骨料最大粒径不宜大于12mm，水灰比不宜大于0.45，并应通过外加剂来调节所需工作度和早强时间。

（4）当采用干法施工时，应事先对操作手进行技术考核，保证喷射混凝土的水灰比和质量能达到要求。喷射混凝土前应对机械设备、风、水管路和电路进行全面检查及试运转。

（5）喷射混凝土的喷射顺序应自下而上，喷头与受喷面距离宜控制在0.8～1.5m范围内，射流方向垂直指向喷射面，但在钢筋部位，应先喷填钢筋后方，然后再喷填钢筋前方，防止在钢筋背面出现空隙。

（6）为保证施工时的喷射混凝土厚度达到规定值，可在边壁面上垂直打入短的钢筋段作为标志。当面层厚度超过100mm时，应分两次喷射，每次喷射厚度宜为50～70mm。在继续进行下步喷射混凝土作业时，应仔细清除预留施工缝接合面上的浮浆层和松散碎屑，并喷水使之潮湿。

（7）喷射混凝土终凝后2h，应根据当地条件，采取连续喷水养护5～7d，或喷涂养护剂。

（8）喷射混凝土强度可用边长100mm立方试块进行测定，制作试块时应将试模底面紧贴边壁，从侧向喷入混凝土，每批至少留取3组（每组3块）试件。

（9）土钉支护喷射混凝土的其他要求可参照《喷射混凝土施工技术规程》(YBJ 226—1991)。

7. 土钉现场测试

（1）土钉支护施工必须进行土钉的现场抗拔试验，应在专门设置的非工作钉上进行抗拔试验直至破坏，用来确定极限荷载，并据此估计土钉的界面极限粘结强度。

（2）每一典型土层中至少应有3个专门用于测试的非工作钉。测试钉除其总长度和粘结长度可与工作钉有区别外，应与工作钉采用相同的施工工艺同时制作，其孔径、注浆材料等参数以及施工方法等应与工作钉完全相同。测试钉的注浆粘结长度不小于工作钉的1/2且不短于5m，在满足钢筋不发生屈服并最终发生拔出破坏的前提下宜取较长的粘结段，必要时适当加大土钉钢筋直径。为消除加载试验时支护面层变形对粘结界面强度的影响，测试钉在距孔口处应保留不小于1m长的非粘结段。在试验结束后，非粘结段再用浆体回填。

（3）土钉的现场抗拔试验宜用穿孔液压千斤顶加载，土钉、千斤顶、测力杆三者应在同一轴线上，千斤顶的反力支架可置于喷射混凝土面层上，加载时用油压表大体控制加载值并由测力杆准确予以计量。土钉的（拔出）位移量用百分表（精度不小于0.02mm，量程不小于50mm）测量，百分表的支架应远离混凝土面层着力点。

（4）测试土钉抗拔试验时的注浆体抗压强度不应低于6MPa。试验采用分级连续加载，首先施加少量初始荷载（不大于土钉设计荷载的1/10）使加载装置保持稳定，以后的每级荷载增量不超过设计荷载的20%。在每级荷载施加完毕后立即记下位移读数并保持荷载稳定不变，继续记录以后1min、6min、10min的位移读数。若同级荷载下10min与1min的位移增量小于1mm，即可立即施加下级荷载，否则应保持荷载不变继续测读15min、30min、60min时的位移。此时若60min与6min的位移增量小于2mm，可立即进行下级加载，否则即认为达到极限荷载。

根据试验得出的极限荷载，可算出界面粘结强度的实测值。这一试验平均值应大于设计计算所用标准值的 1.25 倍，否则应进行反馈修改设计。

（5）极限荷载下的总位移必须大于测试钉非粘结长度段土钉弹性伸长理论计算值的 80%，否则这一测试数据无效。

（6）上述试验也可不进行到破坏，但此时所加的最大试验荷载值应使土钉界面粘结应力的计算值（按粘结应力沿粘结长度均匀分布算出）超出设计计算所用标准值的 1.25 倍。

8. 施工质量检查与工程验收

（1）土钉支护的施工应在监理的参与下进行。施工监理的主要任务是随时观察和检查施工过程，根据设计要求进行质量检查，并最终参与工程的验收。

（2）土钉支护施工所用原材料（水泥、砂石、混凝土外加剂、钢筋或钢管等）的质量要求以及各种材料性能的测定，均应以现行的国家标准为依据。

（3）支护的施工单位应按施工进程，及时向施工监理和工程的发包方提出以下资料：

1）工程地质勘察报告及周围的建筑物、构筑物、道路、管线图；

2）设计施工图；

3）原材料的出厂合格证及材料试验报告；

4）开挖记录；

5）记录（钻孔尺寸误差、孔壁质量以及钻取土样特征等）；

6）浆体的试件强度试验报告等；

7）混凝土记录（面层厚度检测数据，混凝土试件强度试验报告等）；

8）变更报告及重大问题处理文件，反馈设计图；

9）抗拔测试报告；

10）位移、沉降及周围地表、地物等各项监测内容的量测记录与观察报告。

（4）支护工程竣工后，应由工程发包单位、监理和支护的施工单位共同按设计要求进行工程质量验收，认定合格后予以签字。工程验收时，支护施工单位应提供竣工图以及第（3）条所列的全部资料。

（5）在支护竣工后的规定使用期限内，支护施工单位应继续对支护的变形进行监测。

1.4 施工监测及应急预案

1.4.1 基坑支护工程危险源识别

1. 基坑支护工程事故的类型

（1）与挡土结构有关的事故：

1）挡土结构施工不良。

2）挡土结构渗漏水严重，致使挡土结构后面土体流失。

3）挡土结构异常变形。

4）地面超载引起挡土板结构上侧压力过大。

5）各阶段挖土超载引起挡土结构上侧压力过大。

6）未进行支护与土体整体稳定和抗滑移验算或验算错误，导致挡土结构整体垮塌。

7）对雨水、周边排水等地表水造成的侧压力增加考虑不足，导致挡土结构垮塌。

(2) 与锚杆体系有关的事故：
1) 勘察、设计上的不当造成事故。
2) 施工不良造成的事故。
(3) 与支撑体系有关的事故：
1) 设计不当造成的事故。
2) 施工不良造成的事故。
(4) 与地下水治理不当有关的事故：
1) 发生在挡土结构上的事故。
2) 发生在挡土底部的事故。
3) 发生在基坑周边的事故。
4) 未对井点降水进行整体流量均匀性控制，地下水位降低过大、过快导致已有邻近建（构）筑物沉降、开裂等事故。
(5) 与管理不当有关的事故：
1) 放坡开挖时坡度过陡，土坡可能丧失其稳定性。
2) 基坑周围过多堆放荷载，引起边坡失稳。
3) 挖土施工速度过快，改变了原土层的平衡状态，易造成滑坡。
4) 基坑周围停放重型机械，使支护荷载增大，引起边坡失稳破坏。
5) 附近基坑施工对基坑支护的影响引起围护结构破坏。
6) 基坑暴露时间过长，坑底回弹增大从而影响支护结构稳定性。

2. 引发事故的主要原因

(1) 在调查阶段，事前对周围环境调查不够，如邻近建筑物的基础情况调查不足、地下设施及地下构筑物情况调查不足、地质勘察不详细、地质资料不足等。

(2) 在设计阶段，选用的土的物理力学性质指标有误，选用的设计方法有误，荷载估计不足等。

(3) 在施工阶段，不适当地增加基坑四周地面上施工荷载、基坑超挖、回填土不密实、支撑结构断面不足、水平支撑不水平、异常降水使墙后侧压力过大等。

1.4.2 施工监测

1. 施工监测内容和监测点布置

在深基坑施工、使用过程中，出现荷载、施工条件变化的可能性较大，设计计算值与支护结构的实际工作状况往往不很一致。因此在基坑开挖过程中必须有系统地进行监控以防不测。根据基坑工程事故调查表明，在发生重大事故前，或多或少都有预兆，如果能切实做好基坑监测工作，及时发现事故预兆并采取适当措施，则可避免许多重大基坑事故的发生，减少基坑事故所带来的经济损失和社会影响。目前，开展基坑现场监测可以避免基坑事故的发生已形成共识。《建筑基坑支护技术规程》(JGJ 120—99)已明确规定，在基坑开挖过程中，必须开展基坑工程监测。对于基坑工程监测项目，规定要结合基坑工程的具体情况，如工程规模大小、开挖深度、场地条件、周边环境保护要求等，可按表2-1进行选择。

基坑监控项目表　　　　　　　　　　　　表 2-1

监测项目 \ 基坑侧壁安全等级	一级	二级	三级
支护结构水平位移	应测	应测	应测
周围建筑物、地下管线变形	应测	应测	宜测
地下水位	应测	应测	宜测
桩、墙内力	应测	宜测	可测
锚杆拉力	应测	宜测	可测
支撑轴力	应测	宜测	可测
立柱变形	应测	宜测	可测
土体分层竖向位移	应测	宜测	可测
支护结构界面上侧向压力	宜测	可测	可测

由于基坑开挖到设计深度以后，土体变形、土压力和支护结构的内力仍会继续发展、变化，因此基坑监测工作应从基坑开挖以前制定监测方案开始，直至地下工程施工结束的全过程进行监测。基坑监控方案应包括监控目的、监控项目、监控报警值、监控方法及精度要求、监控点的布置、检测周期、工序管理和记录制度以及信息反馈系统等。

从表 2-1 中可以看出，不管任何基坑侧壁安全等级，支护结构水平位移均属于应测项目。实际上，在深基坑开挖施工监测中支护结构水平位移一般有两个测试项目，即围护桩（墙）顶面水平位移监测和围护桩（墙）的侧向变形，而在不同深度上各点的水平位移监测，称为围护桩（墙）的测斜监测。

（1）支护结构顶点水平位移监测：围护桩（墙）的顶面水平位移监测，是深基坑开挖施工监测的一项基本内容，通过围护桩（墙）顶面水平位移监测，可以掌握围护桩（墙）的基坑挖土施工过程顶面的平面变形情况，并与设计值进行比较，分析其对周围环境的影响，另外，围护桩（墙）顶面水平位移数值可以作为测斜、测试孔口的基准点。围护桩（墙）顶面水平位移监测点应沿其结构体延伸方向布设，水平位移观测点间距宜为 10～15m，在关键部位适当加密布点。基坑开挖期间，每隔 2～3 天监测一次，位移较大时每天监测 1～2 次。考虑到施工场地狭窄，测点常被阻挡的实际情况，可用多种方法进行监测。一是用位移收敛计对支护结构顶部进行收敛量测，该方法测点布设灵活方便，操作方便，读数可靠，测量精度为 0.05mm，从而可准确地捕捉支护结构细微的变位动态，并尽早对未来可能出现的新动态进行预测预报。二是选用精度为 2″级的精密光学经纬仪进行观测，在基坑长直边的延长线上的两端静止的构筑物上设置观察点和基准点，并在观察点位置旋转一定角度的方向上设置校正点，然后监测基坑长直边上若干测点的水平位移，其测试方法归纳有准直线法、控制线偏离法、小角度法、交会法等。三是用伸缩计进行量测，仪器的一端放在支护结构顶部，另一端放在稳定的地段上并与自动记录系统相连，可连续获得水平位移曲线和位移速率曲线。

（2）支护结构倾斜监测：围护桩（墙）在基坑外侧水土压力作用下，会发生变形。要掌握围护桩（墙）的侧向变形，即在不同深度处各点的水平位移，可通过对围护桩（墙）的测斜监测来实现。根据支护结构受力及周边环境等因素，在关键的地方钻孔布设测斜管，用高精度测斜仪定期进行监测，以掌握支护结构深度—水平位移—时间的变化曲线及分析计算结果。也可在基坑开挖过程中及时在支护结构侧面布设测点，用光学经纬仪观测支护结构的倾斜。

(3) 支护结构沉降观测：除了支护结构水平位移的监测外，围护结构的内外土体变形监测中的地表沉降量也应监测。地表沉降测点可以分为纵向和横向两种。纵向测点是在基坑附近，沿基坑延伸方向布置，测点之间的距离一般为10~20m；横向测点可以选在基坑边长的中央，垂直于基坑方向布置，各测点布置间距为：离基坑越近，测点越密（取1m左右），远一些的地方测点可取2~4m，布置范围约3倍的基坑开挖深度。房屋沉降测点应布置在墙角、柱身、门边等外形突出部位，测点间距应能充分反映建筑物的不均匀沉降为宜。地下管线位移量测点可直接布置在管线本身上，也可以设在靠近管线底面的土体中。地表沉降量采用精密水准仪进行测量，测量方法简便，可以结合理论分析预估地面沉降，通过较全面的测点布置以了解基坑周围土层的变形情况，从而对基坑的潜在险情能有效作出预警。

(4) 支护结构应力监测：一般用钢筋应力计对桩身钢筋和桩顶圈梁钢筋中较大应力断面处的应力进行监测，以防止支护结构的结构性破坏。

(5) 支撑结构受力监测：支撑结构轴力测点需设置在主撑跨中部位，每层支撑都应选择几个具有代表性的截面进行测量，对测轴力的重要支撑，宜配套测其支点处的弯矩。

立柱的沉降测点布置在立柱上方的支撑面上。每根立柱沉降量均需测量，特别对基坑中多个支撑交汇处的立柱应做重点监测。

(6) 邻近构筑物、道路、地下管网设施的沉降和变形监测。

(7) 基坑开挖后的基底隆起观测。这里包括由于开挖卸载基底回弹的隆起和由于支护结构变形或失稳引起的隆起。

(8) 土层孔隙水压力变化的测试。一般用振弦式孔隙压力计、电测式测压计和数字式钢弦频率接收仪进行测试。

(9) 当地下水位的升降对基坑开挖有较大影响时，应进行地下水位动态监测，以及渗漏、冒水、管涌和冲刷的观测。

(10) 肉眼巡视与裂缝观测。经验表明，由有经验的工程师每日进行的肉眼巡视工作有着重要意义。肉眼巡视主要是对桩顶圈梁、邻近建筑物、邻近地面的裂缝、塌陷以及支护结构工作失常、流土、渗漏或局部管涌等不良现象的发生和发展进行记录、检查和分析。肉眼巡视包括用裂缝读数显微镜测裂缝宽度和使用一般的度、量、衡手段。

上述监测项目中，水平位移监测、沉降观测和肉眼巡视与裂缝观测等是必不可少的。总之，监测点的布置应以能满足监控要求为准，抓住关键部位做到重点量测项目配套，强调监测数据与施工工况的具体施工参数配套，以形成有效的整体监测系统。

基坑变形的监控值，若设计有指标规定，以设计要求为依据；如无设计指标，可按表2-2的规定执行（GB 50202—2002第7.1.7条）。

基坑变形的监控值（单位：cm）　　　　　　表 2-2

基坑类别	围护结构墙顶位移监控值	围护结构墙体最大位移监控值	地面最大沉降监控值
一级基坑	3	5	3
二级基坑	6	8	6
三级基坑	8	10	10

注：1. 符合下列情况之一者，为一级基坑：
　①重要工程或支护结构做主体结构的一部分。
　②开挖深度大于8m。
　③与临近建筑物、重要设施的距离在开挖深度以内的基坑。
　④基坑范围内有历史文物、近代优秀建筑、重要管线等需严加保护的基坑。
2. 三级基坑为开挖深度小于5m，且周围环境无特别要求的基坑。
3. 除一级和三级外的基坑属二级基坑。
4. 当周围已有的设施有特殊要求时，尚应符合这些要求。

2. 监测报警

险情预报是一个极其严肃的技术问题，必须认真综合考虑各种具体情况，及时作出决定。虽然报警标准目前尚未统一，但一般比规范规定的基坑变形监控值要小得多且范围也大得多，在实际操作中有设计容许值和变化速率两个控制指标。例如，当出现下列情形之一者，应考虑报警：

（1）支护结构水平位移速率连续几天急剧增大，如达到5mm/d或连续三天3mm/d。

（2）支护结构水平位移累积值达到设计容许值。如最大位移与开挖深度的比值达到0.35%～0.70%，其中周边环境复杂时取较小值。

（3）任一项实测应力达到设计容许值。

（4）邻近地面及建筑物的沉降达到设计容许值。如地面最大沉降与开挖深度的比值达到0.5%～0.7%，且地面裂缝急剧扩展。建筑物的差异沉降达到有关规范中的沉降限值。例如，某开挖基坑邻近的六层砖混结构，当差异沉降达到20mm左右时，墙体出现了十余条长裂缝。

（5）煤气管、水管等设施的变位达到设计容许值。例如，某开挖基坑邻近的煤气管局部沉降达30mm时，出现了漏气事故。

（6）肉眼巡视检查到的各种严重不良现象，如桩顶圈梁裂缝过大，邻近建筑物的裂缝不断扩展，严重的基坑渗漏、管涌等。

预报险情发生时刻的实现途径可归纳如下：

（1）首先进行场地工程地质、水文地质、基坑周围环境、基坑周边地形地貌及施工方案的综合分析。从险情的形成条件入手，找出险情发生的必要条件（如岩土特性、支护结构、有效临空面、邻近建筑物及地下设施等）和某些相关的诱发条件（如地下水、气象条件、地震、开挖施工等），再结合支护结构稳定性分析计算，得出是否会发生险情的初步结论。

（2）现场监测是实现险情预报的必要条件。现场监测的目的是运用各种有效的监测手段，及时捕捉险情发生前所暴露出来的种种前兆信息，以及诱发险情的各种相关因素。监测成果不仅要表示出险情发生动态要素的定量数据，更重要的是要体现出动态要素的演变趋势。因此要求及时绘出水平位移及其速率、沉降、应力及裂缝等随时间的变化曲线，并及时进行综合分析评价。

（3）模拟试验有利于险情发生时刻的准确预报。险情发生时刻是现场监测数据达到了险情发生模式中的临界极限指标的时刻。模拟试验可以较准确地确定各种可能的险情发生模式和确定临界状态时的相关极限指标和险情预报根据。

(4) 要及时捕捉宏观的险情发生前兆信息。用肉眼巡视和一般的度、量、衡手段及时捕捉宏观的险情发生前兆信息。以往成功的险情预报实例表明,大多数的险情是可以通过肉眼巡视在早期发现的。

在经过细致深入的定量分析评价和险情报警之后,应及时提出处理措施和建议,并积极配合设计、施工单位调整施工方案,采取必要的补强或其他应急措施,及时排除险情,通过跟踪监测来检验加固处理后的效果,从而确保工程后续进程的安全。

对于特定的土钉施工监测和报警值取定,《土钉规程》第8条关于施工监测的规定如下:

8.0.1 土钉支护的施工监测至少应包括下列内容:

1. 支护位移的量测;
2. 地表开裂状态(位置、裂宽)的观察;
3. 附近建筑物和重要管线等设施的变形测量和裂缝观察;
4. 基坑渗、漏水和基坑内外的地下水位变化。

在支护施工阶段,每天监测不少于1~2次;在完成基坑开挖、变形趋于稳定的情况下可适当减少监测次数。监测过程应持续至整个基坑回填结束、支护退出工作为止。

8.0.2 对支护位移的测量至少应有基坑边壁顶部的水平位移与垂直沉降,测点位置应选在变形最大或局部地质条件最为不利的地段,测点总数不宜小于3个,测点间距不宜大于30m。当基坑附近有重要建筑物等设施时,也应在相应位置设置测点。宜用精密水准仪和精密经纬仪。必要时还可用测斜仪量测支护土体的水平位移,用收敛计监测位移的稳定过程等。在可能情况下,宜同时测定基坑边壁不同深度位置处的水平位移,以及地表离基坑边壁不同距离处的沉降,给出地表沉降曲线。

8.0.3 应特别加强雨天和雪后的监测,以及对各种可能危及支护安全的水害来源(如场地周围生产、生活排水,上下水道、贮水池罐、化粪池渗漏水,人工井点降水的排水,因开挖后土体变形造成管道漏水等)进行仔细观察。

8.0.4 在施工开挖过程中,基坑顶部的侧向位移与当时的开挖深度之比如超过0.3%~0.5%(一般黏性土中)时,应密切加强观察、分析原因并及时对支护采取加固措施,必要时增用其他支护方法。

土钉水平位移和垂直沉降监测的常见做法如下:

1) 人员仪器设备配置

1名测量工程师,2名助手;一台DZS2平板测微器;自动安平精密水准仪及水准配套钢尺;DJ2级经纬仪及一台拓普康全站仪。

2) 基准线及沉降位移观测点的布置

距基坑边缘2m内外每边布设3条基准直线,在两头稳定地基上设钢筋固定点作为置仪点。在此直线上每隔30m不到(比如25m)设0.5m宽混凝土包裹头形埋入ϕ20钢筋作为沉降位移观测点。此项工作应先用经纬仪定出直线,直线两端设置在临近的建筑物和围墙上,然后按照该直线从距基坑两端2.0m处每隔30m不到(比如25m)设一观测点,再以观测点为基点向距基坑边500mm、边坡中部、底部各打入ϕ20钢筋,长10000mm,土面上200mm。在基坑四个角点以外老建筑物或水泥路面用水准仪测量水准基点标高。

3) 监测方法

① 在远离基坑地基稳定处做水准基点,并往返与国家导线点连测闭合,符合精度要求。每

天监测前应对置仪点利用设置在临近建筑物和围墙上的固定点进行测量，确保置仪点的稳定。

② 测直线两头端点：置仪点标高往返闭合。

③ 将全站仪置于直线端点置仪点后视另一直线端点置仪点，在直线上测距每25m初步打入一桩头，以小钉为中点再以观测点为基点向距基坑边500mm、边坡中部、底部各打入"Ⅱ"ϕ20钢筋长800mm、宽500mm，土面上200mm。

④ 经纬仪在直线端点精确整平对中后，视另一端直线，间距每25m沉降位移观测点Ⅱ形钢筋上精确定点，先用铅笔画线后用钢锯锯3mm深痕迹后涂红漆。

⑤ 用精密测微水准仪测Ⅱ形靠基坑一端钢筋顶标高。首次测量的定位及标高作为基准标高及基准定位线，以后每次测量的标高及位置均与基准标高及定位线比较，由测量值计算出沉降及位移数据。为了及时掌握动态变化情况，坚持每天监测一次。

⑥ 基坑边坡沉降位移监测至基础施工完成以及基坑边坡监测值连续7天为零后方结束。

⑦ 为了减少仪器对中及立尺不能绝对垂直对位移观测误差的影响，仪高以1.4m为宜。

4）为了及时取得沉降位移动态信息，坚持每天监测一次，及时计算、分析、绘制变化形象图表，及时掌握基坑边坡支护体系的动向，以利于及时采取对策确保工程质量安全。

5）由于工程场地地质条件的不确定性和非均匀性，在土钉墙施工过程中，现场施工人员应及时准确地将地层实际情况反馈给工程技术人员，并据此对既定施工方案进行合理的修正或变更，遵循"施工——反馈——修正——施工"的工艺流程；同时也应加强基坑开挖施工监测，以确保基坑安全稳定。

3. 监测设备

表2-3所列为重要的支护结构所需监测的项目和监测方法，对其他支护结构可参照增减。

监测项目和监测方法　　　　　　　　　　表2-3

	监测对象	监测项目	监测方法	备 注
支护结构	挡墙	侧压力、弯曲应力、变形	土压力计、孔隙水压力计、测斜仪、应变计、钢筋计、水准仪等	验证计算的荷载、内力、变形时需监测的项目
	支撑（锚杆）	轴力、弯曲应力	应变计、钢筋计、传感器	验证计算的内力
	围檩	轴力、弯曲应力	应变计、钢筋计、传感器	验证计算的内力
	立柱	沉降、抬起	水准仪	观测坑底隆起的项目之一
周围环境及其他	基坑周围地面	沉降、隆起、裂缝	水准仪、经纬仪、测斜仪等	观测基坑周围地面变形的项目
	邻近建（构）筑物	沉降、抬起、位移、裂缝等	水准仪、经纬仪等	通常的观测项目
	地下管线等	沉降、抬起、位移	水准仪、经纬仪、测斜仪等	观测地下管线变形的项目
	基坑底面	沉降、隆起	水准仪	观测坑底隆起的项目之一
	深部土层	位移	测斜仪	观测深部土层位移的项目
	地下水	水位变化、孔隙水压	水位观测仪、孔隙水压力计	观测降水、回灌等效果的项目

支护结构与周围环境的监测，主要分为应力监测和变形监测。应力监测仪器用于现场测量的主要有钢筋计、土压力计和孔隙水压力计；变形监测仪器用于现场测量的主要有水准仪、经纬仪和测斜仪。

（1）钢筋计：按钢筋计的工作原理，钢筋计有钢弦式和电阻应变式两种，接收仪分别是频率仪和电阻应变仪。

1）钢弦式钢筋计：钢弦式钢筋计的工作原理是（图2-9a）：当钢筋计受轴向力时，引起弹性钢弦的张力变化，改变了钢弦的振动频率，通过频率仪测得钢弦的频率变化即可测出钢筋所受作用力的大小，换算而得混凝土结构所受的力。

2）电阻应变式钢筋计：其工作原理是（图2-9b）利用钢筋受力后产生变形，粘贴在钢筋上的电阻应变片产生应变，从而通过测出应变值得出钢筋所受作用力大小。

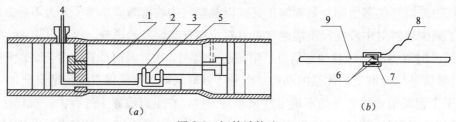

图2-9 钢筋计构造
(a) 振弦式；(b) 电阻应变计
1—钢弦；2—铁芯；3—线圈；4—引出线；5—钢管外壳；6—电阻应变片；7—密封外壳；8—信号线；9—工作钢筋

钢筋计在基坑工程中可以用来量测：①支护桩（墙）沿深度方向的弯矩；②支撑的轴力与平面弯矩；③结构底板所承受的弯矩。

3）钢筋计的使用方法：图2-10所示为钢筋计量测支护桩（墙）弯矩的安装示意图。图2-11所示为钢筋计量测支撑轴力、弯矩的安装示意图。

图2-10 钢筋计量测支护桩（墙）弯矩安装示意图
1—围护结构；2—开挖面钢筋计；
3—背开挖面钢筋计

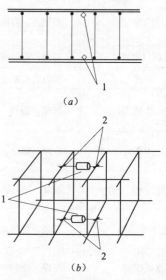

图2-11 钢筋计量测支撑轴力、弯矩安装示意图
(a) 量测支撑轴力；(b) 量测支撑弯矩
1—钢筋计；2—绑扎或焊接

钢弦式钢筋计安装时与结构主筋轴心对焊，一般是沿混凝土结构截面上下或左右对称布置一对钢筋计，或在四个角处布置四个钢筋计（方形截面）。电阻应变式钢筋计不需要与主筋对焊，只要保持与主筋平行，绑扎或点焊在箍筋上。

钢筋计传感器部分和信号线一定要做好防水处理；信号线要采用金属屏蔽式，以减少外界因素对信号的干扰；安装好后，浇筑混凝土前测一次初期值，基坑开挖前再测一次初期值。

（2）土压力计：土压力计亦称土压力盒，其构造及工作原理与钢筋计基本相同，目前使用较多的是钢弦式双膜土压力计，如图 2-12 所示。它的工作原理是当表面刚性板受到土压力作用后，通过传力轴将作用力传至弹性薄板，使之产生挠曲变形，同时也使嵌固在弹性薄板上的两根钢弦柱偏转，使钢弦应力发生变化，钢弦的自振频率也相应变化，再通过频率仪测得钢弦的频率变化，使用预先标定的压力—频率曲线，即可换算出土压力值。

土压力计在基坑工程中可用来量测挖土过程中，作用于挡墙上的土压力变化情况，以便及时了解其与土压力设计值的差异，保护支护结构的安全。

图 2-13 所示为土压力计监测安装示意图，基坑内侧、外侧都应设测点，测点离挡墙一般为 0.5~2.0m 之间。土中安装土压力计需钻孔埋设，在孔中需要监测的部位设置土压力盒，压力盒接触面朝土体一侧，并在孔中注入与土体性质基本一致的浆液，填充空隙。

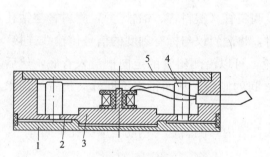

图 2-12　钢弦式双膜土压力计构造
1—刚性板；2—弹性薄板；3—传力轴；
4—弦夹；5—钢弦

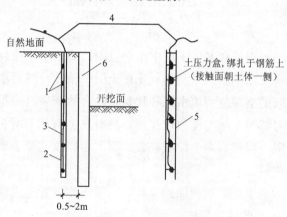

图 2-13　土压力计安装
1—土压力盒；2—钻孔；3—回填土；
4—信号线；5—钢筋骨架；6—挡墙

（3）孔隙水压力计：孔隙水压力计使用较多的亦是钢弦式孔隙水压力计，其构造及工作原理与土压力计极为相似，只是孔隙水压力计多了一块透水石（图 2-14），土体中的孔隙水压力和土压力均作用于接触面上，但只有孔隙水能够经过透水石将其压力传到弹性薄板上，弹性薄板的变形引起钢弦应力的变化，从而根据钢弦频率的变化测得孔隙水压力值。

孔隙水压力计可用来量测土体中任意位置的孔隙水压力值大小；监控基坑降水情况及基坑开挖对周围土体的扰动范围和程度；在预制桩、套管桩、钢板桩的沉设中，根据孔隙水压力消散速率，用来控制沉桩速度。

埋设仪器前首先在选定位置钻孔至要求深度，并在孔底填入部分干净的砂，然后将压力计放到测点位置，再在其周围填入中砂，砂层应高出压力计位置 0.20~0.50m 为宜，最后用黏土封口。

（4）测斜仪：图 2-15 所示为一个测斜仪的构造示意图，其工作原理是利用重力摆锤始终保持铅直方向的性质，测得仪器中轴线与摆锤垂线的倾角。倾角的变化可由电信号转换而得，从而可以知道被测构筑物的位移变化值。在摆锤上端固定一个弹簧铜片，铜片上端固定，下端靠着摆线，当测斜仪倾斜时，摆线在摆锤的重力作用下保持铅直，压迫簧片下端，使簧片发生弯曲，由粘贴在簧片上的电阻应变片输出电信号，测出簧片的弯曲变形，即可得知测斜仪的倾角，从而推出测斜管（即挡墙）的位移。

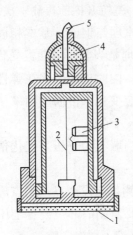

图 2-14　钢弦式孔隙水压力计构造
1—透水石；2—钢弦；3—线圈；
4—防水材料；5—导线

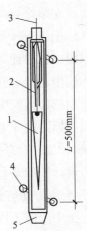

图 2-15　测斜仪的构造
1—重力摆锤；2—簧铜片（内侧贴电阻应变片）；
3—电缆线（标有刻度）；4—导向轮；5—防振胶座

测斜仪在基坑工程中用来量测挡墙的水平位移以及土层中各点的水平位移。

使用测斜仪量测前，先在土层中钻孔，然后埋设测斜管（塑料管、铝管等），测斜管与钻孔之间的空隙应回填水泥和膨润土拌合的灰浆。测量时，将测斜仪与标有刻度的信号传输线连接，信号线另一端与读数仪连接。测斜仪上有两对导向轮，可以沿测斜管的定向槽滑入管底，然后每隔一段距离向上拉线读数，测定测斜仪与垂直线之间的倾角，从而得出不同标高位置处的水平位移。

如果是测试挡墙的位移，一般将测斜管垂直埋入挡墙内，测斜管与钢筋笼应绑扎牢固。

4. 监测点保护

由于基坑施工现场条件复杂，测试点极易受到破坏，造成监测数据间断，给数据分析带来无法估量的损失。因此，监测点必须牢固，标志醒目，并要求施工单位给予密切配合，确保监测点在监测阶段不遭破坏。

1.4.3　应急预案

1. 基坑支护工程事故应急预案

（1）事故报告程序：事故发生后，作业人员、班组长、现场负责人、项目部安全主管等应逐级上报，并联络报警，组织急救。

（2）事故报告：事故发生后应逐级上报：一般顺序为现场事故知情人员、作业队、班组安全员、施工单位专职安全员。发生重大事故（包括人员死亡、重伤及财产损失等严重事故）时，应立即向上级领导汇报，并在24h内向上级主管部门作出书面报告。

（3）现场事故应急处理，具体见下（2）。

（4）人员伤亡应急处理：

1）向项目部汇报。

2) 应立即排除其他隐患，防止救援人员遭到伤害。

3) 积极进行伤者抢救。

4) 做好死亡者的善后工作，对其家属进行抚恤。

(5) 应急培训和演练：

1) 应急反应组织和预案确定后，施工单位应急组长组织所有应急人员进行应急培训。

2) 组长按照有关预案进行分项演练，对演练效果进行评价，根据评价结果进行完善。

3) 在确认险情和事故处置妥当后，应急反应小组应进行现场拍照、绘图，收集证据，保留物证。

4) 经业主、监理单位同意后，清理现场恢复生产。

5) 单位领导将应急情况向现场项目部报告，组织事故的调查处理。

6) 在事故处理后，将所有调查资料分别报送业主、监理单位和有关安全管理部门。

(6) 应急通信联络：遇到紧急情况要首先向项目部汇报。项目部利用电话或传真向上级部门汇报并采取相应救援措施。各施工班组应制定详细的应急反应计划，列明各营地及相关人员通信联系方式，并在施工现场、营地的显要位置张贴，以便紧急情况下使用。

2. 基坑支护工程现场事故应急措施

由于基坑支护施工受各种客观因素的影响，可能会发生各种险情，为能及时排除险情确保安全，一般应采取如下现场应急措施：

(1) 在上方开挖和基坑支护结构施工阶段进行24h监控，监控内容包括：墙体水平位移，基坑支护结构变形，周边土体、道路及管线的变化。

(2) 施工现场准备砂袋。

(3) 当围护体位移超过预警值时，应立即停止挖土，使用砂袋压载，防止支护结构位移的发展。

(4) 当支护结构的位移增大时，必要时可使用挖土机迅速回填土方反压，以阻止位移的进一步发展，并尽可能在坡顶削坡减小荷载或者在位移较大处设置超前支护，待稳定后方可继续开挖。

(5) 当施工时遇上流沙等土层时，应先打入竖向注浆管进行加固，然后开挖。

为了确保安全施工，针对假设出现的几种险情，制订了如下应急措施：

(1) 围护体滑移的应急措施

根据监测信息，如发现围护体位移超过容许值，应即采取如下措施阻止位移：

1) 坑外卸荷，具体办法同上相关措施。

2) 在坑内紧急垒堆砂袋或回填压载。

3) 位移较大并有发展趋势时，可在坑内设置内撑。内撑可为水平撑或斜撑，可用型钢或坚固的木料支撑。

4) 必要时可采取增加或加长水平土钉的措施，可酌情在松动的围护体内设置竖向土钉（注浆）。

(2) 坑底土体隆起的应急措施

1) 由于围护体滑移造成的坑内土体隆起，应采取处理围护体滑移的措施，同时用重物（叠袋、回填土）压制隆起的土体。

2) 由于淤泥绕过围护体流向坑内造成的土体隆起，应在坑内利用重力压制隆起土体的同时，对围护体进行加固。设置竖向土钉（注浆）加固围护体的有效措施。

（3）周边道路或地下管线破坏的应急措施

造成周边道路或地下管线破坏的直接原因就是围护结构位移或坑底土体隆起，因此防止发生此种情况的预防措施是：

1）加强施工监测，实行信息化施工。

2）发生围护位移或坑内土体隆起时，应立即采取措施处理。

（4）地表裂缝的应急措施

1）及时查明地下裂缝原因，采取相应措施阻止裂缝的发展。

2）及时用浓水泥浆灌缝。

1.5 土钉施工质量问题分析和防治措施

1.5.1 土钉墙失稳质量问题分析

在基坑支护工程中，土钉墙因其具有成本较低、施工简单和施工速度快等优点，越来越被广泛采用，特别是在深度 10m 以下的基坑。但土钉墙会发生失稳质量问题，尤其是在含软土层的基坑中，下面来分析两例含软土层基坑失稳土钉墙实例。

实例一 某学校综合实习楼

基坑占位尺寸为 132m×24m，深度为 10.6m。经钻探，地层为黏质粉土和粉质黏土，地下水位埋深 3~4m。采用土钉墙支护，土钉纵横间距为 1.5m×1.5m，土钉设计长度，自上而下分别为 10m、12m、12m、8.5m、7.5m、6.0m。当基坑土方开挖到－7.000m、准备第五排土钉施工时，基坑南侧一块长 38m、宽 2.5m 的坡体整体滑移失稳，个别土钉被连根拔出。

实例二 某图书馆

基坑占位尺寸为 93m×85m，深度为 7.0m，其中西南角部分基坑（38m×38m）加深到 12.6m。地质为黏质粉土和粉质黏土，地下水埋深 1.75~3.60m。土钉设计长度自上而下分别为 11.8m、10.0m、8.8m、8.8m、7.0m、7.0m、6.0m，所处的深度（从自然地面起算）分别为 2.2m、3.8m、5.4m、7.0m、8.6m、10.2m、11.8m，倾角为 10°。当浅坑支护施工结束，转入深坑施工时，西侧和南侧支护先后失稳。西侧失稳土体上口宽 2.2m，长 20m，南侧失稳土体上口宽 2.5m，长 25m。

上述两个建筑工程中，支护设计工作程序和施工过程均符合施工规范（规程）的规定，计算所采用的理论、方法与规范（规程）规定或要求相符；施工各个步骤，无论是局部还是整体，坡体验算结果都是稳定的，但仍没有避免支护失稳。通过对其进行分析深入研究，造成失稳的主要原因如下：

1. 地基土层中存在软土夹层

如果在地基中存在软土夹层，其一方面可加剧地面沉降不均衡发展，加速了地面的开裂；另一方面加剧了基坑支护位移和地面沉降。位移和沉降发展进一步促使地面裂缝沿纵深扩展，降低了沿裂缝滑裂面抗剪能力。

基坑开挖后，坑壁土体失去侧向限制，产生横向膨胀和竖向压缩，成为最初阶段的位移和沉降。这种地面沉降具有以下特征：

(1) 地面沉降与坑壁位移正相关，即位移越大沉降越大。

(2) 沿基坑周边环绕的沉降带与基坑深度正相关，即基坑越深沉降带越宽。

(3) 沉降量离基坑边越近越大，越远越小。

当基坑开挖至软土夹层后，一方面土层压缩性大，地面沉降剧增；另一方面因软土层沿深度局部分布，由其导致的剧烈沉降将向沉降带局部叠加，加剧了地面沉降的不均衡性。

土体自身弹性变形不能与边坡位移和地面沉降协同发展时，地面即会发生开裂。因此可以认为，边坡位移和地面沉降是地面开裂的根本原因。由此可知，软弱地层不仅会使地面开裂时间提前，而且将促使地面裂缝向纵深发展。

上述两实例工程场地所处地层均以黏质粉土和粉质黏土为主，而且夹有饱和和欠固结的软流塑黏性土，其厚度达 2~3m；从上述工程实例中还可以发现，施工到软土层后地面发生裂缝，且随着施工不断进行，裂缝发展呈发散趋势，裂缝宽度增加，深度增大，部分土体退出抗剪面而使抗剪面缩小，整体抗滑移能力下降，最后产生土体失稳。

2. 土钉墙抗裂和适应变形能力差

通常，土钉墙加固土体被潜在滑动面分为暂时稳定区和滑动区。滑动区沿潜在滑动面运动，给土钉施加弯剪和抗剪复合作用，土钉应力比在单纯受拉状态下高。地面开裂后，一方面退出抗剪作用的土体，其抗剪力由土钉承担，土钉受力变形增加，土钉变形增加又削弱了土钉对裂缝扩展的约束，导致更多的土体退出抗剪面，从而引发土钉受力变形与裂缝的循环促进；另一方面，因地面开裂、土体滑动趋势更加明显，对土钉复合作用更加突出，地面开裂与土钉复合作用也呈循环促进，但此时支护尚未破坏。随着变形继续增加，土钉墙可能出现以下几种状态：

(1) 土钉墙内部迅速进行应力调整，进入稳定状态，位移和沉降不明显。

(2) 土体未能迅速进入稳定状态，发生位移和沉降。在此过程中，若土钉墙适应变形能力差，滑动区复合土体将逐步瓦解离析；若土钉墙适应变形能力强，可达到高变位状态稳定。

(3) 土钉墙支护屈服，变形增加，土钉强化后进入稳定状态。

土钉是土钉墙最重要的工作部件，边坡土体对支护结构施加的土侧压力全部由土钉拉力抵抗，土钉被拉伸。目前，规范中钢筋抗拉强度设计标准值为钢筋应变 2‰时的应力。因此，若土钉受力达到设计状态，则将产生钢筋受力长度 2‰常拉伸变形。由于自然状态下土体延性与土钉无法匹配，故土钉墙在正常工作条件下，地面开裂是自然的。

通常情况下，土钉墙发挥作用时一般处于第一状态，但就含软土层的基坑土钉墙而言，若安全系数较大，可能呈现第一种稳定状态；若安全余量较小，就很可能发生第二种状态。

在软弱地层中按常规设计无法达到上述状态。从失稳后的土钉墙残余物可以看到，除个别土钉被拔出外，大部分土钉依旧完好，但网片与土钉脱开，土体与土钉分离，系土方开挖到软弱层基坑变形增加，造成复合体瓦解导致的失稳破坏。其主要问题是面层制约土钉变形的刚度不足，锚头、土钉、网片未做加强处理，土钉墙抗裂性能和适应能力不足；另外，还有第一层锚设计位置偏低，降低了土钉墙抵抗地面初期开裂的能力。

3. 地下水渗流的影响

在土钉支护工程中，边坡土体中的孔隙水、吸附水等，以各种形式而附存在土体中的水均对土体产生着各种作用。水土作用是水对土钉墙体产生的重要作用之一，也是造成土钉工程事故的主要原因之一。经工程调查，80%以上的该类支护事故与水有着直接或间接的关系。在土钉支护中，水对土体的作用可分为：静水压力作用、渗透作用及软化作用。

（1）静水压力作用：静水压力是指土体孔隙中的地下水以静水传递自重应力作用于土体上的力，又称为孔隙水压力。静水压力作用主要是减少边坡土体在潜在破坏面上的正应力，使原土体有效重量减少并产生侧向静压力。在基坑支护工程中，边坡中滞留的水对边坡土体或支护结构产生静水压力，并对土体产生一定的挤压，从而加大了挡墙的荷载。

（2）渗透作用：渗透作用是由地下水的水头差而产生的渗透力作用。渗透力是地下水渗流受到土体颗粒或孔隙壁阻碍而施加于土体上的作用力，反映地下渗流在渗透过程中总水头损失的那一部分孔隙水压力转化为作用在水流方向上的有效压力，渗流力是一种体积力，与渗流方向一致，对变形体产生强推力，并在一定条件下引起渗透破坏。

对于深层地下水，特别是基坑坑底以下的承压水会对坑底产生浮力。在地下水浮力的作用下，如果基坑底板与含水层顶板之间土的自重应力小于地下水的上浮力，就会出现涌水现象，甚至产生流砂及冒底等现象，导致被动土压力丧失，造成支护结构失稳、水淹基坑工程事故。

（3）软化作用：软化作用是由于水的存在而造成土体抗剪强度降低的作用。水的存在，使边坡土体长期受水的浸泡，含水量增大、土质变软。从微观上看，由于水分增加，一方面水在较大颗粒表面产生一定的润滑作用，降低颗粒之间的摩阻力，同时使细小黏粒间的结合水膜变厚，降低了土的黏聚力，使 c、φ 值大大减小，从而降低了土体的抗剪强度。

施工阶段基坑开挖暴露以后，在水土作用下，坑壁土体随水崩塌（黏性大）或被水潜蚀（黏性小），坡脚被淘空，土体变形加剧导致失稳，或直接导致坡体坍落；另一方面地下水渗流影响面层与坑壁土体结合，降低了土钉与土体的整体复合作用。

上述两个实例，工程所处场地均有地下水，且均蕴藏于弱透水层，降水效果很不理想是造成土钉墙失稳的主要原因。

1.5.2 防治基坑土钉墙支护失稳的措施

根据法国有关资料报道，75%的土钉墙支护失稳发生在施工阶段。从失稳的实例可以看出，无论施工阶段还是使用阶段，导致失稳的自然因素主要是软弱土层和地表及地下水，因此在软弱土层和地表及地下水地层中应慎用土钉墙。

土钉墙一旦出现问题，治理十分困难，因此应将重点放在预防上：一是控制变形，防止裂缝过早发生而削弱滑裂面抗剪能力；二是增强变形适应能力，避免在变形过程中复合体被瓦解。

1. 在构造方面采取措施

（1）选用比土钉大一规格的钢筋作井字形锚头，以增加土钉的抗拔力。

（2）在纵横两个方向加通长钢筋，以提高面板变形的约束能力。

（3）建议设计在构造上尽量避免直坡，因为直坡使修坡时上部混凝土面层成为巨大的混凝土板，增加了坡体荷重，同时坡脚极易被地下水淘空，发生土体塌落事故。

2. 在施工方面采取措施

（1）针对水土作用的防治措施

在土钉支护工程中，首先要防治水土作用造成的不良影响。目前，在土钉支护工程中采取的措施主要有防、排、堵、挡、抽等方法，同时配合以信息动态施工。

1）防，就是以预防和防止为主，即防字当头，这是"防、排、堵、挡、抽"方法中的首要方法。工程施工前，要详细查明地下管道的情况，绘制管道分布图。对每条、每段管道的走向、渗漏情况加以标注，同时要经常监测管道的渗漏情况，详细记录。对于长年不通的下水或污水管道，要在工程施工前予以清理疏通。

对于降雨，更要以防为主，每日密切注意天气变化。事先准备好应急的防雨材料，并制定好详细的应急措施。基坑边坡周围，如果地表土体渗透性好或有裂隙，应事先对其做防水处理，可以做水泥抹面或铺设防雨布等。

对于地下水，同样要尽可能查明其埋藏、补给、径流和排泄条件，水文地质变化及运动规律等，以根据地下水不同情况采取不同的防治措施。

2）排，就是要对一些水体予以疏导。包括设置排水沟（又分地面排水及基坑底排水沟两种）、泄水沟（滤水管）及导水横梁。导水横梁即是在距坡顶 1~2m 处，沿边壁紧贴混凝土面层架设宽约 20~30cm 槽状轻质塑料板材的横梁，与水平面夹角为 3°~5°，较低一端连接竖向汇水管，可以有效地防止雨水及边壁渗水冲刷坡面。

3）堵，即对部分水体予以封堵，防止渗入或流入基坑。对于年久失修漏水严重的地下上、下水管道及污水管，对漏水段予以封堵。对于边坡开挖过程中出现的边壁上的土洞、废弃管道或防空洞，可以采用砖砌墙加水泥砂浆的办法加以封堵，并迅速喷射混凝土面层。

4）挡，修建挡水构筑物以截断水体的径流途径。包括修筑挡水墙、止水隔渗帷幕或截水帷幕（灌浆帷幕、搅拌桩截水帷幕、旋喷桩截水帷幕等）等全封闭快速喷网面层挡水。所谓全封闭快速喷网面层挡水，即对于软土地区或坡面淋水、渗水严重的地区的土钉支护，为防止开挖后边坡位移大，引起坡体中的管道断裂而渗水，可以超前打入竖向微桩，开挖后迅速打入水平摩擦钉并挂网喷射第一层混凝土面层，待边坡位移稳定后再进行后续工作。

5）抽，即进行基坑降水。基坑降水是边坡支护工程中处理地下水位过高最常用和最有效的方法之一。基坑降水不但能使地下水位降低，同时由于土体中含水量下降，可以有效提高土体的抗剪强度。同济大学在上海博物馆新馆基坑支护工程中，现场对降水前后的土样进行了试验，结果表明，含水量下降 12%，土层的 c、φ 值及变形模量分别增加了 35%、50%、37%。

如果针对边坡两种不同的吸水途径及具体的工程、水文、环境特点采取相应的防治措施，结合使用以上多种办法，并与动态设计信息化施工相结合，及时对出现的异常情况予以解决，事故是完全可以避免的。

（2）其他施工措施

1）采用信息化施工：地下工程地质和水文地质的情况千变万化，施工前很难全面掌握，采用信息化施工十分必要，也是防治水害的重要一环。除了正常的边坡位移、倾斜及地面或近坑建筑物的沉降监测外，最好还要密切监测孔隙水压力。随着施工进行加强位移、沉降观测，然后根据土方开挖暴露出的土层的地质、边坡位移和地面沉降的变化，对土钉墙做必要的调整。比如边坡位移和地面沉降接近或超过一定界限，合理加长加密土钉。土钉长度大，被加固土体的范围宽，体外稳定性提高；加大土钉的密度，有利于加大加固边坡土体的复合作用，减小基坑边坡变形，提高抗滑移能力。

孔隙水压力的变化，直接反映了边坡土体的受荷及变形情况，在荷载作用下土体中首先产生孔隙水压力。随后才是土颗粒的固结变形，饱和黏性土的固结过程就是孔隙水压力消散的过程。因此，孔隙水压力的增高或降低是土层变化的前兆，通过对孔隙水压力的监测，掌握其变化的规律，及时发现各种不良的潜在因素，及时进行反馈处理，可以有效地将水土作用问题可能造成的危害控制在最小范围之内，避免工程事故的发生。

2）开挖基坑应当按设计步骤和深度进行，严格控制土方分步开挖的高度，并严禁超挖。

3）缩短水平方向开挖的分段长度，加快施工节奏以减少暴露时间。必要时可以先喷后锚。

4）加强焊接，提高土钉、网体和面板的整体性。

1.6 土钉基坑护坡工程专项施工方案实例

某大厦基坑支护施工方案

1.6.1 工程概况

1. 工程概况

本工程位于××市余杭区仓前镇高新技术产业区块，南侧为规划道路，北靠龙潭路。具体布局可参看平面图。建设单位：××师范大学；设计单位：××设计集团股份有限公司；监理单位：××工程咨询有限公司；勘察单位：××勘察设计研究院有限公司；施工单位：浙江宝业建设集团有限公司；质监单位：××余杭区质监站；工程工期：405天。

本工程由实验楼和综合服务楼组成，地下为一层，地上六层至十层，属框架结构。总用地面积为13333m^2，总建筑面积约为41105m^2，建筑高度最高为41.9m，±0.000相当于黄海标高5.300m。自然地坪主要取4.800m，即相对标高−0.500m。

本工程桩采用钻孔灌注桩，直径为ϕ600、ϕ700、ϕ800，有效桩长约为18~29m，共计332根，由分包单位施工。垫层为100mm厚C15素混凝土垫层，地下室底板厚450mm，有两个后浇带，地下室承台、底板混凝土、墙板柱及顶板混凝土强度等级C35，地下室底板、承台、地梁和外墙混凝土抗渗等级均为S6。

2. 场地周边环境条件

基坑东侧为待建二期场地，基坑北侧为龙潭路，基坑外边线距离用地红线最近约2.71m。基坑西侧为空地，基坑外边线距离用地红线最近约4.71m。基坑南侧为规划道路和城市绿化带，基坑外边线距离用地红线最近约10.21m。

现场内无地下管线，周边环境情况详见周边环境图。

3. 工程地质条件

××勘察设计研究院有限公司提供的《××师范大学科学技术园工程（一期）岩土工程勘察报告》（工程编号：2006-G-6210）。自地表向下41.00m勘探深度范围内，根据本次勘察拟建场地地层分为7大层，共25亚层，自上而下描述如下：

①—1耕土：灰褐色，饱和，松软。含植物根茎及腐殖质。主要分布于场地南部稻田，层厚0.30~0.60m。

①—2填土：灰黄色、黄灰色，稍湿到湿，稍密。主要有黏性土组成，含少量碎石、碎砖瓦砾等硬杂物，表部含植物根茎。主要分布于场地北部及农田边缘地段，层厚0.50~1.00m。

②—1粉质黏土：灰黄色，饱和，硬可塑。切面较光滑，稍有光泽，含少量灰白色斑点及黄褐色铁锰质斑点，局部含个别泥质结核，无摇振反应，干强度和韧性较高。主要分布于场地北部，层顶高程为3.31~4.08m，层厚0.90~3.70m。

②—230土：蓝灰夹灰黄色，饱和，软塑。切面光滑有油脂光泽，含黄褐色铁锰质斑点，

无摇振反应,干强度和韧性较高。主要分布于场地北部,层顶高程为 0.41~3.56m,层厚 1.10~2.20m;

②—3 粉质黏土:灰黄色,饱和,可塑。切面光滑有油脂光泽,含黄褐色铁锰质斑点及蓝灰色条纹,无摇振反应,干强度和韧性较高。局部缺失,层顶高程为 1.09~3.85m,层厚 1.10~3.80m。

③—1 淤泥质粉质黏土:灰色,饱和,流塑。切面粗糙而无光泽,无摇振反应,含少量有机质,局部夹粉砂,干强度和韧性较高。场地南部零星分布,层顶高程为 0.79~2.28m,层厚 0.70~3.70m。

③—2 粉砂:灰色,湿,稍密~中密。切面粗糙而无光泽,摇振反应迅速,含少量黏性土,局部相变为细砂或中砂,干强度和韧性低。场地南部零星分布,层顶高程为 -1.89~1.89m,层厚 1.10~4.00m。

③—3 黏质粉土:灰色,湿,稍密。切面粗糙而无光泽,摇振反应迅速,具水平层理,夹黏性土薄层,含少量云母屑,干强度和韧性低。场地南部零星分布,层顶高程为 -3.29~0.30m,层厚 0.60~2.50m。

④—1 粉质黏土:灰黄色、黄褐色,饱和,硬可塑。切面光滑有油脂光泽,含黄褐色铁锰质斑点及蓝灰色条纹,无摇振反应,干强度和韧性高。场地南部零星分布,层顶高程为 -1.12~1.25m,层厚 0.80~3.50m。

④—2 黏质粉土:灰色,湿,稍密~中密。切面粗糙而无光泽,摇振反应迅速,具水平层理,含黄褐色斑点,干强度和韧性低。场地南部缺失,层顶高程为 -4.29~0.26m,层厚 1.50~4.80m。

④—3 粉质黏土夹粉土:灰黄色,饱和,软塑。切面粗糙而无光泽,摇振反应慢,呈层状,夹粉土薄层,粉土单层厚度一般 3~5mm,局部达 10cm,黏性土和粉土厚度比大约 5:1,含黄褐色斑点,干强度和韧性低。局部缺失,层顶高程为 -6.44~-1.62m,层厚 0.60~5.20m。

⑥—1 粉质黏土:灰黄色,饱和,软塑~可塑。切面光滑有油脂光泽,含黄褐色铁锰质斑点,局部含大量贝壳碎屑,无摇振反应,干强度和韧性较高。主要分布于场地南部,层顶高程为 -7.09~-6.34m,层厚 0.50~2.20m。

⑥—2 粉质黏土:局部为黏土,灰黄色、青灰色,饱和,硬可塑。切面光滑有油脂光泽,含黄褐色铁锰质斑点,含个别泥质结核,局部含少量贝壳碎屑,无摇振反应,干强度和韧性高。全场分布,层顶高程为 -8.87~-6.04m,层厚 1.40~5.60m。

⑥—3 黏质粉土:灰色,湿,中密。切面粗糙而无光泽,摇振反应迅速,具水平层理,含黄褐色斑点,局部相变为砂质粉土,干强度和韧性低。场地南部局部缺失,层顶高程为 -11.94~-8.45m,层厚 1.00~5.10m。

⑥—4 黏土:灰黄色,饱和,硬可塑。切面光滑有油脂光泽,含黄褐色铁锰质斑点,含个别泥质结核,无摇振反应,干强度和韧性高。局部缺失,层顶高程为 -15.84~-9.64m,层厚 0.80~8.20m。

⑥粉质黏土:灰黄色,饱和,软塑。切面光滑有油脂光泽,含黄褐色铁锰质斑点,无摇振反应,干强度和韧性高。场地中部揭示,层顶高程为 -17.80~-8.46m,层厚 1.30~2.60m。

⑦—1 粉质黏土:灰色、浅灰色,饱和,软塑。切面光滑有油脂光泽,无摇振反应,局部含少量有机质,干强度和韧性较高。主要分布于场地北部,层顶高程为 -20.11~-14.06m,

层厚 0.50～4.80m。

⑦—2 粉质黏土：灰色、蓝灰色，饱和，可塑。切面光滑有油脂光泽，无摇振反应，局部含少量有机质及青色条纹，干强度和韧性高。局部缺失，层顶高程为－20.32～－16.04m，层厚 0.50～4.40m。

⑦夹 含砾粉质黏土：灰黄色，饱和，硬塑。切面粗糙而无光泽，含砾石约 20～30%，粒径一般小于 5mm，个别大于 10mm，呈次棱角状，成分主要为泥岩，由黏性土胶结。场地南部 Z18、Z24、Z25 孔揭示，层顶高程为－21.52～－15.74m，层厚 0.30～1.30m。

⑧—1 砾砂：灰色，湿，中密。含砾石约 20%～30%，局部 30%～40%，分布不均匀，呈亚圆形，成分为石英砂岩，砂粒含量约 40%～50%，其余为黏性土，局部砂粒含量较高，相变为中粗砂。仅 Z03 和 Z17 孔揭示，层顶高程为－21.33～－20.81m，层厚 0.80～1.70m。

⑧夹 粉质黏土：灰色，饱和，软塑。切面较光滑稍有光泽，无摇振反应，局部含少量有机质，干强度和韧性较高。仅 Z17 孔揭示，层顶高程为－21.61m，层厚 0.70m。

⑧—2 卵石：灰色、灰黄色，湿，中密至密实。卵石含量约 50%～60%，粒径一般 20～50mm，个别大于 50mm，砾石含量约 20%～30%。卵砾石呈亚圆形，成分以石英砂岩为主，分选性差，其余为中粗砂及黏性土；局部卵石含量较少，为圆砾。场地东部勘探孔揭示，层顶高程为－23.03～－21.71m，层厚 0.90～2.30m。

⑩—1 全风化钙质砾岩：紫红色，硬塑、严密。岩石已风化为土状、砂砾状，用手易掰开，含个别未完全风化的角砾，结构构造已破坏，遇水极易软化。局部缺失，层顶高程为－23.32～－14.24m，层厚 1.00～4.30m。

⑩—2 强风化钙质砾岩：紫红色，较硬、密实。岩石已显著变化，岩芯呈碎块状，砂砾状，含较多角砾，粒径 2～20m，个别为碎石，含量 20%～50%不等，分布不均匀，大部分为砾状结构，岩块用手可掰开，锤击声闷，遇水较易软化，属软质岩。全场分布，层顶高程为－25.52～－15.52m，层厚 0.30～5.80m。

⑩—3 中风化钙质砾岩：紫红色，坚硬。岩芯呈碎块状、短柱状，锤击声脆，含较多角砾，含量 20%～50%不等，个别为碎石，呈棱角状分布不均匀，成分主要为石英砂石、中粗砂及少量黏性土胶结，砾状结构，块状构造，裂隙较发育。层顶高程为－28.92～－17.95m，揭示最大厚度 8.90m。

4. 水文地质条件

本场地上部地下水为空隙潜水，水位埋藏较浅，勘察期间于勘探孔内测得地下水距地表为 0.50～2.54m，相当于黄海高程的 1.84～3.51m 之间。该层潜水主要受大气降水和地表水补给影响，地下水位随季节性有所变化，变化幅度约在 1～2m 之间，下部基岩富水性较差，水量较小，对本工程影响较小。本场地地下水对混凝土和钢筋无腐蚀性。

5. 不良地质情况

本场地除地表分布若干水塘外，地下未见其他不良地质作用。

6. 各土层的主要物理力学参数

岩土工程勘察报提供的本基坑涉及各层土的主要物理力学参数见表 2-4 所示，括号内为工程经验值。

各层土的物理力学性质参数　　　　表 2-4

层号	土层名称	天然重度 γ (kN/m³)	黏聚力 c (kPa)	内摩擦角 φ (度)	含水量 W (%)	孔隙比 E_0	液性指数 I_1	水平渗透系数 K_H (cm/s)	垂直渗透系数 K_v (cm/s)
①—1	耕土	(18.0)	(8)	(12)					
①—1	填土	(18.0)	(8)	(12)					
②—1	粉质黏土	19.5	32	16.4	27.5	0.793	0.350	7.9E-7	6.3E-7
②—2	黏土	18.3	(28)	(12)	37.2	1.054	0.831	6.3E-7	4.3E-7
②—3	粉质黏土	19.5	36	13.8	26.4	0.765	0.554	6.1E-6	3.3E-6
③—1	淤泥质粉质黏土	18.1	21	11.3	36.9	1.068	1.254	4.3E-7	3.2E-7
③—2	粉砂	18.8			29.4	0.834		2.0E-4	2.5E-4
③—3	黏质粉土	(18.8)	(10)	(20)				4.0E-5	5.0E-5
④—1	粉质黏土	19.4	41.8	11.9	28.1	0.812	0.394	4.2E-5	3.3E-5
④—2	粉质粉土	19.1	10	23.3	31.5	0.862	1.427	3.5E-4	1.3E-4
④—3	粉质黏土夹粉土	19.0	18.1	16.2	31.6	0.874	1.260		
⑥—1	粉质黏土	18.0			40.6	1.148	0.953		
⑥—2	黏质粉土	19.8	50.5	18.1	25.4	0.738	0.226		

1.6.2 编制依据

（1）本工程总平面图、地下结构图。

（2）××勘察设计研究院有限公司提供的《××师范学院大学科技园工程（一期）岩土工程勘察报告（详勘）》。

（3）××设计集团股份有限公司设计的基坑围护设计方案。

（4）《建筑基坑支护技术规程》(JGJ 120—1999)。

（5）浙江省标准《建筑基坑工程技术规程》(J 10036—2000)。

（6）《建筑基坑工程技术规程》(YB 9258—1997)。

（7）《建筑地基基础设计规范》(GB 50007—2002)。

（8）《混凝土结构设计规范》(GB 50010—2002)。

（9）《建筑桩基技术规范》(JGJ 94—2008)。

（10）《基坑土钉支护技术规范》(CECS 96∶97)。

(11) 国家、省、市现行施工验收规范、规程和标准。
(12) 国家、省、市现行安全生产、文明施工的规定。
(13) 我公司QEO三合一体系管理手册、程序文件及企业标准等有关文件。
(14) 我公司现有技术机械装备与施工力量。

1.6.3 基坑围护设计概况

1. 基坑围护设计方案

本工程主要开挖面标高为－6.05m，计算开挖深度为5.55m。本工程基坑边坡主要采用土钉墙围护，土钉采用$\phi 48\times 3.0$的钢管，土钉墙钢筋网为$\phi 6.5@200\times 200$，面层采用干喷法喷射100mm厚C20混凝土。局部位置加设竖向木桩围护，本基坑局部坑中坑开挖深度较小，采用1∶0.7放坡围护，汽车坡道处坑外承台、地梁和坡道板开挖深度较小，采用1∶1放坡开挖。

对土方开挖要求：土方开挖应严格分层、分段开挖，土钉墙围护部分每次开挖深度不应超过土钉设计深度50cm，严禁超挖。土钉注浆后须养护48小时后方可开挖下一层。每段开挖长度20m，应利用土钉施工快的优势，随开挖随支护，当工作面开挖出来后应在12小时内完成支护，严禁开挖面长时间暴露。

2. 基坑降水方案

基坑四周设置300mm×400mm砖砌排水沟以截（排）除坑外的地表水，排水沟内壁水泥砂浆抹面，基坑外四周每30m设置一个沉淀池（500mm×500mm×1000mm）。填土中采用明挖明排，结合潜水泵抽水。基坑内外均采用自渗管井降水，管井总数为56个，成孔直径800mm，管井直径400mm，滤层采用20cm厚砾砂，采用潜水泵抽水。

3. 基坑围护检测

（1）监测内容：包括土体水平位移、基坑周边道路的沉降位移、地下水位等。
（2）土体深层位移监测孔共12个；坑外地下水位监测孔共6个。
（3）各监测项目在土方开挖前应测读初始值不应少于两次。土方开挖前，还应了解并记录周边道路已有的裂缝，在基坑施工过程中应密切监测裂缝情况。
（4）各监测项目应每天定时测，如变化较大或达预警值应增加监测频率。监测数据应每天提供给有关单位。
（5）监测报警值设定如下：土体日水平位移量连续三天超过3mm/d，或土体累计位移量达35mm。

1.6.4 施工部署

1. 总体部署

本工程基础埋深较深，地下室面积大，施工工艺较为复杂，合理地安排好工程的施工程序，合理地组织平行流水施工显得相当重要。

根据本工程的施工特点及工艺要求，拟将工程按区块划分为三个施工段，同时三个施工段可适当地组织流水施工，以便最大限度地利用好所投入的各种资源，提高施工效率。

对于本工程的施工，基础及地下室部位施工是整个工程施工的关键所在，在工期要求及水文地质等条件的影响下，加快施工节奏，"抢"基础及地下室工程施工，基坑围护施工尤显得重要，必须合理安排流程，加强施工质量。

2. 项目班子组织和管理

本工程一次验收确保达到合格标准,并确保浙江省"钱江杯"工程,安全生产、文明施工则确保浙江省标化工地。安全生产重大事故为0,轻伤事故频率小于1‰;预防为主,杜绝严重职业病的发生;保护环境,控制污染,确保环境各项检测指标均达到国家和浙江省规定的要求。

本工程项目经理由一级建造师陈×担任,项目副经理由王×工程师担任,项目部配备相应的管理技术人员,项目部由项目经理、技术负责人、安装项目经理、安装技术负责等组成一级管理层,项目部下设生产计划组、施工技术组、质量检查组、安全检查组、治安后勤组、机械设备组、安装技术组七个职能部门,各职能科室负责人都由专业技术人员组成,形成管理网络,执行专职负责各条专线的生产管理工作。深化和完善以工程质量、施工进度、安全生产为主要指标的生产责任制,真正做到工程质量与施工进度同每一个施工人员的利益相联系。专人负责编制旬、月季、年生产作业计划,每周召开一次现场会议,落实生产计划,解决存在问题,做到"以天保旬,以旬保月",最终如期完成施工任务。严格把好原材料、成品、半成品的质量检验关,做到不符合质量要求的产品坚决不用。认真及时做好逐级的书面技术交底、技术复核、隐蔽工程检查,实行上下道工序交接验收制,进一步加强技术档案管理,专人负责工程技术资料的验收和保管工作,做到资料整理与工程同步。

项目部组织机构如图2-16所示。

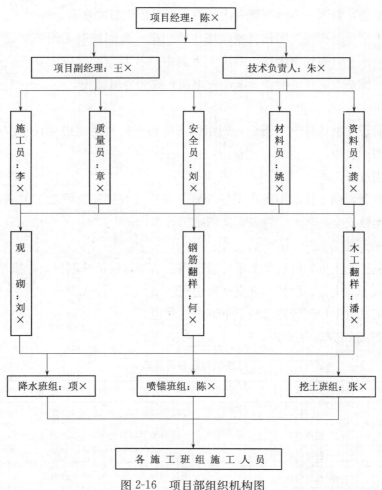

图2-16 项目部组织机构图

3. 施工准备工作

(1) 测量放线及测量桩、点的保护

1) 土方开挖前,建筑物定位桩须经甲方及监理单位核验后方可动工;

2) 土方工程开工前,要根据施工图纸及轴线桩测放坑开挖上口的灰线;

3) 机械施工易碰压测量桩,因此,基坑开挖范围内所有的轴线桩和水准点都要引出机械活动区域以外,并设置涂红白漆的钢筋支架以保护,同时安排专人现场看护。

4) 在土方开挖期间,安排三个测量员不间断地对基坑土方标高进行控制并将轴线引至底板。

(2) 现场道路和出入口

本工程现场只设两个出口,一个设在场地北面的西角,与龙潭路相连,另一个则设在场地东侧的南角,土方开挖时,两处均各设一斜坡道用于土方外运。在出口处设置排水沟、集水井、高压水泵等,清除出场车辆上的污泥,做好工地内外的环境保洁工作。

在出入口设置交通指令标志和警示灯,保证车辆和行人的安全。

(3) 施工用水、用电及夜间照明

根据现场布置要求设置好总配、分配电箱,并沿基坑四周设置环形水管。

为防止现场和道路起尘污染环境,在基坑四周中间各设置 1 个水喷头作喷洒用;沿施工围墙上口设一圈喷雾管,每隔一小时喷洒一次;汽车出口需设置冲洗台。

机械施工用电主要是夜间照明和机械现场小修用电。夜间照明采用四架固定"大太阳"灯分别放置在二台塔吊上。现场出入口、基坑上下通道口及其危险地段也要安装必要的散光灯和警戒灯。为保证连续抽水,现场配备 75kW 发电机,作为停电备用。

(4) 图纸会审

项目部施工管理人员认真熟悉图纸,先组织图纸自审,再组织由建设单位、设计单位、监理单位等参加的图纸会审。

(5) 施工班组准备

及时选择质量意识强、技术操作水平好的施工班组,并且安排好职工的食宿,做好进场工人的三级教育,增强安全、防火、防盗、文明施工等意识。

4. 水平与垂直运输方案

(1) 本阶段施工的土方、材料等水平运输选用运输车、反铲挖掘机、手推车等。

(2) 本阶段施工的土方、材料等垂直运输选用塔吊。

(3) 人员进出基坑采用钢管搭设的上下通道、马道。

5. 施工机械配备和劳动力组织

进场机械配备一览表　　　　　表 2-5

序　号	机械或设备名称	型号规格	数　量	额定功率
1	塔吊	QTZ60/80	2	40.0kW
2	搅拌机	J350A	1	5.5kW
3	砂浆机	UJ325	1	3.0kW
4	闪光对焊机	UN_1-100	1	100kVA
5	电弧焊机	AX3-300	3	10kVA

续表

序 号	机械或设备名称	型号规格	数 量	额定功率
6	钢筋弯曲机	GJ40	1	3.0kW
7	钢筋切割机	GJ5-40	1	2.5kW
8	钢筋调直机	GJ4-14	1	3.0kW
9	插入式振动棒	ZH-50	4	1.5kW
10	平板式振动器	ZX-7	6	1.5kW
11	木工圆盘锯	MJ-104	2	3.0kW
12	木工平刨机	MB-206	2	4.0kW
13	潜水泵	B型	65	0.75kW
14	蛙式打夯机	/	2	5.0kW
15	空气压缩机	DH3.5	4	15kW
16	反铲挖土机	PC-120	2	0.4m³
17	反铲挖土机	PC-200	3	0.8m³
18	自卸汽车	东风	15	15T
19	发电机	/	1	75kW

机上人员配备及其他人员配备表 表2-6

工 种	每班定员	班 制	配备人数	备 注
挖土机司机	6	2	12	
挖机指挥员	6	2	12	每台挖机配备一人
汽车司机	15	2	30	
交通指挥	1	2	2	负责车辆进出指挥
工长	1	2	2	
测量工	2~3	2	5	白天三人，晚上二人
记数工	1	2	2	
机修工	1~2	2	3	白天二人，晚上一人
电工	2	1	2	
安全员	2	2	4	巡视
挖土工	36	1	36	包括清槽、修边坡、砌排水沟等
合计			110	

6. 材料供应和管理

(1) 材料必须在合格分承包方内采购，可分为A、B类材料分别控制。

(2) 根据工程进度计划提前编制月、周需用各种材料计划报表。

(3) 材料供应组织工作按材料的采购、订货、运输、验收、入库保管流程展开。

(4) 建立材料的领发料制度。

(5) 引入材料的成本核算管理。

(6) 建立原材料、成品或半成品、设备的质量验收制度。

(7) 建立材料的检验和测试制度。

7. 基坑施工总体顺序

测量定位——深井施工（降水）——边坡挖土——第一道土钉施工——第一层土方开挖——第二道土钉施工——第二层土方开挖——凿桩、地梁承台垫层——砖胎模——底板垫层——承台、底板钢筋——承台、底板混凝土——地下室柱墙顶板结构——地下室外墙防水工程——地下室外围回填土（管井封堵）。

根据本工程特点，为加快施工进度，先开挖第一块土方（10层实验楼地下室土方），土方工程量约为18000方，开挖需15天时间；接着开挖第二块土方（6层实验楼地下室土方），土方工程量约为17000方，开挖需12天时间；第三块土方（6层综合服务楼）可以与第二块土方同时施工，因第三块土方出土道路在基坑东侧的南角处，土方工程量约为10000方，开挖需10天时间（详见土方开流程布置图）。

8. 施工进度计划表

根据合同及甲方要求，并结合工程实际，本工程地下室土方施工各主要节点部位控制时间分别如下：

序 号	节 点 工 程	计划天数	起 止 时 间
1	准备工作	10天	2009.3.1～2009.3.10
2	深井施工	8天	2009.3.3～2009.3.10
3	基坑边坡上层土开挖	6天	2009.3.15～2009.3.20
4	上层土钉墙锚杆	8天	2009.3.15～2009.3.22
5	第一段土方开挖	15天	2009.3.15～2009.3.30
6	第二段土方开挖	12天	2009.3.28～2009.4.9
7	第三段土方开挖	10天	2009.4.6～2009.4.15

9. 施工平面布置图

详见附图：地下室阶段施工平面布置图。

10. 基坑施工用电计算

本阶段施工用电计算因设备进场时间不一致，故选择用电最大的基础施工阶段，对总负荷进行计算。

（1）计算用电量

总用电量可按下列公式计算：

$$P = 1.05\left(K_1 \frac{\sum P_1}{\cos\varphi} + K_2 \sum P_2 + K_3 \sum P_3 + K_4 \sum P_4\right)$$

式中　　P——供电设备总需要容量（kVA）；

　　　　P_1——电动机额定功率（kW）；

　　　　P_2——电焊机额定功率（kVA）；

　　　　P_3——室内照明容量（kW）；

　　　　P_4——室外照明容量（kW）；

　　　　$\cos\varphi$——电动机的平均功率因数；

　　　　K_1、K_2、K_3、K_4——需要系数。

施工用电量计算：

1）需要机械设备用电

设备	数量	功率
潜水泵	65台	65×0.75＝48.25kW
塔吊	2台	2×40＝80kW
搅拌机	1台	1×5.5＝5.5kW
砂浆机	1台	1×3.0＝3.0kW
插入式振捣器	4台	4×1.5＝6kW
空气压缩机	4台	4×15＝60kW
木工施工机械		14kW
钢筋施工机械		8.5kW
$\sum P_1$		225.25kW
电焊机	3台	3×10＝30kVA
垂直对焊机	3台	3×10＝30kVA
闪光对焊机	1台	1×100＝100kVA
$\sum P_2$		160kVA

2）室内外照明灯具

	序号	电气名称	规格	数量	合计功率	备注
室外照明	1	高压碘灯	3.5kW	6	21kW	
	2	小太阳	1kW	6	6kW	
室内照明	1	日光灯	30W	88	2.64kW	
	2	白炽灯	15W	30	0.45kW	
	3	空调	1.5kW	5	7.5kW	

总用电量 $P=1.05\times(K_1\sum P_1/\cos\Phi+K_2\sum P_2+K_3\sum P_3+K_4\sum P_4)$

式中　P_1——施工用电动机总功率；

P_2——电焊机总功率；

P_3——室内照明总容量；

P_4——室外照明总容量；

K_1——$K_1=0.6$；

K_2——$K_2=0.5$；

K_3——$K_3=0.8$；

K_4——$K_4=1.0$。

$P=1.05\times(0.6\times225.25/0.75+0.5\times160+0.8\times10.59+1.0\times27)$

$=310.45kVA$

根据总用电量计算结果，最大用电量为310.45kVA，现场实际提供用电总量为400kVA，完全能满足施工用电的要求。同是时为防意外停电，工地配75kW发电机一台，管井潜水泵总功率为50kW，可以保证基坑正常排水。

1.6.5 本基坑工程的难点和重点

1. 本基坑工程的难点

根据周围环境和基坑围护方式，确定降水和排水为本基坑的难点。

2. 本基坑工程的重点

(1) 确保降水工程能有效工作，保证基坑安全。

(2) 有效的应急方案。

(3) 基坑监测。

(4) 确保土钉墙的施工质量。

1.6.6 施工方案和技术措施

1. 土钉墙的施工

(1) 土钉墙的施工顺序

1) 场地清理；

2) 基坑放线；

3) 开挖第一层 1.0~1.8m 深；

4) 第一层支护；

5) 开挖第二层；

6) 第二层支护等，下同。

(2) 土钉墙施工工艺流程图（图 2-17）

(3) 边坡土方施工

土方应分层分段开挖，每段开挖 20.0m 左右，每层开挖深度不得大于 1.8m，若出现塌方现象，应减少每层开挖深度为 1.0m 左右，并加密土钉，及时支护。对开挖出的边坡进行人工修正，确保边坡的平整度。对土钉位置作出标记，如因地质条件及场地设施的影响而改变孔位时，须经质检、监理人员确认后再作孔位调整。开挖过程中及时做好安全监测及基坑支护的协调配合工作。

(4) 土钉墙施工

1) 锚管：采用 $\phi 48 \times 3.0$ 的普通钢管制作，土钉施工时应将钢管前端敲扁封闭，在钢管沿长度方向每隔 0.6m 旋转 90 度设一个 $\phi 8mm$ 圆孔，圆孔从钢管端头 1.0m 开始设置，直至钢管前端。为提高土钉的抗拔力，在钢管上每个出浆孔处焊接一块等边角钢护住孔口并作为倒刺。

锚管入土方式分两种，在流塑状淤泥层及流砂层时，用普通风镐将锚管振入土层内。如土质较硬时，可先行开孔再击入。

2) 成孔

对锚管采用打入法施工。本工程主要采用锚杆钻孔机开孔，钻头直径选用 100mm（成孔直径可为 120~140mm）。成孔后插入钢管，然后用风镐打入土中。成孔过程中，遇有障碍物需调整孔位时，不得影响支护安全。

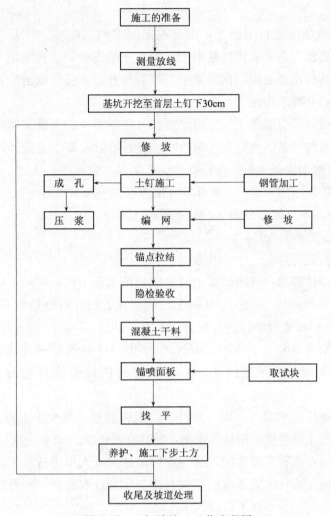

图 2-17 土钉墙施工工艺流程图

3）编扎钢筋网

钢筋网片由焊绑而成。因编网是随开挖分层进行的，故下层的竖向钢筋须用焊接接头，单面焊长不小于网筋直径的 $10d$，横向钢筋可用绑扎接头，其搭接长度不小于 200mm。

钢筋网片应牢固固定在边壁上，并符合规定的保护层厚度要求。

4）注浆

土钉成梅花形布置，注浆料为水泥砂浆，强度为 M10。

锚管（$\phi 48 \times 3.0$）注浆

注浆之前应排出管内泥水，用压力水进行洗孔，用胶管从钢管出入口处逐渐冲洗到管底，直至管内流出清水为止；最后对锚管注浆，即把注浆导管插入孔内注浆，进行加压注浆，土钉注浆开始压力不小于 0.5MPa，终了压力不小于 0.3MPa，注浆须慢速进行，注浆量按土钉长度计算确定（孔径按 80mm 算）确保注浆充盈系数不小于 1.1。

5）锚钉端部焊接

锚管（$\phi 48 \times 3.0$）端部应与加强筋、钢筋网片及井字垫块等相互焊接。各钢筋的位置由里向外依次为：钢筋网、水平加强筋、端头井字垫块。

6）喷射混凝土

喷混凝土的喷射顺序应是自下而上，由开挖层底部向上施喷。喷头与受喷面距离控制在0.8~1.5m范围内，射流方向垂直指向喷射面，但在钢筋部位，应先喷填钢筋和锚钉后方，然后再喷其前方，以免其后出现空隙。在继续下层喷射作业时，应仔细清除预留施工缝接合面上的浮浆层和松散碎屑，并喷水潮湿。

土钉墙面采用干喷法喷射混凝土，分两层施工，喷射第一层混凝土厚30~50mm后，打入钢管土钉，钢管内应及时注浆，然后绑扎钢筋网，最后喷射混凝土至设计厚度。面层钢筋至坑底须插入土中30cm，喷射混凝土时，可根据坑壁土层含水量和挖土速度，添加3‰左右的速凝剂。喷射混凝土强度等级采用C20，一般其配合比为水泥：砂：碎石：水＝1：2：2：0.45，水泥为普通硅酸盐32.5水泥，碎石的最大粒径不超过15mm，砂为中粗黄砂，空压机风量不小于6m³/h，喷头水压不小于0.15MPa。

（5）土钉墙质量检测

土钉抗拔试验的设计要求：抗拔试验土钉不应利用工作土钉。每道土钉取三根进行抗拔试验，试验按有关规范进行。1-1剖面1~3道土钉的抗拔力设计值分别为37kN、40kN、47kN。1'-1'剖面1~4道土钉的抗拔力设计值分别为41kN、72kN、75kN、86kN；2-2剖面1~4道土钉的抗拔力设计值分别为70kN、39kN、38kN、59kN；4-4剖面1~3道土钉的抗拔力设计值分别为24kN、23kN、25kN；5-5剖面1~4道土钉的抗拔力设计值分别为42kN、87kN、86kN、97kN。

土钉采用抗拔试验检测承载力，同一条件下，试验数量不宜少于土钉总数的1‰，且不少于3根。墙面喷射混凝土厚度应采用钻孔检测，钻孔宜每100m²墙面一组，每组不应少于3点。

根据以上要求，结合工程实际情况，请专业检测单位及人员进行检测，若土钉抗拔力符合要求，则抓紧严格按施工设计图纸要求组织进行施工，若没有达到，则将实测值上交给设计单位，复核计算是否满足，是否增设土钉或其他方案。

其他质量要求按"锚杆及土钉墙支护工程检验批质量验收记录"中的各项规定进行验收。

2. 管井施工

本工程基坑面积约达八千余平方米，属大面积基坑，土方量大，约4.5万方。土方开挖工期较长，基坑降水质量是土方开挖施工进度的关键，对周围环境影响很大，所以施工时必须作好管井降水。

（1）管井布置、封堵及排水要求

沿基坑周边采用管井降水，管井总数有56个，管井深度为11m，管井成孔直径800mm，井管采用φ400mm塑料管，管身打孔，外包3层60目尼龙网，再包一层7目镀锌钢丝网，管壁与孔壁之间充填200mm厚砾砂，管井必须在基坑开挖前七天进行抽水，所有管井一旦开通不得停息，由于基坑面积大，在基坑中部增设管井以保证降水效果。

出水管穿过基础底板的深井，在绑扎底板钢筋时须增设2根附加钢筋长1200mm，直径同底板钢筋，双层双向。浇筑底板混凝土前，先预埋φ426×14钢管，将其浇筑在底板混凝土中。当最终撤消保留的管井时，剪断深井水泵电缆和皮管，坑内简易管井用砂土填实，钢管内用掺早强剂且比底板高一个强度等级的细石膨胀混凝土封堵，并插入振动棒振捣密实，以保证止水效果。

施工场地四周设排水沟，采用120mm壁厚的砖砌，排水沟截面为300mm×400mm，排水沟底面浇筑细石混凝土并抹水泥砂浆。将地表水引入排水沟，通过沉淀池后分四处排至场外排水管网。一处为北面的东、西角接入龙潭路的城市排水管网，另一处为南面的西角，排到靠文一西路侧的城市排水管网。要确保排水沟不渗漏及排水畅通，防止水渗流入基坑内。坑内设排水沟与集水井，用水泵及时将基坑表面积水或雨水排出坑外，使基坑表面积水或雨水不滞留在坑内。

(2) 管井施工技术要求

1) 测放井位

根据井点平面布置，使用全站仪测放井位，井位测放误差小于30mm。当布设的井点受地面障碍物影响或施工条件影响时，现场可作适当调整。

2) 护孔管埋设

护孔管应插入原状土层中，管外应用黏性土封堵，防止管外返浆，造成孔口坍塌，护孔管应高出地面10~30cm。

3) 成孔

用100型的钻探设备打孔。

4) 钻机安装

钻机底座应安装平稳，大钩对准中心，大钩、转盘、与孔中心应成三点一线。

5) 钻进成孔

疏干井及降压井的开、终孔直径为800mm，要做到一径到底。开孔时应轻压慢转，以保证开孔的垂直度。钻进时一般采用自然造浆钻进，泥浆密度控制在1.10~1.15g/cm³。当提升钻具和临时停钻时，孔内应压满泥浆，防止孔壁坍塌。

钻进时按指定钻孔、指定深度内采取土样，核对含水层深度、范围及颗粒组成。孔斜：每50m小于1°。

6) 清孔换浆

钻至设计标高后，将钻具提升至距孔底20~30cm处，开动泥浆泵清孔，以清除孔内沉渣，孔内沉淤应小于20cm，同时调整泥浆密度至1.10左右。

7) 下管

直接提吊法下管。下管前应检查井管及滤水管是否符合质量要求，不符合质量要求的管材须及时予以更换。下管时滤水管上下两端应设置扶正器，以保证井管居中，井管应焊接牢固，下到设计深度后井口固定居中。

质量要求：井管长度偏差＜10cm，过滤管安装上下偏差≤30mm。

8) 回填滤料

采用动水投砾砂。先将钻杆提至滤水管下端，井管上口加闷头密封，从钻杆内泵送泥浆，使泥浆由井管和孔壁之间上返，并逐渐调小泵量，待泵量稳定后开始投放滤料。投送滤料的过程中，应边投边测投料高度，直至设计位置为止。

9) 洗井

采用活塞和空压机联合洗井法。先采用活塞法洗井，通过钻杆向孔内边注水边拉动活塞，以冲击孔壁泥皮，清除滤料段泥砂，待孔内泥砂基本出净后改用空压机洗井，直至水清砂净为止。

含砂量要求：小于1/20000（体积比）。

10）安装抽水设备

成井施工结束后，排设排水管道、安装潜水泵、接通电源，安装完毕后进行安装效果检查。

11）抽水

采用潜水泵抽水。

12）标识

为避免抽水设施被碰撞、碾压受损，抽水设备须进行标识。

13）排水

洗井及降水运行时排出的水，通过管道或明渠排入场外市政管道中。

(3) 管井运行管理措施和质量控制措施

1）管井全部安装完毕后进行试抽，当抽水运转一切正常后，请设计部门现场复核降水效果，若达到设计要求，可以投入正常抽水作业。开机一个星期后将形成地下降水漏斗，并趋向稳定，土方工程大面积开挖可在降水7天后开工，若达不到设计要求，则按实际情况增设管井或采取其他降水方案，确保基坑开挖时降水达到设计规定。

2）成立降水管理小组，组长为项目经理陈×，副组长为技术负责人朱×，组员为李×、刘×、刘×、史×。

3）设专人看管管井，24小时轮流值班，确保管井运行正常，若发生停电，立即采用备用发电机发电，保证管井降水。

4）备足潜水泵，一发现水泵有问题，立即更换，保证管井抽水正常。

5）排水沟每天清理，保证排水顺畅，同时若发现排水沟有渗漏现象，立即组织人员抢修。

(4) 管井封堵技术措施

管井封堵时间在地下室结构完成，回填土阶段进行，计划5天之内结束。考虑到工程实际情况，并且防止地下水通过此薄弱处渗入地下室，保证工程质量，拟对深井进行下述方法进行封堵，其施工流程如下：

凿除钢套管周边混凝土→割除露出部分套管，并取出水泵→向深井中回填砂土至底板底标高下10cm→用水泵将水位降至回填砂土层面→使用C40P8抗渗混凝土浇筑至钢套管齐平→用圆钢板焊接在深井钢套管上→最后用C40P8抗渗混凝土填平至底板面。

1）凿除钢套管周边混凝土

沿着深井套管周边使用手工向外凿除约10cm宽、8～10cm深的环形坑，以便割除钢套管以及进行钢套管的焊接封堵。

2）割除露出部分套管，并取出水泵

使用乙炔—氧气焊机对伸出部分套管进行割除，割除时，保证3cm左右的钢套管露出已凿出的混凝土环形坑，并且保证割除后的钢套管平整（可以专门加工一个环形箍箍在欲割除位置，再使用气焊机沿着环形箍割除）。割除完成后，将放入深井中可以取出的水泵提出。

3）向深井中回填砂土至底板底标高下10cm

水泵提出后，及时向深井中填放砂土，直至底板底标高下10cm左右。

4）用水泵将水位降至回填碎石层面

随着砂土的填放，深井中的水位不断上升，为保证混凝土的浇筑及封堵钢板的焊接时，故须采用水泵将深井中的水位降至回填砂土层面。

5）使用 C40P8 抗渗混凝土浇筑至钢套管齐平

水位降下去后，向深坑中倒入一定量的快干水泥，然后将 C45P8 细石抗渗混凝土注入钢套管中，并且用振动棒振捣密实，但振动过程中，要防止过振，直到与钢套管齐平。混凝土坍落度控制在 6～8cm 之间。

6）用圆钢板焊接在深井钢套管上

在经过浇筑混凝土后，需将钢套管口的混凝土清理干净，然后将 $\phi 398 \times 4$ 圆钢板接在深井套管上，焊接时，必须保证焊缝饱满，杜绝漏焊。

7）用 C40P8 抗渗混凝土填平至底板面

钢板焊接完成后，使用 C40P8 抗渗抗渗混凝土将环形坑封闭，并在上覆盖一层模板，防止人踩踏。

8）质量保证措施

① 在施工过程中，要做好深井的排水降水措施，保证不影响混凝土的浇筑及封堵钢板的焊接施工；

② 割除钢套管时，尽量保证口部平整，焊接时，必须保证焊缝饱满，不漏焊；

③ 混凝土浇筑时，一定要振捣密实，同时要防止过振。

④ 封堵施工完成后，使用模板对封堵部位进行覆盖，防止人踩踏，保证施工质量。

3. 土方开挖方案

（1）挖土施工顺序

1）土方开挖将安排三台 PC-200 反铲挖掘机和二台 PC-120 反铲挖掘机，土方运输配备 15 辆 15T 的运输车。

2）人员组织设经理 1 人，工程技术人员 2 人，安全员 1 人，杂工 6 人，修土 36 人。

3）挖土方遵循的顺序：土方开挖遵循"先撑后挖、分层开挖、严禁超挖"的原则。分层、对称挖土至要求标高，留 30cm 土，采用人工挖土。

4）挖土施工工艺：打桩后的场地清理→放灰线→业主或监理验灰线合格做好排水沟→做斜坡道、机械就位→大开挖→装渣→运渣至弃土场→场地清理平整。

（2）挖土机械选用

根据本工程基坑深度及土方量，拟选用三台 PC200 履带式反铲挖土机挖土，配备 15 辆 15t 自卸汽车运土。

工期目标：单计挖掘机日生产率（挖每天 8h 计算）即：

$$Pa = 8ph \times kb = 8 \times 172.6 \times 0.8 = 1106 \ (m^3/日)$$

故挖土时间为：$45000/(2 \times 1106) = 21$ 天

考虑土方开挖前 10 天管井降水及基坑围护的间隙配合，考虑土方开挖工期 31 日历天。

（3）施工方法和技术措施

1）土方开挖及基础支护

基坑开挖应自上而下分层进行，每次开挖深度按锚管的排距（共四道锚杆）开挖，横向应分块段间隔开挖，不允许随意开挖或一挖到底，先开槽再支护，并随时支护随时开挖，即挖土应服从喷锚网支护工作的程序及安排。当挖土到底板下承台时，应采用间隔跳挖的方式用人工进行挖掘。

喷锚网支护工程施工的特点之一是在施工程序上为边支护边开挖，分层支护，分层开挖，支护完也挖完当层土，所以，要求土方开挖必须和支护施工密切配合，使挖土进程和喷锚网支护施工形成循环作业。

① 分层分段开挖。根据施工计划要求，首先确定基坑放样尺寸，放线进行第一层土体开挖，开挖高度应控制在 1.8m，分段开挖长度应控制在第一层 15m，第二层开挖长度应控制在 6~8m，开挖深度应控制在 1.2m（第三层为 1.0m，第四层为 1.55m），同一层的两个开挖段应间隔跳挖。前层土钉完成注浆一天以上，面层喷射混凝土完毕 12 小时以上才可继续开挖下一层边坡面。一定要严格按照喷射锚网围护的要求深度和长度进行开挖，绝对不能超过。

② 根据施工计划安排，基坑四周挖出一条宽 5~7m，深 1~1.8m 的工作断面，断面挖出后，喷锚网施工便可立即投入按工序施工，待分层分段喷锚网支护施工完毕后，除运土进出口通道外，再把基坑中部的土方由内向外进行一次性挖掘，边挖边退，出土区最后用喷锚网施工封闭基坑边坡。

③ 严格控制土方开挖，严禁带水开挖。挖土应服从喷锚网支护工作的程序及安排，严禁超挖和欠挖，以确保基坑边坡的放坡比例。

④ 挖土至桩（管井）身时，应派专人指挥开挖避免挖机碰撞桩（管井）身，桩（管井）附近采用人工开挖。

2）地下水处理措施

在基坑周边应设置排水沟并做水泥地面，防止地表水渗入基坑土体。土方开挖过程中，及时抽排基坑内渗水、雨水；尤其是基坑开挖成型后，每隔 10m 设东西向，成田字形人工开挖 300mm×300mm 的盲沟排水沟，基坑四周每隔 30~35m 设 500mm×500mm×800mm 砖砌集水坑，及时排除坑内渗水及雨水，确保底板不被水泡，保持底板干燥。

3）成品保护

对定位标准桩、轴线引桩、标准水准点、龙门板等，挖运土时不得碰撞，并应经常测量和校核其平面位置、水平标高和边坡坡度是否符合设计要求。定位标准桩和标准水准点，也应定期复测检查是否正确。

土方开挖时，应防止邻近已有道路、管线等发生下沉或变形。必要时，与设计单位或建设单位协商采取防护措施，并在施工中进行沉降和位移观测。

施工中如发现有文物或古墓等，应妥善保护，并应立即报请当地有关部门处理后，方可继续施工。如发现有测量用的永久性标桩或地质、地震部门设置的长期观测点等，应加以保护。在敷设地下或地下管道、电缆的地段进行土方施工时，应事先取得有关管理部门的书面同意，施工中应采取措施，以防损坏管线。

4）应注意的质量问题

① 因土钉墙支护形式为边开挖边支护的施工工艺，对土方开挖和支护施工的配合有严格的要求，为了使本工程做到绝对安全可靠，根据以往的喷锚支护经验，土方开挖是整个加固工程成功与否的关键。土方开挖分为两个阶段：

第一阶段：土方开挖主要是配合土钉支护分层分段作业，及时提供土钉作业面，在支护作业完成前不得进行下一层土体开挖，使基坑四周形成一条槽形；施工时根据现场工程地质条件、现场实际情况按一定顺序进行，不得擅自乱挖，有关具体要求根据施工时确定的土方开挖流程图，并应服从支护施工负责人的调度。

第二阶段：当支护作业完成最后一层土钉支护时，可进行大规模土方开挖至底板垫层底，大面积退土时,退最后一层土原则上先挖基坑中央部分,后挖四周部分,边挖边作垫层,基坑挖土方法采用"五边"法,即边挖土、边凿去工程桩上部多余桩长、边铺碎石垫层、边浇筑混凝土垫层、边砌筑承台砖胎模。这样做既加快施工工期,又保护土体不长期暴露,有利于基坑稳定。

② 地表水与渗水处理

开工前应修好边坡上部的各种冲洗用水的下水通道,以免边坡上部的水浸入边坡或流入基坑,基坑内适当位置设置数个集水井,及时把作业面上的水导入井内,抽干。雨天更要及时排除积水,减少基坑的浸泡时间。

A. 防渗漏技术措施:及时有效地处理渗水问题是喷锚支护的关键所在,对基坑内的防水采用明沟排水,针对局部土质不匀,孔隙率及渗透性具有一定变化的特点,则在开挖过程中,局部地段可制作防水帷幕进行封闭。

B. 雨水或其他地面水量较多时,如上、下水管破裂等,应首先查明水源,进行修复,截断、改道或停用。同时在地面沿壁四周,距坑壁1.0~1.5m处设置排水沟,将雨水或其他地面水引流至排水沟排水,在坑壁的顶部地面则喷射混凝土,防止坑边地面渗水。

C. 当坑底渗水(涌水)严重时,应在坑底距离适当位置设置排水沟将水引流至集水坑中,抽排至地面,以保证坑底干燥,同时采用加密垂直锚管进行高压注浆,以确保边坡稳定。

D. 当坑壁含水量较高,并出现渗水或涌水现象时,在喷护前在锚管上方20~40cm处设置长度为1.5~2m的引流管(排水管),以减少边壁水压和保持边坡干燥,以利喷锚施工。

E. 土方挖至设计标高时,为防止地下水和较弱土层上涌,应及时做混凝土垫层,以便将坑底封死。

F. 每层作业面开挖深度低于同层锚管约30~50cm,作业面宽度大于6m,作业面开挖后进行锚管施工,再进行修坡和挂网,如土体强度过低,坍落、流土现象严重,则先进行修坡并预喷3~4cm的混凝土,再进行锚管施工。要求挖土服从喷锚施工,决不能乱挖,超挖,分段长度一定不大于20m,遇到淤泥层不大于6m,且必须跳槽开挖,待全部施工至底板垫层底后再施工承台部位。

G. 喷射混凝土施工时,要求混合料应拌合均匀,严格控制喷射混凝土的配合比和注浆配合比及水灰比,作业时喷射顺序自下而上,每层下部20cm暂不喷射以便搭接,若开挖工作面渗水量较大,则设置排水管,同时在喷射混凝土时调整速凝剂的用量。喷射机作业时,先开风,后开机,再给料,结束时应待料喷完后再关风,料斗内保持足够的料,喷射手应保持喷头有良好的工作性能,喷头预喷面的距离应保持在0.6~1.0m且垂直于喷面。应注意混凝土的养护,注浆应在面层完工12小时后进行,锚管注浆压力不小于0.5MPa。开挖出工作面后,土钉面层和锚杆施工应连续,一般情况下应在当天完成。

③ 机械大开挖

机械挖土为两班24小时作业,开挖顺序应分块有序地施工。为防止机械挖土挖掘过程中扰动老土,坑底预留30cm厚左右土用人工挖土清至设计标高;地表土一律运至指定卸土场。

A. 人工清理坑底

人工挖掘坑底300mm土之前,由测量组配合抄出距槽底300mm水平线,自东向西每隔2.5m打一个小木桩,挖至接近坑底标高时,用标尺随时以小木桩上的平棱校核坑底标高。最后由西侧轴线或中心线引桩拉通线,由工长检查坑边尺寸,确定坑宽标准,据此修正槽帮,最后清除坑底浮土,修底铲平。凡超挖部分一律用3:7灰土回填夯实,或用碎石填充振实,凡是出现暗塘或暗渠之类，应清理干净，用级配砂石分层填充振实。

B. 验槽

钎探完毕前一天，及时通知建设单位，由建设单位出面主持验槽，参加单位包括监理、设计、勘察、业主、施工，并通知当地质量监督站。验槽五方代表到现场并查看钎探记录，及时向其他单位和四方代表介绍地基的基本情况，验槽完毕，五方代表应在验槽表中签字，并注明不良地基的处理方法。

（4）防止塔吊基础对坑壁土体侧压力措施

基坑施工时设一台QTZ60、一台QZT80塔吊，QZT80塔吊位于实验楼南面Q轴/10轴外侧，中心位置距Q轴5m，塔机高度为55m。QZT60塔机位于综合服务楼北面H轴/11轴，中心位置距H轴5m，塔机高度40m。本塔吊基础设4根Φ600钻孔灌注桩（详见塔吊安装施工方案）。塔吊基础面标高为-3.000m（即与自然地面差2.5m），塔吊平面尺寸为6000×6000mm，高度为1350mm，其位置处在基坑4-4剖面，相当于剖面的土多挖一部分，即卸了一部分荷载，对基坑保护是有利的。因塔吊基础增设了4根Φ600钻孔灌注桩，承载力大大提高，经计算满足要求。

（5）基坑底板的保护措施

人工清好的底土，尽量少上人踏踩，抓住晴好天气，底土清好一段验收一段，随后进行垫层施工，以免雨天将底土泡烂。加快施工速度，减少基坑暴露时间，确保基坑安全。

（6）土方开挖对管井的成品保护措施

基坑挖土的施工道路必须避开管井，管井上部用黄颜色钢管围护并用黄旗作醒目标志，同时严格控制土方开挖，挖土至管身时，派专人指挥开挖避免挖机碰撞管身，管井附近采用人工开挖。

派专人看管管井，随着土方层层开挖，管身露出地面的及时割除，确保管井不被挖机或其他机械、器具碰撞。

1.6.7 基坑工程监测

1. 基坑安全监测

本围护工程开挖深度、面积均较大，基坑周围有地下管道及建筑物要保护，因此除进行安全可靠的围护体系设计、严格按规范要求施工外，尚应进行现场监测，做到信息化施工。

基坑围护体系随着开挖深度增加必然会产生侧向变位，关键是侧向变位的发展趋势如何。一般围护体系的破坏都是有预兆的，因而进行严密的基坑开挖监测非常重要。通过监测可及时了解围护体系的受力状况，对设计参数进行反分析，以调整施工节奏和方法，指导下步施工，遇异情可及时采取措施。应该说，基坑开挖监测是保证基坑安全的一个重要的措施。

本基坑监测内容如下：

（1）对周围环境监测：包括周围建筑物、构筑物、道路及管线的沉降、倾斜、裂缝的产生和开展情况；

（2）基坑开挖过程中基坑周边深层土体的水平位移监测；

（3）基坑周边地下水位监测；

本基坑共布置12个土体深层位移监测孔，6个水位监测孔。监测报警值设定如下：土体日水平位移量连续三天超过3mm，或土体累计位移量达35mm。

2. 监测工作的组织

(1) 监测仪器配备、监测元件埋设与监测方法

根据本工程的监测内容（项目），本方案阐述其监测方法、仪器配置及监测元件埋设等内容。

1) 坑外土体水平位移监测：

① 监测仪器：监测采用国产先进的 CX—03D 型自动测斜仪进行监测。

② 测斜管埋设：

坑外土体测斜管采用钻孔法埋设。在紧靠基坑外侧土体中，用 100 型钻机成孔，钻至规定深度。钻孔结束后用清水清孔，再沉入测斜管。随后在测斜管与钻孔空隙间填入细砂，并做好孔口保护。以上埋设都应保证测斜管的一组槽口对准所需测位移的方向，并保证测斜孔垂直。

③ 测试方法：

A. 项目开始前，标定一次测斜仪。

B. 测斜管在基坑开挖一周前埋设完毕，在开挖前的 2~3 天内重复测量 2 次，待判明测斜管处于稳定状态后，将其作为初始值，开始正式测试工作。

C. 探头自孔底匀速提升，每 1000mm 测试一次，并需旋转 180°再测一次以提高测试精度，消除自身误差。

D. 计算基准点：本工程测斜孔以管底作为计算基准点。

2) 沉降观测：

沉降观测采用的仪器为水准仪。沉降观测点可为打入膨胀螺丝或埋设水泥钉。

(2) 各项目监测周期和频率

本工程基坑监测周期从进场埋设监测点开始，直至地下室底板施工完毕位移稳定为止，估计周期 3 个月。由于本工程变形要求严格，在基坑开挖期间位移监测频率定在 1 天 1 次，沉降观测基坑开挖期间 1 个星期 1 次，在变形较大时或速率较大时，加密监测，必要时跟踪监测。基坑在挖土完毕后，视位移变化情况可延长监测间隔。

(3) 监测成果

本工程监测采用现场跟踪监测，固定时段测试的办法，确保监测起到预警作用。监测报告一般在第二次监测时送达（分送甲方、监理方）。必要时加以分析并附以工况描述，如实地监测发现存在重大安全隐患时，及时提出相应的技术措施，并协同各相关单位做好预防措施。

监测成果包括日报与总结报告。日报内容包括：单孔水平位移报表（表格形式）。总结报告内容包括：工程施工监测大记事、单孔深层土体水平位移曲线图。每日做详细监测日记，包括周报、月报及相应施工工况、完成测试项目、异常情况分析等。

(4) 监测人员配备

项目部专门成立监测小组，人员组成如下：

项目经理：陈×

项目副经理：王×　133××××5237

现场总施工：李×　135×××0146

监测施工员：刘×、柳×

专业监测单位为××城建勘察研究院有限公司，成立本项目监测组，项目负责人及监测人员组成如下：

项目审核：方×
工程负责：章×　130××××3783
现场负责：洪×　130××××5439
监测人员：贺×、徐×

3. 监测要求

（1）本工程基坑监测将委托有丰富经验的专业监测单位实施，监测单位应根据设计文件和周围环境特点编制监测方案，监测方案应得到建设、设计及监理方的认可。

（2）开挖前，应对周围环境作一次全面调查，记录观测数据初始值。基坑开挖期间一般情况下每天观测一次，如遇位移、沉降及其变化速率较大时，则应增加监测频次。地下室底板浇筑完成后，可酌情逐渐减少观测次数。

（3）监测数据一般应当天口头提供给监理单位，次日填入规定的表格提供给建设、设计、监理、施工等相关单位，挖土至坑底时应增加监测次数。

（4）每天的数据应整理成有关表格并绘制成相关曲线，并每2~3天提供一次，如位移沿深度的变化曲线，位移及沉降随时间的变化曲线等。

（5）监测记录必须有相关的施工工况描述。

（6）监测人员对监测值的发展和变化应有评述，当接近报警值时应及时通报监理，提请有关部门注意。

（7）工程结束时应有完整的监测报告，报告应包括全部监测项目，监测值全过程的发展和变化情况、相应的工况、监测最终结果及评述。

1.6.8 基坑支护应急措施

在基坑开挖过程中，如出现边坡水平位移超过警戒值，可采用基坑外卸土、增设土钉、放缓边坡坡度及放慢挖土速度的方法处理。如基坑积水过多，可增加水泵等方法处理。若位移速率变化过快，应及时回填，待处理后方可进行开挖。

1. 应急领导小组

（1）现场联系网络

成　员	职　务	姓　名	联 系 电 话
组长	项目经理	陈×	138×××3650
副组长	项目副经理	王×	133×××5237
副组长	技术负责人	潘×	139×××7898
组员	施工员	李×	135×××0146
组员	质量员	章×	139×××4160
组员	安全员	刘×	138×××0548
组员	消防员	董×	138×××6208
组员	水电负责人	王×	139×××9950
组员	电工机修员	史×	155×××3945

应急救援机构电话号码：

匪警：110　　　　火警：119　　　　医疗急救中心：120

上级领导：罗× 　　　　　电话：135××××4873

（2）应急组织的职责分工

1）组长由项目经理担任，并负责组织成立事故现场应急指挥小组。在事故发生时亲临现场指挥应急抢救救援工作。项目副经理，技术负责人及全体职工个人分别对应急预案的响应负责。

2）副组长负责应急预案的启动及实施，并对以下工作负责：

① 按国家规定配置应急救援物资和器材、设置安全标志及报警、通信设施，并定期组织检查维修，确保设施和器材完好、有效。

② 定期组织开展安全检查，及时消除或控制各类事故隐患。

③ 组建一支以项目经理为组长，经过应急培训演练的应急救援小组。并确保应急小组成员熟知各种危险品及机械设备的性能、应急处理方法；熟练掌握各自应急救援器材的使用方法，保持与各小组成员之间的通信联络畅通，一旦事故报告后，能立即通知应急小组进行处理。

④ 制定并实施项目部应急救援培训、演练计划，组织对应急救援小组及全体职工进行应急救援相关知识的培训及演练。

3）组员负责现场安全生产、文明施工督促检查工作。并对以下工作负责：

① 协助主管生产副经理对所有人员进行安全宣传教育及培训教育，培训内容包括应急救援知识、紧急情况下的报警、疏散、紧急救护等常识，使其熟知预防事故和应付紧急情况的安全知识。

② 不定期地对现场的设备进行标识和检查，及时消除各类事故的隐患，对设施或设备使用人进行相应的安全操作和应急处理教育。

③ 保障现场及危险品专用仓库内外的疏散通道，安全出口畅通，并设置符合国家规定的安全疏散标志。

2. 应急处理及措施：

（1）雨天施工防护措施

1）备足污水泵和大口径水泵（10只，要求完好率100%），以备雨天及时排水。

2）现场做好明沟和集水井，保持畅通，避免积水。

3）电气设备应有接零和漏电保护，并搭设必要的防御雨篷。

4）水泥应有一定的防雨、防潮措施。

（2）抢险应急措施

土方开挖是整个基坑工程的关键，施工前要对各种可能出现的情况有足够的认识，并采取针对性的措施，确保基坑土方开挖时围护体的变形控制在一定范围之内，确保地下水位满足开挖要求。

基坑开挖时配备一定数量的抢险材料（具体数量见表），组织专业抢险队伍进场，跟踪土方施工，施工管理人员做到24小时值班，发现险情立即汇报。

抢险物资配备表　　　　　　　　　表2-7

名　称	数　量	名　称	数　量
松木	200根	黄砂	15T
编织袋	2000只	黏土	现场取
钢管	2T	水泥	20T

1)可能出现的渗漏

随着开挖的进行,要及时处理出现的渗漏(专业堵漏队进行初堵);若出现大的渗漏且伴随着流砂,则立即用黏土进行回填并查明原因,视实际情况采用针对性的措施止住水后再继续开挖。

2)基坑降水

控制好坑内水位,当开挖坑底时,基坑内水位不能满足要求时则须查明原因。若是因为局部电梯井承压水的原因水位降不下去,则在承压水位置布置大型水泵,结合挖沟明排,使承压水不至于影响施工。

3)基坑塌方应急预案

① 组织网络及职责

由项目负责人、施工员、安全员等成立应急小组,项目负责人任应急小组组长。施工员负责组织人员现场抢救伤员、安全员负责组织人员救护伤员、项目负责人与医院、公安、消防的联系。

② 应急措施

A. 对人员的抢救:挖掘被掩埋伤员,及时脱离危险区,清除伤员口、鼻、咽、喉部的异物、血块、呕吐物等,对昏迷伤员将舌拉出以防窒息。进行简易的包扎、止血或简易固定骨折,若出现呼吸、心跳骤停,应立即进行心肺复苏。尽快与120急救中心取得联系,详细说明事故地点、严重程度,并派人到路口接应。

B. 对基坑塌方的施救

a. 塌方施救

加强排水,降水措施,加强支护如加木桩等,对边坡薄弱环节进行加固处理。如塌方由坑(槽)边弃土、堆料或其他机械设备作用所致,则应迅速运走弃土,材料或机械设备。减缓边坡坡度。

b. 滑坡施救

排水、降水,特别是要有效地降低地下水位。加强支挡措施,如增加支持、打木桩等。为滑坡体减重,如削去部分坡体,运走堆置的土方材料或设备。

流砂施救措施:抛大石块等重物使流砂及时控制,降低地下水水位,减少动水压力。

(3) 应急物资

常备药品:消毒用品、急救物品及各种常用小夹板、担架、止血带、石块等。

1.6.9 工程质量保证措施

1. 项目部通过建立项目质量保证系网络并使其有效正常运行,针对整个工程实行质量控制。项目部将设定专职质量员,具体负责落实质量管理工作,在施工过程中严格把好工序验收关。

2. 严格执行工程质量监督、检查、控制的技术标准。

(1) 工程质量监督、检查、控制应符合设计图纸、地质勘测报告、施工质量验收规范。

(2) 工程施工时将严格执行公司质量文件的有关规定,包括各种技术标准及工作标准。

3. 组织管理措施

(1) 项目部管理人员定期参加公司组织的各种提高自身业务水平的培训,使得项目部的管理人员能充分地保证自身的工作质量，以促进本工程施工质量目标的实现。

（2）定期召开现场协调会

现场确立每周工作例会制度，协调各分包单位之间工作，及时解决施工中存在的问题，防止质量隐患发生。

（3）建立项目质量组织机构，设立工程质量监督、检查、控制部门，严抓分项工程质量，现场贯彻执行三级质量检查监督制，在班组或施工队伍自检的基础上，由施工员组织关砌、翻样进行质量评定，项目专职质量员负责分项工程的质量核定，实行质量一票否决制。

（4）项目部对本工程实行 TQC 全面质量管理，成立质量 QC 小组。由工程施工人员、分项工程工种技师、质量师、工程质量员等组成，针对工程质量通病和可能发生的质量缺陷进行事先研究与预防，将质量通病消除于每道分项工序中。

（5）公司与项目部签定质量奖罚合同，使工程质量与项目部经济效益挂钩，采取重奖重罚的措施来提高项目部全体员工创优夺杯的积极性。同样，项目部实行分项工序质量与项目管理人员、班组的经济收入挂钩制，班组的每份任务单须结合工作质量、工序质量进行分项工程的质量评定，按质量评定的等级进行奖罚；使得班组人员的收入与工程质量紧密挂钩，对无法达到质量评定等级要求的班组坚决予以辞退。项目部的质量监督、检查、控制部门的管理人员可充分行使自己的质量否决权，使得项目部管理人员能有效地指挥与组织班组的施工。

（6）实行任务单会签制度，班组每月完成的工作任务单由施工员签发，再由项目部专职质量员核定分项工程的质量等级，最后由项目部根据合同要求确定奖罚幅度后进行结算。

（7）公司质量处负责该工程的质量抽检和定期质量大检查，整个工程质量受建设单位、监理公司、质量监督站和设计院的四方监督之下。

4. 加强施工过程的质量控制

项目部负责工程施工过程的全面控制，编制及实施项目质量目标计划并严格加以实施。施工过程中，未经检验和经检验和试验不合格又未纠正的工序，不得转入下道工序。

（1）严格控制原材料、半成品的质量

由施工单位自行采购的各类材料必须从信誉好，技术力量强的大厂家中采购，必须有出厂合格证和复试报告（包括数量、出厂日期、生产厂家）。其中，钢材除具有出厂合格证外，还须进行机械物理性能试验。验收合格后方可用于工程之中。做好进场记录及检验试验，杜绝不合格材料使用到本工程之中。

（2）劳动力的质量控制

凡派入现场的劳动力均由本公司自行提供，各工种人员上岗前，均经公司三级教育和培训，特殊工种均持证上岗。

（3）严格执行计量制度

施工现场配备各种计量工具（计量工具按照有关要求进行检验，以确保工程施工过程中检验、测量的结果准确可靠），水泥、砂石料等进行拌合时车车过磅，商品混凝土到场时及时做坍落度试验并按要求做试块，及时做好各部位的施工记录。建立工程施工测量控制网，确保工程定位、轴线、各部位标高的正确，并按设计与规范的要求做好沉降观测。

1.6.10 施工进度保证措施

1. 组织施工措施

组建强有力的现场项目经理部，建立以项目经理为中心，生产副经理主抓，生产计划、技术、财务、物资等部门经理为成员的进度实施和控制组织系统。制订进度控制工作制度，组织高素质的施工队伍，加强对施工进度的控制管理。

明确落实从项目经理到施工班组各层次进度控制人员的职责，并具体安排各自的任务。合理分工，明确责任，树立全员保证施工进度的思想。

加强对现场施工的协调，要充分发挥项目经理部职能，积极协调，使各方面进度衔接一致，才能保证施工进度目标的实现。

建立现场例会制度。每天召开一次现场碰头会议，每周召开一次总协调会议，各相关部门负责人，各专业负责人均要参加，根据现场情况及时协调各工种的交叉配合施工，及时解决存在的问题，消除各类窝工因素，确保进度顺利实施。

各专业进度需要其他专业配合的要求至少提前一天提交项目经理部，并由项目经理部在当天的生产例会上及时落实。

对现场的运输工具，用水、用电等施工资源，加强计划协调，统一部署，保证施工顺利进行。

建立进度控制目标体系，按照工程项目的组成、进展阶段、合作分工等将总进度计划分解，建立层层进度控制目标。项目经理部编制详细的进度网络计划，根据总进度计划制订分部分项工程的进度计划和月、周施工计划，实行长计划短安排，最后具体落实到施工班组。

合理划分流水段，采用平面分段，立体交叉、均衡流水作业的科学管理方法，并在每一区段实行小流水段施工方法，紧凑流水，提高工效。

根据进度计划，提前制订出详细的材料成品、半成品进场计划，保证及时供应，杜绝不合格品进场。

投入足够数量的机械设备并配备一定数量的储备，为工程进度提供有力的机械保障。

投入足够数量的材料、模板等周转材料。

确保关键线路逐日完成，做好各工种间的协调、工序间的交接工作，充分利用空间条件，创造有效穿插施工范围。

现场配备发电机组和蓄电池，确保停水、停电时施工正常进行。

2. 合同措施

建立工期合同制，以合同形式保证工期目标的实现。层层签订工期合同，项目经理对总工期负责，各专业施工队对各分部分项工程负责，施工班组对日工程量负责。

加强对工期合同的监督检查，严格奖罚措施。现场项目部每半月对工期合同的执行情况进行一次大检查，严格按照"提前奖励，超期重罚"的原则，进行处理。

加强对材料、设备供应商及相关合同的管理。

3. 技术措施

积极采用新技术、新工艺、新材料，优化生产要素的配置，提高施工技术水平，提高劳动生产率，降低工程成本，提高工程质量，加快施工速度，向科技要工期。

1.6.11 文明施工保证措施

1. 安全生产措施

（1）基坑周边设置防冲墙和封闭式围护栏杆，并在围护栏杆上涂红白标记防止物体坠落伤人。

（2）加强坑底排水沟的排水设施管理。

（3）有专人指挥挖土，严禁超挖，确保安全施工。

（4）在车辆转弯处设置警示牌。

（5）严格按监测数据来指导施工，加强信息化施工管理，确保基坑工程的安全，认真贯彻"安全第一、预防为主、综合治理"的方针，坚持"谁施工、谁负责"和"管生产必须管安全"的原则，根据"国务院关于加强企业生产中安全工作的几项规定"，结合我单位实际和本工程特点，组成由项目部主要负责人、专职安全员、项目部和班组兼职安全员以及工地安全用电负责人参加的安全生产管理网，执行安全生产责任制，明确各级人员的责任，抓好本工程的安全生产工作。

（6）工程实施前，对参与本工程施工的全体职工（包括民工）进行安全生产的宣传教育，组织职工学习国务院、省、市和公司发布的关于安全生产的《规定》、《条例》和《安全生产操作规程》，并要求职工在施工中严格遵守有关文件的规定。

（7）工程施工前，对投入本工程施工的机电设备和施工设施进行全面的安全检查，未经有关安全部门验收的设备和设施不准使用，不符合安全规定的地方立即整改完善。并在施工现场设置必要的护栏、安全标志和警告牌。

（8）工程实施时，严格按照经公司审定的施工组织设计和安全生产措施的要求进行施工，操作工人必须严守岗位履行职责，遵守安全生产操作规程，特殊作业人员应经培训，持证上岗，各级安全员要深入施工现场，督促操作工人和指挥人员遵守操作规程，制止无证操作、违章指挥和违章施工。

（9）工程实施时，每周召开一次安全例会，检查安全生产措施的落实情况，研究施工中存在的安全隐患，及时补充完善安全措施。

（10）经常保养施工机具，保证安全装置灵敏度可靠，防护罩完好无损，同时搞好安全用电管理，输电线路、配电箱、漏电开关的选型正确、敷设符合规定要求，电器设备和照明灯具有良好的接地、接零保护，并在可能受雷击的场所设置防雷击设施。

（11）重视个人自我防护，进入工地按规定佩戴安全帽，进行高空作业和特殊作业前，先要落实防护设施，正确使用攀登工具，安全带和特殊防护用品，防止发生人身安全事故。

（12）按照防火防爆的有关规定设置油库、危险品等临时性构筑物，易燃易爆物品堆放间距和动火点与氧气、乙炔的间距要符合规定要求，严格执行动火作业审批制度，一、二、三级动火作业未经批准不得动火，临时设施区要按规定配足消防器材。

（13）工地上设置救护室，配备医务人员，落实保健措施，做好除害灭病和饮食卫生工作。

（14）实施无工程事故和重点设备、人身伤害无事故的安全目标。

2. 文明施工措施

（1）编制施工组织设计时，把文明施工列为主要内容之一，制定出以"方便人民生活，有利生产发展，维护市容整洁和环境卫生"为宗旨的文明施工措施。

（2）本工程建设将全面开发创建文明工地活动，切实做到"两通三无三必须"（即：施工现场人行道必须畅通；施工工地沿线单位和居民出入通道必须畅通；施工中无管线事故；施工中无重大伤亡事故；施工现场周围道路平整无积水；施工区域与非施工区域必须严格分隔；施工现场必须堆放整齐合理，必须开展以创建文明工地为主要内容的思想政治工作）。

（3）挂牌出示施工现场总平面布置图，标明工程名称、建设一监理一设计一施工单位名称、工期、工程主要负责人姓名和监督电话，自觉接受社会监督。

（4）施工场地采取全封闭隔离措施，工地主要出入口设置交通指令标志和警示灯，保证车辆和行人的安全。

（5）实施施工现场平面管理制度，各类临时施工设施、施工便道、加工场、堆物场和生活设施均按经总公司审定的施工组织设计和总平面布置图布置，调整要报上级部门审批，未经上级部门批准，不得擅自改变总平面布置或搭建其他设施。

（6）施工现场设置以明沟、集水沟为主的临时排水系统，施工污水经明沟引流、集水池沉淀澄清后，间接排入下水道；同时落实雨天施工防护措施，配备雨天施工防护器材和值班人员，作好雨天施工工作。

（7）工程材料、成品构件分门另类，有条理地堆放整齐；机具设备定时定人保养，保持运行整洁、机容正常。

（8）施工中严格按照经审定的施工组织设计实施各道工序，工人操作要求达到标准化、规范化、制度化，做到工完料清，场地上无淤泥积水，施工道路平整畅通，实现文明施工。

（9）加强土方施工管理，防止泥浆污染场地。

（10）设立专职的"环境保洁区"，负责检查、清除出场车辆上的污泥，清扫污染的马路，做好工地内外的环境保洁工作。

（11）工地上配齐厕所、开水供应点等生活设施，并制定卫生制度，定期进行大扫除，保持生活设施整洁卫生和周围环境整洁卫生。

（12）项目部设文明施工负责人，每周召开一次关于文明施工的例会，定期与不定期检查文明施工措施落实情况，组织班组开发"创文明班组竞赛活动"，经常征求建设单位和施工监理对文明施工的批评意见，及时采取整改措施，切实搞好文明施工。

1.6.12 春季雨季施工措施

1. 准备工作

本土方工程施工在2009年3月到4月份，正值春季，雨水较多，故需及时了解近两天的天气情况，特别是大雨、雷电的气象预报，随时掌握气象变化情况，以便提早做好预防工作。必须切实做好思想上的教育、动员工作，有关措施要落实到班组个人。

2. 技术措施

（1）雨期施工的工作面不宜过大，应逐段、逐片地分期完成。重要的或特殊的土方工程，应尽量在雨期前完成。

（2）雨期施工时，应保证现场运输道路畅通。道路路面应根据需要加铺炉渣、砂砾或其他防滑材料，必要时应加高加固路基。道路两侧应修好排水沟，在低洼积水处应设置涵管，以利泄水。

（3）填方施工中，取土、运土、铺填、压实等各道工序应连续进行。

3. 安全措施

（1）现场排水

1）根据总图利用自然地形确定排水方向，按规定坡度挖好排水沟，以确保施工工地和临时设施的安全。

2）雨期施工前，应对施工场地原有排水系统进行检查、疏浚或加固，必要时应增加排水措施。雨季设专人负责，随时疏浚，确保施工现场排水畅通。

（2）临时设施及设备的防护

1）施工现场的大型临时设施，在雨季前应整修完毕，保证不漏、不倒，周围不积水。

2）脚手架等应进行全面检查，特别是大风大雨前后要及时检查，发现问题应及时处理。通道上必须钉好防滑条。

3）施工现场的机电设施（配电箱、闸箱、电焊机、水泵）应有可靠的防雨措施。

4）雨季前应检查照明和动力线有无混线、漏电，电杆有无腐蚀，埋设是否牢靠等，保证雨季中正常供电。

5）怕雨、怕潮的原材料、构件和设备等，应放在室内，或设立坚实的基础堆放在较高处并采取用篷布封盖严密等措施，进行分别处理。

6）施工期间遇到阴云密布或有雷电时，钢架子、物料提升机等操作人员应立即离开。

锚杆及土钉墙支护工程检验批质量验收记录

（GB 50202—2002）表 7.4.5　　　　　　　　　　　　　　　　　　　　编号：010204□□□

工程名称				分项工程名称		项目经理	
施工单位				验收部位			
施工执行标准名称及编号						专业工长（施工员）	
分包单位				分包项目经理		施工班组长	
质量验收规范的规定					施工单位自检记录	监理（建设）单位验收记录	
检查项目			允许偏差或允许值				
			单位	数值			
主控项目	1	锚杆土钉长度	mm	±30			
	2	锚杆锁定力	设计要求：				
一般要求	1	锚杆或土钉位置	mm	±100			
	2	钻孔倾斜度	°	±1			
	3	浆体强度	设计要求：				
	4	注浆量	大于理论计算浆量				
	5	土钉墙面厚度	mm	±10			
	6	墙体强度	设计要求：				
施工操作依据							
质量检查记录							
施工单位检查结果评定	项目专业质量检查员：				项目专业技术负责人：　　　　年　月　日		
监理（建设）单位验收结论	专业监理工程师：（建设单位项目专业技术负责人）　　　　年　月　日						

1.7 实训课题

(1) 实训条件：提供一套完整的土钉墙基坑支护施工图和建筑、结构施工图，并附上详细的勘察设计文件。

(2) 实训题目：编制某基坑的土钉墙支护施工专项施工方案。

(3) 实训编制内容参考提纲：

1) 编制依据；
2) 工程概况；
3) 施工准备；
4) 土钉墙施工；
5) 降水、排水；
6) 施工监测及应急措施；
7) 施工机械与人员配备；
8) 工程进度计划与工期保证的组织、经济措施；
9) 质量保证措施和质量通病及预防措施；
10) 安全、环保、文明施工措施；
11) 应提交的交工资料。

(4) 实训要求：

1) 必须结合工程所在地区、工程的特点、工程规模、施工现场的周围环境以及工程、水文地质情况。

2) 针对性要强，具有可操作性，能确实起到组织、指导施工的作用。其内容要根据工程规模、复杂程度而定。

3) 施工方法、机具设备选择要切实可行、经济合理，因为它是施工方案的核心内容。一定要明确施工的难点和重点内容，特别是土钉的降排水施工方法和监测方案、应急措施一定要考虑周密。

4) 要科学合理地确定施工流程、施工组织安排。

5) 要认真贯彻国家、地方的有关规范、标准以及企业标准。

6) 通过实际训练，初步掌握土钉墙支护专项施工方案的编制，同时掌握土钉墙的施工方法、降排水施工方法和监控方案、应急措施的编制，了解土钉支护工程的一般知识。

(5) 实训方式：以实训教学专用周的形式进行，时间为1.5周。

(6) 实训成果：实训结束后，每位学生提供一本土钉墙支护施工专项施工方案，字数在7000~9000之间，要求图文并茂。

1.8 复习思考题与能力测试题

1. 复习思考题

(1) 什么叫土钉？土钉有哪几种类型？

(2) 钻孔注浆钉的构造是怎样的？土钉钢筋与喷混凝土面层的连接有哪两种方法？

(3) 钻孔注浆钉有哪两种施工工艺流程？其分别适用什么土层条件？

(4) 土钉施工规程规定：为防止基坑边坡的裸露土体发生坍陷，对于易塌的土体可采用哪些措施解决？

(5) 土钉施工规程规定：土钉支护施工前应具备哪些设计文件？

(6) 土钉施工规程规定：土钉支护的施工监测至少应包括哪些内容？

(7) 土钉支护宜在排除地下水的条件下进行施工，土钉施工规程规定应在哪些部位采取恰当的排水措施？

(8) 土钉施工规程规定：支护的施工单位应按施工进程，及时向施工监理和工程的发包方提出哪些资料？

(9) 什么叫围护桩（墙）的顶面水平位移监测？什么叫围护桩（墙）的测斜监测？分别用什么仪器和方法测定？

(10) 对于基坑变形的监控值，如无设计指标，GB 50202—2002 第 7.1.7 条是如何规定的？

(11) 对于基坑支护施工一般应事先准备哪些应急措施？

2. 能力测试题

背景材料：厦门某广场 D 栋地下室两层，基坑开挖深度为 9.0m，土层分布见图 2-18 右侧。基坑围护结构南、北两侧自然放坡，东侧采用围护桩及预应力锚杆，西侧采用土钉支护见图 2-18。西侧应用分层支护工艺，开挖至 −3.70m 处安装第一排土钉，钉长 17m，设计抗拔力 190kN；开挖至 −5.10m 处安装第二排土钉，钉长 15m，设计抗拔力 190kN，并喷射混凝土至 −4.2m 标高。土钉杆体均为 $\phi28$ 螺纹钢筋，水平间距 1.50m。在第二排土钉钉头尚未锁定情况下，第三层土方开挖即达 −6.50m 标高。次日西侧即发生滑坡，滑坡范围长达 50m，宽 9.5m 左右，滑动面位置见图 2-18。

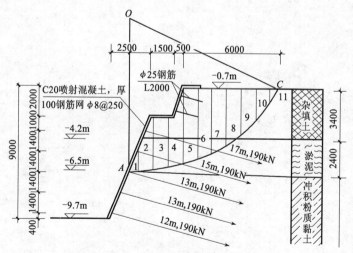

图 2-18 西坡土钉支护断面及滑面位置

经综合分析，认为产生上述滑坡事故有以下原因：

(1) 钉头未能及时锁定是一个失误。滑坡后，绝大部分土钉未随滑动土体被拔出，而是在面层上留下若干其大小与钉径相同的孔眼。这种破坏形态说明土钉抗拔力未能充分发挥出来，这与土钉头部未能及时锁定有关。

(2) 混凝土面层施工不及时，未与土钉形成完整支护体系。

（3）第二层海积淤泥层的软弱性、地面裂缝和水的侵入加剧了危险性，最终导致事故发生。（注：第二层海积淤泥层，天然含水率60%，呈饱和流塑状态）。

问题一：请画出土钉钉头锁定的两种方式。

问题二：请结合背景材料数据，写出混凝土面层施工及时的正确方法。

问题三：请说出第二层海积淤泥层的软弱性和地面水的侵入最终导致事故发生的原因。

问题四：在土钉支护专项施工方案编制中，为防止上述问题产生应如何写防治措施、监测措施和应急预案加以应对？

单元 2

水泥搅拌桩止水-钻孔灌注桩挡土基坑支护专项施工方案

2.1 实训课题

（1）实训条件：提供一套完整的水泥搅拌桩止水-钻孔灌注桩挡土基坑支护施工图和建筑、结构施工图，并附上详细的勘察设计文件。

（2）实训题目：编制水泥搅拌桩止水-钻孔灌注桩挡土基坑支护专项施工方案。

（3）实训编制内容参考提纲：

1) 编制依据；
2) 工程概况；
3) 施工准备；
4) 搅拌桩施工；
5) 钻孔灌注桩施工；
6) 降水、排水；
7) 施工监测及应急预案；
8) 施工机械与人员配备；
9) 工程进度计划与工期保证的组织、经济措施；
10) 质量保证措施和质量通病及预防措施；
11) 安全、环保、文明施工措施；
12) 应提交的交工资料。

（4）实训要求：

1) 必须结合工程所在地区、工程的特点、工程规模、施工现场的周围环境以及工程、水文地质情况。

2) 针对性要强，具有可操作性，能确实起到组织、指导施工的作用。其内容要根据工程规模、复杂程度而定。

3) 施工方法、机具设备选择要切实可行、经济合理，因为它是施工方案的核心内容。一定要明确施工的难点和重点内容，特别是搅拌桩和钻孔灌注桩的施工方法和监测方案、应急措施一定要考虑周密。

4) 要科学合理地确定施工流程、施工组织安排。

5) 要认真贯彻国家、地方的有关规范、标准以及企业标准。

6) 通过实际训练，初步掌握水泥搅拌桩止水-钻孔灌注桩挡土基坑支护专项施工方案的编制，同时掌握水泥搅拌桩、钻孔灌注桩的施工方法、降排水施工方法和监测方案、应急措施的编制。

（5）实训方式：以实训教学专用周的形式进行，时间为 2 周。

（6）实训成果：实训结束后，每位学生提供一本水泥搅拌桩止水-钻孔灌注桩挡土基坑支护专项施工方案，字数在 9000～10000 之间，要求图文并茂。

2.2 深层搅拌水泥土桩与挡土灌注桩结合的支护结构背景材料

利用深层搅拌水泥土桩的良好止水性能作帷幕，与灌注桩（钻孔灌注桩、沉管灌注桩或人工挖孔灌注桩）的挡土性能结合起来，可以支护较深的基坑。同时基坑四周地下水被封闭，仅在基坑内降水排水，即可开挖土方。

深层搅拌水泥土桩与挡土灌注桩结合支护是软土、普通黏土及地下水位较高地区深基坑支护的主要方法，其应用是止水挡土支护结构中较广泛的。它有悬臂桩（图2-19）和有锚桩两类，前者一般适用深度 8m 以下的基坑，后者则可达 18m 的基坑深度。有锚桩是在桩后设柔性系杆（如钢索、土锚杆等）或在桩前设刚性支撑（如钢筋混凝土大梁、型钢、钢管）加以固定（图 2-20）。

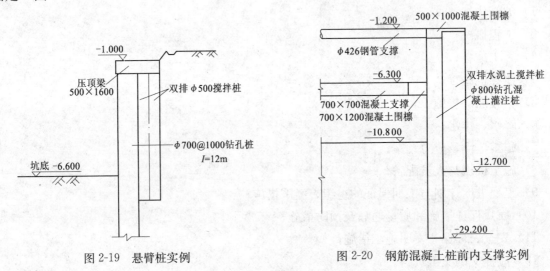

图 2-19 悬臂桩实例　　图 2-20 钢筋混凝土桩前内支撑实例

施工工艺：由于灌注桩施工成型后桩径误差较大，会妨碍以后深层搅拌水泥土桩的施工搭接精度从而导致渗水，故深层搅拌水泥土桩先行施工，待养护到设计强度后再进行灌注桩施工。

2.3 能力测试题

某工程平面框图和支护、放坡等布置如图 2-21 所示。在图中表明施工分为 2 个施工段，第 1 施工段一侧因场地较空旷，采用放坡（1∶1.5）开挖的做法（图中点划表示的部分）；第 2 施工段因离道路较近，管线较多，采用 $\phi 600@750$ 长 10.8m 的钢筋混凝土钻孔灌注桩开口支护，外加 1 排 $\phi 600$ 水泥搅拌桩止水帷幕，混凝土支护桩至基础外边缘间距为 800mm，支护平面总长为 68m。支护桩的设计和实际施工的开挖剖面及桩身、压顶配筋见图 2-22。由图 2-22 可知，原设计意图在自然地面挖去 2m 范围内深 1.5m 的地表土，而实际施工时不知何故省略。

基坑开挖分两个施工段施工。在开挖第1施工段及周围土方时，采用放坡开挖，工程进行得很顺利；继而进行第2施工段的土方开挖，开挖方向见图2-21从开口桩端开始并直接开挖到底，在开挖一开始，即发现支护桩及附近的工程桩向基坑内侧有不同程度的倾斜。支护桩的水平位移最大时，每小时达3cm。因施工进度要求，仍然继续开挖，并在第2施工段开挖方向左侧边采取支护外侧挖土卸荷及管井降水措施；在支护内侧采用临时支撑和堆放砂包等综合措施，经1个月的努力，终于使支护桩和工程桩稳定；经检查，支护桩向内侧作两个方向的位移（向内及向开口端方向），最大水平位移约1.0m，工程桩（空心预制桩）最大水平位移为70cm，支护桩外侧土体垂直下沉最大为60cm，未发现工程桩隆起现象。

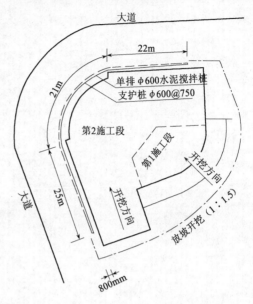

图2-21 支护平面布置图

此次开口支护施工虽经抢险成功，但实际上是施工不当已酿成事故。当然设计方因为在支护桩开口两端没有设计围护加强也负有一定责任。

问题一：试从施工角度分析酿成事故的原因；

问题二：针对此案例，在安全专项施工方案中要采取什么样的开挖手段、施工监测措施（如监测点种类、数量、位置设置、监测手段及与挖土的配合等）和应急预案来保证施工的顺利进行？

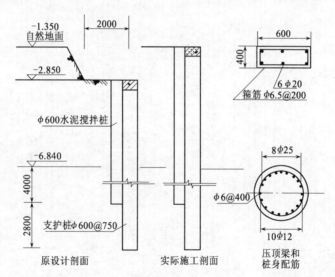

图2-22 支护桩设计和实际施工的开挖剖面及桩身、压顶配筋图

项目 3

主体结构专项施工方案

能力目标： 会选择模板的常见种类和构造，能进行模板施工设计和配板设计；会正确选择模板安装施工方法；懂得模板安装、拆除的安全要求；能预见常用模板的质量通病并会选择合适的预防措施；会模板及其支架的计算；懂得扣件式落地脚手架的构造；会正确选择扣件式落地脚手架的施工工艺流程和施工方法；能预见扣件式落地脚手架质量安全事故通病并会选择合适预防措施；会扣件式落地脚手架的计算和悬挑脚手架的计算。通过模板、扣件式落地脚手架和悬挑脚手架施工真实情景的模拟训练，使学生学会模板、脚手架专项施工方案的编写。

模板工程专项施工方案

1.1 编制依据与编制主要内容

1.1.1 编制依据

(1) 施工合同；
(2) 施工组织设计；
(3) 施工图纸（建施与结施）；
(4) 主要规程与规范：如浙江省工程建设标准《建筑施工扣件式钢管模板支架技术规程》(DB 33/1035—2006)，《建筑工程施工质量验收统一标准》(GB 50300—2001)，《混凝土结构工程施工质量验收规范》(GB 50204—2002)，《建筑施工扣件式钢管脚手架安全技术规范》(JGJ 130—2001)，《建筑施工门式钢管脚手架安全技术规范》(JGJ 128—2000)，《钢结构设计规范》(GB 50017—2003)，《高层建筑混凝土结构技术规程》(JGJ 3—2002)，《建筑工程大模板技术规程》(JGJ 74—2003)，《建筑施工高处作业安全技术规范》(JGJ 80—1991)，《建筑施工手册》（第四版）（中国建筑工业出版社出版）等；
(5) 有关地方标准、规程；
(6) 有关企业标准：如企业 ISO 质量体系管理文件和环境/职业健康安全管理体系文件，企业项目管理手册等。

1.1.2 编制主要内容

1. 编制依据
应简单说明编制依据，尤其是当采用的企业标准与国家通用规范不一致时，应重点说明。

2. 工程结构概况
工程概况应简洁明了，把和本方案有关的内容说明清楚就可以了，如建筑结构类型，建筑物或构筑物的平面尺寸、总高及层高，结构及构件的截面尺寸，房屋的开间、进深，悬挑等特殊部位的尺寸等；地基土质情况，地基承载力值，施工的作业条件，混凝土的浇筑，运输方法和环境等。一般不必把整个工程的情况都作说明，这里建筑工程概况可以简单介绍或不介绍，但工程结构概况由于和模板配板、支护方式选择有较大关联，应重点介绍。

3. 施工准备
一般要写技术准备，材料选择，材料计划，中小型机械需用计划，劳动力计划，模板加工及堆放，流水段划分等。施工段的划分应有利于施工的整体性和下道工序的连续性，尽量利用伸缩缝或沉降缝、在平面上有变化处以及留槎而不影响质量处；分段应尽量使各段工程量大致相等，以便组织等节奏流水，使施工均衡、连续、有节奏；分段的大小应与劳动组织相适应，有足够的工作面。

4. 构造要求与模板安装

模板安装施工方法是模板工程专项方案的核心内容。一般要写出模板安装的一般要求，写出各部位模板的施工工艺流程及每个施工步骤的详细施工方法。其中施工工艺流程是模板安装具体单个工序的工艺流程，同时针对每一个工序的特点和难点，选择最合适较经济的施工方法。

5. 模板的拆除

从历来教训来看，模板拆除不当往往形成粘模、开裂等通病，提早拆底模还会造成工程质量事故而且往往是无法补救的质量事故。因此模板拆除应独立一节阐述，特别对于各部位模板拆模时间的控制、拆模的顺序应重点介绍。

6. 质量通病及预防保证措施

保证质量的关键是对模板工程经常发生的质量通病制订防治措施，所以要尽量举出在模板工程施工中可能出现的质量通病并提出针对性的防治措施，特别是方案中的特点和难点；另外要从全面质量管理的角度，把措施落到实处，建立质量保证体系，保证"PDCA循环"的正常运转。

质量是工程的生命线，为确保模板工程质量，质量预防保证措施一般还需要编写以下内容：

(1) 严把模板、模板支架和各种连接件、支撑件的质量。例如根据施工需要，选购信誉良好的厂家生产的优质产品，必须有合格证。材料进场，现场检查品种指标是否符合要求，并按规范要求的数量分批进行抽样到指定检测单位检验，达到国家标准方可使用，不合格材料严禁使用。

(2) 加强质量管理控制措施。例如如何加强施工队伍管理，施工人员必须经过专业培训做到持证上岗。施工过程中，责任到人的责任制度和奖励处罚制度在模板工程中的具体操作措施均可列入。在模板工程中设专职质检员，对施工过程进行检查，对施工质量实行一票否决制。

(3) 严格施工操作措施。例如要具体写出模板及支架施工前根据设计意图和施工规范向施工人员进行技术交底的操作流程，使他们明了施工方法和操作要求，严格按照设计和施工规范进行施工。检查各计量器具、仪表是否准确，设备是否能正常运行，检查无误后方可进行施工，并按规定对成品进行抽样检测，及时取得检测报告。特别对于细部处理要严格对待，设专人操作，操作者要对施工过程进行签字。施工管理人员在施工过程中随时进行检查、监控，每道工序自检、互检、质检员终检且对该工序三方认可后，方可进行下一道工序施工。

(4) 规范施工技术资料管理措施。写明所有施工资料必须做到及时、真实、准确、详尽，以相关人员的签字方为有效。各种资料随施工进度而编制，不得在工程完工后再进行资料整理。工程负责人随时不定期对资料进行抽查，发现有资料整理不及时或弄虚作假者，对相关责任人要进行处罚。

7. 材料节约措施

要针对模板工程施工中降低成本潜力大的项目，充分开动脑筋，提出措施并计算出经济效益和指标，加以评价、决策。这些措施必须是不影响质量的，能保证施工的，能保证安全的。降低成本措施应包括节约劳动力、节约材料、节约机械设备费用、节约工具费、节约间接费、节约临时设施费、节约资金等措施。一定要正确处理降低成本、提高质量和缩短工期三者的关系，对措施要计算经济效果。

8. 安全、监测、环保、文明施工措施与应急预案

必须列表反映本工程支模现场重大危险源，对于模板各部位安装、各步骤阶段的安全要求和

安全施工措施应分别阐述，模板拆除的安全要求和安全、环保、文明施工措施最好分开独立介绍。

9. 模板计算

模板计算书应完整，对于模板、支架验算应沿着力传递路线顺序一步步计算下来，验算项目、荷载不要遗漏，荷载标准值和乘以分项系数的荷载计算值不要混淆。

1.2 模板的常见种类和构造

模板分类有多种方式，通常按以下方式分类：

(1) 按所用材料不同可分为：木模板、钢模板、塑料模板、玻璃钢模板、竹胶板模板、装饰混凝土模板、预应力混凝土薄板等。

(2) 按模板的形式及施工工艺不同可分为：组合式模板（如木模板、组合钢模板）、工具模板（如大模板、滑模、爬模等）和永久性模板。

(3) 按模板规格型式不同可分为：定型模板（即定型组合模板，如小钢模）和非定型模板（散装模板）。

由于限于篇幅，我们这里集中介绍现在施工常用的 55 定型组合钢模板和胶合板模板，然后重点介绍它们的施工和模板及其支承系统的设计计算。

1.2.1 55 定型组合钢模板

组合钢模板是一种定型模板，由钢模板和配件两大部分组成，配件包括连接件和支撑件，这种模板可以拼出多种尺寸和几何形状，可用于建筑物的梁、板、墙、基础等构件施工的需要，也可拼成大模板、滑模、台模等使用。因而这种模板具有轻便灵活、拆装方便、通用性强、周转率高等优点。

1. 钢模板

钢模板包括平面模板、阳角模板、阴角模板和连接角模，见表 3-1。另外还有角棱模板、圆棱模板、梁腋模板等与平面模板配套使用的专用模板。

组合钢模板的种类、构造及规格　　　　表 3-1

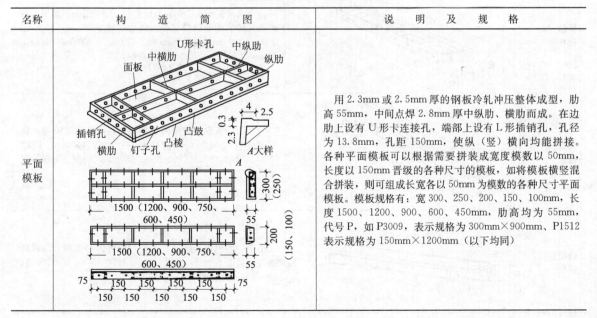

续表

名称	构造简图	说明及规格
转角模板	阴角模板、阳角模板、连接角模板	与平面模板配套使用的模板，它能与平面模板任意连接，分阴角模板、阳角模板、连接角模三种。阴角模板规格有：宽度150mm×150mm、100mm×150mm，长度1500、1200、900、600、450mm，肋高55mm，代号E；阳角模板规格有：宽度100mm×100mm、50mm×50mm，长度和肋高同阴角模板，代号Y；连接角模板规格有：宽50mm×50mm，长度与肋高亦同阴角模板，代号J
倒棱模板	角棱模板、圆棱模板	与平面模板配套使用的专用模板，用于柱、梁、墙体等倒棱部位，分角棱模板和圆棱模板两种。角棱模板规格有：宽度17、45mm，长度1500、1200、900、750、600、450mm，肋高55mm，代号JL；圆棱模板规格有：宽度R20、R35mm，长度肋高同角棱模板，代号YL
梁腋模板		与平面模板配套使用的专用模板，用于暗梁、明渠、沉箱和各种结构的梁腋部位。规格有宽度50mm×150mm、50mm×100mm，长度1500mm、1200mm、900mm、750mm、600mm、450mm，肋高55mm，代号U
柔性模板		与平面模板配套使用的专用模板，用于圆形筒壁、曲面墙体等结构部位。其规格有：宽度100mm，长度1500、1200、900、750、600、450mm，肋高55mm，代号Z
搭接模板		用于拼装模板板面尺寸小于50mm的补齐部分。其规格有：宽度80mm，长度1500、1200、900、750、600、450mm，肋高50mm，代号D

钢模板采用模数制设计，模板宽度以50mm进级，长度以150mm进级，可以适应横竖拼装，拼装以50mm进级的任何尺寸的模板，其规格见表3-1。如拼装时出现不足模数的空隙时，用镶嵌木条补缺，用钉子或螺栓将木条与板块边框上的孔洞连接。

为了板块之间便于连接，钢模板边肋上设有U形卡连接孔，端部上设有L形插销孔，孔径为13.8mm，孔距为150mm。

2. 连接件

包括：U形卡、L形插销、钩头螺栓、紧固螺栓、对拉螺栓和扣件等见表3-2。

钢模板连接件形式及构造 表3-2

名称	构造简图	要求及用途
U形卡		用φ12mm，30号钢圆钢制作。缺乏30号钢时，亦可用Q235钢代用，单件重0.2kg 是钢模板纵、横向自由拼接的主要连接件，可将相邻钢模板夹紧，以保证接缝严密，共同工作，不错位。安装距离一般不大于300mm，即每隔一孔长插一个
L形插销		用φ12mm，Q235钢圆钢制作，单件重0.35kg 用于插入钢模板端部横肋的插销孔内，增强钢模板纵向连接的刚度，保证接头处板面平整，相邻板共同受力
钩头螺栓		用φ12mm，Q235圆钢制作，单件重0.2kg 用于钢模板与内外钢楞之间的连接固定，使之形成整体。安装间距一般不大于600mm，长度应与采用的钢楞尺寸相适应
紧固螺栓		用φ12mm，Q235钢圆钢制作，单件重0.18kg 用于紧固内外钢楞，增强组合钢模板的整体刚度。长度应与采用的钢楞尺寸相适应
对拉螺栓		用φ12、14、16mm，Q235钢圆钢制成。分为组合式与整体式两种，后者如需拆除，应加塑料或混凝土套管作成工具式 用于连接内外两组模板，保持间距准确，承受混凝土的侧压力和其他荷载，确保模板刚度和强度，不变形、不漏浆。对拉螺栓装置的种类和规格尺寸应按设计要求和供应条件选用
碟形与3形扣件		用2.5、3、4mm厚，Q235钢钢板制成。其规格分大、小两种，与相应的钢楞配套使用，按钢楞的不同形状选用 与对拉螺栓一起将钢模板与钢楞（碟形用于矩形，3形用于钢管）扣紧，将钢模板拼成整体。扣件的刚度应与配套螺栓的强度相适应

续表

名称	构 造 简 图	要 求 及 用 途
板条式拉杆	φ13.8孔 扁钢拉杆 钢模板 扁钢拉杆 U形卡 35 75 70 φ13.8	用1.5～2.0mm厚，Q235扁钢作拉杆，扁钢两端各开直径13.8mm孔，两孔距离与内外钢模板的连接孔距相适应，安装时嵌入相邻模板板缝中，用U形卡或弯脚螺栓插入孔内与模板一起固定

3. 支撑件

包括：支撑钢楞、型钢柱箍、钢管柱箍、型钢梁卡具、钢管梁卡具、钢管支柱及组合支柱、斜撑、平面可调桁架、曲面可调桁架等见表3-3。

组合钢模板支承工具形式、构造及规格　　　　表3-3

名称	构 造 简 图	要 求 及 用 途
支撑钢楞		用Q235钢钢管、钢板制成。常用规格有：φ48×3.5mm 圆钢管；□80×40×3、□100×50×3（mm）矩形钢管；匚80×40×3、匚100×50×3（mm）轻型槽钢；匚80×40×15×3、匚100×50×20×3（mm）内卷边槽钢；匚80×40×5（mm）普通槽钢，冷弯槽钢长度5～10m
型钢柱箍		由夹板、插销和限位器组成。夹板用—70×5扁钢；L75×25×3或L80×35×3角钢；或匚80×40×3及匚100×50×3×5.3冷弯槽钢，或匚80×43×5.0、匚100×48×5.3mm槽钢制作。特点是结构简单，拆装方便。 扁钢和角钢柱箍适用于柱宽小于700mm的柱子；槽钢柱箍适用于较大截面的柱子
钢管柱箍		由夹板、对拉螺栓、3形扣件（或十字扣件）等组成。夹板用φ48×3.5mm或φ51×3.5mm钢管，用单根或双根，可利用工地短钢管脚手杆。 适用于组合钢模板组装的大、中型截面的柱子

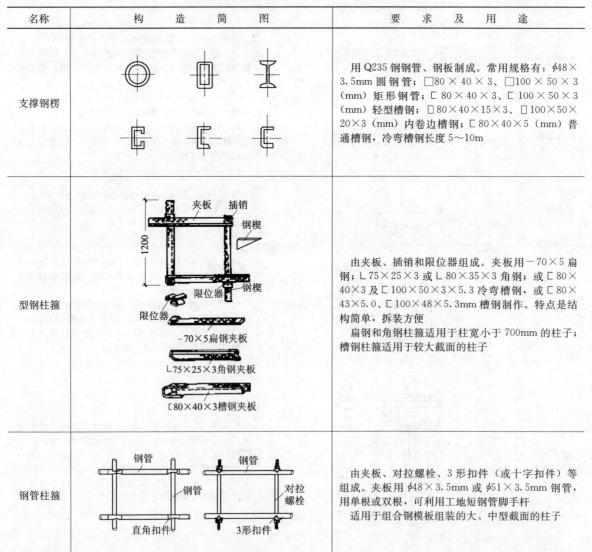

续表

名称	构造简图	要求及用途
型钢梁卡具		三角架用角钢，底座用角钢或槽钢加工制成。梁卡具的高度和宽度可以调节，用螺栓加以固定 适用于截面为700mm×600mm以内的梁
钢管梁卡具		三角架和底座均用钢管加工制成。卡具的高度和宽度均能调节，用插销加以固定 适用于截面为700mm×500mm以内的梁
钢管支柱及组合支柱		系用$\phi60\times2.5$、$\phi48\times2.5$mm两种规格钢管承插构成。沿钢管孔眼（间距模数为100mm）以一对销子插入固定。上、下两钢管的承插搭接长度不小于30cm，柱帽用角钢或钢板，下部焊底板。CH型下管上端焊有螺栓管和滑盘，转动滑盘可以微升微降使其顶紧；YJ型下管上端设有螺栓套，螺纹不外露，可防止碰坏和污物粘结。组合支柱由管柱、螺栓千斤顶和托盘、$\phi48\times3.5$mm钢管或$\phi25\sim30$mm钢筋、小规格角钢焊成。钢管间焊8mm厚钢板缀条，支柱之间设水平拉杆。螺栓千斤顶是由M45mm螺栓和上下托板组成，其调距为250mm。四管支柱的规格高度分别为1200、1500、1750、2000、3000mm五种，可组合成以250mm进级的各种不同高度，可承受荷载180~250kN 适用作梁、板、阳台、挑檐等水平模板的垂直支撑；组合支柱用于荷载较大的支撑
斜撑		其材料和构造与钢管支柱基本相同，只两端分别设活动卡座，以便与墙或梁钢楞等连接并卡牢 用于支撑柱、墙、梁等构件模板，使之保持稳定

续表

名称	构造简图	要求及用途
平面可调桁架	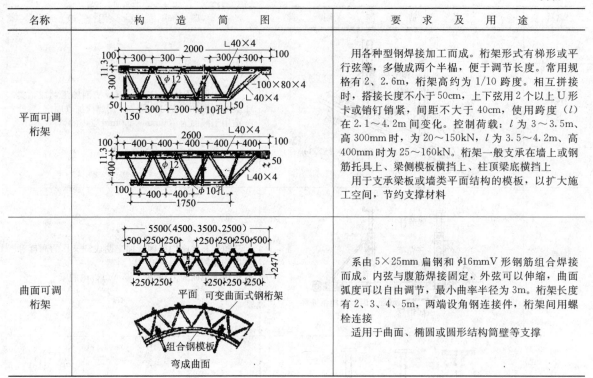	用各种型钢焊接加工而成。桁架形式有梯形或平行弦等,多做成两个半榀,便于调节长度。常用规格有2、2.6m,桁架高约为1/10跨度。相互拼接时,搭接长度不小于50cm,上下弦用2个以上U形卡或销钉销紧,间距不大于40cm,使用跨度(l)在2.1～4.2m间变化。控制荷载:l为3～3.5m、高300mm时,为20～150kN,l为3.5～4.2m、高400mm时为25～160kN。桁架一般支承在墙上或钢筋托具上、梁侧模板横挡上、柱顶梁底横挡上 用于支承梁板或墙类平面结构的模板,以扩大施工空间,节约支撑材料
曲面可调桁架		系由5×25mm扁钢和ϕ16mmV形钢筋组合焊接而成。内弦与腹筋焊接固定,外弦可以伸缩,曲面弧度可以自由调节,最小曲率半径为3m。桁架长度有2、3、4、5m,两端设角钢连接件,桁架间用螺栓连接 适用于曲面、椭圆或圆形结构筒壁等支撑

1.2.2 木胶合板

1. 木胶合板的使用特点

木胶合板是一组单板(薄木片)按相邻层木纹方向相互垂直组坯相互胶合成的板材。其表板和内层板对称配置在中心层或板芯的两侧。混凝土模板用的木胶合板属具有高耐气候性、耐水性的Ⅰ类胶合板,胶合剂为酚醛树脂胶。

胶合板用作为混凝土模板具有以下特点:

(1) 板幅大,板面平整。既可减少安装工作量,节省现场人工费用,又可减少混凝土外露表面的装饰及磨去接缝的费用;

(2) 承载能力大,特别是经表面处理后耐磨性好,能多次重复使用;

(3) 材质轻,厚18mm的木胶板,单位面积重量为50kg,模板的运输、堆放、使用和管理等都较为方便;

(4) 保温性能好,能防止温度变化过快,冬期施工有助于混凝土的保温;

(5) 锯截方便,易加工成各种形状的模板;

(6) 便于按工程的需要弯曲成形,用作曲面模板。

2. 构造与尺寸

模板用的木胶合板通常由5、7、9、11层等奇数层单板经热压固化而胶合成型。相邻层的纹理方向相互垂直,通常最外层表板的纹理方向和胶合板板面的长向平行(图3-1),因此,整张胶合板的长向为强方向,短向为弱方向,使用时必须加以注意。

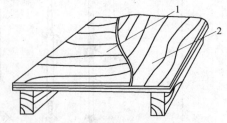

图3-1 木胶合板纹理方向与使用
1—表板;2—芯板

模板用木胶合板的幅面尺寸，一般宽度为1200mm左右，长度为2400mm左右，厚约12～18mm。表3-4列出我国模板常用木胶合板规格尺寸。

常用模板木胶合板规格尺寸（mm）　　　　　　　　　　　　　表3-4

厚　　度	层　　数	宽　　度	长　　度
12.0	至少5层	915	1830
5.0		1220	1830
18.0	至少7层	915	2135
		1220	2440

3. 胶合性能

模板用胶合板的胶粘剂主要是酚醛树脂。此类胶粘剂胶合强度高，耐水、耐热、耐腐蚀等性能良好，其突出的是耐沸水性能及耐久性优异。

专业标准ZBB 70006—88中，对混凝土模板用木胶合板的胶合强度作了规定，见表3-5，其中对不同树种胶合板的胶合强度，应符合最低的树种指标值。

模板用胶合板的胶合强度指标值　　　　　　　　　　　　　表3-5

树　　种	胶合强度（单个试件指标值）(N/mm^2)
桦木	≥1.00
克隆、阿必东、马尾松、云南松、荷木、枫香	≥0.80
柳桉、拟赤杨	≥0.70

施工单位购买混凝土模板用胶合板时，首先要判别是否属于Ⅰ类胶合板，即判别该批胶合板是否采用了酚醛树脂胶或其他性能相当的胶粘剂。受试验条件限制，不能做胶合强度试验时，可以用沸水煮小块试件快速简单判别。方法是从胶合板上锯截下20mm见方的小块，放在沸水中煮0.5～1h。用酚醛树脂作为胶粘剂的试件煮后不会脱胶，而用脲醛树脂作为胶粘剂的试件煮后脱胶。

4. 承载能力

木胶合板的承载能力与胶合板的厚度、静弯曲强度以及弹性模量有关。表3-6列出专业标准ZBB 70006—88中模板用胶合板的纵向弯曲强度、弹性模量指标值。

模板用胶合板纵向弯曲强度和弹性模量指标值　　　　　　　表3-6

树　　种	弹性模量（MPa）	静弯曲强度（MPa）
柳桉	3.5×10^3	25
马尾松、云南松、落叶松	4.0×10^3	30
桦木、克隆、阿必东	4.5×10^3	35

由于生产胶合板的树种及产地各异，胶合板的静弯曲强度以及弹性模量值不稳定，表3-6中的两项指标值目前仅作指导生产厂用，不作使用单位对胶合板的考核指标。

施工单位若需要应对所购置的胶合板进行测试，以确定其静弯曲强度和弹性模量。

5. 使用要点

胶合板板面质量直接影响拆模后混凝土的表面质量，特别是清水混凝土。生产胶合板的木材树种较杂。质量差的，在浇筑混凝土后拆模时，混凝土表面留下黄褐色或红褐色（亦称着色）

的斑痕，有时也会影响到新浇筑混凝土的正常硬化。

为了使胶合板板面具有良好的耐碱性、耐水性、耐热性、耐磨性以及脱模性，增加胶合板的重复使用次数，因此必须选用经过板面处理的胶合板。

未经处理的胶合板（亦称白坯板或素板）可在其表面冷涂刷一层涂料胶，构成保护膜。表层胶的胶种有：聚氨酯树脂类、环氧树脂类、酚醛树脂类、聚酯树脂类等。

经表面处理的胶合板，施工现场使用中，一般应注意以下几个问题：

(1) 模板拆除后，严禁从高处向下扔，以免损伤板面处理层；
(2) 脱模后立即清洗板面浮浆，堆放整齐；
(3) 胶合板周边涂封边胶，及时清除水泥浆。若在模板拼缝处粘贴纸胶带或水泥袋纸，则易脱模，不损伤胶合板边角；
(4) 胶合板板面尽量不钻洞。遇有预留孔洞等用普通板材拼补。现场备修补材料，及时修补，防止损伤面扩大。
(5) 胶合板用作楼板模板时，常规的支模方法为：用 $\phi48\times3.5$ 脚手钢管搭设排架，排架上铺放间距为 400mm 左右的 50mm×100mm 或者 60mm×80mm 木方（俗称 68 方木），作为面板下的楞木（图 3-1）。木胶合板常用厚度为 12mm、18mm，木方的间距随胶合板厚度作调整。这种支模方法简单易行，现已在施工现场大面积采用。
(6) 胶合板用作墙模板时，常规的支模方法为：胶合板面板外侧的内楞用 50mm×100mm 或者 60mm×80mm 木方，外楞用 $\phi48\times3.5$ 脚手钢管，内外模用 3 形卡及穿墙螺栓拉结（图 3-2）。

1.3 模板施工设计内容及原则

1.3.1 模板施工设计

施工前，应根据结构施工图及施工现场实际条件，编制模板工程施工设计，作为模板专项施工方案的重要组成部分。模板工程施工设计应包括以下内容：

(1) 绘制配板设计图、连接件和支承系统布置图，以及细部结构、异形模板和特殊部位详图；
(2) 根据结构构造形式和施工条件，对模板和支承系统等进行力学验算；
(3) 制定模板及配件的周转使用计划，编制模板和配件的规格、品种与数量明细表；
(4) 制定模板安装及拆模工艺，以及技术安全措施。

1.3.2 模板施工宏观措施

为了加快模板的周转使用，降低模板工程成本，宜选择以下措施：

(1) 采取分层分段流水作业，尽可能采取小流水段施工；
(2) 竖向结构与横向结构分开施工；
(3) 充分利用有一定强度的混凝土结构，支承上部模板结构；
(4) 采取预装配措施，使模板做到整体装拆；
(5) 水平结构模板宜采用"先拆模板（面板），后拆支撑"的"早拆体系"；
(6) 充分利用各种钢管脚手架做模板支撑。

1.3.3 配板设计和支承系统的设计原则

配板设计和支承系统的设计应遵守的规定：

(1) 要保证构件的形状尺寸及相互位置的正确。

(2) 要使模板具有足够的强度、刚度和稳定性，能够承受新浇混凝土的重量和侧压力，以及各种施工荷载。

(3) 力求构造简单，装拆方便，不妨碍钢筋绑扎，保证混凝土浇筑时不漏浆。柱、梁、墙、板的各种模板面的交接部分，应采用连接简便、结构牢固的专用模板。

(4) 配制的模板，应优先选用通用、大块模板，使其种类和块数最小，木模镶拼量最少。设置对拉螺栓的模板，为了减少钢模板的钻孔损耗，可在螺栓部位改用55mm×100mm刨光方木代替，或应使钻孔的模板能多次周转使用。

(5) 相邻钢模板的边肋，都应用U形卡插卡牢固，U形卡的间距不应大于300mm，端头接缝上的卡孔，也应插上U形卡或L形插销。

(6) 模板长向拼接宜采用错开布置，以增加模板的整体刚度。

(7) 模板的支承系统应根据模板的荷载和部件的刚度进行布置：

1) 内钢楞应与钢模板的长度方向相垂直，直接承受钢模板传递的荷载；外钢楞应与内钢楞互相垂直，承受内钢楞传来的荷载，用以加强钢模板结构的整体刚度，其规格不得小于内钢楞；

2) 内钢楞悬挑部分的端部挠度应与跨中挠度大致相同，悬挑长度不宜大于400mm，支柱应着力在外钢楞上；

3) 一般柱、梁模板，宜采用柱箍和梁卡具作支承件。断面较大的柱、梁，宜用对拉螺栓和钢楞及拉杆；

4) 模板端缝齐平布置时，一般每块钢模板应有两处钢楞支承。错开布置时，其间距可不受端缝位置的限制；

5) 在同一工程中可多次使用的预组装模板，宜采用模板与支承系统连成整体的模架；

6) 支承系统应经过设计计算，保证具有足够的强度和稳定性。当支柱或其节间的长细比大于110时，应按临界荷载进行核算，安全系数可取3～3.5；

7) 对于连续形式或排架形式的支柱，应适当配置水平撑与剪刀撑，以保证其稳定性。

(8) 模板的配板设计应绘制配板图，标出钢模板的位置、规格、型号和数量。预组装大模板，应标绘出其分界线。预埋件和预留孔洞的位置，应在配板图上标明，并注明固定方法。

1.3.4 配板步骤

(1) 根据施工组织设计对施工区段的划分、施工工期和流水段的安排，首先明确需要配制模板的层段数量。

(2) 根据工程情况和现场施工条件，决定模板的组装方法。

(3) 根据已确定配模的层段数量，按照施工图纸中梁、柱、墙、板等构件尺寸，进行模板组配设计。

(4) 明确支撑系统的布置、连接和固定方法。

(5) 进行夹箍和支撑件等的设计计算和选配工作。

(6) 确定预埋件的固定方法、管线埋设方法以及特殊部位（如预留孔洞等）的处理方法。

(7)根据所需钢模板、连接件、支撑及架设工具等列出统计表,以便备料。

1.4 各构件组合小钢模配板设计

1.4.1 基础的配板设计

混凝土基础中箱基、筏基等是由厚大的底板、墙、柱和顶板所组成,可以参照柱、墙、楼板的模板进行配板设计。下面,介绍条形基础、独立基础和大体积设备基础的配板设计。

1. 组合特点

基础模板的配制有以下特点:

(1)一般配模为竖向,且配板高度可以高出混凝土浇筑表面,所以有较大的灵活性。

(2)模板高度方向如用两块以上模板组拼时,一般应用竖向钢楞连固,其接缝齐平布置时,竖楞间距一般宜为750mm;当接缝错开布置时,竖楞间距最大可为1200mm。

(3)基础模板由于可以在基槽设置锚固桩作支撑,所以可以不用或少用对拉螺栓。

(4)高度在1400mm以内的侧模,其竖楞的拉筋或支撑,可按最大侧压力和竖楞间距计算竖楞上的总荷载布置,竖楞可采用 $\phi 48 \times 3.5$ 钢管。高度在1500mm以上的侧模,可按墙体模板进行设计配模。

2. 条形基础

条形基础模板两边侧模,一般可横向配置,模板下端外侧用通长横楞连固,并与预先埋设的锚固件楔紧。竖楞用 $\phi 48 \times 3.5$ 钢管,用U形钩与模板固连。竖楞上端可对拉固定(图3-2a)。

阶形基础,分阶支模。当基础大放脚不厚时,可采用斜撑(图3-2b);当基础大放脚较厚时,应按计算设置对拉螺栓(图3-2c),上部模板可用工具式梁卡固定,亦可用钢管吊架固定。

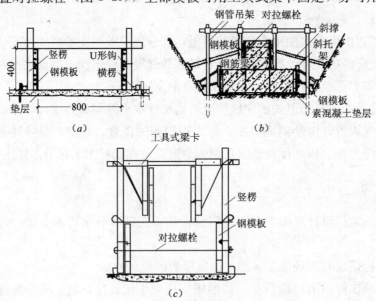

图3-2 条(阶)形基础支模示意图
(a)竖楞上端对拉固定;(b)斜撑;(c)对拉螺栓

3. 独立基础

独立基础为各自分开的基础,有的带地梁,有的不带地梁,多数为台阶式(图3-3)。但是,上阶模板应搁置在下阶模板上，各阶模板的相对位置要固定结实，以免浇筑混凝土时模板位移。杯形基础的芯模可用楔形木条与钢模板组合（图3-4）。

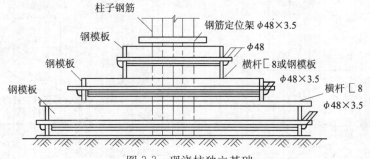

图3-3 现浇柱独立基础

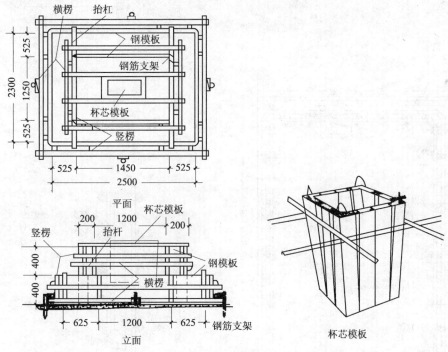

图3-4 杯形基础

（1）各台阶的模板用角模连接成方框，模板宜横排，不足部分改用竖排组拼。

（2）竖楞间距可根据最大侧压力经计算选定。竖楞可采用$\phi48\times3.5$钢管。

（3）横楞可采用$\phi48\times3.5$钢管，四角交点用钢管扣件连接固定。

（4）上台阶的模板可用抬杠固定在下台阶模板上，抬杠可用钢楞。

（5）最下一层台阶模板，最好在基底上设锚固桩支撑。

4. 筏基、箱基和设备基础

（1）模板一般宜横排，接缝错开布置。当高度符合主钢模板块时，模板亦可竖排。

（2）支承钢模的内、外楞和拉筋、支撑的间距，可根据混凝土对模板的侧压力和施工荷载通过计算确定。

（3）筏基宜采取底板与上部地梁分开施工、分次支模（图3-5a）。当设计要求底板与地梁一次浇筑时，梁模要采取支垫和临时支撑措施。

（4）箱基一般采用底板先支模施工。要特别注意施工缝止水带及对拉螺栓的处理，一般不宜采用可回收的对拉螺栓（图3-5b）。

(5) 大型设备基础侧模的固定方法,可以采用对拉方式(图 3-5c),亦可采用支拉方式(图 3-5d)。厚壁内设沟道的大型设备基础,配模方式可参见图 3-5。

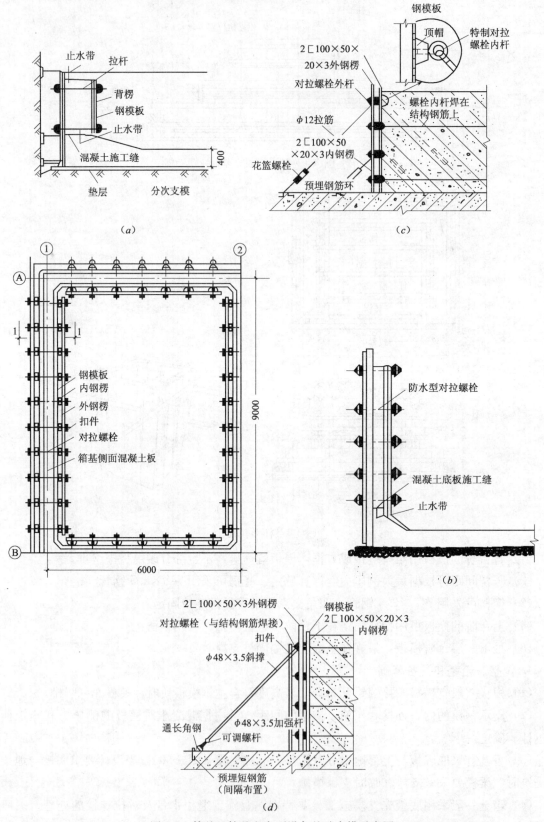

图 3-5 筏基、箱基和大型设备基础支模示意图

1.4.2 柱的配板设计

1. 柱配板的方法和步骤

柱模板的施工设计,首先应按单位工程中不同断面尺寸和长度,统计出柱所需配制模板的数量,并编号、列表。然后,再进行每一种规格的柱模板的施工设计,其具体步骤如下:

(1) 依照断面尺寸选用宽度方向的模板规格组配方案并选用长(高)度方向的模板规格进行组配;

(2) 根据施工条件,确定浇筑混凝土的最大侧压力;

(3) 通过计算,选用柱箍、背楞的规格和间距;

(4) 按结构构造配置柱间水平撑和斜撑。

2. 柱配板的实例

已知框架底层柱结构层高 4500mm,二、三层柱结构层高 4050mm,框架梁高度均为 670mm,试用组合小钢模配柱模。

由于采用柱与梁板混凝土分两次浇筑的方案,故柱模板配至框架梁底,故底层柱模长为:4500－670－55＝3775mm,二、三层柱模长为:4050－670－55＝3325mm。式中 55 为梁底模高度。图 3-6 为底层及二、三层柱模配板图,图中斜线部分为填补木模。

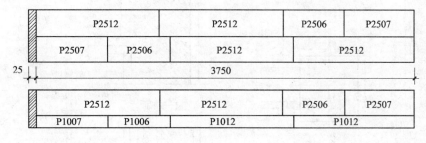

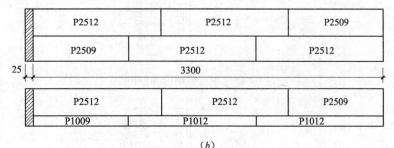

图 3-6 柱模配板图
(a) 底层柱模;(b) 二、三层柱模

1.4.3 墙的配板设计

按图纸,统计所有配模平面的尺寸并进行编号,然后对每一种平面进行配板设计,其具体步骤如下:

(1) 根据墙的平面尺寸,若采用横排原则,则先确定长度方向模板的配板组合,再确定宽度方向模板的配板组合,然后计算模板块数和需镶拼木模的面积;

(2) 根据墙的平面尺寸,若采用竖排原则,可确定长度和宽度方向模板的配板组合,并计

算模板块数和需镶拼木模面积;

对于上述横、竖排的方案进行比较,择优选用;

(3) 计算新浇筑混凝土的最大侧压力;

(4) 计算确定内、外钢楞的规格、型号和数量;

(5) 确定对拉螺栓的规格、型号和数量;

(6) 对需配模板、钢楞、对拉螺栓的规格型号和数量进行统计、列表,以便备料。

1.4.4 梁的配板设计

梁模板往往与柱、墙、楼板相交接,故配板比较复杂。另外,梁模板既需承受混凝土的侧压力,又承受垂直荷载,故支承布置也比较特殊。因此,梁模板的施工设计有它的独特情况。

梁模板的配板,宜沿梁的长度方向横排,端缝一般都可错开,配板长度虽为梁的净跨长度,但配板的长度和高度要根据与柱、墙和楼板的交接情况而定。

正确的方法是在柱、墙或大梁的模板上,用角模和不同规格的钢模板作嵌补模板拼出梁口(图 3-7),其配板长度为梁净跨减去嵌补模板的宽度,或在梁口用木方镶拼(图 3-8),不使梁口处的板块边肋与柱混凝土接触,在柱身梁底位置设柱箍或槽钢,用以搁置梁模。

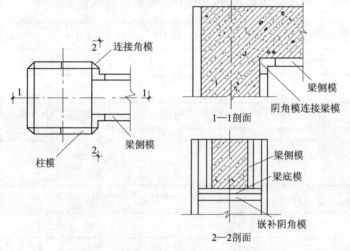

图 3-7 柱顶梁口采用嵌补模板

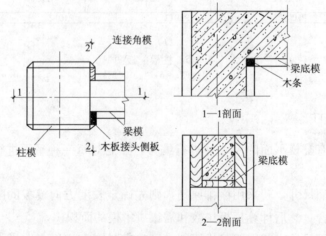

图 3-8 柱顶梁口采用木方镶拼

梁模板与楼板模板交接，可采用阴角模板或木材拼镶（图3-9）。

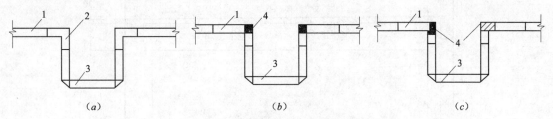

图3-9 梁模板与楼板模板交接
(a) 阴角模板连接；(b)、(c) 木材拼镶
1—楼板模板；2—阴角模板；3—梁模板；4—木材

梁模板侧模的纵、横楞布置，主要与梁的模板高度和混凝土侧压力有关，应通过计算确定。

直接支承梁底模板的横楞或梁夹具，其间距尽量与梁侧模板的纵楞间距相适应，并照顾楼板模板的支撑布置情况。在横楞或梁夹具下面，沿梁长度方向布置纵楞或桁架，由支柱加支撑。纵楞的截面和支柱的间距，通过计算确定。

1.4.5 楼板配板设计

1. 楼板配板的方法和步骤

楼板模板一般采用散支散拆或预拼装两种方法。配板设计可在编号后，对每一平面进行设计。其步骤如下：

（1）可沿长边配板或沿短边配板，然后计算模板块数及拼镶木模的面积，通过比较作出选择。

（2）确定模板的荷载。

（3）计算选用钢楞。

（4）计算确定立柱规格型号，并作出水平支撑和剪力撑的布置。

2. 楼板和梁配板的实例（图3-10、图3-11和图3-12）

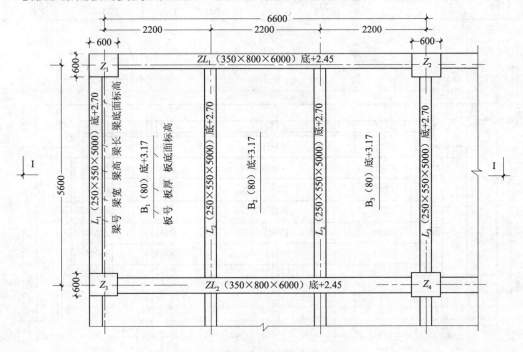

图3-10 框架结构模板放线图（一）

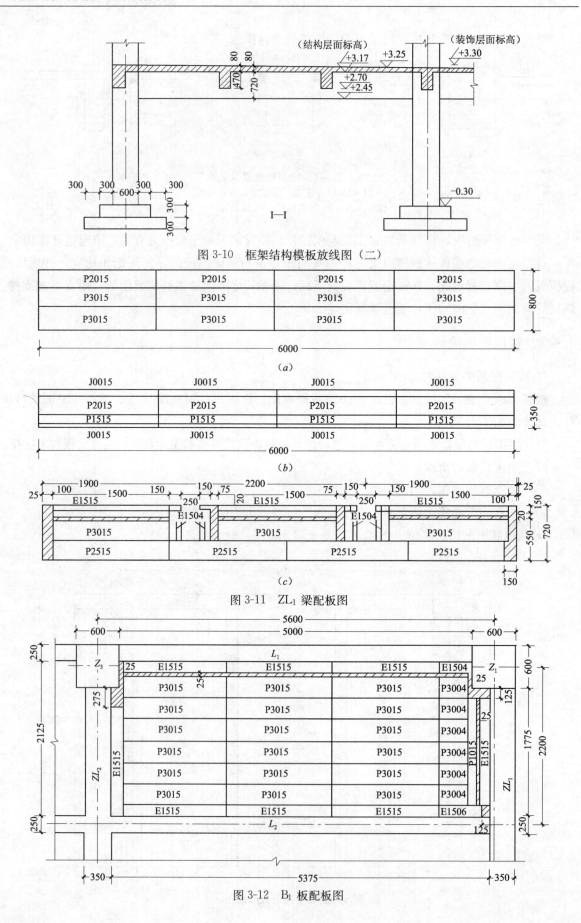

图 3-10 框架结构模板放线图（二）

图 3-11 ZL₁ 梁配板图

图 3-12 B₁ 板配板图

1.4.6 附录

1. 组合小钢模板规格编码表（mm）（表3-7）

钢模板规格编码表　　　　表3-7

模板名称		模板长度													
		450		600		750		900		1200		1500		1800	
		代号	尺寸	代号	尺寸	代号	尺寸	代号	尺寸	代号	尺寸	代号	尺寸	代号	尺寸
平面模板代号P	宽度 350	P3504	350×450	P3506	350×600	P3507	350×750	P3509	350×900	P3512	350×1200	P3515	350×1500	P3518	350×1800
	300	P3004	300×450	P3006	300×600	P3007	300×750	P3009	300×900	P3012	300×1200	P3015	300×150	P3018	300×1800
	250	P2504	250×450	P2506	250×600	P2507	250×750	P2509	250×900	P2512	250×1200	P2515	250×1500	P2518	250×1800
	200	P2004	200×450	P2006	200×600	P2007	200×750	P2009	200×900	P2012	200×1200	P2015	200×1500	P2018	200×1800
	150	P1504	150×450	P1506	150×600	P1507	150×750	P1509	150×900	P1512	150×1200	P1515	150×1500	P1518	150×1800
	100	P1004	100×450	P1006	100×600	P1007	100×750	P1009	100×900	P1012	100×1200	P1015	100×1500	P1018	100×1800
阴角模板（代号E）		E1504	150×150×450	E1506	150×600×600	E1507	150×150×750	E1509	150×150×900	E1512	150×150×1200	E1515	150×150×1500	E1518	150×150×1800
		E1004	100×150×450	E1006	100×150×600	E1007	100×150×750	E1009	100×150×900	E1012	100×150×1200	E1015	100×150×1500	E1018	100×150×1800
阳角模板（代号Y）		Y1004	100×100×450	Y1006	100×100×600	Y1007	100×100×750	Y1009	100×100×900	Y1012	100×100×1200	Y1015	100×100×1500	Y1018	100×100×1800
		Y0504	50×50×450	Y0506	50×50×600	Y0507	50×50×750	Y0509	50×50×900	Y0512	50×50×1200	Y0515	50×50×1500	Y0518	50×50×1800
连接角模（代号J）		J0004	50×50×450	J0006	50×50×600	J0007	50×50×750	J0009	50×50×900	J0012	50×50×1200	J0015	50×50×1500	J0018	50×50×1800
倒棱模板	角棱模板（代号JL）	JL1704	17×450	JL1706	17×600	JL1707	17×750	JL1709	17×900	JL1712	17×1200	JL1715	17×1500	JL1718	17×1800
		JL4504	45×450	JL4506	45×600	JL4507	45×750	JL4509	45×900	JL4512	45×1200	JL4515	45×1500	JL4518	45×1800
	圆棱模板（代号YL）	YL2004	20×450	YL2006	20×600	YL2007	20×750	YL2009	20×900	YL2012	20×1200	YL2015	20×1500	YL2018	20×1800
		YL3504	35×450	YL3506	35×600	YL3507	35×750	YL3509	35×900	YL3512	35×1200	YL3515	35×1500	YL3518	35×1800
梁腋模板（代号IY）		IY1004	100×50×450	IY1006	100×50×600	IY1007	100×50×750	IY1009	100×50×900	IY1012	100×50×1200	IY1015	100×50×1500	IY1018	100×50×1800
		IY1504	150×50×450	IY1506	150×50×600	IY1507	150×50×750	IY1509	150×15×900	IY1512	150×50×1200	IY1515	150×50×1500	IY1018	100×50×1800
柔性模板（代号Z）		Z1004	100×450	Z1006	100×600	Z1007	100×750	Z1009	100×900	Z1012	100×1200	Z1015	100×1500	Z1018	100×1800
搭接模板（代号D）		D7504	75×450	D7506	75×600	D7507	75×750	D7509	75×900	D7512	75×1200	D7515	75×1500	D7518	75×1800
双曲可调模板（代号T）		—	—	T3006	300×600	—	—	T3009	300×900	—	—	T3015	300×1500	T3018	300×1800
		—	—	T2006	200×600	—	—	T2009	200×900	—	—	T2015	200×1500	T2018	200×1800
变角可调模板（代号B）		—	—	B2006	200×600	—	—	B2009	200×900	—	—	B2015	200×1500	B2018	200×1800
		—	—	B1606	160×600	—	—	B1609	160×900	—	—	B1615	160×1500	B1618	160×1800

2. 对拉螺栓的规格和性能（表3-8）

3. 支承件

常用各种型钢钢楞的规格和力学性能，见表3-9。

对拉螺栓的规格和性能　　　　　　表3-8

螺栓直径（mm）	螺纹内径（mm）	净面积（mm²）	容许拉力（kN）
M12	10.11	76	12.90
M14	11.84	105	17.80
M16	13.84	144	24.50
T12	9.50	71	12.05
T14	11.50	104	17.65
T16	13.50	143	24.27
T18	15.50	189	32.08
T20	17.50	241	40.91

常用各种型钢钢楞的规格和力学性能　　　　　　表3-9

	规格（mm）	截面积 A（cm²）	重量（kg/m）	截面惯性矩 I_x（cm⁴）	截面最小模量 W_x（cm³）
圆钢管	$\phi48\times3.0$	4.24	3.33	10.78	4.49
	$\phi48\times3.5$	4.89	3.84	12.19	5.08
	$\phi51\times3.5$	5.22	4.10	14.81	5.81
矩形钢管	□60×40×2.5	4.57	3.59	21.88	7.29
	□80×40×2.0	4.52	3.55	37.13	9.28
	□100×50×3.0	8.64	6.78	112.12	22.42
轻型槽钢	□80×40×3.0	4.50	3.53	43.92	10.98
	□100×50×3.0	5.70	4.47	88.52	12.20
内卷边槽钢	□80×40×15×3.0	5.08	3.99	48.92	12.23
	□100×50×20×3.0	6.58	5.16	100.28	20.06
轧制槽钢	□80×43×5.0	10.24	8.04	101.30	25.30

4. 桁架示意图和截面特征表（图3-13、图3-14和表3-10）

桁架截面特征　　　　　　表3-10

项目	杆件名称	杆件规格（mm）	毛截面积 A（cm²）	杆件长度 l（mm）	惯性矩 I（cm⁴）	回转半径 r（mm）
平面可调桁架	上弦杆	L 63×6	7.2	600	27.19	1.94
	下弦杆	L 63×6	7.2	1200	27.19	1.94
	腹杆	L 36×4	2.72	876	3.3	1.1
		L 36×4	2.72	639	3.3	1.1

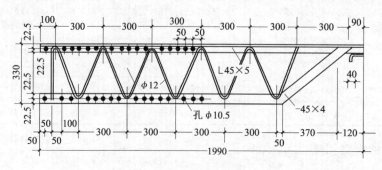

图3-13　轻型桁架

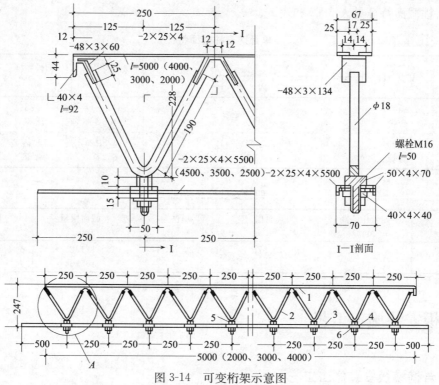

图 3-14 可变桁架示意图
1—内弦；2—腹筋；3—外弦；4—连接件；5—螺栓；6—方垫块

5. 常用柱箍的规格和力学性能（图 3-15 和表 3-11）

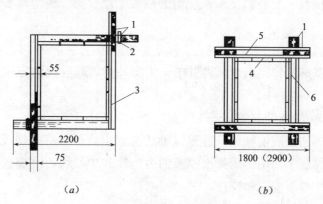

图 3-15 常用柱箍
（a）角钢型；（b）型钢型
1—插销；2—限位器；3—夹板；4—模板；5—型钢 A；6—型钢 B

常用柱箍的规格和力学性能　　　　表 3-11

规格 (mm)	夹板长度 (mm)	截面积 A (mm^2)	截面惯性矩 I_x (mm^4)	截面最小模量 W_x (mm^3)	适用柱宽范围 (mm)
—60×6	790	360	10.80×10^4	3.60×10^3	250～500
∟75×50×5	1068	612	34.86×10^4	6.83×10^3	250～750
⊏80×43×5	1340	1024	101.30×10^4	25.30×10^3	500～1000
⊏100×48×5.3	1380	1074	198.30×10^4	39.70×10^3	500～1200
ϕ48×3.5	1200	489	12.19×10^4	5.08×10^3	300～700
ϕ51×3.5	1200	522	14.81×10^4	5.81×10^3	300～700

6. 钢支柱截面特征见表 3-12 和表 3-13

单管钢支柱截面特征 表 3-12

类型	项目	直径（mm）		壁厚（mm）	截面积 A（cm²）	惯性矩 I（cm⁴）	回转半径 r（cm）
		外径	内径				
CH	插管	48	43	2.5	3.57	9.28	1.61
	套管	60	55	2.5	4.52	18.7	2.03
YJ	插管	48	41	3.5	4.89	12.19	1.58
	套管	60	53	3.5	6.21	24.88	2.00

四管支柱截面特征 表 3-13

管柱规格（mm）	四管中心距（mm）	截面积（cm²）	惯性矩（cm⁴）	截面模量（cm³）	回转半径（cm）
$\phi 48 \times 3.5$	200	19.57	2005.35	121.24	10.12
$\phi 48 \times 3.0$	200	16.96	1739.06	105.34	10.13

1.5 模板安装施工工艺

1.5.1 组合钢模板安装施工工艺

组合钢模板的施工，是以模板工程施工设计为依据，根据结构工程流水分段施工的布置和施工进度计划，将钢模板、配件和支承系统组装成柱、墙、梁、板等模板结构，供混凝土浇筑使用。

1. 施工前的准备工作

（1）模板的定位基准工作：组合钢模板在安装前，要做好模板的定位基准工作，其工作步骤是：

1）进行中心线和位置线的放线。

首先引测建筑物的边柱或墙轴线，并以该轴线为起点，引出每条轴线。模板放线时，应先清理好现场，然后根据施工图用墨线弹出模板的内边线和中心线，墙模板要弹出模板的内边线和外侧控制线，以便于模板安装和校正。

2）做好标高量测工作。

用水准仪把建筑物水平标高根据实际标高的要求，直接引测到模板安装位置。在无法直接引测时，也可以采取间接引测的方法，即用水准仪将水平标高先引测到过渡引测点，作为上层结构构件模板的基准点，用来测量和复核其标高位置。

3）进行找平工作。

模板承垫底部应预先找平，以保证模板位置正确，防止模板底部漏浆。常用的找平方法是沿模板内边线用1:3水泥砂浆抹找平层（图3-16）。另外，在外墙、外柱部位，继续安装模板前，要设置模板承垫条带（图3-17），并校正其平直。

4）设置模板定位基准。

传统作法是：按照构件的断面尺寸，先用同强度等级的细石混凝土浇筑50~100mm的短柱或导墙，作为模板定位基准。

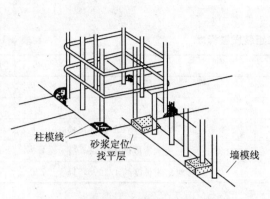

图 3-16 墙柱模板砂浆找平

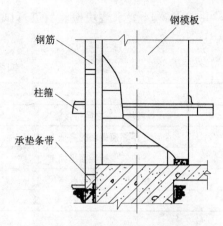

图 3-17 外柱外模板设承垫条带

另一种作法是采用钢筋定位：墙体模板可根据构件断面尺寸切割一定长度的钢筋焊成定位梯子支撑筋（钢筋端头刷防锈漆），绑（焊）在墙体两根竖筋上（图3-18），起到支撑作用，间距1200mm左右；柱模板可在基础和柱模上口用钢筋焊成井字形套箍撑位模板并固定竖向钢筋，也可在竖向钢筋靠模板一侧焊一短截钢筋或角钢头，以保持钢筋与模板的位置（图3-19和图3-20）。

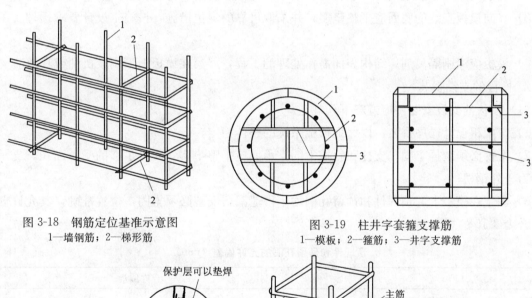

图 3-18 钢筋定位基准示意图
1—墙钢筋；2—梯形筋

图 3-19 柱井字套箍支撑筋
1—模板；2—箍筋；3—井字支撑筋

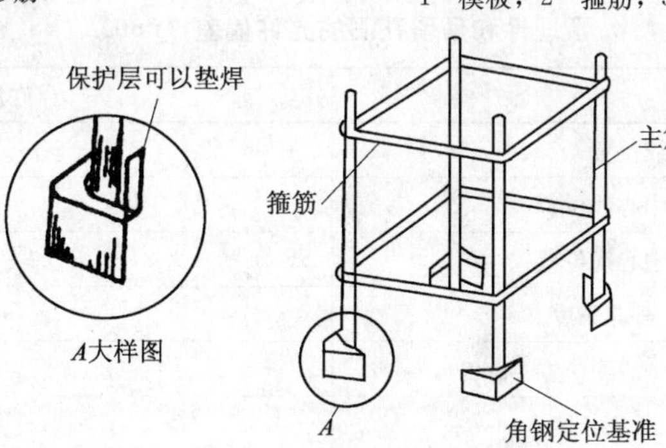

图 3-20 角钢头定位基准示意图

(2) 模板及配件的检查：按施工需用的模板及配件对其规格、数量逐项清点检查，未经修复的部件不得使用。

(3) 预拼装：采取预拼装模板施工时，预拼装工作应在组装平台或经平整处理的地面上进行，并按表3-14要求逐块检验后进行试吊，试吊后再进行复查，并检查配件数量、位置和紧固情况。

钢模板施工组装质量标准 表3-14

项　目	允许偏差（mm）
两块模板之间拼接缝隙	≤2.0
相邻模板面的高低差	≤2.0
组装模板板面平面度	≤2.0（用2m长平尺检查）
组装模板板面的长宽尺寸	≤长度和宽度的1/1000，最大±4.0
组装模板两对角线长度差值	≤对角线长度的1/1000，最大±7.0

（4）模板堆放与运输：经检查合格的模板，应按照安装程序进行堆放或装车运输。重叠平放时，每层之间应加垫木，模板与垫木均应上下对齐，底层模板应垫离地面不小于20cm。

运输时，应避免碰撞，防止倾倒，采取措施，保证稳固。

（5）安装前的准备工作：模板安装前，应做好下列准备工作：

1）向施工班组进行技术交底，并且做样板，经监理等有关人员认可后，再大面积展开；

2）支承支柱的土层地面，应事先夯实整平，并做好防水、排水设置，准备支柱底垫木；

3）竖向模板安装的底面应平整坚实，并采取可靠的定位措施，按施工设计要求预埋支承锚固件；

4）模板应涂刷隔离剂。结构表面需作处理的工程，严禁在模板上涂刷废机油或其他油。

2. 模板的支设安装

（1）模板的支设安装，应遵守下列规定：

1）按配板设计循序拼装，以保证模板系统的整体稳定；

2）配件必须装插牢固。支柱和斜撑下的支承面应平整垫实，要有足够的受压面积。支承件应着力于外钢楞；

3）固定在模板上的预埋件和预留孔洞均不得遗漏，安装必须牢固，位置准确，其允许偏差应符合表3-15的规定；

预埋件和预留孔洞的允许偏差（mm） 表3-15

项　目		允许偏差（mm）
预埋钢板中心线位置		3
预埋管、预留孔洞中心线位置		3
插筋	中心线位置	5
	外露长度	+10，0
预埋螺栓	中心线位置	2
	外露长度	+10，0
预留洞	中心线位置	10
	截面内尺寸	+10，0

注：检查中心线位置时，应沿纵、横两个方向测量，并取其中的较大值。

4）基础模板必须支撑牢固，防止变形，侧模斜撑的底部应加设垫木；

5）墙和柱子模板的底面应找平，找平前先检查柱墙钢筋有否超过允许偏差，若超过偏差则应按 1∶6 纠正钢筋的偏位。找平时下端应与事先做好的定位基准靠紧垫平，在墙、柱子上继续安装模板时，模板应有可靠的支承点，其平直度应进行校正；

6) 楼板模板支模时，应先完成一个格构的水平支撑及斜撑安装，再逐渐向外扩展，以保持支撑系统的稳定性；

7) 预组装墙模板吊装就位后，下端应垫平，紧靠定位基准；两侧模板均应利用斜撑调整和固定其垂直度；

8) 支柱所设的水平撑与剪刀撑，应按构造与整体稳定性布置；

9) 多层支设的支柱，上下应设置在同一竖向中心线上，下层楼板应具有承受上层荷载的承载能力或加设支架支撑。下层支架的立柱应铺设垫板。

(2) 模板安装时，应符合下列要求：

1) 同一条拼缝上的 U 形卡，不宜向同一方向卡紧；

2) 墙模板的对拉螺栓孔应平直相对，穿插螺栓不得斜拉硬顶。钻孔应采用机具，严禁采用电、气焊灼孔；

3) 钢楞宜采用整根杆件，接头应错开设置，搭接长度不应少于 200mm。

(3) 对现浇混凝土梁、板，当跨度大于 4m 时，模板应按设计要求起拱；当设计无具体要求时，起拱高度宜为全跨长的 1/1000～3/1000（钢模 1/1000～2/1000，木模 1.5/1000～3/1000）。

(4) 曲面结构可用双曲可调模板，采用平面模板组装时，应使模板面与设计曲面的最大差值不得超过设计的允许值。

(5) 模板安装及应注意的事项：模板的支设方法基本上有两种，即单块就位组拼（散装）和预组拼，其中预组拼又可分为分片组拼和整体组拼两种。采用预组拼方法，可以加快施工速度，提高工效和模板的安装质量，但必须具备相适应的吊装设备和有较大的拼装场地。

3. 工艺要点

(1) 柱模板：

1) 保证柱模的长度符合模数，不符合部分放到节点部位处理；或以梁底标高为准，由上往下配模，不符合模数部分放到柱根部位处理；高度在 4m 和 4m 以上时，一般应四面支撑。

当柱高超过 6m 时，不宜单根柱支撑，宜几根柱同时支撑连成构架。

2) 柱模根部要用水泥砂浆堵严，防止跑浆；柱模的浇筑口和清扫口，在配模时应一并考虑留出。

3) 梁、柱模板分两次支设时，在柱子混凝土达到拆模强度时，最上一段柱模先保留不拆，以便于与梁模板连接。

4) 柱模的清渣口应留置在柱脚一侧，如果柱子断面较大，为了便于清理，亦可两面留设。清理完毕，立即封闭。

5) 柱模安装就位后，立即用四根支撑或有张紧器花篮螺栓的缆风绳与柱顶四角拉结，并校正其中心线和偏斜（图 3-21），全面检查合格后，再群体固定。几种柱模支设方法，见图 3-22。

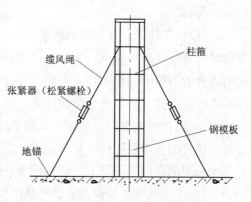

图 3-21 校正柱模板

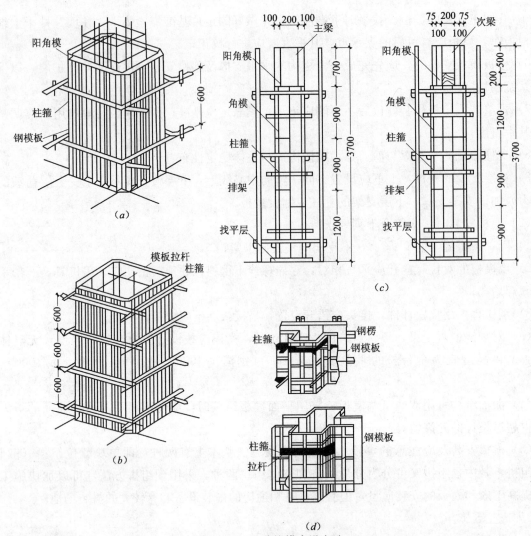

图 3-22 几种柱模支设方法
(a) 型钢柱箍；(b) 钢管柱箍；(c) 钢管脚手支柱模；(d) 附壁柱模

(2) 梁模板：

1) 梁柱接头模板的连接特别重要，一般可按图 3-7 和图 3-8 处理；或用专门加工的梁柱接头模板。

2) 梁模支柱的设置，应经模板设计计算决定，一般情况下采用双支柱时，间距以 60～100cm 为宜。

3) 模板支柱纵、横方向的水平拉杆、剪刀撑等，均应按设计要求布置；一般工程当设计无规定时，支柱间距一般不宜大于 2m，纵横方向的水平拉杆的上下间距不宜大于 1.5m，纵横方向的垂直剪刀撑的间距不宜大于 6m；跨度大或楼层高的工程，必须认真进行设计，尤其是对支撑系统的稳定性，必须进行结构计算，按设计精心施工。

4) 采用扣件钢管脚手或碗扣式脚手作支架时，扣件要拧紧，杯口要紧扣，要抽查扣件的扭力矩。横杆的步距要按设计要求设置（图 3-23）。采用桁架支模时，要按事先设计的要求设置，要考虑桁架的横向刚度，上下弦要设水平连接，拼接桁架的螺栓要拧紧，数量要满足要求。

5) 由于空调等各种设备管道安装的要求，需要在模板上预留孔洞时，应尽量使穿梁管道孔分散，穿梁管道孔的位置应设置在梁中（图 3-24），以防削弱梁的截面，影响梁的承载能力。

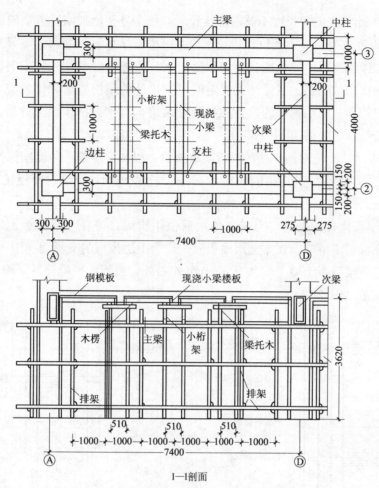

图 3-23 框架梁、柱模板采用钢管脚手架支设

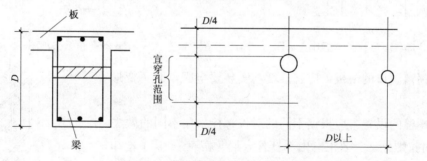

图 3-24 穿梁管道孔设置的高度范围

(3) 墙模板：

1) 按位置线安装门洞口模板，埋下预埋件或木砖。

2) 把预先拼装好的一面模板按位置线就位，然后安装拉杆或斜撑，安装支固套管和穿墙螺栓。穿墙螺栓的规格和间距，由模板设计规定。

3) 清扫墙内杂物，再安装另一侧模板，调整斜撑（或拉杆）使模板垂直后，拧紧穿墙螺栓。

4) 墙模板安装注意事项：

① 单块就位组拼时，应从墙角模开始，向互相垂直的两个方向组拼，这样可以减少临时支撑设置。否则，要随时注意拆换支撑或增加支撑，以保证墙模处于稳定状态。

② 当完成第一步单块就位组拼模板后，可安装内钢楞，内钢楞与模板肋用钩头螺栓紧固，

其间距不大于600mm。当钢楞长度不够需要接长时,接头处要增加同样数量的钢楞。

③ 预组拼模板安装时,应边就位、边校正,并随即安装各种连接件、支承件或加设临时支撑。必须待模板支撑稳固后,才能脱钩。当墙面较大,模板需分几块预拼安装时,模板之间应按设计要求增加纵横附加钢楞。当设计无规定时,连接处的钢楞数量和位置应与预组拼模板上的钢楞数量和位置等同。附加钢楞的位置在接缝处两边,与预组拼模板上钢楞的搭接长度,一般为预组拼模板全长(宽)的15%～20%。

④ 在组装模板时,要使两侧穿孔的模板对称放置,以使穿墙螺栓与墙模保持垂直。

⑤ 相邻模板边肋用U形卡连接的间距,不得大于300mm,预组拼模板接缝处宜满上。U形卡要反正交替安装。

⑥ 上下层墙模板接槎的处理,当采用单块就位组拼时,可在下层模板上端设一道穿墙螺栓,拆模时该层模板暂不拆除,在支上层模板时,作为上层模板的支承面(图3-25)。当采取预组拼模板时,可在下层混凝土墙上端往下200mm左右处,设置水平螺栓,紧固一道通长的角钢作为上层模板的支承(图3-26)。

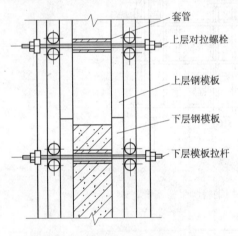

图3-25 下层模板不拆作支承图

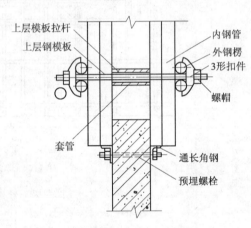

图3-26 角钢支承图

⑦ 预留门窗洞口的模板,应有锥度,安装要牢固,既不变形,又便于拆除。

⑧ 对拉螺栓的设置,应根据不同的对拉螺栓采用不同的做法:

组合式对拉螺栓——要注意内部杆拧入尼龙帽有7～8个丝扣;

通长螺栓——要套硬塑料管,以确保螺栓或拉杆回收使用。塑料管长度应比墙厚小2～3mm。

⑨ 墙模板上预留的小型设备孔洞,当遇到钢筋时,应设法确保钢筋位置正确,不得将钢筋移向一侧(图3-27)。

图3-28为用脚手架钢管 $\phi 48\times 3.5$ 作为内外钢楞,用钢套管、$\phi 12$ 对拉螺栓和3形扣件连接起来的墙模板图。

(4) 楼板模板:

1) 采用立柱作支架时,从边跨一侧开始逐排安装立柱,并同时安装外钢楞(大龙骨)。

立柱和钢楞(龙骨)的间距,根据模板设计规定,一般情况

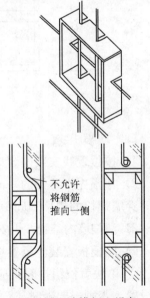

图3-27 墙模板上设备孔洞模板做法

下立柱与外钢楞间距为600~1200mm，内钢楞（小龙骨）间距为400~600mm。调平后即可铺设模板。

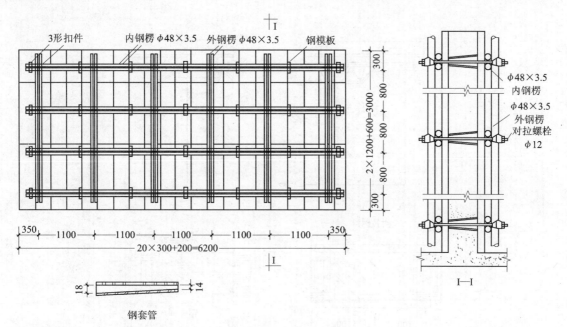

图3-28 墙模板图

在模板铺设完标高校正后，立柱之间应加设水平拉杆，其道数根据立柱高度和柱截面决定。一般情况下离地面200~300mm处设一道，往上纵横方向每隔1.6m左右设一道。

2）采用桁架作支承结构时，一般应预先支好梁、墙模板，然后将桁架按模板设计要求支设在梁侧模通长的型钢或方木上，调平固定后再铺设模板。

3）当墙、柱已先行施工，可利用已施工的墙、柱作垂直支撑（图3-29），采用悬挂支模；也可在浇捣柱混凝土时预埋钢管（钢管埋入混凝土长度不小于300mm，埋入端钢管焊上钢筋确保锚固长度，模板支撑的钢管直接与埋入混凝土柱的钢管外露部分连接，所需根数根据方案决定。

4）楼板模板当采用单块就位组拼时，宜以每个节间从四周先用阴角模板与墙、梁模板连接，然后向中央铺设。相邻模板边肋应按设计要求用U形卡连接，也可用钩头螺栓与钢楞连接。亦可采用U形卡预拼大块再吊装铺设。

5）楼板模板施工注意事项：

① 底层地面应夯实，并垫通长脚手板，楼层地面立支柱（包括钢管脚手架作支撑）也应垫通长脚手板（图3-30）。采用多层支架模板时，上下层支柱应在同一竖向中心线上；支柱的顶部与纵横两个方向的木楞或钢管楞应可靠连接（图3-31）。

② 桁架支模时，要注意桁架与支点的连接，防止滑动，桁架应支承在通长的型钢上，使支点形成一直线。

③ 预组拼模板块较大时，应加钢楞再吊装，以增加板块的刚度。

④ 预组拼模板在吊运前应检查模板的尺寸、对角线、平整度以及预埋件和预留孔洞的位置。安装就位后，立即用角模与梁、墙模板连接。

⑤ 采用钢管脚手架作支撑时，在立杆之间必须纵横两个方向均设置水平拉结杆，在支柱高

度方向步高间距1.2~1.3m，一般不大于1.6m。楼板模板满堂红支设方法，见图3-32（满堂红式立杆支撑架平面布置图）；楼板模板支设方法采用桁架支模见图3-33、图3-34。

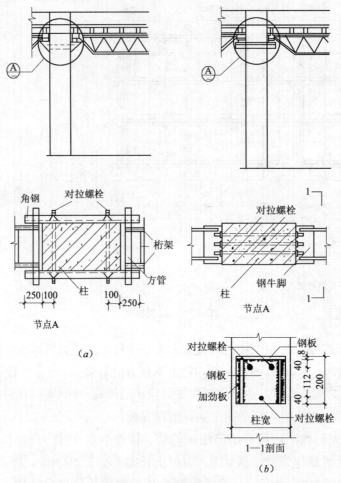

图3-29 悬挂支模

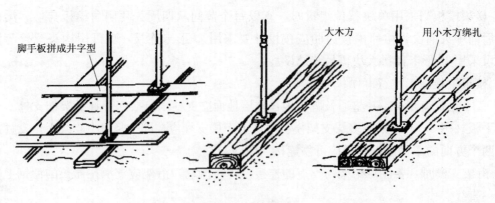

图3-30 底部垫木

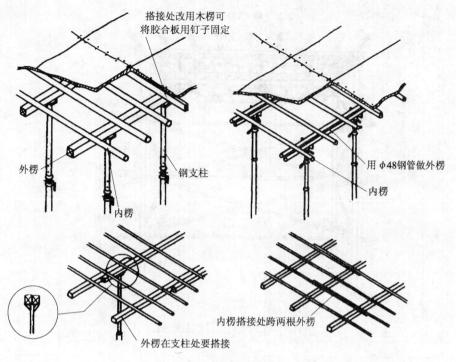

图 3-31 顶部连接

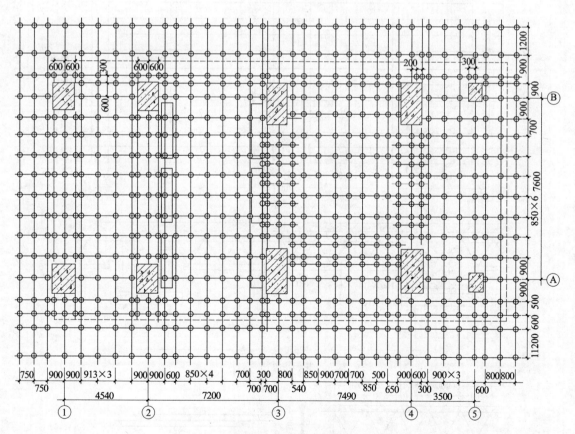

图 3-32 立杆平面布置

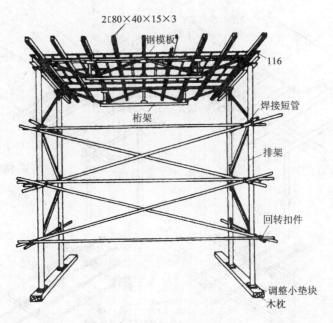

图 3-33 桁架支设楼板模板

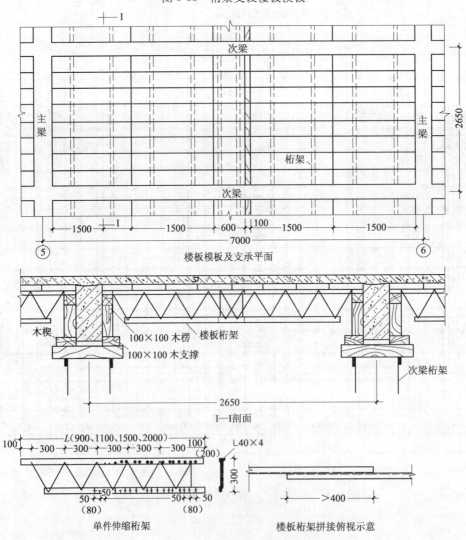

图 3-34 梁和楼板桁架支模

⑥ 为保证支撑架有足够的稳定性，除了设置双向水平拉杆外，还要设置斜撑，斜撑有两种。a 刚性斜撑：采用钢管作为斜撑，用扣件将斜杆与立杆和水平杆相连接，如图 3-35 所示。b 柔性斜撑：采用钢筋、钢丝、铁链等只能承受拉力的柔性杆件布置成交叉的斜撑，如图 3-36 所示。每根拉杆均设置花篮螺栓，保证拉杆不松弛，能受力。

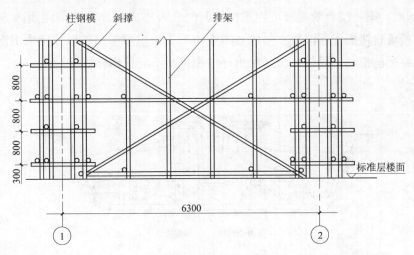

图 3-35 刚性斜撑

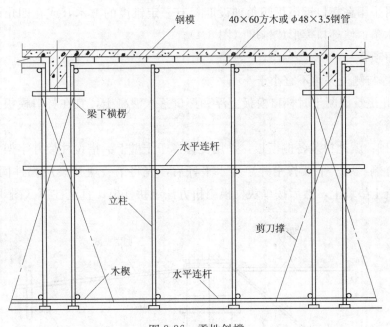

图 3-36 柔性斜撑

钢管立杆也可采用带碗扣式的钢管，其支撑架的组成原理相同，只是水平杆、斜杆与立杆的连接采用碗扣连接。选用不同长度的横杆就可以组成不同立杆间距的支撑架。

(5) 基础模板：

1) 条形基础：根据基础边线就地组拼模板。将基槽土壁修整后用短木方将钢模板支撑在土壁上。然后在基槽两侧地坪上打入钢管锚固桩，搭钢管吊架，使吊架保持水平，用线锤将基础中心引测到水平杆上，按中心线安装模板，用钢管、扣件将模板固定在吊架上，用支撑拉紧模板（图 3-2b），亦可采用工具式梁卡支模（图 3-2c）。

施工注意事项：

① 模板支撑于土壁时，必须将松土清除修平，并加设垫板；

② 为了保证基础宽度，防止两侧模板位移，宜在两侧模板间相隔一定距离加设临时木条支撑，浇筑混凝土时拆除。

2) 杯形基础：第一层台阶模板可用角模将四侧模板连成整体，四周用短木方撑于土壁上；第二层台阶模板可直接搁置在混凝土垫块（图 3-37）上，也可参照条形基础采用钢管支架吊设，但须在混凝土终凝前把杯口模板吊出，吊出杯口模板时不应损伤杯口混凝土。

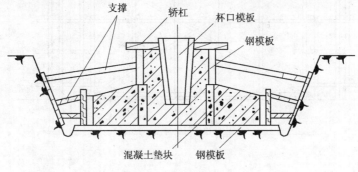

图 3-37 杯形基础模板

杯口模板可采用在杯口钢模板四角加设四根有一定锥度的方木，或在四角阴角模与平模间嵌上一块楔形木条，使杯口模形成锥度（图 3-4）。

施工注意事项：

① 侧模斜撑与侧模夹角不宜小于 45°；

② 为了防止浇筑混凝土时杯口模板上浮和杯口落入混凝土，宜在杯口模板上加设压重，并将杯口临时遮盖。

3) 独立基础：就地拼装各侧模板，并用支撑撑于土壁上。搭设柱模井字架，使立杆下端固定在基础模板外侧，用水平仪找平井字架水平杆后，先将第一块柱模用扣件固定在水平杆上，同时搁置在混凝土垫块上。然后按单块柱模组拼方法组拼柱模，直至柱顶（图 3-38）。

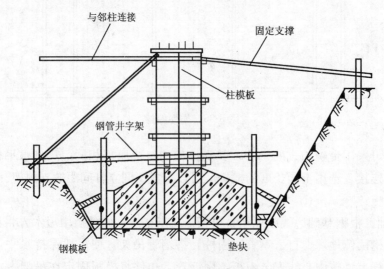

图 3-38 独立柱基模板

施工注意事项：

① 基础短柱顶伸出的钢筋间距，需符合上段柱子的要求；

② 柱模板之间要用水平撑和斜撑连成整体；

③ 基础短柱模的 U 形卡不要一次上满，要等校正固定后再上满；安装过程中要随时检查对角线，防止柱模扭转。

4）大体积基础：工业和民用建筑的大体积基础，多为筏形或箱形基础，埋置深，有抗渗防水要求，对模板支撑系统的强度、刚度和稳定性要求较高。

① 对于厚大墙体的模板，由于两侧模板相距较远，不易构成对拉条件，最好以钢管脚手架为稳固结构，采用钢管扣件将模板与其连接固定。

② 对于不太厚的墙体模板，有条件设置对拉螺栓时，应优先采用组合式对拉螺栓。使用组合式对拉螺栓时应注意：先将内螺栓与尼龙帽事先对好，再根据墙截面尺寸安上内螺栓。立好钢模板后拧紧外螺栓，这样可以起到准确固定模内向尺寸的作用。但是，当墙厚在 500mm 以下时，人不能在模板内拧紧内螺栓，因此要随时找正墙模，及时拧紧外螺栓；当墙厚在 500mm 以上时，人可进入模板内操作，可在模板支设一定高度后，再成批地穿放拧紧螺栓。

钢楞可选用卷边槽钢⊏100×50×20×3、φ48×3.5 和卷边槽钢⊏80×40×3。为了防止模板的整体偏移，应设置一定数量的稳定支撑，见图 3-39、图 3-40 和图 3-41 所示。

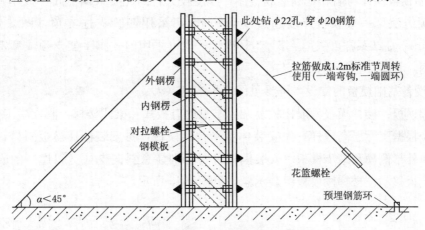

图 3-39　4m 以上单墙模板支撑图

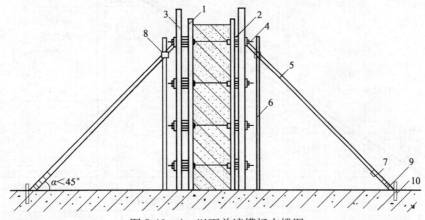

图 3-40　4m 以下单墙模板支撑图

1—钢模板；2—内钢楞；3—外钢楞；4—对拉螺栓；5—斜撑钢管；6—加固杆（钢管）；
7—可旋千斤顶；8—扣件；9—通长角钢；10—预埋短钢筋（间隔布置）

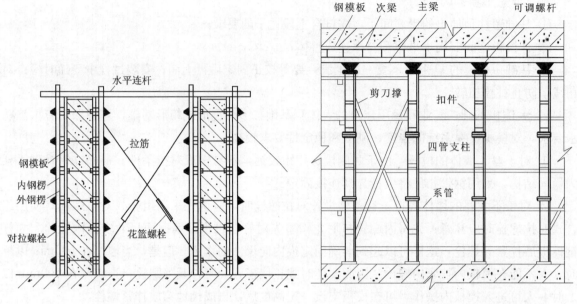

图 3-41 两近墙模板支撑图　　　图 3-42 厚大基础顶板支模示意图

③ 基础的顶板往往与墙和基础形成整体，厚度较大，因此要根据空间、板厚和荷载情况选用不同的支顶方法。一般顶板厚度超过 0.5m 时，可采用四管支柱支顶（图 3-42），间距在 1500～2000mm。柱结系杆可采用 $\phi48\times3.5$ 钢管；也可采用门式脚手架支顶或型钢支顶。主次梁可采用型钢，其规格根据计算确定。

④ 大型设备基础模板的支设，可参见图 3-5 (c)、(d)。

（6）楼梯模板：楼梯模板一般比较复杂，常见的有板式和梁式楼梯，其支模工艺基本相同。

施工前应根据实际层高放样，先安装休息平台梁模板，再安装楼梯模板斜楞，然后铺设楼梯底模，安装外帮侧模和踏步模板。安装模板时要特别注意斜向支柱（斜撑）的固定，防止浇筑混凝土时模板移动。楼梯段模板组装示意，见图 3-43 所示。

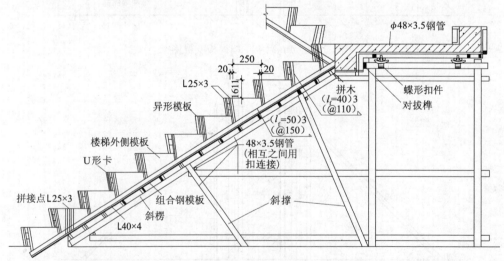

图 3-43 楼梯模板支设示意图

（7）预埋件和预留孔洞的设置：

1）竖向构件预埋件的留置：

① 焊接固定。焊接时先将预埋件外露面紧贴钢模板，锚脚与钢筋骨架焊接（图3-44）。当钢筋骨架刚度较小时，可将锚脚加长，顶紧对面的钢模，焊接不得咬伤钢筋。但此方法严禁与预应力筋焊接。

② 绑扎固定。用钢丝将预埋件锚脚与钢筋骨架绑扎在一起（图3-45）。为了防止预埋件位移，锚脚应尽量长一些。

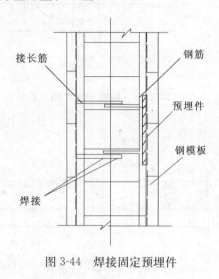

图3-44　焊接固定预埋件　　　　　图3-45　绑扎固定预埋件

2）水平构件预埋件的留置：

① 梁顶面预埋件。可采用圆钉固定的方法（图3-46）。

② 板顶面预埋件。将预埋件锚脚做成八字形，与楼板钢筋焊接。用改变锚脚的角度，调整预埋件标高（图3-47）。

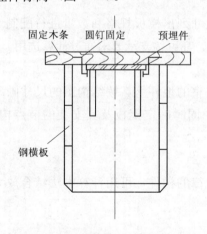
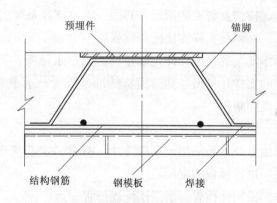

图3-46　梁顶面圆钉固定预埋件　　　　　图3-47　板顶面固定预埋件

3）预留孔洞的留置：

① 梁、墙侧面。采用钢筋焊成的井字架卡住孔模（图3-48），井字架与钢筋焊牢。

② 板底面。可采用在底模上钻孔，用钢丝固定在定位木块上，孔模与定位木块之间用木楔塞紧（图3-49）；亦可在模板上钻孔，用木螺钉固定木块，将孔模套上固定（图3-50）。

当楼板板面上留设较大孔洞时，留孔处留出模板空位，用斜撑将孔模支于孔边上（图3-51）。

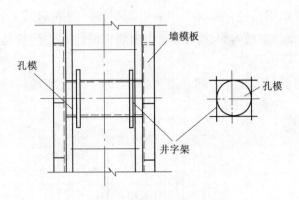
图 3-48 井字架固定孔模

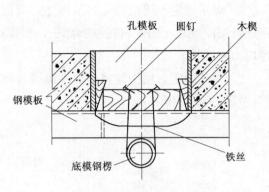
图 3-49 楼板用钢丝固定孔模

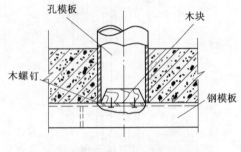
图 3-50 楼板用木螺钉固定孔模

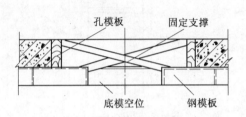
图 3-51 支撑固定方孔孔模

1.5.2 胶合板模板的施工工艺

1. 胶合板模板的配制方法

（1）按设计图纸尺寸直接配制模板。

形体简单的结构构件，可根据结构施工图纸直接按尺寸列出模板规格和数量进行配制。模板厚度、横档及楞木的断面和间距，以及支撑系统的配置，都可按支承要求通过计算选用。

（2）采用放大样方法配制模板。

形体复杂的结构构件，如楼梯、圆形水池等，可在平整的地坪上，按结构图的尺寸画出结构构件的实样，量出各部分模板的准确尺寸或套制样板，同时确定模板及其安装的节点构造，进行模板的制作。

（3）用计算方法配制模板。

形体复杂不易采用放大样方法，但有一定几何形体规律的构件，可用计算方法结合放大样的方法，进行模板的配制。

（4）采用结构表面展开法配制模板。

一些形体复杂且又由各种不同形体组成的复杂体型结构构件，如设备基础。其模板的配制，可采用先画出模板平面图和展开图，再进行配模设计和模板制作。

2. 胶合板模板配制要求

（1）应整张直接使用，尽量减少随意锯截，造成胶合板浪费。

（2）木胶合板常用厚度一般为12mm或18mm，竹胶合板常用厚度一般为12mm，内、外楞的间距，可随胶合板的厚度，通过设计计算进行调整。

（3）支撑系统可以选用钢管脚手架，也可采用木支撑。采用木支撑时，不得选用脆性、严重扭曲和受潮容易变形的木材。

(4) 钉子长度应为胶合板厚度的 1.5～2.5 倍,每块胶合板与木楞相叠处至少钉 2 个钉子。第二块板的钉子要转向第一块模板方向斜钉,使拼缝严密。

(5) 配制好的模板应在反面编号并写明规格,分别堆放保管,以免错用。

3. 胶合板模板施工

采用胶合板作现浇混凝土墙体和楼板的模板,是目前常用的一种模板技术,它比采用组合式模板可以减少混凝土外露表面的接缝,满足清水混凝土的要求。

(1) 墙体模板:常规的支模方法是:胶合板面板外侧的立挡用 50mm×100mm 方木或 60mm×80mm 方木,横挡(又称牵杠)可用 $\phi48\times3.5$ 脚手钢管或方木(一般为 50mm×100mm 方木),两侧胶合板模板用穿墙螺栓拉结(图 3-52)。

1) 墙模板安装时,根据边线先立一侧模板,临时用支撑撑住,用线锤校正使模板垂直,然后固定牵杠,再用斜撑固定。大块侧模组拼时,上下竖向拼缝要互相错开,先立两端,后立中间部分。待钢筋绑扎后,按同样方法安装另一侧模板及斜撑等。

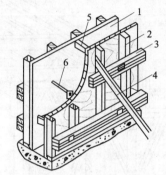

图 3-52 采用胶合板面板的墙体模板
1—胶合板;2—立挡;3—横挡;
4—斜撑;5—撑头;6—穿墙螺栓

2) 为了保证墙体的厚度正确,在两侧模板之间可用小方木撑头(小方木长度等于墙厚),防水混凝土墙要用有止水板的撑头。小方木要随着浇筑混凝土逐个取出。为了防止浇筑混凝土的墙身鼓胀,可用 8～10 号钢丝或直径 12～16mm 螺栓拉结两侧模板,间距不大于 1m。螺栓要纵横排列,并在混凝土凝结前经常转动,以便在凝结后取出,如墙体不高,厚度不大,亦可在两侧模板上口钉上搭头木即可。

(2) 楼板模板:楼板模板的支设方法有以下几种:

1) 采用脚手钢管搭设排架,铺设楼板模板常采用的支模方法是:用 $\phi48\times3.5$ 脚手钢管搭设排架,在排架上铺设 50mm×100mm 方木或 60mm×80mm 方木,间距为 400mm 左右,作为面板的格栅(楞木),在其上铺设胶合板面板(图 3-53)。

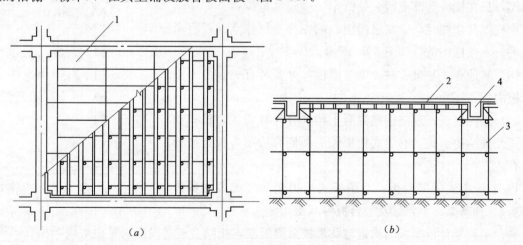

图 3-53 楼板模板采用钢管脚手排架支撑
(a) 平面;(b) 立面
1—胶合板;2—木楞;3—钢管脚手架支撑;4—现浇混凝土梁

2) 采用木顶撑支设楼板模板：

① 楼板模板铺设在格栅上。格栅两头搁置在托木上，格栅一般用断面50mm×100mm方木或60mm×80mm方木，间距为400～500mm。当格栅跨度较大时，应在格栅下面再铺设通长的牵杠，以减小格栅的跨度。牵杠撑的断面要求与顶撑立柱一样，下面须垫木楔及垫板。一般用(50～75)mm×150mm的方木。楼板模板应垂直于格栅方向铺钉，如图3-54所示。

图3-54 肋形楼盖木模板
1—楼板模板；2—梁侧模板；3—格栅；4—横挡（托木）；
5—牵杠；6—夹木；7—短撑木；8—牵杠撑；9—支柱（琵琶撑）

② 楼板模板安装时，先在次梁模板的两侧板外侧弹水平线，水平线的标高应为楼板底标高减去楼板模板厚度及格栅高度，然后按水平线钉上托木，托木上口与水平线相齐。再把靠梁模旁的格栅先摆上，等分格栅间距，摆中间部分的格栅。最后在格栅上铺钉楼板模板。为了便于拆模，只在模板端部或接头处钉牢，中间尽量少钉。如中间设有牵杠撑及牵杠时，应在格栅摆放前先将牵杠撑立起，将牵杠铺平。木顶撑构造，如图3-55所示。

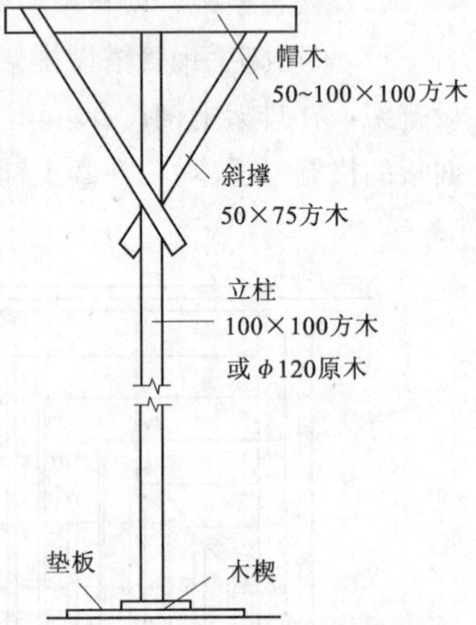

(3) 其他有关基础、柱、梁等模板，可参考有关参考书中木模板内容。

(4) 楼梯模板：现浇钢筋混凝土楼梯分为有梁式、板式和螺旋式几种结构形式，有梁式楼梯段的两侧有边梁，板式楼梯则没有。

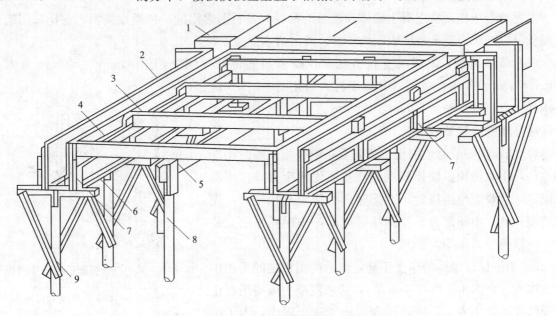

图3-55 木顶撑（琵琶撑）

1) 双跑板式楼梯模板：双跑板式楼梯包括楼梯段（梯板和踏步）、梯基梁、平台梁及平台板等（图3-56）。

平台梁和平台板模板的构造与肋形楼盖模板基本相同。楼梯段模板是由底模、格栅、牵杠、牵杠撑、外帮板、踏步侧板、反三角木等组成（图3-57）。踏步侧板两端钉在梯段侧板（外帮板）的木挡上，如先砌墙体，则靠墙的一端可钉在反三角木上。梯段侧板的宽度至少要等于梯段板厚及踏步高，模板的厚度为30mm，长度按梯段长度确定。在梯段侧板内侧划出踏步形状与尺寸，并在踏步高度线一侧留出踏步侧板厚度钉上木挡，用于钉踏步侧板。反三角木是由若干三角木块钉在方木上，三角木块两直角边长分别各等于踏步的高和宽，板的厚度为50mm，方木断面为50mm×100mm。每一梯段反三角木至少要配一块，楼梯较宽时，可多配。反三角木用横楞及立木支吊。

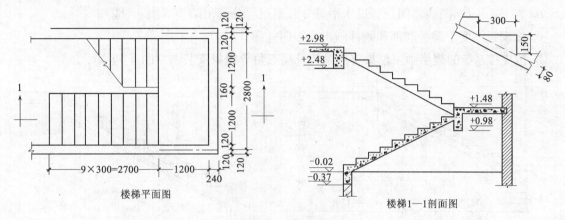

图3-56 楼梯详图

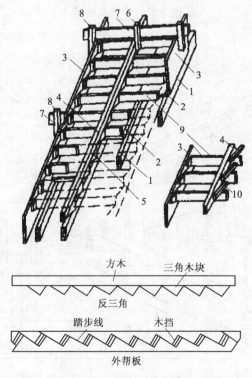

图3-57 楼梯模板构造
1—楞木；2—底模；3—外帮板；4—反三角木；5—三角板；
6—吊木；7—横楞；8—立木；9—踏步侧板；10—顶木

2）配置方法：

① 放大样方法：楼梯模板有的部分可按楼梯详图配制，有的部分则需要放出楼梯的大样图，以便量出模板的准确尺寸。

a. 在平整的水泥地坪上，用 1∶1 或 1∶2 的比例放大样。先弹出水平基线 x-x 及其垂线 y-y。

b. 根据已知尺寸及标高，先画出梯基梁、平台梁及平台板。

c. 定出踏步首末两级的角部位置 A、a 两点，及根部位置 B、b 两点（图 3-58a），两点之间画连线。画出 Bb 线的平行线，其距离等于梯板厚，与梁边相交得 C、c（图 3-58a）。

d. 在 Aa 及 Bb 两线之间，通过水平等分或垂直等分画出踏步（图 3-58a）。

e. 按模板厚度于梁板底部和侧部画出模板图（图 3-58b）。

f. 按支撑系统的规格画出模板支撑系统及反三角等模板安装图（图 3-59）。

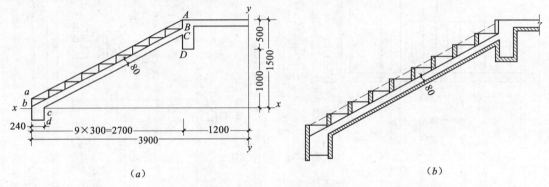

图 3-58 楼梯放样图

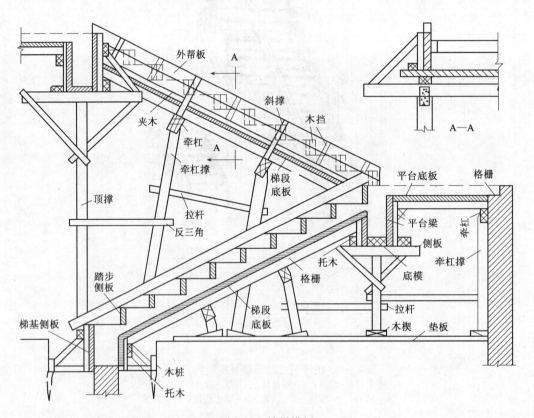

图 3-59 楼梯模板

第二梯段放样方法与第一梯段基本相同。

② 计算方法：楼梯踏步的高和宽构成的直角三角形与梯段和水平线构成的直角三角形都是

相似三角形（对应边平行），因此，踏步的坡度和坡度系数即为梯段的坡度和坡度系数。通过已知踏步的高和宽可以得出楼梯的坡度和坡度系数，所以楼梯模板各倾斜部分都可利用楼梯的坡度值和坡度系数，进行各部分尺寸的计算。

以图 3-56 为例：踏步高＝150mm　　　踏步宽＝300mm

踏步斜边长＝$\sqrt{150^2+300^2}$＝335.4mm　　坡度＝短边/长边＝150/300＝0.5

坡度系数＝斜边/长边＝335/300＝1.118

根据已知的坡度和坡度系数，可进行楼梯模板各部分尺寸的计算：

a. 楼基梁里侧模的计算（图 3-60）。

外侧模板全高为 450mm

里侧模板高度＝外侧模板－AC

其中：　　　　$AC=AB+BC$

$AB=60×0.5=30$mm

$BC=80×1.118=90$mm

$AC=30+90=120$mm

所以：里侧模板高＝450－120＝330mm

侧模板厚取 30mm，坡度已知为 0.5；

又：模板倒斜口高度＝30×0.5＝15mm

里侧板接上梯度，模板外边应高 15mm；则：梯基梁里侧模高应取 330＋15＝345mm。

b. 平台梁里侧模的计算（图 3-61）。

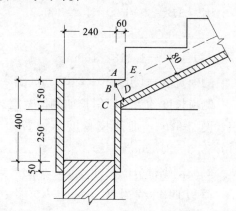

图 3-60　梯基梁模板

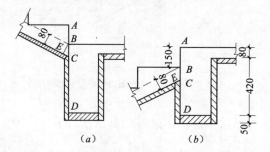

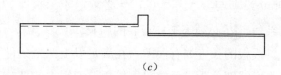

图 3-61　平台梁模板

里侧模的高度：由于平台梁与下梯段相接部分以及与上梯段相接部分的高度不相同，模板上口倒斜口的方向也不相同；另外，两梯段之间平台梁末与梯段相接部分一小段模板的高度为全高。因此：

里侧模全高＝420＋80＋50＝550mm（图 3-61b）；

平台梁与梯段相接部分高度 BC 为 80×1.118＝90mm

踏步高 AB＝150mm；

则：与下梯段连接的里侧模高＝550－150－90＝310mm；

与上梯段连接的里侧模高＝550－90＝460mm（图 3-61a）

又：侧模上口倒斜口高度＝30×0.5＝15mm；

下梯段侧模外边倒口 15mm，高度仍为 310mm；

上梯段侧模里边倒口 15mm，高度应为 460＋15＝475mm；

平台板里侧模见图 3-61（c）。

c. 梯段板底模长度计算

梯段板底模长度为底模水平投影长乘以坡度系数（以图 3-58 为例）。

底模水平投影长度＝2700－240（梁宽）－（30＋30）（梁侧模板厚）＝2400mm；

底模斜长＝2400×1.118＝2683mm。

d. 梯段侧模计算（图 3-62）

踏步侧板厚为 20mm，木挡宽为 40mm

则：AB＝300＋20＋40＝360mm

AC＝360×0.5＝180mm

AD＝180÷1.118＝160mm

侧模宽度＝160＋80＝240mm（图 3-62a）

侧模长度约为梯段斜长加侧模宽度与坡度的乘积（图 3-62b），即侧模长度 L＝2700×1.118＋240×0.5＝3139mm。

侧模割锯部分的尺寸计算，见图 3-62（c）。

模板四角编号为 $bdeg$，bd 端锯去 $\triangle abc$，$\triangle abc$ 为与楼梯坡度相同的直角三角形，ac＝踏步高＋梯板厚×坡度系数＝150＋80×1.118＝240mm；bc＝240÷1.118＝214mm；ab＝214×0.5＝107mm。

eg 端锯去 $\triangle fjh$，$\triangle fjh$ 为与楼梯坡度相同的直角三角形，fj＝踏步侧板厚＋木挡宽＝20＋40＝60mm，ai 与 ji 交于 i 点，ji 必须等于梯板厚×坡度系数，ai 必须等于梯板底的斜长。

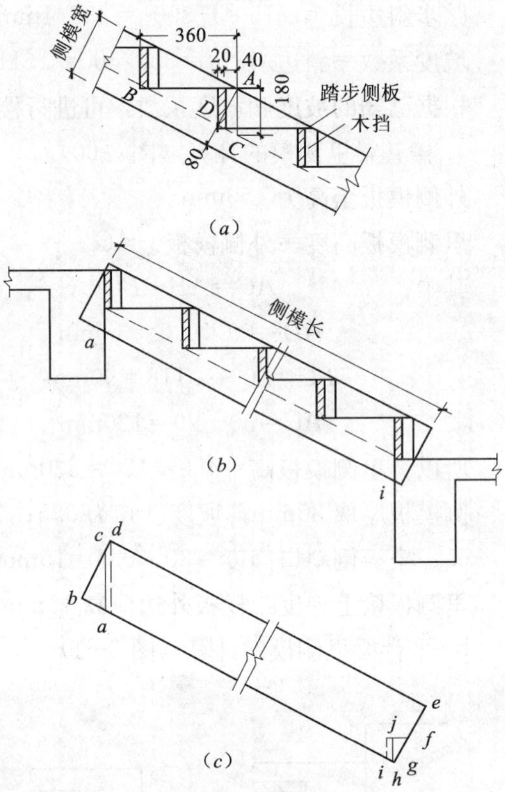

模板的长度如有误差，在满足以上两个条件下，可以平移 ji，进行调整。

虚线部分为最后按梁侧模板厚度锯去的部分。

板式楼梯模板用料参考，见表 3-16。

图 3-62 梯段侧模
(a) 踏步尺寸；(b) 侧模长；(c) 侧模成型

板式楼梯模板用料参考表（mm） 表 3-16

斜格栅断面	斜格栅间距	牵杠断面	牵杠撑间距	底模板厚	总长顺带断面
50～100	400～500	70×150	1000～1200	20～30	70×150

3）楼梯模板的安装：现以先砌墙体后浇楼梯的施工方法介绍楼梯模板安装步骤。

先立平台梁、平台板的模板以及梯基的侧板。在平台梁和柱基侧板上钉托木，将格栅支于托木上，格栅的间距为 400～500mm，断面为 50mm×100mm。格栅下立牵杠及牵杠撑，牵杠断面为 50mm×150mm，牵杠撑间距为 1～1.2m，其下垫通长垫板。牵杠应与格栅相垂直。牵杠撑之间应用拉杆相互拉结。然后在格栅上铺梯段底板，底板厚为 20～30mm。底板纵向应与格栅相垂直。在底板上划梯段宽度线，依线立外帮板，外帮板可用夹木或斜撑固定。再在靠墙的一面立反三角木，反三角木的两端与平台梁和梯基的侧板钉牢。然后在反三角木与外帮板之间逐块钉踏步侧板，踏步侧板一头钉在外帮板的木挡上，另一头钉在反三角木的侧面上。如果梯形较宽，应在梯段中间再加设反三角木。

如果是先浇楼梯后砌墙体时，则梯段两侧都应设外帮板，梯段中间加设反三角木，其余安装步骤与先砌墙体做法相同。

1.6 模板工程安全措施与应急预案

1.6.1 模板工程危险源识别与控制措施

支模施工现场重大危险源部位是：模板支架、高处作业、施工用电等。危险源的评估、识别及控制措施见表3-17和表3-18。

危险源评估及控制措施表（模板支架、高处作业等） 表3-17

项目		活动、产品或服务中的危险源	控 制 措 施
物理性危险危害因素	设备设施缺陷	扣件的质量不符合国家标准的要求	按照国家规定，项目部对不符合要求的扣件要及时更换，进场的扣件应具备产品合格证
		扣件的螺栓无垫片或垫片不符合国家标准的要求	同上
		扣件有夹砂现象	同上
		立杆未埋深且未设置离地20cm的扫地杆	架子班组应按照《建筑施工扣件式钢管脚手架安全技术规范》（JGJ 130—2001）标准的要求，经过检查符合安全要求后方能投入使用
		立杆的接头间隔不符合规范要求	同上
		立杆的间隔不符合安全要求	同上
		架体的转角处的剪刀撑与地面的夹角过大	架工班组应按照《建筑施工扣件式钢管脚手架安全技术规范》（JGJ 130—2001）标准的要求，地面夹角应在45°～60°之间并经过检查合格后投入使用
		横杆的端头与扣件的中心距离小于10cm	架工班组应按照《建筑施工扣件式钢管脚手架安全技术规范》（JGJ 130—2001）标准的要求，经过检查合格后投入使用
		水平杆搭接间隔不符合安全要求	同上
		有些焊接钢管作为立杆	将焊接的钢管全部退场，禁止使用
		连墙点的设置不符合安全要求	按照《建筑施工扣件式钢管脚手架安全技术规范》（JGJ 130—2001）标准及《落地式双排竹脚手架》进行纠正，检查符合要求后方可使用
		扣件的软栓扭矩力没有达到安全要求	按照《建筑施工扣件式钢管脚手架安全技术规范》（JGJ 130—2001）标准进行检测，检测不符合要求的进行加固并检测验收合格后方可投入使用
	防护缺陷	安全帽没有定期检查	按照安全帽管理规定的有关标准进行检查，对不符合标准要求的全部更换
		安全带没有定期检查	按照安全带管理规定的有关标准进行检查，对不符合标准要求的全部更换
		安全网没有定期检查	按照安全网管理规定的有关标准进行检查，对不符合标准要求的全部更换
		架子工作业没有配备工具袋	按照《职业健康安全管理制度》中的"劳保用品发放标准"执行
		不正确配备安全防护用具	按照《职业健康安全管理制度》的规定进行教育和处理，加强管理力度和安全教育

续表

项 目		活动、产品或服务中的危险源	控 制 措 施
物理性危险危害因素	运动物危害	钢管、扣件、螺栓、工具等高空坠落	完善各种防护措施,挂设安全标志牌加强安全管理和安全教育
	工作环境不良	大风、大雨天气下搭设外架	遇到大风、大雨天气停止高空作业
		搭设或拆除外架时,有人在外架下通行	搭设或拆除外架时,项目部派专人进行监护,设置警戒区,挂设警示标志并加强管理
	标志缺失	支架拼拆时无安全标志和警示牌	项目部安全员根据现场实际情况进行挂设并加强管理
心理生理性危险因素	负荷极限:体力、听力、视力超过极限	架子工作业时间过长,体力下降存在安全隐患	按照《劳动法》有关规定进行,并适当调整和安排作息时间
		个别作业人员视力不好进行特殊作业	按照特种作业的有关规定,发现此情况的应将该作业人员予以调离
		有心脏病、高血压的人员进行高空作业	同上
		夏天高温天气作业,容易中暑	提供充足的清凉消暑饮料并安排适当的作息时间
		作业人员注意力不集中,心情低落引发事故	根据现场实际情况予以调整人员
行为性危险因素	指挥失误	班组长违章指挥,不执行安全操作规程	根据《职业健康安全管理制度》进行处理并组织相关的技能和教育
	操作失误	架子工无证上岗作业	检查作业人员的持证,对无证人员禁止其上岗作业
	监护失误	架子搭拆没有设置监护区域或无人监护	项目部根据现场实际情况进行

危险源评估及控制措施表（施工用电等） 表3-18

项 目		活动、产品或服务中的危险源	控 制 措 施
物理性危险危害因素	设备设施缺陷	使用的绝缘工具没有检测	项目部机电管理人员根据相关规定进行检测,合格后方可使用
		使用的手持电动工具没有进行绝缘检测	按照《手持电动工具安全管理规定》进行检测,合格后方可投入使用
		使用的人字梯中间的连接杆件没有或连接不牢固	使用前进行检查,发现问题处理后方可作业
		I类手持电动工具无保护零线	按照《手持电动工具安全管理规定》进行检测,合格后方可投入使用
	振动危害	冲击钻使用发生的振动	按照国家规定调整作息时间
	运动物危害	室外电气安装时与塔吊作业同时进行	施工过程中加强安全监督,并及时检查各种防护措施
	防护缺陷	操作工高空作业不使用安全带	按照《职业健康安全管理制度》的规定进行处理,安全员现场进行监督,禁止作业
		漏电保护器失灵	按照《职业健康安全管理制度》进行检查,发现有问题的,机电人员要及时更换
心理生理性危险因素	负荷极限:体力、听力、视力超过极限	高空作业时间过长,造成体力下降、注意力不集中	项目部合理安排作息时间
		酒后作业	安全员监督、禁止酒后作业
		有心脏病、高血压的人员进行电气安装作业	安全员监督、及时调整
行为性危险因素	指挥失误	施工管理人员违章指挥	按照《职业健康安全管理制度》执行,加强教育

1.6.2 模板安装的一般安全要求

1. 模板安装的一般安全要求

（1）模板工程的施工方案：

1) 模板工程施工前必须编制专项施工方案,并经企业技术负责人审批签字盖章后方可实施。施工方案应包括模板制作、安装及拆除等施工程序、方法及根据混凝土输送方法制定针对性的安全措施。对现浇混凝土模板的支撑系统必须进行设计计算,应绘制细部构造的大样图,对材料规格尺寸、接头方法、间距及剪刀撑设置等均应详细注明。

2) 凡高度超过 8m,或跨度超过 18m,或施工总荷载大于 $10kN/m^2$,或集中线荷载大于 $15kN/m^2$ 的承重支撑架,严禁使用扣件式钢管支撑体系,宜采用钢柱、钢托架或钢管门型架的组合支撑体系。

(2) 立柱基础和间距要求:由于模板立柱承受的施工荷载往往大于楼板的设计荷载,因此常需要保持两层或多层立柱(应计算确定),在立柱底部应设置木垫板,禁止使用砖及其他脆性材料铺垫,当支承在地基上时,应验算地基土的承载力,且地基土必须坚实并有排水措施。要按设计计算严格控制模板支撑系统的沉降量。

立柱的间距应经计算确定,按照施工方案要求进行。当使用 $\phi 48$ 钢管时,间距不应大于900mm,若采用多层支模,上下层立杆要垂直,并应在同一垂直线上,立柱按高度不超过 2m 设置纵横水平支撑,支撑系统两端设置剪刀撑。

(3) 模板施工前的准备工作:

1) 模板施工前,现场技术负责人应认真向有关作业人员就专项方案、搭设要求、构造要求、安全注意事项进行安全交底。

2) 认真检查构件和材料是否符合设计要求,检查有无严重锈蚀变形,构件的焊缝、连接螺栓是否符合要求,木料的材质及木构件的拼接接头是否牢固。

3) 设立作业区警示标志,做好施工用电与现场照明准备工作及模板垂直运输的安全工作,排除模板施工现场中的不安全因素。

(4) 模板工程施工安全的基本要求:

1) 承重支撑架的搭设施工必须由专业施工队伍承担,施工人员必须持有建筑登高架设特种作业上岗证,严禁无证人员上岗操作。

2) 安装 5m 以上的模板,应搭脚手架,并设防护栏杆,防止上下在同一垂直面操作;支设高度在 3m 以上的柱模板,四周应设斜撑,并应设操作平台,低于 3m 的可用马凳操作。

3) 模板工程作业在不大于 2m 时,根据高处作业安全技术规范的要求进行操作和防护,要有安全可靠的操作架子,在高于 4m 及 2 层以上操作时周围应设安全网、防护栏杆。在临街及交通要道地区施工要设警示牌,避免伤及行人。

4) 操作人员上下通行,应通过马道、乘施工电梯或上人扶梯等,不准攀登模板或脚手架上下,不准在墙顶、独立梁及其他狭窄而又无防护栏的模板面上行走。

5) 各类模板应按规格分类堆放,地面应平整坚实,当无专门措施时,叠放高度不应超过1.6m。在高处作业架子和平台上一般不宜堆放模板料,若短时间堆放时,一定要码平稳,控制在架子或平台的允许荷载范围内。若在楼层上临时放模板,临时堆放处离楼层边缘不应小于1m,堆放高度不得超过 1m,楼梯边口、通道口、脚手架边缘,不得堆放模板。

6) 高处支模所用工具不用时要放在工具袋内,不能随意将工具、模板零件放在脚手架上,以免坠落伤人。工具应用绳链系挂身上,钉子放在工具袋内。

7) 雨期施工时,高耸结构的模板作业要安装避雷设施。冬期时,对操作地点和人行道的冰雪要事先清除掉,避免人员滑倒摔伤。五级以上大风天气,不宜进行大模板拼装和吊装作业。

8) 在架空输电线路下进行模板施工，如果不能停电作业，应采取隔离防护措施，其安全操作距离应符合表3-19的要求。

架空输电线路下作业的安全操作距离　　　　表3-19

输电线路电压	1kV以下	1～20kV	35～110kV	154kV	220kV
最小安全操作距离（m）	4	6	8	10	15

9) 夜间施工，照明电源电压不得超过36V，在潮湿地点或易触及带电体场所，照明电源不得超过24V。各种电源线应用绝缘线，且不允许直接固定在钢模板上。

10) 模板支撑与牵杠不能固定在脚手架或门窗上。避免发生倒塌或模板位移，通路中间的斜撑、拉杆等应设在1.8m高以上。

11) 高耸结构的模板作业，要安装避雷设施，其接地电阻不得大于4Ω，吊运模板的起重机任何部位和被吊的物体边缘，与10kV以下架空线路边缘最小水平距离不得小于2m。

12) 支设悬挑形式的模板时，应有稳定的立足点。支设临空构筑物模板时，应搭设支架。模板上预留洞口时，应在安装后将洞盖上。混凝土板上拆模后形成的临边或洞口，应按规定进行防护。

13) 支模过程中如需中途停歇，应将支撑、搭头、柱头板等钉牢。禁止使用2×4木料、钢模板作站立人板。

14) 要根据高空作业安全技术规范要求，对高处作业搭设脚手架或操作平台。

15) 在钢模及机件垂直运输时，吊点应符合要求，以防坠落伤人，吊机吊装需有专人指挥。遇到地下室吊装、地下室顶模板、支撑，还应考虑大型机械行走因素。

16) 封柱子模板时，不准从顶部往下套。

17) 禁止使用2×4木料作顶撑。

2. 扣件式钢管模板承重支撑架安装的安全技术

钢管、扣件作为水平混凝土结构模板的承重支撑架，必须按照浙江省工程建设标准《建筑施工扣件式钢管模板支架技术规程》(DB 33/1035—2006)和《建筑施工扣件式钢管脚手架安全技术规范》(JGJ 130—2001)中的规定对模板支架进行设计计算，严格按照规范对承重支撑架所用的钢管、扣件等构配件在进场前进行检查与验收。

模板支架立杆的构造应符合下列规定：

（1）每根立杆底部应设置底座或垫板。

（2）立杆必须设置纵、横向扫地杆。设置要求同扣件式钢管脚手架中立杆要求。立杆在安装的同时，应加设纵、横双向水平支撑，立杆高度大于2m时，应设两道，每增高1.5～2m，再增设一道。

（3）立杆底层步距不应大于1.8m。

（4）立杆接长除顶层顶步可采用搭接外，其余各层各步必须采用对接。对接扣件应交错布置，两根相邻立杆的接头不应设置在同步内，同步内隔一根立杆的两个相隔接头在高度方向错开的距离不宜小于500mm，各接头中心至主节点的距离不宜大于步距的1/3。

搭接长度不应小于1m，应采用不少于2个旋转扣件固定，端部扣件盖板的边缘至杆端距离不应小于100mm。

（5）支架立杆应竖直设置，2m高度的垂直允许偏差为15mm。

(6) 设在支架立杆根部的可调底座,当其伸出长度超过300mm时,应采取可靠措施固定。

(7) 当梁模板支架立杆采用单根立杆时,立杆应设在梁模板中心线处,其偏心距不应大于25mm。

(8) 满堂红模板支架四边与中间每隔四排立杆应设置一道纵向剪刀撑,由底至顶连续设置。

(9) 高于4m的满堂红模板支架,其两端与中间每隔4排立杆从顶层开始向下每隔2步设置一道水平剪刀撑。

(10) 剪刀撑的构造同扣件式钢管脚手架的规定。

承重支撑架在搭设过程中应随时检查搭设情况,施工现场必须配备力矩扳手等检测工具,依据规范要求进行检查,承重支撑架使用前,施工单位必须组织有关人员进行验收,验收合格后方可投入使用。

3. 普通模板安装的安全技术

(1) 基础及地下工程模板:基础及地下工程模板安装前,应先检查基坑土壁边坡的稳定情况,发现有塌方危险必须采取安全加固措施之后,才能开始作业。操作人员上下基坑要设扶梯。基槽(坑)上口边缘1m以内不允许堆放模板构件和材料。向坑内运送模板如果不采用吊车,应使用溜槽或绳索,运送时要有专人指挥,上下呼应。模板支撑支在土壁上,应在支点加垫板,以免支撑不牢或造成土壁坍塌。地基土上支立柱应垫通长垫板。采用起重机运模板等材料,要有专人指挥,被吊的模板构件和材料要捆牢,避免散落伤人,重物下方的操作人员要避开起重臂下方。分层分阶的柱基支模,要待下层模板校正并支撑牢固之后,再支上一层的模板。

(2) 混凝土柱模板工程:单片柱模吊装时,应采用卡环和柱模连接,严禁用钢筋钩代替,待模板立稳并拉好支撑后,方可摘去卡环。柱模板支模时,四周必须设牢固支撑或用钢筋、钢丝绳拉结牢固,避免柱模整体歪斜至倾倒。柱箍的间距及拉结螺栓的设置必须依模板设计要求做。当柱模在6m以上,不宜单独支模,应将几个柱子模板拉结成整体。不准站在柱模板上操作和利用拉杆、支撑攀登上下。

(3) 单梁与整体混凝土楼盖支模:单梁或整体楼盖支模,应搭设牢固的操作平台,并设护身栏。要避免上下同时作业,楼层层高较高,立柱超过4m高时,不宜用工具式钢支柱,宜采用钢管脚手架立柱或门式脚手架。钢管和扣件搭设双排立柱支承梁模时,扣件应拧紧,横杆步距按设计规定,严禁随意放大。如果采用多层支架支撑时,各层支架本身必须成为整体空间稳定结构,支架的层间垫板应平整,各层支架的立柱应垂直,上下层立柱应在同一条垂直线上。模板必须固定在承重焊接钢筋骨架的结点上。

现浇多层房屋和构筑物,应采取分层分段支模方法。在已拆模的楼盖上,支模要验算楼盖的承载力能否承受上部支模的荷载,如果承载力不够,则必须附加临时支柱支顶加固,或者事先保留该楼盖模板支柱。上下层楼盖模板的支柱应在同一条垂直线上,在两层支架立柱间应铺设垫板,且应平整。首层房心土上支模,地面应夯实平整,立柱下面要垫通长垫板。冬期不能在冻土或潮湿地面上支立柱,否则土受冻膨胀可能将楼盖顶裂或化冻时立柱下沉引起结构变形。平板模板安装就位时,要在支架搭设稳固,板下横楞与支架连接牢固后进行,U形卡按设计规定安装。

(4) 混凝土墙模板工程:一般有大型起重设备的工地,墙模板常采用预拼装成大模板,整片安装,整片拆除,可以节省劳力,加快施工速度。这种拼装成大块模板的墙模板,一般没有支腿,在停放时一定要有稳固的插放架。大块墙模一般由定型模板拼装而成,要拼装牢固,吊环要进行计算设计。整片大块墙模安装就位之后，除了用穿墙螺栓将两片模板拉牢之后。还必须设置支撑或相邻墙连成整体。如果是小块模板就地散支散拆，必须由下而上，逐层用龙骨固定牢固，上层拼装要搭设牢固的操作平台或脚手架。

（5）圈梁与阳台模板：支圈梁模板要有操作平台，不允许在墙上操作。阳台支模的立柱可采用由下而上逐层在同一条垂直线上支立柱，拆除时由上而下拆除。首层阳台支模立柱支承在散水回填土上，一定要夯实并垫垫板，并有排水沟以防雨期下沉，冬期冻胀都可能造成事故。支阳台模板的操作地点要设护身栏、安全网。

（6）烟囱、水塔及其他高大特殊的构筑物模板工程，要进行专门设计，制定专项安全技术措施，并经过主管安全技术部门审批。

1.6.3 模板拆除的一般安全要求

1. 模板拆除安全的一般要求

根据《混凝土结构工程施工质量验收规范》(GB 50204—2002)和有关安全检查标准和规范等，模板拆除安全要求如下：

（1）拆模时对混凝土强度的要求。现浇混凝土结构模板及其支架拆除时的混凝土强度，应符合设计要求；当设计无要求时，应符合下列要求：

1) 不承重的侧模板，包括梁、柱、墙的侧模板，只要混凝土强度能保证其表面及棱角不因拆除模板而受损坏，即可拆除。一般柱、墙体侧模板在常温条件下，混凝土强度达到 $1N/mm^2$ 即可拆除。

2) 承重模板，包括梁、板等水平结构构件的底模，应根据与结构同条件养护的试块强度的试压报告，即其 7d 和 28d 标准养护的等效养护龄期强度报告达到表 3-20 的规定后，方可拆除。

底模拆除时的混凝土强度要求　　　　　表 3-20

构 件 类 型	构件跨度（m）	达到设计的混凝土立方体抗压强度标准值的百分率（%）
板	≤2	≥50
	>2，≤8	≥75
	>8	≥100
梁、拱、壳	≤8	≥75
	>8	≥100
悬臂构件	—	≥100

3) 后张预应力混凝土结构或构件模板的拆除，侧模应在预应力张拉前拆除，其混凝土强度达到侧模拆除条件即可。进行预应力张拉必须待混凝土强度达到设计规定值方可张拉，底模必须在预应力张拉完毕后方能拆除。

4) 在拆模过程中，如发现实际结构混凝土强度并未达到要求，有影响结构安全的质量问题，应暂停拆模。经妥当处理，实际强度达到要求后，方可继续拆除。

5) 已拆除模板及其支架的混凝土结构，应在混凝土强度达到设计的混凝土强度标准值后，才允许承受全部设计的使用荷载。当承受施工荷载的效应比使用荷载更为不利时，必须经过核算，加设临时支撑。

6) 拆除芯模或预留孔的内模，应在混凝土强度能保证不发生塌陷和裂缝时，方可拆除。

7）拆模之前必须有拆模申请，并根据同条件养护试块强度记录达到规定时，技术负责人方可批准拆模。

（2）模板拆除的顺序和方法，应按照模板设计的规定进行。如果模板设计无规定时，按照先支后拆、后支先拆顺序，遵循先拆非承重部位模板、后拆承重部位模板以及自上而下的原则。

（3）拆除承重模板时，必要时应先设立临时支撑，防止突然整块坍落。

（4）拆模时，严禁用大锤和撬棍硬砸硬撬。

（5）拆除的模板必须随拆随清理，以免钉子扎脚，阻碍通行发生事故。

（6）拆模时下方不能有人，拆模区应设警戒线，以防有人误入被砸伤。

（7）支承件和连接件应逐件拆卸，拆除的模板应逐块拆卸传递，一定要上下呼应，不能采取猛撬，以至大片塌落的方法拆除。用起重机吊动拆除模板时，模板应堆码整齐并捆牢，才可吊装。

（8）拆除大跨度梁支撑柱时，先从跨中开始向两端进行。拆除薄壳从结构中心向四周均匀放松向周边对称进行。

（9）拆模间歇时，应将已活动的模板、牵杆、支撑等运走或妥善堆放，防止因踏空、扶空而坠落。

（10）拆除模板一般应用长撬杆，严禁作业人员站在正在拆除的模板上或在同一垂直面上拆除模板。用定型模板做平台模板时，拆模人员要站在门窗洞外拉支撑，防止模板突然掉落伤人。

（11）拆模应一次拆清，不得留下无撑模板。拆除的钢模做平台底模时，不得一次将顶撑全部拆除，应分批拆下顶撑，然后按顺序拆下格栅、底模，以免发生钢模在自重下突然大面积脱落。

（12）拆下的模板和配件均应分类堆放整齐，附件应放在工具箱内。

2. 各类模板拆除的安全技术

（1）基础拆模：基坑内拆模，要注意基坑边坡的稳定，应先检查基坑土壁状况，发现有无松软、龟裂等不安全因素，特别是拆除模板支撑时，可能使边坡土发生振动而坍方。拆除的模板应及时运到离基坑较远的地方进行清理，不得在离坑上口1m以内堆放。

（2）现浇楼盖及框架结构拆模：

1）一般现浇楼盖及框架结构的拆模顺序如下：拆柱模斜撑与柱箍→拆柱侧模→拆楼板底模→拆梁侧模→拆梁底模。

2）楼板小钢模的拆除，应设置供拆模人员站立的平台或架子，还必须将洞口和临边进行封闭后才能开始工作。拆除时先拆除钩头螺栓和内外钢楞，然后拆下U形卡、L形插销，再用钢钎轻轻撬动钢模板，用木锤或带胶皮垫的铁锤轻击钢模板，把第一块钢模板拆下，然后将钢模逐块拆除。拆下的钢模板不准随意向下抛掷，要向下传递至地面。

3）已经活动的模板，必须一次连续拆除完方可中途停歇，以免落下伤人。

4）当模板立柱水平拉杆超过两层时，应先拆除上面拉杆，按由上而下的顺序拆除，拆除最下一道水平杆应与立柱同时进行，以免立柱倾倒伤人。

5）拆除多层楼板模板支柱时，对于下面究竟应保留几层楼板的支柱，应根据施工速度、混凝土强度增长的情况、结构设计荷载与支模施工荷载的差距通过计算确定。应确认上部施工荷载不需要传递的情况下方可拆除下部支柱。

（3）现浇柱模板拆除：柱模板拆除顺序如下：先拆除斜撑或拉杆（或钢拉条）→自上而下

拆除柱箍或横楞→拆除竖楞并由上向下拆除模板连接件、模板面。

（4）大模板的堆放、拆除的质量和安全技术措施：大模板的拆除时间，以能保证其表面不因拆模而受到损坏为原则。一般情况下，当混凝土强度达到1.0MPa以上时，可以拆除大模板。但在冬期施工时，应视其施工方法和混凝土强度增长情况决定拆模时间。门窗洞口底模、阳台底模等拆除，必须依据同条件养护的试块强度和国家规范执行。模板拆除后混凝土强度尚未达到设计要求时，底部应加临时支撑支护。拆完模板后，要注意控制施工荷载，不要集中堆放模板和材料，防止造成结构受损。

3. 模板拆除的顺序和质量技术措施如下：

（1）内墙大模板的拆除：拆模顺序是：先拆纵墙模板，后拆横墙模板和门洞模板及组合柱模板。

每块大模板的拆模顺序是：先将连接件，如花篮螺栓、上口卡子、穿墙螺栓等拆除，放入工具箱内，再松动地脚螺栓，使模板与墙面逐渐脱离。脱模困难时，可在模板底部用撬棍撬动，不得在上口撬动、晃动和用大锤砸模板。

（2）角模的拆除：角模的两侧都是混凝土墙面，吸附力较大，加之施工中模板封闭不严，或者角模位移，被混凝土握裹，因此拆模比较困难。可先将模板外表的混凝土剔除，然后用撬棍从下部撬动，将角模脱出。千万不可因拆模困难用大锤砸角模，造成变形，为以后的支模、拆模造成更大的困难。

（3）门洞模板的拆除：固定于大模板上的门洞模板边框，一定要当边框离开墙面后，再行吊出。后立口的门洞模板拆除时，要防止将门洞过梁部分的混凝土拉裂。角模及门洞模板拆除后，凸出部分的混凝土应及时进行剔凿。凹进部位或掉角处应用同强度等级水泥砂浆及时进行修补。跨度大于1m的门洞口，拆模后要加设支撑，或延期拆模。

4. 大模板堆放、安装和拆除施工安全技术措施

（1）大模板的存放应满足自稳角的要求，并进行面对面堆放，长期堆放时，应用杉槁通过吊环把各块大模板连在一起。没有支架或自稳角不足的大模板，要存放在专用的插放架上，不得靠在其他物体上，防止滑移倾倒。

（2）在楼层上放置大模板时，必须采取可靠的防倾倒措施，防止碰撞造成坠落。遇有大风天气，应将大模板与建筑物固定。

（3）在拼装式大模板进行组装时，场地要坚实平整，骨架要组装牢固，然后由下而上逐块组装。组装一块立即用连接螺栓固定一块，防止滑脱。整块模板组装以后，应转运至专用堆放场地放置。

（4）大模板上必须有操作平台、上人梯道、护身栏杆等附属设施，如有损坏应及时修补。

（5）外板内浇工程大模板安装就位后，应及时用穿墙螺栓将模板连成整体，并用花篮螺栓与外墙板固定，以防倾斜。

（6）全现浇大模板工程安装外侧大模板时，必须确保三角挂架、平台板的安装牢固，及时绑好护身栏和安全网。大模板安装后，应立即拧紧穿墙螺栓。安装三角挂架和外侧大模板的操作人员必须系好安全带。

（7）大模板安装就位后，要采取防止触电的保护措施，将大模板加以串联，并同避雷网接通，防止漏电伤人。

（8）拆除有支撑架的大模板时，应先拆除模板与混凝土结构之间的对拉螺栓及其他连接件，

松动地脚螺栓，使模板后倾与墙体脱离开，拆除无固定支撑架的大模板时，应对模板采取临时固定措施。

（9）拆除顺序遵循先支后拆、后支先拆的原则。严禁操作人员站在模板上口采用晃动、撬动或用大锤砸模板的方法拆除。

（10）拆除的对拉螺栓、连接件及工具不得随意散放在操作平台上，以免吊装时坠落伤人。

（11）起吊大模板前应先检查模板与混凝土结构之间所有对拉螺栓、连接件是否全部拆除，无任何连接后方可起吊大模板，移动模板时不得碰撞墙体。起吊时应先稍微移动一下，证明确属无误后，方允许正式起吊。待起吊高度超过障碍物后，方准转臂行车。

（12）安装或拆除大模板时，操作人员和指挥必须站在安全可靠的地方，防止意外伤人。

（13）在楼层或地面临时堆放的大模板，都应面对面放置，中间留出60cm宽的人行道，以便清理和涂刷隔离剂。

（14）在电梯间进行模板施工作业，必须逐层搭好安全防护平台，并检查平台支腿伸入墙内的尺寸是否符合安全规定。拆除平台时，先挂好吊钩，操作人员退到安全地带后，方可起吊。

1.6.4 模板工程应急反应预案

1. 目的

为了贯彻实施"安全第一，预防为主"的安全方针，应根据危险性较大模板工程的现场环境、设计要求及施工方法等工程特点进行危险源辨识与分析，以及采取相应的预防措施及救援方案，提高整个项目部对事故的整体应急能力，确保发生意外事故时能有序地应急指挥，有效地保护员工的生命、企业财产的安全、保护生态环境和资源、把事故降低到最小程度，特制定本预案。

2. 应急领导小组

危险性较大模板工程施工前应成立专门的应急领导小组，来确保发生意外事故时能有序地应急指挥。明确应急领导小组由组长、副组长、成员等构成。

3. 应急领导小组职责

（1）领导各单位应急小组的培训和演习工作，提高其应变能力。

（2）当施工现场发生突发事件时，负责救险的人员、器材、车辆、通信联络和组织指挥协调。

（3）负责配备好各种应急物资和消防器材、救生设备和其他应急设备。

（4）发生事故要及时赶到现场组织指挥，控制事故的扩大和连续发生，并迅速向上级机构报告。

（5）负责组织抢险、疏散、救助及通信联络。

（6）组织应急检查，保证现场道路畅通，对危险性大的施工项目应与当地医院取得联系，做好救护准备。

4. 应急反应预案

（1）事故报告程序：事故发生后，作业人员、班组长、现场负责人、项目部安全主管领导应逐级上报，并联络报警，组织急救。

（2）事故报告：事故发生后应逐级上报：一般为现场事故知情人员、作业队、班组安全员、施工单位专职安全员。发生重大事故（包括人员死亡、重伤及财产损失等严重事故）时，应立即向上级领导汇报，并在24h内向上级主管部门作出书面报告。

(3) 现场事故应急处理：危险性较大模板工程施工过程中可能发生的事故主要有：机具伤人、火灾事故、雷击触电事故、高温中暑、中毒窒息、高空坠落、落物伤人等。

1) 火灾事故应急处理：

① 及时报警，组织扑救。当火灾发生时，当事人或周围发现者应立即拨打火警电话119，并说明火灾位置和简要情况。同时报告给值班人员和义务消防队进行扑救。

② 集中力量控制火势。根据就地情况，对可燃物的性质、数量、火势、燃烧速度及范围作出正确判断，利用周围消防设施迅速进行灭火。

③ 消灭飞火。组织人力密切监视未燃尽飞火，防止造成新的火源。

④ 疏散物资。安排人力物力对没被损坏的物品进行疏散，减少损失，防止火势蔓延。

⑤ 注意人身安全。在扑救过程中，防止自身及周围人员的重新伤害。

⑥ 积极抢救被困人员。由熟悉情况的人员做向导，积极寻找失落遇难的人员。

⑦ 配合好消防人员，最终将火扑灭。

2) 触电事故应急处理：

① 立即切断电源。用干燥的木棒、竹竿等绝缘工具将电线挑开，放置适当位置，以防再次触电。

② 伤员被救后应迅速观察其呼吸、心跳情况。必要时可采取人工呼吸、心脏按压术。

③ 在处理电击时，还应注意有无其他损伤而做相应的处理。

④ 局部电击时，应对伤员进行早期清创处理，创面宜暴露，不宜包扎。由电击而发生内部组织坏死时，必须注射破伤风抗菌素。

3) 高温中暑的应急处理：

① 应迅速将中暑人员移至阴凉的地方。解开衣服，让其平卧，头部不要垫高。

② 降温：用凉水或50%酒精擦其全身，直至皮肤发红，血管扩张以促进散热。降温过程中必须加强护理，密切观察体温、血压和心脏情况。当肛温降到38℃左右时，应立即停止降温，防止虚脱。

③ 及时补充水分和无机盐。能饮水患者应鼓励其喝足凉水或其他饮料；不能饮水者应静脉补液，其中生理盐水约占一半。

④ 及时处理呼吸、循环衰竭。

⑤ 转院：医疗条件不完善时，应及时送往就近医院，进行抢救。

4) 其他人身伤害事故处理：当发生如高空坠落、被高空坠物击中、中毒窒息和机具伤人等而造成人身伤害时：

① 向项目部汇报。

② 应立即排除其他隐患，防止救援人员遭到伤害。

③ 积极进行伤员抢救。

④ 做好死亡者的善后工作，对其家属进行抚恤。

(4) 应急培训和演练：

1) 应急反应组织和预案确定后，施工单位应急组长组织所有应急人员进行应急培训。

2) 组长按照有关预案进行分项演练，对演练效果进行评价，根据评价结果进行完善。

3) 在确认险情和事故处置妥当后，应急反应小组应进行现场拍照、绘图，收集证据，保留物证。

4)经业主、监理单位同意后,清理现场恢复生产。

5)单位领导将应急情况向现场项目部报告,组织事故的调查处理。

6)在事故处理后,将所有调查资料分别报送业主、监理单位和有关安全管理部门。

(5)应急通信联络:遇到紧急情况要首先向项目部汇报。项目部利用电话或传真向上级部门汇报并采取相应救援措施。各施工班组应制定详细的应急反应计划,列明各营地及相关人员通信联系方式,并在施工现场、营地的显要位置张贴,以便紧急情况下使用。

1.7 模板质量通病及预防措施

模板工程是混凝土结构或构件成形的一个十分重要的组成部分。模板系统包括模板和支架两部分,模板作为混凝土结构或构件成形的工具,它本身除了应具有与结构构件相同的形状和尺寸外,还要具有足够的强度和刚度以承受新浇混凝土的荷载及施工荷载;支架既要保证模板形状、尺寸及其空间位置的正确,又要承受模板传来的全部荷载。因此,我国《混凝土结构工程施工质量验收规范》(GB 50204—2002)明确规定:模板及其支架应根据工程结构形式、荷载大小、地基土类别、施工设备和材料供应等条件进行设计;模板及其支架应具有足够的承载能力、刚度和稳定性,能可靠的承受浇筑混凝土的重量、侧压力以及施工荷载;模板及其支架拆除的顺序及安全措施应按施工技术方案执行。在模板工程中常见以下质量事故。

1.7.1 模板体系中一般施工质量通病及预防措施

1. 模板、支架系统破坏

(1)底层模板支架沉降:施工支模前,底层基土没有夯压密实,或者坑洼处没有分层夯实填平,使得基土承载力达不到承载要求,浇筑混凝土时支架在上部压力作用下产生下沉;另外,未夯实的基土被水淋湿之后软化使支架随之沉陷,造成上部混凝土结构或构件因不均匀沉降变形而开裂。

1)原因分析:在施工过程中,管理不善,支模前不进行设计,立模之后不仔细检查支架是否稳固,施工班组、操作技工没有经过培训,不熟悉施工方法,盲目蛮干,导致发生工程事故。

2)预防措施:模板的支架在浇筑混凝土前必须按规范要求,经过认真的设计计算来确定。施工前应将支模基土夯实填平,放好支架轴线位置,铺垫500mm宽、100mm厚的碎石垫层,支架下应设置垫块,垫块面积不小于$0.16m^2$。如木支架系统的梁模,为了确保梁模的坚实,应在夯实的地面上立柱底部,垫厚度不小于40mm,宽度不小于200mm的通长垫板,用木楔调整标高。

(2)支架系统失稳:模板的支架材料质量不合格,刚度不够,支柱太细或支柱接头过多,且连接不牢固,有的支撑系统缺少必要的斜撑和剪刀撑,因支撑系统失稳造成结构倒塌或产生严重变形。

1)原因分析:支模前不进行设计,无切实可行的技术方案。模板上的荷载大小、支架用料粗细、支架高低长短及其间距大小,直接决定着支架构件截面所受应力的情况,如果该应力值超过支架所能承担的极限应力值,则支架就会发生变形失稳而倒塌。

2)预防措施:应根据不同的结构类型及模板类型,按规范要求进行设计,选配合适的模板系统,确保支架稳固、可靠不变形。如木支架系统中,支承梁模的顶撑立柱一般为100mm×

100mm方木或直径120mm的原木。帽木用截面50～100mm×100mm的方木,长度根据梁高确定,斜撑用截面50mm×75mm的方木,顶撑间距应根据梁的截面大小决定,一般可取800～1200mm,各顶撑之间要设水平撑或剪刀撑,以保持顶撑的稳固。钢支架系统,一般可和模板体系相配合,其钢楞和支架布置形式应满足模板设计要求,并能保证安全承受施工荷载。钢管支架体系一般宜扣成整体排架式,其立柱纵横间距控制在1m左右,同时应加设斜撑及剪刀撑。

(3) 胀模:浇捣过程中模板鼓出、偏移、爆裂甚至坍塌,出现胀模。

1) 原因分析:模板侧向支撑刚度不够,模板太薄强度不足,夹档支撑不牢固,在构件高度较大时,浇筑混凝土产生的侧压力会随构件高度的增大而加大,如木支撑的梁模,当梁高大于700mm,单用斜撑及夹条就不易撑牢;柱模中如果柱箍间距过大,就会出现胀模现象。

2) 预防措施:模板用料要经过计算确定,模板就位后技术人员应详细检查,发现问题及时纠正。如梁模应核算模板用料、夹挡、小撑挡、支承的用料、间距是否符合要求,一般常在梁的中部用铁丝穿过横档对拉,或用对拉螺栓将两侧模板拉紧;柱模应计算浇筑混凝土时的侧压力,检查箍距是否满足要求,及时加设达到标准的水平撑、斜撑、剪刀撑等。

2. 模板尺寸偏差

浇筑好的结构或构件截面尺寸大于设计要求,或模板刚度不够强度不足,浇捣混凝土时承受不了较大的侧压力作用,而产生变形,混凝土结硬后影响结构或构件的形状尺寸,或构件轴线偏差过大(如梁的偏移值过大,柱的竖向倾斜过量)。

(1) 原因分析:

1) 看错图样。技术管理人员的责任心不强,最常见的是把柱、墙的中心线看作轴线,或施工放线错误,导致构件轴线偏移。

2) 对细部关键部位管理不到位。不按规范允许偏差值检查支模情况,使用旧模板时不作仔细检查;或者操作技工缺乏施工经验。如钢制模板,在我国的应用已有多年的历史,同其他材料的模板相比有着明显的优点,具有单块体积小、重量轻、价格较低、灵活通用、组合方便的优势,在安装使用时可手提肩扛、安装方便迅速,具有较好的使用效果。通常使用多次的旧钢模几何尺寸大于实际尺寸,表面不平整或扭曲,甚至局部出现凸凹变形,拼装时还按钢模模数进行,实际尺寸就会有所扩大,并且浇筑混凝土时有侧压力作用截面尺寸又有一定的扩大,所以常常会出现梁柱截面大于设计尺寸现象。

3) 其他原因。如已支撑好的模板遭受意外撞击而变形。

(2) 处理方法:对模板的错位、偏差或变形的处理首先要评估其对结构安全的影响,较严重者应对结构的承载力和稳定性做必要的验算,根据验算的结果选择处理方法。可根据具体情况采取纠偏复位或局部调整的方法处理。对于多层现浇框架柱轴线偏差不大时,可在上层施工时逐渐纠正到设计位置。如安徽某厂房为现浇钢筋混凝土五层框架结构,第二层框架模板支完后,在运输大构件时由于施工场地狭窄碰动了框架模板,使得第二层框架模板严重倾斜,柱模板的倾斜值超出规范允许的偏差,必须进行处理,经过多种方案比较,考虑工程的实际情况,决定对倾斜较大的框架柱,从基础开始至二层均用四面包裹混凝土的方法进行加固处理。对于偏差太大的只能局部拆除重做,应注意拆除作业时的安全保障措施。

(3) 预防措施:现浇结构支模前应认真检查旧模板,有无超大超宽,有无未修补的孔洞,表面形状是否平直,是否有缺肋、开焊、锈蚀等破损现象,支模时应严格按照规范要求操作,将构件尺寸偏差值控制在允许的范围内(见表3-21),在模板的安装工程中应多检查,注意垂直度、中心线、标高等各部尺寸。

现浇结构模板安装的允许偏差及检验方法　　　　表 3-21

项　　　目		允许偏差（mm）	检　验　方　法
轴线位置		5	钢尺检查
底模上表面标高		±5	水准仪或拉线、钢尺检查
截面内部尺寸	基础	±10	钢尺检查
	柱、墙、梁	+4，-5	钢尺检查
层高垂直度	不大于5m	6	经纬仪或吊线、钢尺检查
	大于5m	8	经纬仪或吊线、钢尺检查
相邻两板表面高低差		2	钢尺检查
表面平整度		5	2m靠尺和塞尺检查

注：检查轴线位置时，应沿纵、横两个方向测量，并取其中较大的值。

3. 预留孔洞、预埋件变位

预留孔洞、预埋件位置不准确，或者漏放、漏埋、放反方向，或盲目使用不合格预埋件，预埋件固定不牢浇捣混凝土时产生位移，给安装工作带来很大困难，甚至造成损失。

（1）原因分析：对预留孔洞、预埋件不够重视，质量检查不细致。

（2）处理方法：结构或构件中预埋件遗漏或错位严重时，可局部凿除混凝土（或钻孔）后补做预埋件，也可用角钢等固定在构件上，或用射钉枪打入膨胀螺栓来代替预埋件；预留洞遗漏时也可补作，但应注意结构或构件中的钢筋处理，洞口边长或直径不大于500mm时，应在洞口周围增加2φ12封闭钢箍或环形钢筋，并应注意满足钢筋搭接长度的要求，洞口边长或直径大于500mm时，宜在洞口周围增加钢筋混凝土框。

（3）预防措施：即将开工前要绘制预留洞、预埋件安装位置图，标明各种预留孔洞、预埋件的规格、型号及制作要求，在浇筑混凝土前固定在模板上。应设专人负责检查，进场后由专人负责验收，不合格者及时改正。预留孔洞、预埋件允许偏差值见表3-15。

4. 早拆模板

提前拆除承重梁、板的底模及支撑，造成结构或构件因强度不足而裂缝或坍塌。

（1）原因分析：这一事故产生的原因是施工人员不懂规范、不熟悉操作规程，盲目地为了周转模板降低成本，赶工期赶进度。尤其在冬期施工时，气温较低，混凝土强度增长速度缓慢，提前拆模会使梁、板变形、开裂，严重时坍塌；对于悬臂结构，其上部还没有足够的抗倾覆荷载时，就提前拆除模板及支架，造成倾覆破坏。悬臂及大跨度结构发生此类事故的概率最大，因此应引起足够的重视。

（2）处理方法：根据具体情况进行补强处理或拆除重做。

（3）预防措施：底模及支撑拆除时混凝土强度必须符合设计要求，当设计无具体要求时，应满足表3-18要求。有些利用新技术的模板工程，应注意合理安排模板的拆除顺序，如"早拆模板"（SP-70早拆模板、GZ早拆模板），只能早期拆除模板，后期拆除支撑。侧模的拆除时间可视具体情况进行，如能保证结构或构件的表面及棱角不因拆除模板而受损（混凝土强度 >1N/mm²），方可拆除。

5. 模板扭曲变形，边肋不直、开焊和缺肋等现象。

混凝土楼板的跨度越小，模板的拆除难度就越大。

（1）原因分析：钢模板的边肋与模板面垂直。在模板拆除的初始阶段，由于外力的作用（假设外力作用于跨中），模板会脱离模板，由于这一变化，在板 1/2 跨度内，模板长度 $L_0/2$ 将产生变化，产生由 $L_0/2$ 向对角线长度变化的趋势，其长度大于 $L_0/2$，则在板跨度内 $L>L_0$（图 3-63）。

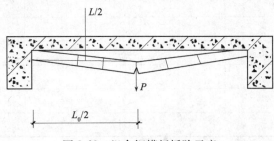

图 3-63　组合钢模板拆除示意

由于上述变化，模板被挤在两梁之间，要拆除模板需施加很大外力，久而久之，造成模板扭曲变形，边肋不直、开焊和缺肋等现象。

（2）改进方案：具体的改进方法是：将钢模板的四个边肋与模板面改为 60°，模板厚度不变（图 3-64）。将改造好的模板布置在相应的位置上。模板的拆除工作，首先由改造后的模板开始（图 3-65）。当施加外力拆除模板时，模板将产生位置变化。由于改造好的模板其对角线的长度小于模板面的长度，因此不会受到相邻模板的约束，容易拆除。该模板先行拆除后，剩余部分模板的拆除更加容易。

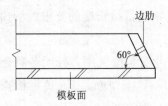

图 3-64　钢模板改进构造

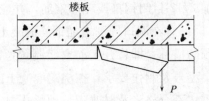

图 3-65　钢模板拆除方法示意

1.7.2　胶合板模板其他质量通病的细节防治

胶合板模板在施工中经常遇到的质量通病有阴阳角不方正，线感不顺直；垂直度、平整度有的达不到清水表面的要求；上下墙或柱错位、漏浆；板缝高低差过宽（超过 1mm）；剪力墙门窗间移位变形；墙底漏浆；拆模撬坏模板和碰损混凝土等。

从历年施工经验中，先后找到一些有效防治措施，下面按施工部位和检测项目分述如下：

1. 内墙阴角

在阴角处 2 块相互垂直模板安装 2 块角铁。主角铁为 70mm×6mm，并用 63mm×6mm 角铁块按竖向间距 300mm，把主角铁焊成正方形，副角铁为 50mm×5mm（见图 3-66），把主角铁固定在胶合模板的垂直面上，使其成 90°角，这样一

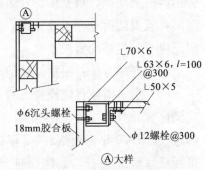

图 3-66　内墙阴角防治措施

侧以胶合板为模，另一侧以角铁为模。副角铁固定在另一垂直方向模板面上，把垂直两方向的模板固定在一起，形成方正的90°角。

2. 阳角

主要是墙的阳角和柱阳角。保证角方正、垂直和不漏浆，主要采用拉杆和100mm×100mm方木作竖压杆，用10～12号槽钢作横压杆，槽钢的两端侧50mm处钻有φ15拉杆孔（图3-67、图3-68）。

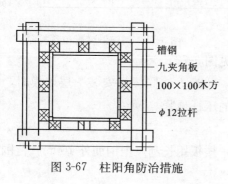

图3-67 柱阳角防治措施

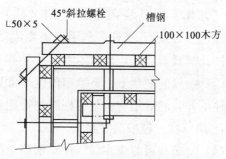

图3-68 墙阳角防治措施

3. 垂直度

（1）墙模垂直度控制可用三角架加固和调整，既可较好的控制垂直度，又可以调整垂直度（图3-69）。

（2）柱模垂直度可用钢管加斜撑螺杆加固与控制（图3-70）。

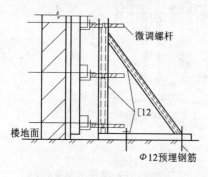

图3-69 墙垂直度控制

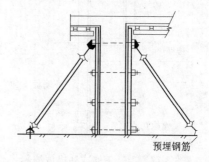

图3-70 柱垂直度控制

（3）拉通线全过程监控，一般一堵墙拉上、中、下3道通线，墙模安装后全面检查纠正，浇灌混凝土时随时校正，混凝土浇筑后1h内再复查，发现有移位即用斜撑螺杆校正。

4. 平整度

（1）墙模应采用大模板。

（2）加强背楞（横、竖压杆）刚度、加大拉杆直径，以增强墙模刚度。

（3）拉通线全过程监控、校正。

（4）所有模板侧向应刨平整，以保证拼缝紧密。模板厚薄应挑选一致，确实无法挑选应在背面加垫片。

（5）施工中发现板缝过大，应贴胶带纸。

5. 剪力墙门窗洞变形位移控制

（1）预制好洞模，然后套进去，再与墙模、顶模连接。

(2) 用 50mm×5mm 角铁固定洞两侧端头模，然后把 2 片墙模箍紧（见图 3-71），最后再用钢管把洞两侧模对顶紧，既不变形，又确保端头阳角方正、垂直。

(3) 浇筑混凝土应在洞两侧同时浇灌，避免先浇灌一侧产生推力，把洞模推斜。

6. 上、下墙柱错位

(1) 安装上层墙（柱）模时，把模板和竖压杆（方木）向已浇灌混凝土墙（柱）下伸 20cm 以上，再压下横杆，利用已浇灌混凝土原有拉杆孔箍紧模竖杆，确保不漏浆，上下不错位（见图 3-72）。

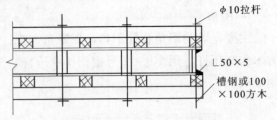

图 3-71 门窗洞变形位移控制

(2) 楼梯间平台上、下墙错位也是常见的通病，防治方法同样是安装上层墙模时，把板和压杆往下伸，然后用有调整螺杆的钢管把双侧伸下的压杆顶紧。

7. 墙（柱）模根部漏浆

(1) 浇筑楼板前应在墙（柱）钢筋上画出标高，楼板用长刮尺把钢筋外 100mm 范围内抹砂浆找平。

(2) 模板与楼板不平处垫橡胶条或泡沫塑料条，模板后面再压 1 条板条，用木楔楔紧，如图 3-73 所示。

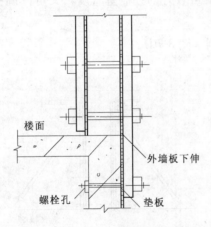

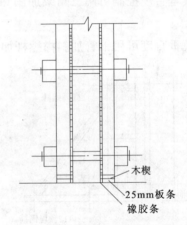

图 3-72 上、下墙或柱错位控制　　图 3-73 墙（柱）模根部漏浆控制

8. 梁底变形位移控制

梁底变形位移控制采用梁底紧固器，把梁双侧模板拉紧（图 3-74）

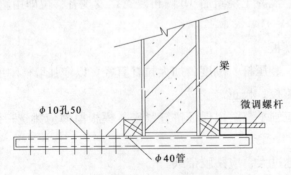

图 3-74 梁底变形位移控制

9. 保护模板的拆模方法

(1) 安装时最后在边角处安装小块三角形或长方形模板。当一个开间铺2块大模板，中间可有意铺1条小模（见图3-75），拆模用铁撬先拆出这个小模，然后用木楔楔入大块模，一块一块拆下。

(2) 拆墙模、柱模或板模时均应用木楔先楔入，使模板与混凝土表面脱离，再用铁撬撬模。

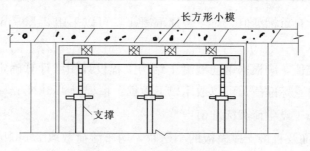

图 3-75 保护模板的拆模方法

1.8 模板及其支架的计算

1.8.1 模板设计计算原则

模板工程的费用，约占现浇混凝土结构工程费用的1/3左右。进行模板结构的设计计算，要贯穿实用、安全、经济的原则。

1. 实用性

实用性，即要保证混凝土结构工程的质量。因此，模板的接缝要严密、不漏浆；应保证混凝土结构和构件各部分形状尺寸和相互位置的正确；构造要简单、装拆要方便，并便于钢筋绑扎和安装以及混凝土浇筑养护要求；有特殊要求的混凝土结构如清水混凝土，模板应符合平整、光洁等要求。

2. 安全性

安全性，即指模板结构必须具有足够的承载能力和刚度，保证在施工过程中，在各类荷载作用下不破坏、不倒塌，变形在容许范围内，结构牢固稳定，同时要求确保工人操作的安全。

3. 经济性

经济性即要结合工程结构的具体情况和施工单位的具体情况和施工单位的具体条件，进行技术经济比较，择优选用模板方案。在确保工期、质量的前提下，尽量减少模板的一次性投入，加快模板的周转，减少模板的支拆用工，减轻模板结构自重，并为装修施工创造条件，做到既节约模板费用，又实现文明施工。

1.8.2 荷载、荷载组合及模板结构刚度要求

1. 荷载标准值

(1) 模板结构的自重标准值。模板结构的自重包括模板面板、支撑结构和连接件的自重，有的模板还包括安全防护结构，如护身栏等自重。楼板结构的自重标准值应按模板设计图纸确定，肋形楼板及无梁楼板模板的自重标准值，可参考表3-22选用。

模板及其支架自重标准值表（kN/m²）　　　　　表 3-22

模板构件的名称	木 模 板	组合钢模板	钢框胶合板模板
平板的模板及小楞	0.30	0.50	0.40
楼板模板（其中包括梁的模板）	0.50	0.75	0.60
楼板模板及其支架（楼层高度为4m以下）	0.75	1.10	0.95

（2）新浇筑混凝土自重标准值。对于普通混凝土，可以采用24kN/m³，对其他混凝土应根据实际重力密度确定。

（3）钢筋自重标准值。应根据钢筋混凝土结构工程设计图纸计算确定，一般梁板结构每立方米钢筋混凝土钢筋自重标准值，可以取用以下数据：框架梁 1.5kN/m³；楼板 1.1kN/m³。

（4）施工人员及施工设备荷载标准值：

1）在计算模板板面及直接支撑模板的小楞时，均布活荷载取 2.5kN/m²，另外应以集中荷载 2.5kN 进行计算，比较两者所得的弯矩值，取其大者采用；

2）计算直接支撑小楞结构的构件时，均布活荷载取 1.5kN/m²。

3）计算支撑结构立柱及其他支撑结构的构件时，均布活荷载取 1.0kN/m²。

注：（1）大型浇筑设备如上料平台、混凝土输送泵等，按实际情况计算；
（2）混凝土堆积料高度超过 100mm 以上者，按实际高度计算；
（3）模板单块板宽度小于 150mm 时，集中荷载可分布在相邻的两块板上。

（5）振捣混凝土时产生的荷载标准值：

1）对水平面模板产生的垂直荷载为 2kN/m²；

2）对垂直面模板，在新浇筑混凝土的侧压力有效高度以内，取 4kN/m²；有效高度以外可不予考虑。

（6）新浇筑混凝土对模板的最大侧压力标准值。采用内部振动器时，新浇筑混凝土作用于模板的最大侧压力，可以按照下面两个公式计算，取其最小值。

$$F_k = 0.22 r_c t_0 \beta_1 \beta_2 V^{1/2}$$

$$P = r_c H$$

式中　F_k——新浇筑混凝土对模板的最大侧压力标准值（kN/m²）；

r_c——混凝土的重力密度，对于普通混凝土，取 24kN/m³；

t_0——新浇筑混凝土的初凝时间（h），可按实际确定。当缺乏试验资料时，可采用公式 $t_0 = 200/(T+15)$ 进行计算；

V——混凝土的浇筑速度（m³/h）；

β_1——外加剂影响修正系数，不掺外加剂时取 1.0；掺具有缓凝作用的外加剂时取 1.2；

β_2——混凝土坍落度影响修正系数，当坍落度小于 30mm 时，取 0.85；50～90mm 时，取 1.0；110～150mm 时，取 1.15；

H——混凝土侧压力计算位置处至新浇筑混凝土顶面的总厚度（m）；

T——施工气温（℃）；

h——混凝土的有效压头高度（m），即侧压力达到最大值的浇筑高度，$h = F/r_c$（m）。

（7）倾倒混凝土时产生的荷载标准值。倾倒混凝土时，对垂直面模板产生的水平荷载标准值，可按表 3-23 采用。

倾倒混凝土时产生的荷载标准值表（kN/m²）　　　　　表3-23

向模板内供料方法	水平荷载	向模板内供料方法	水平荷载
溜槽、串筒或导管	2	容量为0.2~0.8m³的运输器具	4
容量小于0.2m³的运输器具	2	容量大于0.8m³的运输器具	6

注：作用范围在有效压头高度以内。

除了以上7项荷载以外，当水平模板支撑结构的上部继续浇筑混凝土时，还应考虑由上部传递下来的荷载。

2. 荷载设计值

计算模板及其支架时的荷载设计值，应采用荷载标准值乘以相应的荷载分项系数求得，荷载分项系数按表3-24采用。当荷载效应对结构有利时，恒荷载分项系数不能取1.2，应取1.0，且对抗倾覆有利的恒荷载，其分项系数可取0.9；对于模板的操作平台结构，当活荷载标准值不小于4kN/m²时，分项系数取1.3。

荷载分项系数表　　　　　表3-24

项次	荷载类别	r_i	项次	荷载类别	r_i
1	模板及支架自重	1.2	5	振捣混凝土时产生的荷载	1.4
2	新浇筑混凝土自重	1.2	6	新浇筑混凝土时产生的荷载	1.2
3	钢筋自重	1.2	7	倾倒混凝土时产生的荷载	1.4
4	施工人员及施工设备荷载	1.4			

3. 荷载折减（调整）系数

模板工程属于临时性工程，由于我国目前没有临时性工程的设计规范，所以只能按正式结构设计规范执行。

（1）钢模板及其支架的设计，其荷载设计值可以乘以0.85系数予以折减，但其截面塑性发展系数取1.0。

（2）采用冷弯薄壁型钢材，由于原规范对钢材容许应力值不予提高，因此荷载设计值也不予折减，系数为1.0。

（3）对木模板及其支架的设计，当木材含水率小于25%时，其荷载设计值可以乘以0.9系数予以折减。但由于一般混凝土工程施工时，都要湿润模板和浇水养护，其含水率往往难以控制，因此一般均不乘以调整系数予以折减，以保证结构安全。

（4）在风荷载作用下，验算模板及其支架的稳定性时，其基本风压值可以乘以0.8系数予以折减。

4. 荷载组合

在计算承载力时，荷载组合中的各项荷载均用荷载计算值；验算刚度时，荷载组合中的各项荷载均采用荷载标准值可以参照计算一般模板结构荷载组合表，见表3-25。

计算模板及其支架的荷载组合　　　　　表3-25

项次	项目	荷载类别	
		计算强度用	验算刚度用
1	平板和薄壳模板及其支架	(1)+(2)+(3)+(4)	(1)+(2)+(3)
2	梁和拱模板的底板	(1)+(2)+(3)+(5)	(1)+(2)+(3)

续表

项次	项 目	荷 载 类 别	
		计算强度用	验算刚度用
3	梁、拱、柱（边长≤300mm）墙（厚≤100mm）的侧面模板	(5)+(6)	(6)
4	厚大结构、柱（边长 300mm）墙（厚＞100mm）的侧面模板	(6)+(7)	(6)

注：1. 木模板底模强度、刚度验算时，内力计算均按三等跨连续梁进行内力计算，为简化起见，凡超过三跨的模板均按三跨连续梁计算，且活荷载与恒载合在一起算它们的最不利组合。

2. 验算木柱模板截面及柱箍时，均按三等跨连续梁分析内力，为简化计，荷载按最大侧压力 F 或 F_k 均布计算，并乘以柱宽换算成线荷载。

3. 墙模板系统承受的荷载有新浇筑混凝土侧压力及振捣混凝土时的水平振动荷载、倾倒混凝土时的冲击力等。荷载组合要求见表 3-23。当墙≤100mm 或墙厚＞100mm 时，荷载分别取（5）+（6）项或（6）+（7）项。此（5）项及（7）项并非以绝对值加在（6）项上，而是只加在混凝土侧压力的有效压头范围内；同样柱模板也一样，只不过柱宽的临界值为 300mm。

5. 模板结构的挠度要求

模板结构除了必须保证足够的承载能力外，还应该保证有足够的刚度。因此，根据《混凝土结构工程施工质量验收规范》(GB 50204—2002) 规定，应验算模板及其支架的挠度，其最大变形值不得超过以下允许值：

(1) 对结构表面外露（不做装修）的模板，为模板构件计算跨度的 1/400。

(2) 对结构表面隐蔽（做装修）的模板，为模板构件计算跨度的 1/250。

(3) 支架的压缩变形值或弹性挠度，为相应的结构计算跨度的 1/1000。

当梁板跨度不小于 4m 时，模板应按设计要求起拱；如无设计要求，起拱高度宜为全长跨度的 1/1000～3/1000，钢模板取小值（1/1000～2/1000），木模板可取偏大值（1.5/1000～3/1000）。

当验算模板及其支架在自重和风荷载作用下的抗倾覆稳定性时，其抗倾倒系数不小于 1.15。

根据《钢框胶合板模板技术规程》(JGJ 96—1995) 规定：模板面板各跨的挠度计算值不宜大于面板相应跨度的 1/300，且不宜大于 1mm；钢楞各跨的挠度计算值，不宜大于钢楞相应跨度的 1/1000，且不宜大于 1mm。

根据《组合钢模板技术规范》(GB 50214—2001) 规定：模板结构允许挠度按表 3-26 执行。

模板结构允许挠度表　　　　　　　　　　　　　　　表 3-26

名　称	允许挠度（mm）	名　称	允许挠度（mm）
钢模板的面板	1.5	柱箍	$B/500$
单块钢模板	1.5	桁架	$L/1000$
钢楞	$L/500$	支撑系统累计	4.0

注：L 为计算跨度，B 为柱宽。

1.8.3 相关参数和内力系数

1. 相关参数

(1) $[f_1]$——胶合板面板的抗弯强度设计值，根据材料，最小取 15.00N/mm^2；

(2) $[T_1]$——胶合板截面抗剪强度设计值，根据材料，最小取 1.40N/mm^2；

(3) $[f_2]$——方木为松木时在正常情况下的抗弯强度设计值，取 13.00N/mm^2；

（4）$[T_2]$——方木为松木时在正常情况下的抗剪强度设计值，取 1.30N/mm^2；

（5）胶合板弹性模量见表 3-6，胶合板树种为松树类最小取 4000N/mm^2；

（6）方木为松木时在正常情况下的弹性模量取 9500N/mm^2；

（7）定型钢模板其抗拉设计强度 $f=160\text{N/mm}^2$，弹性模量 $E=2.1\times10^5\text{N/mm}^2$。定型钢模板的力学性能表见表 3-27；

定型钢模板的力学性能表　　　　　表 3-27

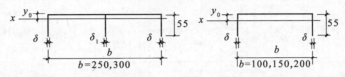

模板宽度 b (mm)	300		250		200		150		100	
模板使用钢板厚度 δ (mm)	2.3	2.5	2.3	2.5	2.3	2.5	2.3	2.5	2.3	2.5
中间肋厚度 δ_1 (mm)	2.8	2.5	2.8	2.5						
净面面积 A (mm²)	975	104	863	915	639	694	524	569	409	444
中性轴位置 y_0 (mm)	10	9.6	11.1	10.7	9.5	9.6	11.6	11.4	14.2	14.3
净截面惯性矩 I_x (mm⁴)	26.35 ×10⁴	27 ×10⁴	25.38 ×10⁴	26 ×10⁴	16.64 ×10⁴	18 ×10⁴	15.65 ×10⁴	16.93 ×10⁴	14.11 ×10⁴	15.26 ×10⁴
净截面抵抗矩 W_x (mm³)	5.86 ×10³	5.95 ×10³	5.78 ×10³	5.89 ×10³	3.66 ×10³	3.97 ×10³	3.61 ×10³	3.89 ×10³	3.46 ×10³	3.75 ×10³

（8）钢管的几何特征值见表 3-28。

钢管的几何特征值　　　　　表 3-28

外径 $\phi_1 d$ (mm)	壁厚 t (mm)	截面积 A (cm²)	惯性矩 I (cm⁴)	截面模量 W (cm³)	回转半径 i (cm)	每米长质量 (kg/m)
48	3.5	4.89	12.19	5.08	1.58	3.84
51	3.0	4.52	13.08	5.13	1.70	3.55

（9）钢管抗弯抗压的强度设计值，取 215N/mm^2。

2. 内力系数

（1）二等跨梁的内力和挠度系数表

序次	荷载图	跨内最大弯矩		支座弯矩	剪　　力			跨度中点挠度	
		M_1	M_2	M_a	V_A	$V_{B左}$ $V_{B右}$	V_c	f_1	f_2
1		0.070	0.070	−0.125	0.375	−0.625 0.625	−0.375	0.521	0.521
2		0.096	—	−0.063	0.437	−0.563 0.063	0.063	0.912	−0.391

续表

序次	荷载图	跨内最大弯矩		支座弯矩	剪 力			跨度中点挠度	
		M_1	M_2	M_a	V_A	$V_{B左}$ $V_{B右}$	V_C	f_1	f_2
3	$\overset{F\ \ \ \ \ F}{\underset{A\ \ l\ \ B\ \ l\ \ C}{\triangle\ \ \ \ \triangle\ \ \ \ \triangle}}$	0.156	0.156	−0.188	0.312	−0.688 0.688	−0.312	0.911	0.911
4	$\overset{\ \ \ \ \ F}{\underset{A\ \ l\ \ B\ \ l\ \ C}{\triangle\ \ \ \ \triangle\ \ \ \ \triangle}}$	0.203	—	−0.094	0.406	−0.594 0.094	0.094	1.497	−0.586
5	$\overset{F\ F\ \ F\ F}{\underset{A\ \ l\ \ B\ \ l\ \ C}{\triangle\ \ \ \ \triangle\ \ \ \ \triangle}}$	0.222	0.222	−0.333	0.667	−1.333 1.333	−0.667	1.466	1.466
6	$\overset{F\ F}{\underset{A\ \ l\ \ B\ \ l\ \ C}{\triangle\ \ \ \ \triangle\ \ \ \ \triangle}}$	0.278	—	−0.167	0.833	−1.167 0.167	0.167	2.508	−1.042

（2）三等跨梁的内力和挠度系数表

序次	荷载图	跨内最大弯矩		支座弯矩		剪 力				跨度中点挠度		
		M_1	M_2	M_B	M_C	M_A	$V_{a左}$ $V_{b右}$	$V_{c左}$ $V_{c右}$	V_D	f_1	f_2	f_3
1	均布荷载 q 满跨	0.080	0.025	−0.100	−0.100	0.400	−0.600 0.500	−0.500 0.600	−0.400	0.677	0.052	0.677
2	q 第1、3跨	0.101	—	−0.050	−0.050	0.450	−0.550 0	0 0.550	−0.450	0.990	−0.625	0.990
3	q 第2跨	—	0.075	−0.050	−0.050	−0.050	−0.050 0.500	−0.500 0.050	0.050	−0.313	0.677	−0.313
4	q 第1、2跨	0.073	0.054	−0.117	−0.033	0.383	−0.617 0.583	−0.417 0.033	0.033	0.573	0.365	−0.208
5	q 第1跨	0.094	—	−0.067	0.017	0.433	−0.567 0.083	0.083 −0.017	−0.017	0.885	−0.313	0.104
6	F 各跨三分点	0.175	0.100	−0.150	−0.150	0.350	−0.650 0.500	−0.500 0.650	−0.350	1.146	0.208	1.146
7	F 第1、3跨	0.213	—	−0.075	−0.075	0.425	−0.575 0	0 0.575	−0.425	1.615	−0.937	1.615
8	F 第2跨	—	0.175	−0.075	−0.075	−0.075	−0.075 0.500	−0.500 0.075	0.075	−0.469	1.146	−0.469

续表

序次	荷载图	跨内最大弯矩		支座弯矩		剪 力			跨度中点挠度		
		M_1	M_2	M_B	M_C	M_A	$V_{a左}$ $V_{b右}$	$V_{c左}$ $V_{c右}$	V_D	f_1	f_2	f_3
9		0.162	0.137	−0.175	−0.50	0.325	−0.675 0.625	−0.375 0.050	−0.050	0.990	0.677	−0.312
10		0.200	—	−0.100	0.025	0.400	−0.600 0.125	0.125 −0.025	−0.025	1.458	−0.469	0.156
11		0.244	0.067	−0.267	−0.267	0.733	−1.267 1.000	−1.000 1.267	−0.733	1.883	0.216	1.883
12		0.289	—	−0.133	−0.133	0.866	−1.134 0	0 1.134	−0.866	2.716	−1.667	2.716
13		—	0.200	−0.133	−0.133	−0.133	−0.133 1.000	−1.000 0.133	0.133	−0.833	1.883	−0.883
14		0.229	0.170	−0.311	−0.089	0.689	−1.311 1.222	−0.778 0.089	0.089	1.605	1.049	−0.556
15		0.274	—	0.178	0.044	0.822	−1.178 0.222	0.222 −0.044	−0.044	2.438	−0.833	0.278

注：1. 在均布荷载作用下：$M=$ 表中系数 $\times ql^2$；$V=$ 表中系数 $\times ql$；$f=$ 表中系数 $\times \dfrac{ql^4}{100EI}$。

2. 在集中荷载作用下：$M=$ 表中系数 $\times Fl$；$V=$ 表中系数 $\times F$；$f=$ 表中系数 $\times \dfrac{Fl^3}{100EI}$。

3. 上式中 E 为材料的弹性模量，I 为截面惯性矩，q 为均布荷载，F 为集中荷载。

（3）三等跨连续梁在均布荷载作用下按弹性计算集成内力系数（见图 3-76、图 3-77）。

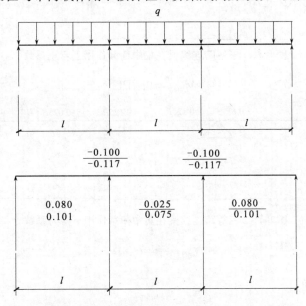

图 3-76 三等跨连续梁在均布荷载作用下弯矩系数
最大弯矩＝(恒载×横线上系数＋活载×横线下系数)×l^2
注：模板验算时，为简化，恒载和活载合算，均取横线上系数。
脚手架大横杆验算时，恒载和活载分算按最不利组合。

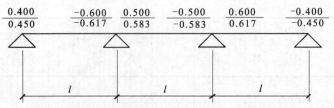

图 3-77　三等跨连续梁在均布荷载作用下剪力系数

最大剪力＝(恒载×横线上系数＋活载×横线下系数)×l

注：模板验算时，为简化恒载和活载合算，均取横线上系数。
　　脚手架大横杆验算时，恒载和活载分算。

（4）三等跨连续梁在集中荷载作用下按弹性计算内力系数（见图 3-78、图 3-79）

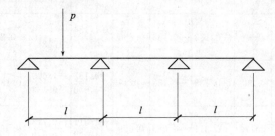

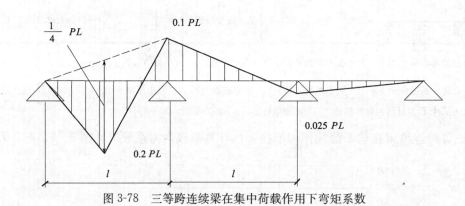

图 3-78　三等跨连续梁在集中荷载作用下弯矩系数

$$M_{max}=0.2PL$$

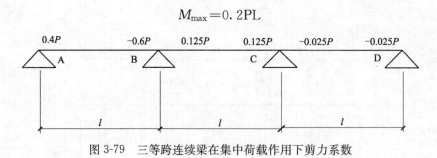

图 3-79　三等跨连续梁在集中荷载作用下剪力系数

$$Q_{B左}=-0.6P$$

1.8.4　模板计算实例

1. 实例一

设钢筋混凝土楼板厚 110mm，楼板模板选用 18mm 厚云南松胶合板，楞木间距 $l=450$mm，试验算楞木间距是否满足施工规范要求（图 3-80）。

【解】计算简图见图 3-81。

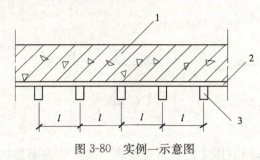

图 3-80 实例一示意图

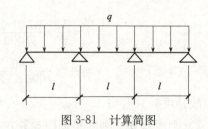

图 3-81 计算简图

(1) 荷载：

木模板自重	$0.30 kN/m^2$
新浇混凝土 110mm 高自重	$24 \times 0.11 = 2.64 kN/m^2$
钢筋自重	$1.1 \times 0.11 = 0.12 kN/m^2$
施工人员及设备　均布活荷载	$2.5 kN/m^2$
集中荷载	$2.5 kN$

将面荷载转换为线荷载，按板宽 1m 计算：

$$q_1 = [(0.30+2.64+0.12) \times 1.2 + 2.5 \times 1.4] \times 1 = 7.17 kN/m$$

$$q_2 = (0.30+2.64+0.12) \times 1.2 \times 1 = 3.671 kN/m$$

$$q_k = (0.30+2.64+0.12) \times 1 = 3.06 kN/m$$

(2) 内力计算：根据前面模板设计原则所述，应按 q_1 及 q_2+p 两种荷载情况作用下产生的弯矩和剪力进行比较，取其中大值作为截面验算的依据。

情况一：当 q_1 满载作用下时，三等跨连续梁的最大弯矩在 B 支座，即

$$M_B = -0.1 \times q_1 \times l^2 = -0.1 \times 7.17 \times 0.45^2 = -0.145 kN \cdot m$$

最大剪力发生在 B 支座左侧，即

$$Q_{B左} = -0.6 \times q_1 \times l = -0.6 \times 7.17 \times 0.45 = -1.94 kN$$

情况二：当一个集中荷载 p 作用下时，最大弯矩发生在第一跨的跨中，与 q_2 作用下第一跨跨中弯矩相叠加即得计算弯矩，即

$$M_1 = 0.08 q_2 l^2 + 0.2 pl = 0.08 \times 3.67 \times 0.45^2 + 0.2 \times 2.5 \times 1.4 \times 0.45 = 0.374 kN \cdot m$$

同理，最大剪力发生在 B 支座左侧，即

$$Q_{B左} = -0.6 \times 3.67 \times 0.45 - 0.6 \times 2.5 \times 1.4 = -3.09 kN$$

两种荷载情况比较，情况二产生的弯矩和剪力均较大，

$$|M_{max}| = 0.374 kN \cdot m;\ |Q_{max}| = 3.09 kN$$

因此取情况二产生的弯矩和剪力进行截面验算。

(3) 截面验算：

1) 强度验算：承载能力验算即验算在弯矩作用下最大正应力 σ 是否大于抗拉设计强度 $[f_1]$，在剪力作用下最大剪应力 τ 是否大于抗剪设计强度 $[T_1]$。即必须满足下列要求：

$$\sigma = \frac{M}{W} \leqslant [f_1] \qquad (3-1)$$

$$\tau = \frac{3}{2} \times \frac{Q}{bh} \leqslant [T_1] \qquad (3-2)$$

本例楼板取 1m（1000mm）计算宽度，故

$$W=\frac{bh^2}{6}=\frac{1000\times18^2}{6}=54000\text{mm}^3$$

$$\sigma=\frac{M}{W}=\frac{374000}{54000}=6.93\text{N/mm}^2<[f_1]=15\text{N/mm}^2$$

$$\tau=\frac{3}{2}\times\frac{3090}{1000\times18}=0.26\text{N/mm}^2<[T_1]=1.4\text{N/mm}^2$$

故强度验算合格。

2) 刚度验算：刚度验算即验算在荷载 q_3 作用下挠度是否符合要求。当结构表面外露时允许挠度为：

$$[\nu]=\frac{l}{400}$$

$$I=\frac{bh^3}{12}=\frac{1000\times18^3}{12}=486000\text{mm}^4$$

$$\nu=0.677\frac{q_k l^4}{100EI}=0.677\times\frac{3.09\times450^4}{100\times4000\times486000}=0.44\text{mm}<[\nu]=\frac{450}{400}=1.13\text{mm}$$

计算结果：本例楞木采用 450mm 间距可以。

2. 实例二

设钢筋混凝土现浇楼板厚 110mm，采用定型组合小钢模，钢板厚 $\delta=2.3$mm 楞木间距取 600mm，试验算楞木间距是否符合要求。

【解】取当楞木支撑在长宽尺寸为 750mm×300mm（P3007）的定型钢模板两端时为最不利状态，并按简支梁进行计算。

(1) 荷载：

钢模板自重	0.50kN/m²
新浇混凝土 110mm 高自重	24×0.11=2.64kN/m²
钢筋自重	1.1×0.11=0.12kN/m²
施工人员及设备 均布活荷载	2.5kN/m²
集中荷载	2.5kN

将面荷载转换为线荷载，按实际一块钢模板宽 0.3m 计算：

$$q_1=[(0.50+2.64+0.12)\times1.2+2.5\times1.4]\times0.3=2.22\text{kN/m}$$

$$q_2=(0.50+2.64+0.12)\times1.2\times0.3=1.17\text{kN/m}$$

$$q_k=(0.50+2.64+0.12)\times0.3=0.98\text{kN/m}$$

(2) 内力计算：

情况一：　　$M_1=\frac{1}{8}\times q_1\times l^2=\frac{1}{8}\times2.22\times0.6^2=0.100\text{kN}\cdot\text{m}$

情况二：　　$M_2=\frac{1}{8}\times q_2\times l^2+\frac{1}{4}\times p\times l=\frac{1}{8}\times1.17\times0.6^2+\frac{1}{4}\times2.5\times0.6=0.428\text{kN}\cdot\text{m}$

两种荷载情况比较，$M_{\max}=0.428\text{kN}\cdot\text{m}$

(3) 截面验算：

1) 强度验算：

查表 3-27，则 $I_x=263500\text{mm}^4$，$W_x=5860\text{mm}^3$

$$\sigma=\frac{M}{W}=\frac{428000}{5860}=73.0\text{N/mm}^2<[f]=160\text{kN}\cdot\text{m}^2$$

剪应力较小，不予验算。

2) 刚度验算：

简支梁的最大挠度为：

$$V_{\max}=\frac{5q_k l^4}{384EI}=\frac{5\times0.98\times600^4}{384\times2.1\times10^5\times263500}=0.03\text{mm}<[\nu]=\frac{600}{400}=1.5\text{mm}$$

计算结果：本例楞木采用600mm间距可以。

3. 实例三

已知钢筋混凝土梁高0.9m，宽0.35m，全部采用定型钢模板，采用C30级混凝土，坍落度为70mm，混凝土温度为22℃，不用外加剂，混凝土浇筑速度为1.5m³/h，试计算梁侧模板所受的荷载。

【解】新浇混凝土侧压力由公式（3-1）、（3-2）计算得：

$$t_0=\frac{200}{T+15}=\frac{200}{22+15}=5.405\text{h}$$

$$F_k=0.22r_c t_0\beta_1\beta_2 V^{1/2}=0.22\times24\times5.405\times1\times1\times1.5^{\frac{1}{2}}=34.94\text{kN/m}^2$$

$$P=r_c H=24\times0.9=21.6\text{kN/m}^2$$

取小值，$P=21.6\text{kN/m}^2$

有效压头 $h=\frac{F_k}{24}=\frac{34.95}{24}=1.46\text{m}$。梁模板高0.9m，即$H<h$，说明当混凝土被振捣时沿整个梁模板高度的新浇混凝土均处于充分液化状态。

当$H<h$时，根据荷载组合规定，梁侧模还应叠加由振捣混凝土产生的荷载4kN/m²见表3-24。故计算承载能力时，梁侧模所受荷载为：

$$21.6\times1.2+4\times1.4=25.92+5.6=31.52\text{kN/m}^2$$

其侧压力分布如图3-82所示。

4. 实例四

某混凝土墙高2.70m，厚250mm，混凝土温度为15℃，坍落度为80mm，不掺外加剂，选用0.6m³吊斗倾倒混凝土，采用内部振动器捣实混凝土，$v=1.5\text{m}^3/\text{h}$。模板面板采用18mm厚木胶合板，内竖楞采用60mm×80mm方木。试确定竖楞间距。

【解】（1）新浇筑混凝土侧压力：

$$t_0=\frac{200}{T+15}=\frac{200}{15+15}=6.667\text{h}$$

$$F_k=0.22r_c t_0\beta_1\beta_2 V^{1/2}=0.22\times24\times6.667\times1\times1\times1.5^{\frac{1}{2}}=43.11\text{kN/m}^2$$

$$P=r_c H=24\times2.7=64.8\text{kN/m}^2$$

取小值，$F_k=43.11\text{kN/m}^2$，$h=43.11/24=1.80\text{m}$。根据表3-25荷载组合要求，墙侧模还应叠加由倾倒混凝土产生的荷载4kN/m²，但只叠加在混凝土侧压力的有效压力范围内即有效压头h内，因此侧压力分布如图3-83所示。墙侧模所受最大荷载为：

$$F=43.11+1.2+4\times1.4=51.73+5.6=57.33\text{kN/m}^2。$$

（2）计算线荷载q：

计算宽度取1000mm：

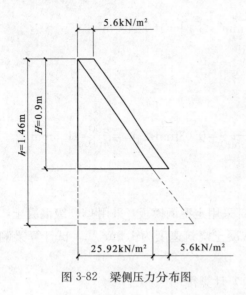

图 3-82 梁侧压力分布图

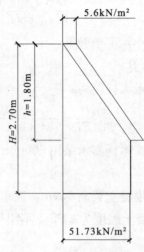

图 3-83 侧压力分布图

$$q = F \times 1 = 57.33 \text{kN/m}$$
$$q_k = F_k \times 1 = 43.11 \times 1 = 43.11 \text{kN/m}$$

(3) 按面板抗弯承载力要求:

$$M_{max} = M_{抗}$$

$$0.1ql^2 = f_1 \times W_{抗} = f_1 \times \frac{bh^2}{6}$$

$$l = \sqrt{\frac{f_1 bh^2 \times 10}{6q}} = \sqrt{\frac{15 \times 1000 \times 18^2 \times 10}{6 \times 57.33}} = 376 \text{mm}$$

(4) 按面板刚度要求:

$$\nu = [\nu]$$

$$0.677 \times \frac{q_k l^4}{100 \times EI} = \frac{l}{250}$$

$$l = \sqrt[3]{\frac{100 \times EI}{250 \times 0.677 \times q_k}} = \sqrt[3]{\frac{100 \times 4000 \times 1000 \times 18^3}{12 \times 250 \times 0.677 \times 43.11}} = 299 \text{mm}$$

取小值 $l_{实} = \min(376, 299)$,竖楞间距取 300mm。

5. 综合实例

第一部分 扣件钢管楼板模板支架计算书

模板支架的计算参照《建筑施工扣件式钢管脚手架安全技术规范》(JGJ 130—2001)。模板支架搭设高度为 3.0m,搭设尺寸为:立杆的纵距 $b=1.20$m,立杆的横距 $l=1.20$m,立杆的步距 $h=1.50$m。面板厚度 18mm,支撑方木截面 60mm×80mm,支撑间距 400mm(图 3-84、图 3-85)。采用的钢管类型为 $\phi 48 \times 3.5$。

(1) 模板面板计算

面板为受弯结构,需要验算其抗弯强度和刚度。模板面板的按照三跨连续梁计算。

1) 强度计算:

① 荷载:

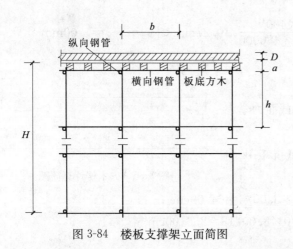

图 3-84 楼板支撑架立面简图　　　　图 3-85 楼板支撑架荷载计算单元

木模板自重　　　　　　　　　　0.30kN/m²
新浇混凝土 110mm 高自重　　　　24×0.11＝2.64kN/m²
钢筋自重　　　　　　　　　　　1.1×0.11＝0.12kN/m²
施工人员及设备　均布活荷载　　2.5kN/m²
　　　　　　　　集中荷载　　　2.5kN

将面荷载转换为线荷载，按板宽 1m 计算：

$$q_1=[(0.30+2.64+0.12)\times1.2+2.5\times1.4]\times1=7.17\text{kN/m}$$

$$q_2=(0.30+2.64+0.12)\times1.2\times1=3.67\text{kN/m}$$

$$q_k=(0.30+2.64+0.12)\times1=3.06\text{kN/m}$$

② 内力计算：

情况一：　$M_B=-0.1\times q_1\times l^2=-0.1\times7.17\times0.4^2=-0.115\text{kN}\cdot\text{m}$

　　　　　$Q_{B左}=-0.6\times q_1\times l=-0.6\times7.17\times0.40=-1.72\text{kN}$

情况二：$M_1=0.08q_2l^2+0.2pl=0.08\times3.67\times0.40^2+0.2\times2.5\times1.4\times0.40=0.327\text{kN}\cdot\text{m}$

　　　　　$Q_{B左}=-0.6\times3.67\times0.40-0.6\times2.5\times1.4=-2.98\text{kN}$

两种荷载情况比较，情况二产生的弯矩和剪力均较大：

$$|M_{\max}|=0.327\text{kN}\cdot\text{m};\ |Q_{\max}|=2.98\text{kN}$$

本例楼板取 1m（1000mm）计算宽度，故

$$W=\frac{bh^2}{6}=\frac{1000\times18^2}{6}=54000\text{mm}^3$$

$$\sigma=\frac{M}{W}=\frac{327000}{54000}=6.06\text{N/mm}^2<[f_1]=15\text{N/mm}^2$$

$$\tau=\frac{3}{2}\times\frac{2980}{1000\times18}=0.25\text{N/mm}^2<[T_1]=1.4\text{N/mm}^2$$

故面板强度验算合格。

2）挠度计算：

$$[\nu]=\frac{l}{400}$$

$$I=\frac{bh^3}{12}=\frac{1000\times18^3}{12}=486000\text{mm}^4$$

$$\nu = 0.677\frac{q_k l^4}{100EI} = 0.677 \times \frac{3.06 \times 400^4}{100 \times 400 \times 486000} = 0.27\text{mm} < [\nu] = \frac{400}{400} = 1.00\text{mm}$$

故满足要求！

(2) 模板支撑方木的计算

方木按照简支梁计算（图3-86），方木的截面力学参数为：

本算例中，面板的截面惯性矩 I 和截面抵抗矩 W 分别为：

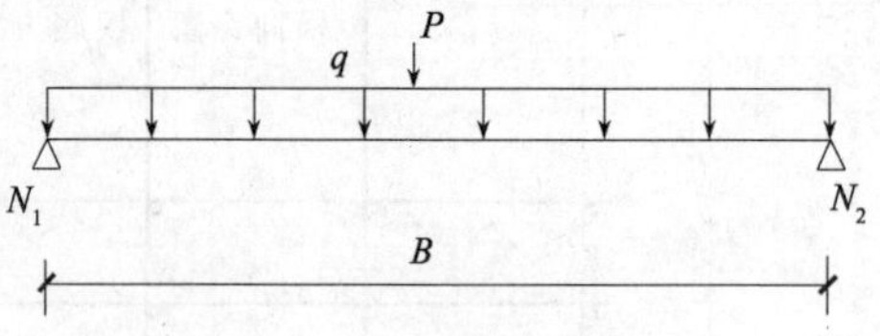

图3-86 方木楞计算简图

$$W = 6.00 \times 8.00 \times 8.00/6 = 64.00\text{cm}^3；$$
$$I = 6.00 \times 8.00 \times 8.00 \times 8.00/12 = 256.00\text{cm}^4；$$

1) 荷载的计算：

① 钢筋混凝土板自重（kN/m）：
$$q_1 = 25.000 \times 0.110 \times 0.400 = 1.100\text{kN/m}$$

② 模板的自重线荷载（kN/m）：
$$q_2 = 0.300 \times 0.400 = 0.120\text{kN/m}$$

③ 活荷载为施工荷载标准值产生的荷载（kN）：

经计算得到，活荷载标准值 $P_1 = 2.5 \times 1.200 \times 0.400 = 1.200\text{kN}$

2) 强度计算：

最大弯矩考虑为静荷载与活荷载的计算值最不利分配的弯矩和，计算如下：

$$M_{\max} = \frac{Pl}{4} + \frac{ql^2}{8}$$

均布荷载　$q = 1.2 \times 1.100 + 1.2 \times 0.120 = 1.464\text{kN/m}$

集中荷载　$P = 1.4 \times 1.200 = 1.680\text{kN}$

最大弯矩　$M = 1.680 \times 1.20/4 + 1.464 \times 1.20 \times 1.20/8 = 0.768\text{kN} \cdot \text{m}$

最大支座力　$N = 1.680/2 + 1.464 \times 1.20/2 = 1.718\text{kN}$

截面应力　$\sigma = 0.768 \times 10^6/64000.0 = 11.99\text{N/mm}^2$

方木的计算强度小于 13.0N/mm^2，满足要求！

3) 抗剪计算：

最大剪力的计算公式如下：

$$Q = ql/2 + P/2$$

截面抗剪强度必须满足：

$$T = 3Q/2bh < [T]$$

式中　最大剪力 $Q = 1.200 \times 1.464/2 + 1.680/2 = 1.718\text{kN}$

截面抗剪强度计算值 $T = 3 \times 1718/(2 \times 60 \times 80) = 0.537\text{N/mm}^2$

截面抗剪强度设计值 $[T] = 1.30\text{N/mm}^2$

方木的抗剪强度计算满足要求！

4) 挠度计算：

最大挠度考虑为静荷载与活荷载的计算值最不利分配的挠度和，计算公式如下：

$$\nu_{\max} = \frac{Pl^3}{48EI} + \frac{5ql^4}{384EI}$$

式中　均布荷载　$q=1.100+0.120=1.220$kN/m

　　　集中荷载　$P=1.200$kN

　　　最大变形　$\nu=5\times1.220\times1200.0^4/(384\times9500.00\times2560000.0)+1200.0\times1200.0^3/(48\times9500.00\times2560000.0)=3.131$mm

方木的最大挠度小于 1200.0/250，满足要求！

（3）横向支撑钢管计算

支撑钢管按照集中荷载作用下的三跨连续梁计算（图3-87～图3-90）。

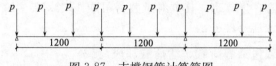

图 3-87　支撑钢管计算简图

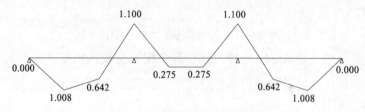

图 3-88　支撑钢管弯矩图（kN·m）

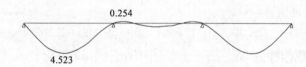

图 3-89　支撑钢管变形图（mm）

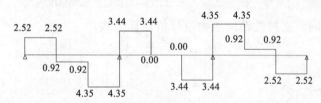

图 3-90　支撑钢管剪力图（kN）

集中荷载 P 取纵向板底支撑传递力，$P=3.44$kN

经过连续梁的计算得到

最大弯矩 $M_{max}=1.100$kN·m

最大变形 $\nu_{max}=4.523$mm

最大支座力 $Q_{max}=11.227$kN

截面应力 $\sigma=1.10\times10^6/5080.0=216.49$N/mm²

支撑钢管的计算强度大于 205.0N/mm²，不满足要求（但差5%以内勉强允许）！

支撑钢管的最大挠度小于 1200.0/150 与 10mm，满足要求！

（4）扣件抗滑移的计算

纵向或横向水平杆与立杆连接时，扣件的抗滑承载力按照下式计算《建筑施工扣件式钢管脚手架安全技术规范》（JGJ 130—2001）：

$$R \leqslant R_c$$

式中　R_c——扣件抗滑承载力设计值，取 8.0kN；

　　　R——纵向或横向水平杆传给立杆的竖向作用力设计值；

计算中 R 取最大支座反力，$R=11.23$kN；

单扣件抗滑承载力的设计计算不满足要求，可以考虑采用双扣件！

当直角扣件的拧紧力矩达 40~65N·m 时，试验表明：单扣件在 12kN 的荷载下会滑动，其抗滑承载力可取 8.0kN；

双扣件在 20kN 的荷载下会滑动，其抗滑承载力可取 12.0kN。

(5) 立杆的稳定性计算荷载标准值

作用于模板支架的荷载包括静荷载、活荷载和风荷载。

1) 静荷载标准值包括以下内容：

① 脚手架钢管的自重（kN）：

$$N_{G1}=0.129\times 3.000=0.387\text{kN}$$

钢管的自重计算参照《建筑施工扣件式钢管脚手架安全技术规范》(JGJ 130—2001) 附录 A. 双排架自重标准值，设计人员可根据情况修改。

② 模板的自重（kN）：

$$N_{G2}=0.300\times 1.200\times 1.200=0.432\text{kN}$$

③ 钢筋混凝土楼板自重（kN）：

$$N_{G3}=25.000\times 0.110\times 1.200\times 1.200=3.960\text{kN}$$

经计算得到，静荷载标准值 $N_G=N_{G1}+N_{G2}+N_{G3}=4.779$kN。

2) 活荷载为施工荷载标准值产生的荷载：

经计算得到，活荷载标准值 $N_Q=2.5\times 1.200\times 1.200=3.600$kN

3) 不考虑风荷载时，立杆的轴向压力设计值计算公式：

$$N=1.2N_G+1.4N_Q$$

(6) 立杆的稳定性计算

立杆的稳定性计算公式

$$\sigma=\frac{N}{\varphi A}\leqslant [f]$$

式中　N——立杆的轴心压力设计值，$N=10.78$kN；

　　　φ——轴心受压立杆的稳定系数，由长细比 l_0/i 查脚手架安全技术规范 JGT 130—2001 得到；

　　　i——计算立杆的截面回转半径（cm），$i=1.58$；

　　　A——立杆净截面面积（cm²），$A=4.89$；

　　　W——立杆净截面抵抗矩（cm³），$W=5.08$；

　　　σ——钢管立杆抗压强度计算值（N/mm²）；

　　　$[f]$——钢管立杆抗压强度设计值，$[f]=205.00$N/mm²；

　　　l_0——计算长度（m）；

如果完全参照《建筑施工扣件式钢管脚手架安全技术规范》(JGJ 130—2001) 不考虑高支撑架，由公式 (1) 或 (2) 计算

$$l_0=k_1uh \tag{1}$$

$$l_0 = (h+2a) \tag{2}$$

式中 k_1——计算长度附加系数,取值为 1.163;

u——计算长度系数,参照《建筑施工扣件式钢管脚手架安全技术规范》(JGJ 130—2001) 表 5.3.3,$u=1.75$;

a——立杆上端伸出顶层横杆中心线至模板支撑点的长度;$a=0.30\mathrm{m}$。

公式(1)的计算结果:$\sigma=113.98\mathrm{N/mm^2}$,立杆的稳定性计算 $\sigma<[f]$,满足要求!

公式(2)的计算结果:$\sigma=57.02\mathrm{N/mm^2}$,立杆的稳定性计算 $\sigma<[f]$,满足要求!

第二部分 梁模板计算

(1)梁木模板和木顶撑计算

1)梁木模板的底板多支撑在顶撑或楞木上(顶撑或楞木的间距为 1m 以内),一般按连续梁计算,底模上所受荷载按均布荷载考虑,底板按强度和刚度计算需要的厚度,可按下式计算:

按强度要求:

$$M = \frac{1}{10} q_1 l^2 = [f_\mathrm{m}] \times \frac{1}{6} b_1 h^2, \quad h = \frac{l}{4.65}\sqrt{\frac{q_1}{b_1}}$$

$[f_\mathrm{m}]$——木材抗弯强度设计值采用松木模板取 $13\mathrm{N/mm^2}$

按刚度要求:

$$w = 0.677 \frac{q_\mathrm{k} l^4}{100 EI} = \frac{l}{250}, \quad h = \frac{l}{7.8}\sqrt[3]{\frac{q_\mathrm{k}}{b_1}}$$

E——木材弹性模量,取 $9.5 \times 10^3 \mathrm{N/mm^2}$

I——底板截面惯性矩;$\frac{1}{12} b_1 h^3$;

2)梁木模侧板受到浇筑混凝土时侧压力的作用,侧压力计算见前。梁侧模支承在竖向立挡上(图 3-91),其支承条件由立挡的间距所决定,一般按三跨连续梁计算,求出最大弯矩和挠度,然后用底板同样方法,按强度和刚度要求确定其侧板厚度。

3)木顶撑(立柱)主要承受梁底板或楞木传来竖向荷载的作用,一般按两端铰接的轴向受压杆件进行设计或验算。当顶撑中部无拉条,其计算长度 $l_0=l$;当顶撑中间两个方向设水平拉条时,计算长度 $l_0=l/2$。木顶撑间距一般取 1.0m 左右,顶撑头截面为 50mm×100mm,顶撑立柱截面为 100mm×100mm,顶撑承受两根顶撑之间的梁荷载,按下式进行强度和稳定性计算:

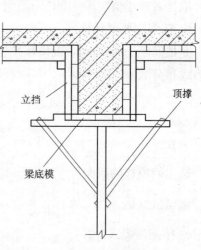

图 3-91 梁木底侧模

按强度要求: $\dfrac{N}{A_\mathrm{n}} \leqslant [f_\mathrm{c}]$

按稳定性要求: $\dfrac{N}{\varphi A} \leqslant f_\mathrm{c}$

根据经验,顶撑截面尺寸的选定一般以稳定性来控制。

A——木顶撑的毛截面面积;φ——轴心受压杆件稳定系数,根据木顶撑的长细比 λ 求得,$\lambda = l_0/i$,由 λ 可查《木结构设计规范》(GB 50005—2003)附录 K 求得 φ 值。

【例1】 矩形梁长 6.8m，截面尺寸为 250mm×600mm，离地面高 4m，混凝土的重力密度 $\gamma_c=25kN/m^3$。模板底楞木和顶撑间距为 0.85m，侧模板立挡间距 500mm，试计算确定底板、侧模板和顶撑的截面尺寸。木材用红松，$f_c=10N/mm^2$，$f_m=13N/mm^2$，$f_v=1.4N/mm^2$，$T=30℃$，$\upsilon=2m^3/h$，$\beta_1=\beta_2=1$。

【解】 ① 底板计算：

底板承受荷载

底板自重　　　　　　　　$0.3×0.25=0.075kN/m$

混凝土重量　　　　　　　$25×0.25×0.6=3.75kN/m$

钢筋重量　　　　　　　　$1.0×0.25×0.6=0.150kN/m$

振动荷载　　　　　　　　$2.0×0.25=0.5kN/m$

总竖向荷载　　$q_1=(0.075+3.75+0.15)×1.2+0.5×1.4=5.47kN/m$

　　　　　　　　$q_k=(0.075+3.75+0.15+0.5)=4.48kN/m$

按强度要求：

$$h=\frac{l}{4.65}\sqrt{\frac{q_1}{b_1}}=\frac{850}{4.65}\sqrt{\frac{5.47}{250}}=27.0mm$$

按刚度要求：

$$h=\frac{l}{7.8}\sqrt[3]{\frac{q_k}{b_1}}=\frac{850}{7.8}\sqrt[3]{\frac{4.48}{250}}=28.5mm$$

取二者最大值 28.5mm，底板厚度用 30mm。

② 侧模板计算：

a. 侧压力计算：

$$F=0.22\gamma_c t_0 \beta_1 \beta_2 \sqrt{\upsilon}=0.22×25×\frac{200}{30+15}×1×1×\sqrt{2}=34.6kN/m^2$$

$$F=\gamma_c H=25×0.6=15kN/m^2$$

取二者较小值，$F=15kN/m^2$ 计算。

b. 按强度要求计算：

立挡间距为 500mm，设模板按连续梁计算，梁上混凝土按梁上板厚 100mm 计，则侧压力化为线布荷载 $q=15×(0.6-0.1)×1.2=9.0kN/m$，$q_k=15×0.5=7.5kN/m$

$$M_{max}=\frac{1}{10}ql^2=\frac{1}{10}×9×0.5^2=0.225kN·m$$

需要　　$$W_n=\frac{M_{max}}{f_m}=\frac{0.225×10^6}{13}=17308mm^3$$

选用侧模板的截面尺寸为 20mm×500mm。

截面抵抗矩　　$$W=\frac{1}{6}×500×20^2=33333mm^2>W_n=17308mm^3$$

c. 按刚度要求计算：

$$w=0.677\frac{q_k l^4}{100EI}=0.677×\frac{7.5×500^4}{100×9000×\frac{1}{12}×500×20^3}=1.06mm<[w]=\frac{500}{250}mm$$

符合要求。

③ 顶撑计算：

假设顶撑截面为80mm×80mm，间距0.85m，在中间纵横各设一道水平拉条

$$l_0 = \frac{l}{2} = \frac{4000}{2} = 2000\text{mm}, \quad i = \sqrt{\frac{I}{A}} = \sqrt{\frac{\frac{1}{12}bh^3}{bh}} = \frac{h}{2\sqrt{3}} = \frac{80}{2\sqrt{3}} = 23.09\text{mm}$$

$$\lambda = \frac{l_0}{i} = \frac{2000}{23.09} = 86.6$$

a. 按强度要求计算：已知 $N = 5.47 \times 0.85 = 4.65\text{kN}$

$$\frac{N}{A_n} = \frac{4.65 \times 1000}{80 \times 80} = 0.726\text{N/mm}^2 < 10\text{N/mm}^2$$

符合要求。

b. 稳定性验算：

根据木结构设计规范（GB 50005—2003）第5.1.4条

$\lambda \leq 91$ 时，$\varphi = \dfrac{1}{1+\left(\dfrac{\lambda}{65}\right)^2} = \dfrac{1}{1+\left(\dfrac{86.6}{65}\right)^2} = 0.360$

$$\frac{N}{\varphi A} = \frac{4.65 \times 1000}{0.360 \times 80 \times 80} = 2.02\text{N/mm}^2 < 10\text{N/mm}^2$$

符合要求。

（2）梁组合钢模板和钢管脚手架支撑计算

1）梁模采用组合钢模板时，多用钢管脚手支模，由梁模、小楞、大楞和立柱组成（图3-92），梁底模按简支梁计算，按强度和刚度的要求，允许的跨度按下式计算：

按强度要求：

$$M = \frac{1}{8} q_1 l^2 = W[f]$$

$$l = 41.5\sqrt{\frac{W}{q_1}}$$

式中　$[f]$——钢材的抗拉、抗压、抗弯设计强度，Q235钢取215N/mm²

按刚度要求：

$$w = \frac{5 q_k l^4}{384 EI} = \frac{l}{250}$$

$$l = 39.8\sqrt[3]{\frac{I}{q_k}}$$

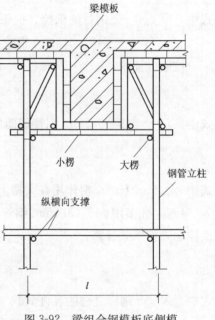

图3-92　梁组合钢模板底侧模

式中　E——钢材弹性模量，取 2.06×10^5 N/mm²

2）小楞间距一般取30、40、50、60cm，小楞按简支梁计算。在计算刚度时，梁作用在小楞上的荷载，可简化为一个集中荷载，按强度和刚度要求，容许的跨度按下式计算：

按强度要求：

$$M = \frac{1}{8} P l \left(2 - \frac{b}{l}\right)$$

$$l = 860\frac{W}{P} + \frac{b}{2}$$

按刚度要求：

$$w=\frac{P_k l^3}{48EI}=\frac{l}{250}$$

$$l=198.9\sqrt{\frac{I}{P_k}}$$

式中　P——作用在小楞上的集中荷载（N）；

　　　l——计算跨距，对小楞为钢管立柱横向间距（mm）；

　　　b——梁宽度；

　　　w——容许挠度值，小楞挠度不得超过 $l/250$。

3）大楞用 $\phi 48 \times 3.5$ mm 钢管，按连续梁计算，承受小楞传来的集中荷载，为简化计算，转换为均布荷载，精度满足要求，大楞按强度和刚度要求，容许的跨度按下式计算：

按强度要求：

$$M=\frac{1}{10}q_2 l^2=[f]W$$

$$l=3304\sqrt{\frac{1}{q_2}}$$

式中　$[f]$——钢材的抗拉、抗压、抗弯设计强度，Q235 钢取 215N/mm²；

　　　W——$\phi 48 \times 3.5$ mm 钢管截面模量 5080mm³。

按刚度要求：

$$W=\frac{q_k l^4}{150EI}=\frac{l}{250}$$

式中　I——$\phi 48 \times 3.5$ mm 钢管截面惯性矩 12.19×10^4 mm⁴。

$$l=2470\times\sqrt[3]{\frac{1}{q_k}}$$

式中　q_2、q_k——小楞作用在大楞上的均布计算荷载、均布标准荷载。

4）立柱多用 $\phi 48 \times 3.5$ mm 钢管，其连接一般采用对接，偏心假定为 $1D$，立柱一般由稳定性控制，按下式计算：

$$N=\varphi_1 A_1[f]$$
$$N=105135\varphi_1$$

式中　N——钢管立柱的容许荷载（N）；

　　　φ_1——钢构件轴心受压稳定系数；

　　　A_1——钢管净截面面积（mm²），489mm²；

　　　D——钢管直径（mm）。

【例2】写字楼矩形梁长 6.8m，截面尺寸 600mm×250mm，离地面高 4.0m，采用组合钢模板，用钢管脚手支模，已知梁底模承受的均布荷载 $q_1=5.47$ kN/m，$q_k=4.48$ kN/m 试计算确定底小楞间距、大楞跨距和钢管立柱承载力。

【解】

① 梁底模：

梁底模选用 P2515 型组合钢模板，$I_x=25.38 \times 10^4$ mm⁴，$W_x=5.78 \times 10^3$ mm³ 按强度要求允许底楞间距：

$$l=41.5\sqrt{\frac{W}{q_1}}=41.5\sqrt{\frac{5.78\times 10^3}{5.47}}=1349\mathrm{mm}$$

按刚度要求允许底楞间距：

$$l=39.8\times\sqrt[3]{\frac{I}{q_k}}=39.8\times\sqrt[3]{\frac{25.38\times 10^4}{4.48}}=39.8\times 38.41=1529\mathrm{mm}$$

取二者较小值，$l=1349\mathrm{mm}$，实际用 750mm。

② 钢管小楞：

钢管小楞选用 $\phi 48\times 3.5\mathrm{mm}$ 钢管，$W_x=5.78\times 10^3\mathrm{mm}^3$，$I_x=12.18\times 10^4\mathrm{mm}$，作用在小楞上的集中荷载为：$P=5.47\times 0.75=4.10\mathrm{kN}$，$P_k=4.48\times 0.75=3.36\mathrm{kN}$

钢管小楞的容许跨度按强度要求得：

$$l=860\frac{W}{P}+\frac{b}{2}=860\times\frac{5.78\times 10^3}{4.10\times 10^3}+\frac{250}{2}=1066+125=1191\mathrm{mm}$$

$$l=198.9\sqrt{\frac{I}{P_k}}=198.9\times\sqrt{\frac{12.18\times 10^4}{3.36\times 10^3}}=1198\mathrm{mm}$$

取二者较小值，$l=1191\mathrm{mm}$，实际用 800mm。

③ 钢管大楞：

钢管大楞亦用 $\phi 48\times 3.5\mathrm{mm}$ 钢管，作用在大楞上的均布荷载

$$q_2=\frac{1}{2}\times 5.47=2.74\mathrm{kN/m}, q_k=\frac{1}{2}\times 4.48=2.24\mathrm{kN/m}$$

钢管大楞的容许跨度，按强度要求得：

$$l=3304\sqrt{\frac{1}{q_2}}=3305\sqrt{\frac{1}{2.74}}=1996\mathrm{mm}$$

按刚度要求的容许跨度由公式得：

$$l=2470\times\sqrt[3]{\frac{1}{q_k}}=2470\times\sqrt[3]{\frac{1}{2.24}}=2470\times 0.764=1888\mathrm{mm}$$

取两者较小值，$l=1888\mathrm{mm}$，用 1500mm。

④ 钢管立柱：

钢管立柱亦选用 $\phi 48\times 3.5\mathrm{mm}$ 钢管，净截面 $A=489\mathrm{mm}^2$，钢管使用长度 $l=4000\mathrm{mm}$，在中间设水平横杆，取 $l_0=l/2=2000\mathrm{mm}$，$i=\frac{1}{4}\sqrt{48^2+41^2}=15.78\mathrm{mm}$，$\lambda=\frac{l_0}{i}=\frac{2000}{15.78}=126.7$ 查表得稳定系数 $\varphi=0.453$

容许荷载按公式为：

$$N=105135\varphi_1=105135\times 0.453=47626\mathrm{N}=47.6\mathrm{kN}$$

钢管承受的荷载 $N=\frac{1}{2}\times 1.5\times 5.47=4.10\mathrm{kN}\ll 47.6\mathrm{kN}$

故满足要求。

第三部分　柱模板计算

（1）构造与荷载

柱模板的一般构造如图 3-93 所示，柱模板主要承受混凝土的侧压力和倾倒混凝土的振动荷载，荷载计算与梁的侧模板相同，浇筑混凝土时倾倒混凝土的倾倒荷载根据料斗大小查表 3-22 定。

（2）柱箍及拉紧螺栓

柱箍为模板的支撑和支承，其间距 s 由柱的侧模板刚度来控制。按两跨连续梁计算，其挠度按下式计算，并应满足以下条件：

$$v=\frac{K_f q_k s^4}{100 E_t I} \leqslant [v]=\frac{s}{400}$$

整理得

$$s=\sqrt[3]{\frac{E_t I}{4 K_f q_k}}$$

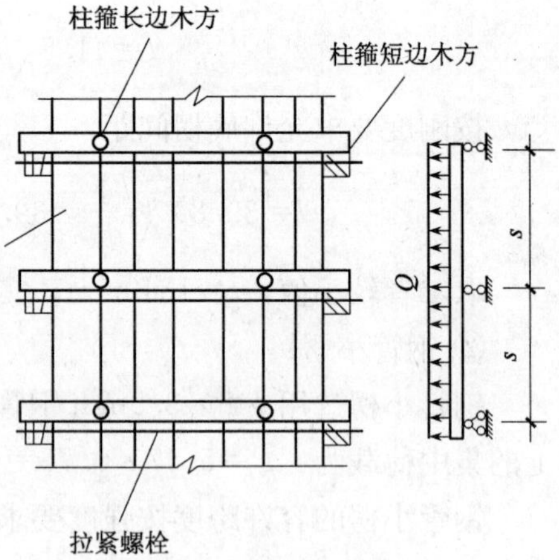

式中　s——柱箍的间距；

　　　v——柱箍的挠度；

　　　$[v]$——柱模的允许挠度值；

　　　E_t——木材的弹性模量，$E_t=(9\sim12)\times10^3 \mathrm{N/mm^2}$；

　　　K_f——系数，两跨连续梁，$K_f=0.521$；

　　　q_k——侧压力线荷载标准值，如模板每块拼板宽为 100mm，则 $q=0.1 F_k$；

　　　F_k——柱模受到的混凝土侧压力标准值。

柱箍的截面选择：如图 3-94 所示。

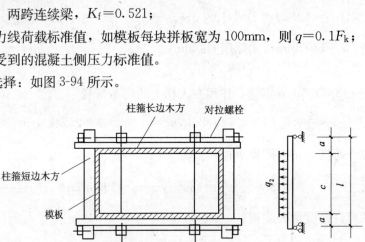

图 3-93　柱模板计算简图

图 3-94　柱箍长、短边计算简图

对于长边，假定设置钢拉杆，则按悬臂简支梁计算；不设钢拉杆，则按简支梁计算。其最大弯矩按下式计算：

$$M_{max}=(1-4\lambda^2)\times\frac{q_1 d^2}{8}$$

柱箍长边需要的截面抵抗矩：$\quad W_1=\dfrac{M_{max}}{f_m}$

式中　λ——悬臂部分长度 a 与跨中长度 d 的比值，即 a/d；

　　　q_1——作用于长边上的线荷载；

　　　W_1——柱箍长边截面抵抗矩。

对于短边按简支梁计算，其最大弯矩由下式计算：

$$M_{max}=(2-\eta)\frac{q_2 cl}{8}$$

柱箍短边需要的截面抵抗矩：$\quad W_2=\dfrac{M_{max}}{f_m}$

式中　η——c 与 l 的比值，即 $\eta=c/l$；

　　　W_2——柱箍短边截面抵抗矩。

柱箍的做法有两种：①单根方木用矩形钢箍加楔块夹紧；②两根方木中间用螺栓夹紧。螺栓受到的拉力 N，等于柱箍处的反力。

拉紧螺栓的拉力和需要的截面积按下式计算：

$$N=\frac{1}{2}q_3 l$$

$$A_0=\frac{N}{f}$$

式中　q_3——作用于柱箍上的线荷载；

　　　l——柱箍的计算长度；

　　　A_0——螺栓需要的截面面积。

（3）模板截面尺寸

模板按简支梁考虑，模板承受的弯矩 M、需要的截面抵抗矩、挠度控制值分别按以下公式计算：

弯矩　$M=\dfrac{1}{8}ql^2$　　　　截面抵抗矩 $W=\dfrac{M}{f_m}$

挠度　　　　　　　　$w_A=\dfrac{5q_k l^4}{384EI}\leqslant [w]=\dfrac{l}{400}$

【例3】柱构造如图 3-95，截面尺寸为 600mm×800mm，柱高 4m，每节模板高 2m，采取分节浇筑混凝土，每节浇筑高度为 2m，浇筑速度 $v=2\text{m}^3/\text{h}$，浇筑时气温 $T=30℃$，试计算确定柱箍尺寸、间距和模板截面。

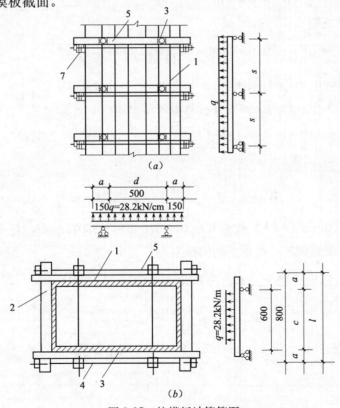

图 3-95　柱模板计算简图
（a）柱侧模计算简图；（b）柱箍长、短边计算简图
1—模板；2—柱箍短边木方；3—柱箍长边木方；4—钢筋拉条；5—拉紧螺栓

【解】 柱模板计算简图如图 3-95 (a)

① 柱模受到的混凝土侧压力为：

$$F_k = 0.22 \times 25 \times \frac{200}{30+15} \times 1 \times 1 \times \sqrt{2} = 34.56 \text{kN/m}^2$$

$$F_k = \gamma_c H = 24 \times 2 = 48 \text{kN/m}^2$$

取二式中之较小值，$F_k = 34.56 \text{kN/m}^2$，并考虑倾倒荷载 4kN/m^2。

总侧压力　　　　　　$F_k = 34.56 + 4 = 38.6 \text{kN/m}^2$。

② 柱箍间距 s 计算：

假定模板厚度为 30mm，每块拼板宽 100mm，则侧压力的线布荷载：
$q_k = 38.6 \times 0.1 = 3.86 \text{kN/m}$，又两跨连续梁的挠度系数 $K_f = 0.521$，得：

$$s = \sqrt{\frac{9 \times 10^3 \times \frac{1}{12} \times 100 \times 30^3}{4 \times 0.521 \times 3.86}} = 631 \text{mm}$$

据计算选用柱箍间距 $s = 600 \text{mm} < 631 \text{mm}$。

③ 柱箍截面计算：

柱箍受到的侧压力 $F = 34.56 \times 1.2 + 4 \times 1.4 = 47.07 \text{kN/m}^2$，线布荷载

$$q = 47.07 \times 0.6 = 28.2 \text{kN/m}$$

对于长边（图 3-95b），假定设 2 根拉杆，两边悬臂 150mm，则最大弯矩为：

$$M_{max} = (1 - 4\lambda^2)\frac{qd^2}{8} = \left[1 - 4 \times \left(\frac{0.15}{0.50}\right)^2\right] \times \frac{28.2 \times 0.5^2}{8}$$
$$= 0.564 \text{kN} \cdot \text{m}$$

长边柱箍截面抵抗矩

$$W_1 = \frac{M_{max}}{f_m} = \frac{564000}{13} = 43385 \text{mm}^3$$

选用 $80 \text{mm} \times 60 \text{mm}$ ($b \times h$) 截面 $W_1 = 48000 \text{mm}^3$，符合要求。

对于短边（图 3-95b），按简支梁计算，其最大弯矩为：

$$M_{max} = (2 - \eta)\frac{qcl}{8} = \left(2 - \frac{600}{800}\right) \times \frac{28.2 \times 0.6 \times 0.8}{8} = 2.12 \text{kN} \cdot \text{m}$$

短边柱箍需要截面抵抗矩

$$W_2 = \frac{M_{max}}{f_m} = \frac{2120000}{13} = 163077 \text{mm}^3$$

选用 $100 \text{mm} \times 100 \text{mm}$ ($b \times h$) 截面 $W = 166667 \text{mm}^3 > 163077 \text{mm}^3$，符合要求。

长边柱箍用 2 根螺栓固定，每根受到的拉力为

$$N = \frac{1}{2}ql = \frac{1}{2} \times 28.2 \times 0.8 = 11.28 \text{kN}$$

螺栓需要截面积　　　$A_0 = \frac{N}{f} = \frac{11280}{215} = 52.46 \text{mm}^2$

选用 $\phi 10 \text{mm}$ 螺栓　$A_0 = 78.54 \text{mm}^2 > 52.46 \text{mm}^2$，满足要求。

④ 模板计算：

按简支梁计算

$$M = \frac{1}{8}ql^2 = \frac{1}{8} \times 4.71 \times 0.6 \times 0.6 = 0.212 \text{kN} \cdot \text{m}$$

模板需要截面抵抗矩 $W=\dfrac{M}{f_\mathrm{m}}=\dfrac{212000}{13}=16308\mathrm{mm}^3$

假定模板截面为 $100\mathrm{mm}\times 40\mathrm{mm}$，$W_\mathrm{n}=\dfrac{1}{6}\times 100\times 40^2=26667\mathrm{mm}^3$，符合要求。

挠度验算：

$$v=\dfrac{5q_\mathrm{k}l^4}{384EI}=\dfrac{5\times 3.86\times 600^4}{384\times 9\times 10^3\times \dfrac{1}{12}\times 100\times 40^3}=1.36\mathrm{mm}<\dfrac{600}{400}=1.5\mathrm{mm}$$

符合刚度要求。

第四部分　墙模板计算

（1）墙木（钢）模板

墙模板构件包括模板（钢模或木模）、内楞（钢或木）、外楞（钢或木）及对拉螺栓等（图3-96）。墙侧模板受到浇筑混凝土时侧压力的作用（图3-97），侧压力的计算见模板计算实例实例4。

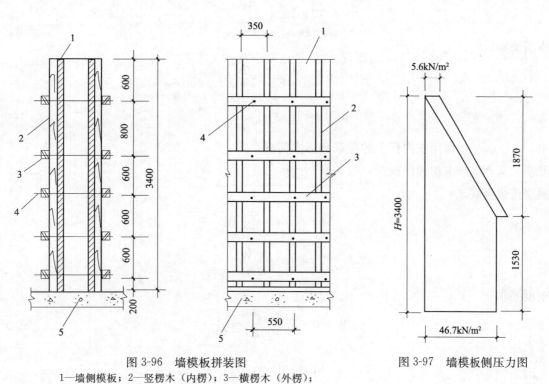

图3-96　墙模板拼装图
1—墙侧模板；2—竖楞木（内楞）；3—横楞木（外楞）；
4—对拉螺栓；5—底板

图3-97　墙模板侧压力图

当墙侧采用木模板时，支承在内楞上一般按三跨连续梁计算，按强度和刚度要求，容许的跨度按下式计算：

按强度要求：

$$M=\dfrac{1}{10}q_1 l^2=[f_\mathrm{m}]\times \dfrac{1}{6}bh^2$$

$$l=4.65h\sqrt{\dfrac{b}{q_1}}$$

按刚度要求：

$$w = 0.677 \frac{q_k l^4}{100EI} = \frac{l}{400}$$

$$l = 6.64h \times \sqrt[3]{\frac{b}{q_k}}$$

以上式中，除 b、h 分别为侧板宽度和厚度外，余均类似前柱模板计算的符号意义。

当墙侧模采用组合钢模板时，板长为 120mm 或 150mm，墙头用 U 形卡连接，板的跨度不宜大于板长，一般取 600~1050mm，可不进行计算。

（2）墙模板内外木（钢）楞

内楞承受墙模板作用的荷载，按多跨连续梁计算，其允许跨度按下式计算：

对木楞：

按强度要求：

$$M = \frac{1}{10} q_2 l^2 = [f_m] W$$

$$l = 11.4 \sqrt{\frac{W}{q_2}}$$

按刚度要求：

$$w = 0.677 \frac{q_k l^4}{100EI} = \frac{q_k l^4}{150EI} = \frac{l}{400}$$

$$l = 15.3 \times \sqrt[3]{\frac{I}{q_k}}$$

式中 q_2、q_k——作用在内楞上的荷载和标准荷载；
E——木楞弹性模量，取 9500N/mm²。

对钢楞按强度要求：

$$M = \frac{1}{10} q_2 l^2 = [f] W$$

$$l = 46.4 \sqrt{\frac{W}{q_2}}$$

按刚度要求：

$$W = 0.677 \frac{q_k l^4}{100EI} = \frac{l}{400}$$

$$l = 42.37 \times \sqrt[3]{\frac{I}{q_k}}$$

外钢楞的作用主要是加强各部分的连接及模板的整体刚度，不是一种受力构件，可不进行计算。

（3）对拉螺栓

对拉螺栓一般设在内、外钢楞相交处，直接承受内、外楞传来的集中荷载，其允许拉力按下式计算：

$$N = A_1[f] \quad \text{或} \quad N = 215 A_1$$

【例4】墙厚为 400mm，高 5m，每节模板高 2.5m，采取分节浇筑混凝土，每节浇筑高度为 2.5m，浇筑速度 $v = 2\text{m}^3/\text{h}$，混凝土重力密度 $\gamma_c = 24\text{kN/m}^3$，浇筑温度 $T = 20°C$，采用厚 25mm 木模板，试计算确定内楞的间距。

【解】取 $\beta_1=\beta_2=1$，墙模受到的侧压力为：

$$F_k = 0.22\gamma_c\left(\frac{200}{T+15}\right)\beta_1\beta_2 v^{\frac{1}{2}}$$

$$= 0.22 \times 24 \times \left(\frac{200}{20+15}\right) \times 1$$

$$\times 1 \times \sqrt{2} = 42.66 \text{kN/m}^2$$

$$F_k = \gamma_c H = 24 \times 2.5 = 60 \text{kN/m}^2$$

取二者中的较小值，$F_k=42.66\text{kN/m}^2$，并考虑振动荷载 4kN/m^2

总侧压力标准值 $\quad F_k=42.66+4=46.66\text{kN/m}^2$

总侧压力计算值 $\quad F=42.66\times 1.2+4\times 1.4=61.6\text{kN/m}^2$

作用于模板的线荷载标准值 $\quad q_k=46.66\times 1=46.7\text{kN/m}^2$

作用于模板的线荷载计算值 $\quad q=61.6\times 1=61.6\text{kN/m}$

按强度要求需要内楞的间距，得：

$$l = 4.65h\sqrt{\frac{b}{q_1}} = 4.65 \times 25 \times \sqrt{\frac{1000}{61.6}} = 468\text{mm}$$

按刚度要求需要内楞的间距，得：

$$l = 6.64h \times \sqrt[3]{\frac{b}{q_k}} = 6.64 \times 25 \times \sqrt[3]{\frac{1000}{46.7}} = 461\text{mm}$$

取二者中的较小值，$l=461\text{mm}$，实际用 450mm。

1.9 模板工程专项施工方案实例

××师范大学模板工程施工方案

1.9.1 编制依据

(1) ××师范大学有机硅重点实验室工程设计图纸；

(2) ××师范大学有机硅重点实验室工程项目部施工组织设计；

(3) 《建筑工程安全生产管理条例》；

(4) 《混凝土结构工程施工质量验收规范》(GB 50204—2002)；

(5) 《建筑结构荷载规范》(GB 50009—2001)；

(6) 《混凝土结构设计规范》(GB 50010—2002)；

(7) 《建筑施工扣件式钢管模板支架技术规程》(DB 33/1035—2006)；

(8) 《危险性较大工程安全专项施工方案编制及专家论证审查办法》建质 [2004] 213；

(9) 《建筑施工安全手册》；

(10) 《建筑施工扣件式钢管脚手架安全技术规范》(JGJ 130—2001)；

(11) 国家、省、市现行安全生产、文明施工的规定；

(12) 我公司 QEO 三合一体系管理手册、程序文件、企业标准等有关文件；

(13) 计算软件为品茗科技有限公司的模板支架专项方案编审软件（浙江省标版）V6.0.3.128。

1.9.2 工程概况

1. 工程概况

本工程位于××市余杭区仓前镇朱庙村，场地北侧为公共道路，西、南两侧为朱庙村农居和农田，场地东侧为待开发二期工程。本工程由实验楼和综合服务楼组成，地下为一层，地上六层至十层，属框架结构。总用地面积为13333m^2，总建筑面积约为41105m^2，建筑高度最高为41.9m，±0.000相当于黄海标高5.300m。本工程为6度设防，框架抗震等级十层实验楼部分为三级，六层部分为四级。地下一层，层高5.1m，一层层高为4.2m，二层以上层高为3.7m。

2. 结构概况

地下室为一层箱式框剪结构，地下室层高为5.1～3.8m，地下室顶板厚为160、200、250mm。地下室内外墙厚为300～400mm，框架梁为(400～450)mm×(900～1300)mm（最大跨度为8.4m），框架柱最大尺寸750mm×1140mm。

主体结构为框架结构，一层层高为4.2m，二层以上层高为3.7m。板厚为90～140mm。标准层框架梁均为(240～300)mm×(550～750)mm，框架柱最大尺寸700mm×1140mm。

本工程在1～6轴/G～L轴处，其四层以下为中空，总净高为16.55m，纵向框架梁为450mm×1200mm，跨度最长有17.25m，横向框架梁为240mm×700mm，跨度为9.4m，板厚为140mm。

3. 各责任主体名称

建设单位：××师范大学

设计单位：××设计集团股份有限公司

施工单位：浙江宝业建设集团有限公司

监理单位：××工程咨询有限公司

1.9.3 模板工程搭设体系选择

1. 总体筹划

本工程考虑到施工工期、质量、安全和合同要求，故在选择方案时，应充分考虑以下几点：

（1）主体的结构设计，力求要做到结构安全可靠、造价经济合理。

（2）在规定的条件下和规定的使用期限内，能够充分满足预期的安全性和耐久性。

（3）选用材料时，力求做到常见通用、可周转利用、便于保养维修。

（4）结构选型时，力求做到受力明确，构造措施到位，升降搭拆方便，便于检查验收。

（5）综合以上几点，脚手架的搭设还必须符合JGJ 59—1999等标准要求，符合相关文明标化工地的有关标准。

（6）结合以上脚手架设计原则，同时结合本工程的实际情况，综合考虑了以往的施工经验，决定采用以下脚手架方案：墙模板、梁模板（扣件钢管架）、柱模板、板模板（扣件钢管架）、板模板（扣件钢管高架）。

2. 支撑体系设计理念

在保障安全可靠的前提下，须兼顾施工操作简便、统一、经济、合理等要求，因此梁与板整体支撑体系设计的一般原则是：立杆步距要一致，便于统一搭设；立杆纵或横距尽量一致，便于立杆有一侧纵横向水平杆件拉通设置；构造要求规范设置，保证整体稳定性和满足计算前提条件。

3. 混凝土浇筑方式

柱模板搭设完毕经验收合格后,先浇捣柱混凝土,然后再绑扎梁板钢筋,梁板支模架与浇好并有足够强度的柱或原已做好的主体结构拉结牢固。经有关部门对钢筋和模板支架验收合格后方可浇捣梁板混凝土。

施工时按对称由两端向中间推进浇捣,由标高低的地方向标高高的地方推进。事先根据浇捣混凝土的时间间隔和混凝土供应情况设计施工缝的留设位置。本工程在1～6轴/G～L轴处搭设本方案提及的架子开始至混凝土施工完毕具备要求的强度前,该施工层下地下室支顶不允许拆除。

4. 支撑体系方式

根据本公司当前模板工程工艺水平,结合设计要求和现场条件,决定采用扣件式钢管架作为本模板工程的支撑体系。梁的线荷载较大,最大达23.061kN/m,为保证荷载可靠传递给立杆,决定采用可调托座,托座内放置槽钢。板的面荷载最大达13.076kN/m,为保证扣件抗滑满足要求,采用双扣件加强受力横杆。

5. 支架搭设参数

地下室顶板模板支架参数表　　　　　　　　　　表3-29

一、基本参数			
立杆横距 l_b (m)	0.8	立杆纵距 l_a (m)	0.8
立杆步距 h (m)	1.5	钢管类型	$\Phi48\times3.2$mm
模板支架计算高度 H (m)	5.1	立杆承重连接方式	双扣件
板底立杆伸出顶层横向水平杆中心线至模板支撑点的长度 a (m)	0.1	扫地杆高度 (mm)	250
板底木方的截面宽度 B (mm)	60	板底木方的截面高度 H (mm)	80
板底方木的间隔距离 l_c (mm)	200	楼板的计算宽度 (m)	4.2
楼板的计算跨度 (m)	8.4	楼板混凝土厚度 (mm)	250
梁底木方、木托梁计算方法	按三跨连续梁计算	验算地基承载力	是
二、材料参数			
抗弯强度设计值 f_m (N/mm²)	13	弹性模量 E (N/mm²)	9000
木材抗剪设计值 f_v (N/mm²)	1.3	面板类型	胶合面板
面板抗弯强度设计值 f_m (N/mm²)	15	面板抗剪强度设计值 f_m (N/mm²)	1.4
面板弹性模量 E (N/mm²)	6000	面板厚度 (mm)	18
双扣件承载力设计值 (kN)	12		
三、地基参数			
地基土类型	岩石	地基承载力标准值 (kPa)	170
基础底面扩展面积 (m²)	0.25	地基承载力调整系数	1
四、荷载参数			
模板自重 (kN/m²)	0.3	楼板钢筋自重 (kN/m³)	1.1
新浇混凝土自重 (kN/m³)	24	施工人员及设备荷载 (kN/m²)	1
振捣混凝土对水平模板产生的荷载 (kN/m²)	2	省份	浙江
地区	××市	风荷载高度变化系数 μ_z	0.74
基本风压 w_0 (kN/m²)	0.45	风荷载体型系数 μ_s	0.273
考虑叠合效应	是	考虑风荷载	是
验算拆模时间	否		

地下室梁模板支架参数表　　　　表 3-30

一、基本参数			
梁段信息	KL1	梁支撑架搭设高度 H（m）	5.1
模板支架计算长度 L_a（m）	8.4	梁两侧立杆间距 l_b（m）	0.8
梁底立杆纵距 l_a（m）	0.8	梁底立杆步距 h（m）	1.5
梁两侧楼板混凝土厚度（mm）	250	板底承重立杆横向间距或排距 l（m）	0.8
梁截面宽度 B（mm）	450	梁截面高度 D（mm）	1300
承重架及模板支撑设置	梁底支撑小楞垂直梁跨方向	梁底增加承重立杆根数	2
立杆承重连接方式	双扣件	梁底立杆伸出顶层横向水平杆中心线至模板支撑点的长度 a（m）	0.3
钢管类型	$\phi 48 \times 3.2$ mm	梁底模板支撑小楞材料	钢管
梁底木方、木托梁计算方法	按三跨连续梁计算	梁底模板支撑小楞纵向间距 l_c（mm）	200
验算地基承载力	是		
二、材料参数			
抗弯强度设计值 f_m（N/mm²）	13	弹性模量 E（N/mm²）	12000
木材抗剪设计值 f_v（N/mm²）	1.3	面板类型	胶合面板
面板抗弯强度设计值 f_m（N/mm²）	15	面板抗剪强度设计值 f_m（N/mm²）	1.4
面板弹性模量 E（N/mm²）	6000	面板厚度（mm）	18
双扣件承载力设计值（kN）	12		
三、地基参数			
地基土类型	岩石	地基承载力标准值（kPa）	170
基础底面扩展面积（m²）	0.25	地基承载力调整系数	1
四、荷载参数			
模板自重（kN/m²）	0.3	梁钢筋自重（kN/m³）	1.5
新浇混凝土自重（kN/m³）	24	施工人员及设备荷载（kN/m²）	1
振捣混凝土对水平模板产生的荷载（kN/m²）	2	省份	浙江
地区	××市	风荷载高度变化系数 μ_z	0.74
基本风压 w_0（kN/m²）	0.45	风荷载体型系数 μ_s	0.355
考虑叠合效应	是	考虑风荷载	是

地下室梁侧模板支架参数表　　　　表 3-31

一、基本参数			
梁段信息	KL1	楼板混凝土厚度（mm）	250
钢管类型	$\phi 48 \times 3.2$ mm	梁截面宽度 B（mm）	0.45
梁截面高度 D（mm）	1.3	主楞（外龙骨）方向	横向设置
次楞间距（mm）	200	主楞竖向根数	2
穿梁螺栓的直径（mm）	M12	穿墙螺栓水平间距（mm）	400
第1根主楞至梁底距离	350	第2根主楞至梁底距离	700
主楞材料	圆钢管	主楞直径（mm）	48.5
主楞壁厚（mm）	3.2	主楞合并根数	2
次楞材料	木方	次楞宽度（mm）	60
次楞高度（mm）	80	次楞合并根数	2

续表

二、材料参数			
抗弯强度设计值 f_m (N/mm²)	13	弹性模量 E (N/mm²)	9000
木材抗剪设计值 f_v (N/mm²)	1.3	面板类型	木面板
面板抗弯强度设计值 f_m (N/mm²)	13	面板抗剪强度设计值 f_m (N/mm²)	1.3
面板弹性模量 E (N/mm²)	9000	面板厚度 (mm)	18
三、荷载参数			
新浇混凝土侧压力 (kN/m²)	16.8	倾倒混凝土荷载 (kN/m²)	4

16.55m高大支模架梁梁模板支架参数表　　表3-32

一、基本参数			
梁段信息	KL2	梁支撑架搭设高度 H (m)	16.55
模板支架计算长度 l_a (m)	17.25	梁两侧立杆间距 l_b (m)	0.8
梁底立杆纵距 l_a (m)	0.8	梁底立杆步距 h (m)	1.5
梁两侧楼板混凝土厚度 (mm)	140	板底承重立杆横向间距或排距 l (m)	1.5
梁截面宽度 B (mm)	450	梁截面高度 D (mm)	1200
承重架及模板支撑设置	梁底支撑小楞垂直梁跨方向	梁底增加承重立杆根数	2
立杆承重连接方式	双扣件	梁底立杆伸出顶层横向水平杆中心线至模板支撑点的长度 a (m)	0.3
钢管类型	$\phi 48 \times 3.2$mm	梁底模板支撑小楞材料	方木
梁底方木截面宽度 (mm)	60	梁底方木截面高度 (mm)	80
梁底木方、木托梁计算方法	按三跨连续梁计算	梁底模板支撑小楞纵向间距 l_c (mm)	200
验算地基承载力	是		
二、材料参数			
抗弯强度设计值 f_m (N/mm²)	13	弹性模量 E (N/mm²)	12000
木材抗剪设计值 f_v (N/mm²)	1.3	面板类型	胶合面板
面板抗弯强度设计值 f_m (N/mm²)	15	面板抗剪强度设计值 f_m (N/mm²)	1.4
面板弹性模量 E (N/mm²)	6000	面板厚度 (mm)	18
双扣件承载力设计值 (kN)	12		
三、地基参数			
地基土类型	岩石	地基承载力标准值 (kPa)	170
基础底面扩展面积 (m²)	0.5	地基承载力调整系数	1
四、荷载参数			
模板自重 (kN/m²)	0.3	梁钢筋自重 (kN/m³)	1.5
新浇混凝土自重 (kN/m³)	24	施工人员及设备荷载 (kN/m²)	1
振捣混凝土对水平模板产生的荷载 (kN/m²)	2	省份	浙江
地区	××市	风荷载高度变化系数 μ_z	0.74
基本风压 w_0 (kN/m²)	0.45	风荷载体型系数 μ_s	0.355
考虑叠合效应	是	考虑风荷载	是

16.55m 高大支模架梁侧模板支架参数表　　　　　表3-33

一、基本参数			
梁段信息	KL2	楼板混凝土厚度（mm）	140
钢管类型	φ48×3.2mm	梁截面宽度 B（mm）	0.45
梁截面高度 D（mm）	1.2	主楞（外龙骨）方向	横向设置
次楞间距（mm）	200	主楞竖向根数	2
穿梁螺栓的直径（mm）	M12	穿墙螺栓水平间距（mm）	400
第1根主楞至梁底距离	360	第2根主楞至梁底距离	720
主楞材料	木方	主楞宽度（mm）	80
主楞高度（mm）	100	主楞合并根数	2
次楞材料	木方	次楞宽度（mm）	60
次楞高度（mm）	80	次楞合并根数	2
二、材料参数			
抗弯强度设计值 f_m（N/mm²）	13	弹性模量 E（N/mm²）	9000
木材抗剪设计值 f_v（N/mm²）	1.3	面板类型	木面板
面板抗弯强度设计值 f_m（N/mm²）	13	面板抗剪强度设计值 f_m（N/mm²）	1.3
面板弹性模量 E（N/mm²）	9000	面板厚度（mm）	18
三、荷载参数			
新浇混凝土侧压力（kN/m²）	16.8	倾倒混凝土荷载（kN/m²）	4

1.9.4 施工部署、组织机构及管理职责

1. 施工部署

（1）施工目标：本工程要求创"钱江杯"，在模板分项工程中确保达到合格，并要在基础、主体结构工程达到优质。要严格按照"浙江省文明标化工地"的要求组织施工。运用现代化的管理思想和方法，强化项目现场施工管理和专业化施工，确保工程目标的实现。

（2）模板配制方面，结合本程的特点，六层的实验楼和综合服务楼配二层模板，十层的实验楼配三层模板，以加快施工进度。

（3）施工顺序，逐层施工，地下室计划40天内完成，主体工程计划120天内完成。作业人员方面在六层以下安排在120人左右，六层以上安排60人左右。

2. 组织机构及管理职责

（1）安全管理组织机构框图（图3-98）

（2）安全保证体系框图（图3-99）

（3）环境保护体系图（图3-100）

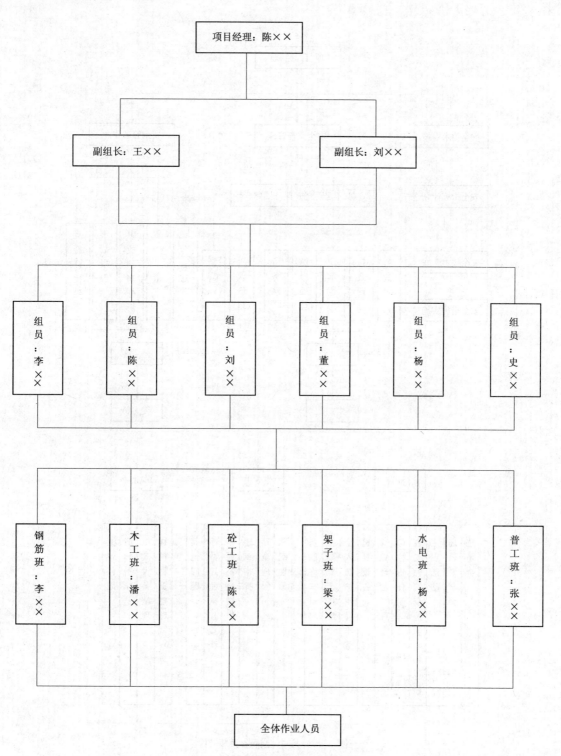

图 3-98 安全管理组织机构框图

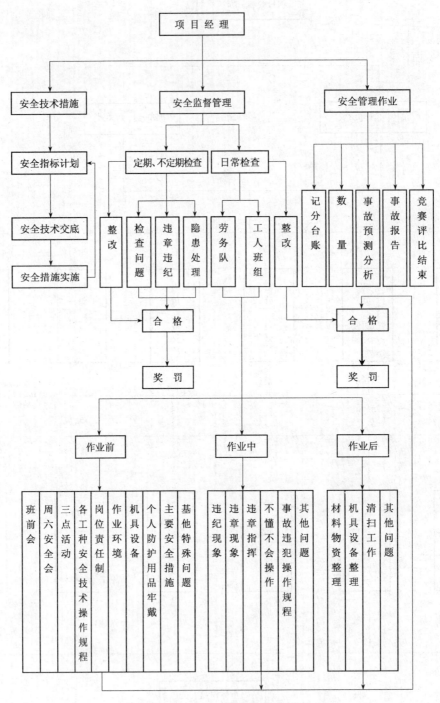

图 3-99 安全保证体系框图

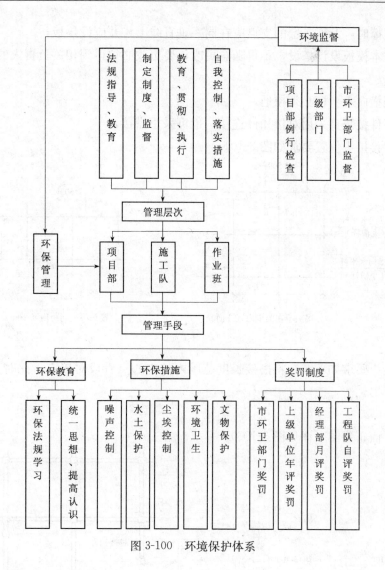

图 3-100 环境保护体系

1.9.5 施工准备

施工前必须仔细审核图纸，有关的图纸问题必须在施工前解决，计算各种模板和支撑的数量。施工前应根据不同部位进行木模板的配模。本工程所有框架梁底模、柱模采用普通模板支设，楼模板及梁两侧模板采用多层夹板（18mm以上）。采用扣件式钢管支撑体系（$\phi48\times3.2$mm）及 40mm×60mm、60mm×80mm、80mm×100mm 方木。

模板支架搭设前，应由项目技术负责人向全体操作人员进行安全技术交底。安全技术交底内容应与模板支架专项施工方案统一，交底的重点为搭设参数、构造措施和安全注意事项。安全技术交底应形成书面记录，交底方和全体被交底人员应在交底文件上签字确认。

1.9.6 构造要求

1. 架体总体要求

(1) 保证结构和构件各部分形状尺寸，相互位置的正确；

(2) 具有足够的承载能力，刚度和稳定性，能可靠地承受施工中所产生的荷载；

(3) 构造简单，装拆方便，并满足钢筋的绑扎、安装，浇筑混凝土等要求；

(4) 多层支撑时，上下二层的支点应在同一垂直线上，并应设垫板；

(5) 支架按本模板设计搭设，不得随意更改；要更改必须得到相关负责人的认可。

2. 水平杆

(1) 每步纵横向水平杆必须拉通。

(2) 水平杆件接长宜采用对接扣件连接，也可采用搭接。

(3) 水平对接接头位置要求如图3-101。

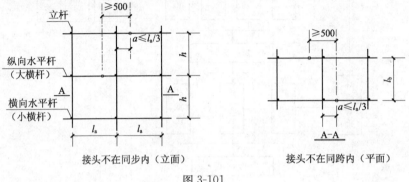

图 3-101

(4) 搭接接头要求如下图，将搭接长度范围内的中心点看成对接点，此时其搭接位置要求同对接（图3-102）。

3. 立杆

(1) 立杆平面布置图（详见图3-103）。

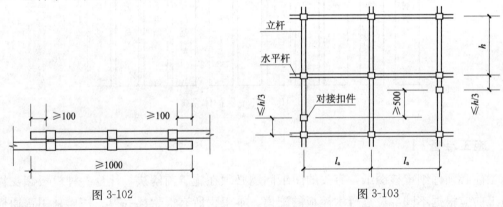

图 3-102　　　　　　　　图 3-103

(2) 搭接要求：本工程所有部位立杆接长全部采用对接扣件连接，接头位置要求如下。

(3) 扫地杆设置（图3-104）

4. 剪刀撑

(1) 水平剪刀撑：模板支架四边与中间每隔4排立杆从顶层开始向下每隔2步设置一道水平剪刀撑。设置时，有剪刀撑斜杆的框格数量应大于框格总数的1/3。

(2) 竖向剪刀撑：模板支架四边满布竖向剪刀撑，中间每隔4排立杆设置一道纵横向剪刀撑，由底至顶连续设置。

(3) 剪刀撑平立面布置图（详见附图）。

5. 周边拉结

(1) 竖向结构（柱）与水平结构分开浇筑，以便利用其与支撑架体连接，形成可靠整体。

(2) 用抱柱的方式（如连墙件）提高整体稳定性和提高抵抗侧向变形的能力，如图3-105。

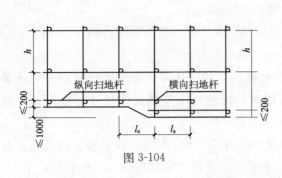
图 3-104

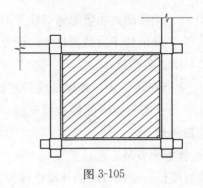
图 3-105

6. 防雷措施

采用在脚手架四周每隔 10m，采用 $\phi 16$ 圆钢分别与脚手架立杆及主体结构接地干线主筋焊接连接。

7. 施工照明

现场施工用照明须装设单独的照明开关箱，不能与动力电箱混合使用，施工区照明采用橡胶电缆。地下室照明均采用 36V 安全电压照明，且灯头选用橡胶防爆灯头。在照明系统的每一单相回路中，灯具和插座的数量不宜超过 25 个，并应装设熔断电流为 15A 及 15A 以下的熔断器。

8. 人员上下通道

地下室分三块施工，其里面互通，基坑外围每隔 30m 设置安全爬梯。1~6 轴/G~L 轴部位因有四层都有两侧与框架连通，第五层楼面也是连通，在外架边侧搭高二个安全斜道。

1.9.7 模板安拆施工

1. 准备工作

(1) 模板拼装

模板组装要严格按照模板图尺寸拼装成整体，并控制模板的偏差在规范允许的范围内，拼装好模板后要求逐块检查其背楞是否符合模板设计，模板的编号与所用的部位是否一致。

(2) 模板的基准定位工作

1) 首先引测建筑的边柱或者墙轴线，并以该轴线为起点，引出每条轴线，并根据轴线与施工图用墨线弹出模板的内线、边线以及外侧控制线，施工前 5 线必须到位，以便于模板的安装和校正。

2) 标高测量。利用水准仪将建筑物水平标高根据实际要求，直接引测到模板的安装位置。

3) 竖向模板应根据模板支设图支设。

4) 已经破损或者不符合模板设计图的零配件以及面板不得投入使用。

5) 支模前对前一道工序的标高、尺寸、预留孔位置等按设计图纸做好技术复核工作。

2. 模板支设

(1) 柱模板

1) 工艺流程：搭设安装架→模板安装就位→检查对角线、垂直和位置→安置柱箍→全面检查校正→群体固定→冲洗封底。

2) 主要方法：

① 基础面或楼面上弹纵横轴线和四周边线，并做好检查复核工作。

② 柱、墙根部清理干净。

③ 柱、梁接槎处加垫海绵，柱子阳角接缝处加垫海绵。

④ 为了保证柱子的截面尺寸，设置双钢管柱箍。支撑杆与楼板支架连接。

(2) 梁、板模板

1) 梁模安装工艺：弹梁轴线并复核→搭支模架→调整托梁→安放梁底模并固定→梁底起拱→扎梁筋→安侧模→侧模拉线支撑（梁高加对拉螺栓）→复核梁模尺寸、标高、位置→与相邻模板连固。

2) 楼板模安装工艺：搭支架→测水平→摆 60mm×80mm 木楞→调整楼板模标高及起拱→铺九夹板模板→清理、刷油→检查模板标高、平整度、支撑牢固情况。

3) 梁、板的安装要密切配合钢筋绑扎，积极为钢筋分项提供施工面。

4) 所有跨度≥4m 的梁必须起拱 2‰，防止挠度过大，梁模板上口应有锁口杆拉紧，防止上口变形。

5) 所有≥2mm 板缝必须用胶带纸封贴。

6) 梁模板铺排从梁两端往中间退，嵌木安排在梁中，梁的清扫口设在梁端。

7) 梁高≥300mm 的梁侧模板底部的压条不得使用九夹板，用方木固定钢管顶、夹牢；梁高<300mm 的梁如用模板压条，则其抗剪强度必须能满足要求，以防浇混凝土时挤崩。

(3) 楼梯模板

1) 梯模施工前，根据实际斜度放样，先安平台梁及基础模板，然后安梯外帮侧板。外帮板先在其内侧弹楼梯底板厚度线，画出踏步侧板位置线，钉好固定踏步侧板的档木，在现场装钉侧板，梯高度要均匀一致，特别注意最下一步及最上一步的高度，必须考虑楼地面面层的厚度。

2) 楼梯模板用钢管架支设牢固。

3) 模板搭设后应组织验收工作，认真填写验收单，内容要数量化，验收合格后方可进入下道工序，并做好验收记录存档工作。

(4) 模板拆除

1) 拆模板前先进行针对性的安全技术交底，并做好记录，交底双方履行签字手续。

2) 支拆模板时，2m 以上的高处作业应设置可靠的立足点，并有相应的安全防护措施。拆模顺序应遵循先支后拆、后支先拆、从上往下的原则。

3) 模板拆除前必须有混凝土强度报告，强度达到规定要求后方可拆模。

① 侧模在混凝土强度能保证构件表面及棱角不因拆除模板而受损坏后方可拆除。

② 底模拆除梁长≥8m，混凝土强度达到 100%；<8m 混凝土强度达到 75%；悬臂构件达到 100%后方可拆除。

③ 板跨<2m，混凝土强度达到 50%模板方可拆除；2m<板跨<8m，混凝土强度达到 75%模板方可拆除；板跨≥8m，混凝土强度达到 100%模板方可拆除。

④ 模板拆除前必须办理拆除模板审批手续，经技术负责人、监理审批签字后方可拆除。

⑤ 柱模拆除，先拆除拉杆再卸掉柱箍，然后用撬棍轻轻撬动模板使模板与混凝土脱离，然后一块块往下传递到地面。

⑥ 墙模板拆除，先拆除穿墙螺栓，再拆水平撑和斜撑，再用撬棍轻轻撬动模板，使模板离开墙体，然后一块块往下传递，不得直接往下抛。

⑦ 楼板、梁模拆除，应先拆除楼板底模，再拆除侧帮模，楼板模板拆除应先拆除水平拉杆，然后拆除板模板支柱，每排留 1~2 根支柱暂不拆，操作人员应站在已拆除的空隙，拆去临

近余下的支柱使木档自由坠落,再用钩子将模板钩下。等该段的模板全部脱落后,集中运出集中堆放,木模的堆放高度不超过2m。楼层较高、支模采用双层排架时,先拆除上层排架,使木挡和模板落在底层排架上,上层模板全部运出后再拆底层排架,有穿墙螺栓的应先拆除穿墙螺杆,再拆除梁侧模和底模。

1.9.8 施工管理

1. 技术交底

施工前组织相关人员集中进行交底,解决疑惑问题,避免施工时因设计意图不能贯彻、责任不明确等诱发工程质量事故和安全隐患。交底记录样本格式如表所示。

工程名称		施工单位		
分项工程名称		交底部位		交底时间
交底内容				
主要参数				
安装示意图				
施工工艺流程				
质量要求				
质量保证措施				
安全保证措施				
注意事项				
文明施工				
应急措施				
节点示意图				
交底人		被交底人		

2. 材料管理

(1) 钢材技术性能必须符合《碳素结构钢》(GB 700—1988)的要求。

(2) 胶合板技术性能必须符合《混凝土模板用胶合板》(ZBB 70006—1988)要求。

(3) 木方必须符合质量标准要求。

(4) 支架钢管应采用现行国家标准《直缝电焊钢管》(GB/T 13793)或《低压流体输送用焊接钢管》(GB/T 3092)中规定的3号普通钢管,其质量应符合现行国家标准《碳素结构钢》(GB/T 700)中Q235-A级钢的规定。

(5) 每根钢管的最大质量不应大于25kg,采用$\phi 48 \times 3.2$钢管。

(6) 钢管的尺寸和表面质量应符合下列规定:

1) 有产品质量合格证;

2) 有质量检验报告,钢管材质检验方法应符合现行国家标准《金属拉伸试验方法》(GB/T 228)的有关规定,质量符合相关规范规定;

3) 钢管表面应平直光滑,不应有裂缝、结疤、分层、错位、硬弯、毛刺、压痕和深的划痕;

4) 钢管外径、壁厚、断面等的偏差应分别符合规范规定;

5) 钢管必须涂有防锈漆。

(7) 旧钢管在符合上述规定的同时还应符合下列规定:

1) 表面锈蚀深度应符合规范的规定。锈蚀检查应每年检查一次。检查时,应在锈蚀严重的钢管中抽取三根，在每根锈蚀严重的部位横向截断取样检查，当锈蚀深度超过规定值时不得使用；

2) 钢管弯曲变形应符合规范规定；

3) 钢管上严禁打孔。

（8）扣件式钢管脚手架应采用锻铸制作的扣件，其材质应符合现行国家标准《钢管脚手架扣件》(GB 15831)的规定；采用其他材料制作的扣件，应经试验证明其质量符合该标准的规定后方可使用。

（9）扣件的验收应符合下列规定：

1) 新扣件应有生产许可证、法定检测单位的测试报告和产品质量合格证。

2) 旧扣件使用前应进行质量检查，有裂缝、变形的严禁使用，出现滑丝的螺栓必须更换。

3) 新、旧扣件均应进行防锈处理。

4) 支架采用的扣件，在螺栓拧紧扭力达 65N·m 前不得发生破坏。

3. 过程管理

（1）施工前管理

1) 材料管理

材料质量满足方案设计和相关规范要求，搭设模板支架用的钢管、扣件，使用前必须进行抽样检测，抽检的数量按有关规定执行。未经检测和检测不合格的一律不得使用。

2) 交底管理

交底的形式分为技术交底和安全交底，均应由项目技术负责人对相关班组成员、管理岗位人员进行交底，并落实相关签字手续。

（2）施工管理

1) 竖向结构隐蔽工程质量符合设计要求后，方可进入下道模板支架工序的施工。

2) 模板支架搭设方式符合施工方案要求，并通过相关部门验收。

3) 混凝土浇筑方式符合施工方案要求，控制堆载，避免上部荷载集中化。

4) 模板拆除方式符合施工方案要求，拆模时间符合相关检测结果和规范要求。拆模时间以接到拆模通知书为准，不得私自拆除任何构件。

（3）质量管理措施

1) 认真仔细地学习和阅读施工图纸，吃透和领会施工图的要求，及时提出不明之处；遇工程变更或其他技术措施，均以施工联系单和签证手续为依据；施工前认真做好各项技术交底工作，严格按《混凝土结构工程施工质量验收规范》和其他有关规定施工和验收，并随时接受业主单位、总包单位、监理单位和质监站对本工程的质量监督和指导。

2) 认真做好各道工序的检查、验收，对各工种的交接工作严格把关，做到环环紧扣，并实行奖罚措施。出现质量问题，无论是管理上的或是施工上的，均必须严肃处理。同时分析质量情况，加强检查验收，找出影响质量的薄弱环节，提出改进措施，把质量隐患控制在萌芽状态。

3) 严格落实班组自检、互检、交接检及项目中质检的"四检"制度，确保模板安装质量。

4) 混凝土浇筑过程中应派 2～3 人看模，严格控制模板的位移和稳定性，一旦产生移位应及时调整，加固支撑。

5) 对变形及损坏的模板及配件，应按规范要求及时修理校正，维修质量不合格的模板和配件不得发放使用。

6) 为防止模底烂根，放线后应用水泥砂浆找平并加垫海绵。

7) 所有柱子模板拼缝、梁与柱、柱与梁等节点处均用海绵胶带贴缝，楼板缝用胶带纸贴缝，以确保混凝土不漏浆。

8) 模板安装应严格控制轴线、平面位置、标高、断面尺寸、垂直度和平整度，模板接缝隙宽度、高度、脱模剂刷涂及预留洞口、门洞口断面尺寸等的准确性。严格控制预拼模板精度。

9) 严格执行预留洞口的定位控制，木工应严格按照墨线留洞。

10) 每层主轴线和分部轴线放线后，负责测量记录人员应及时记录平面尺寸测量数据，并及时记录墙、柱成品尺寸，目的是通过数据来分析梁体和柱子的垂直度误差，找出问题，及时反馈给有关生产负责人进行整改和纠正。

11) 所有竖向结构的阴、阳角均须于拼缝中加设橡胶海绵条，拼缝要牢固。

12) 阴、阳角模必须严格按照模板设计图进行加固处理。

13) 为防止梁模板安装出现梁身不平直、梁底下挠、梁侧模胀模等质量问题，支模时应将侧模包底模，梁模与柱模连接处下料尺寸略为缩短。

4. 验收管理

（1）不满足要求的相关材料一律不得使用，采用问责制度，相关人员须签字。

（2）施工过程中加强管理，加大检查力度，将隐患消灭在萌芽状态，避免遗留安全隐患，确保一次验收通过。

（3）混凝土结构观感质量符合相关验收标准要求，少量的缺陷修补完善。

（4）预埋件和预留孔洞的允许偏差（见表3-34）。

预埋件和预留孔洞的允许偏差 表3-34

项　　　目		允许偏差（mm）
预埋钢板中心线位置		3
预埋管、预留孔中心线位置		3
插筋	中心线位置	5
	外露长度	+10，0
预埋螺栓	中心线位置	2
	外露长度	+10，0
预留孔	中心线位置	10
	尺寸	+10，0

（5）现浇结构模板安装的允许偏差及检查方法（见表3-35）。

现浇结构模板安装的允许偏差及检查方法 表3-35

项　　　目		允许偏差（mm）	检　查　方　法
轴线位置		5	钢尺检查
底模上表面标高		±5	水准仪或拉线、钢尺检查
截面内部尺寸	基础	±10	钢尺检查
	柱、墙、梁	+4，-5	钢尺检查
层垂直高度	不大于5m	6	经纬仪或吊线、钢尺检查
	大于5m	8	经纬仪或吊线、钢尺检查
相临两板表面高低差		2	钢尺检查
表面平整度		5	2m靠尺和塞尺检查

5. 混凝土浇捣管理

混凝土框架柱、楼面梁板分两次浇筑。先施工框架柱混凝土，待柱混凝土强度达到80%后再浇筑楼面梁、板混凝土。柱子混凝土按层高分段支模、绑扎钢筋、浇捣混凝土。采用泵送商品混凝土。混凝土浇捣采用由中部向两边扩展的浇筑方式，浇捣过程中严格控制实际施工荷载，不允许超过设计荷载；钢筋等材料不能在支架上方集中堆放；浇捣过程中，应派人检查支架的支撑情况，发现下沉、松动和变形情况及时解决。柱混凝土浇筑完毕并达到一定强度后，可作为梁板支模架的水平拉结点，能有效提高模板支架侧向刚度，提高支承系统的承载能力。上一层结构梁板混凝土浇筑后未达到设计强度80%，下一层模板支撑架不得拆除。

1.9.9 安全管理措施

（1）应遵守高处作业安全技术规范的有关规定。

（2）模板及其支撑系统在安装过程中必须设置防倾覆的可靠临时设施。施工现场应搭设工作梯，工作人员不得爬模上下。

（3）登高作业时，各种配件应放在工具箱或工具袋中严禁放在模板或脚手架上，各种工具应系挂在操作人员身上或放在工具袋中，不得掉落。

（4）装拆模板时，上下要有人接应，随拆随运，并应把活动的部件固定牢靠，严禁堆放在脚手板上和抛掷。

（5）装拆模板时，必须搭设脚手架。装拆施工时，除操作人员外，下面不得站人。高处作业时，操作人员要扣上安全带。

（6）安装墙、柱模板时，要随时支设固定，防止倾覆。

（7）对于预拼模板，当垂直吊运时，应采取两个以上的吊点，水平吊运应采取四个吊点。吊点要合理布置。

（8）对于预拼模板应整体拆除。拆除时，先挂好吊索，然后拆除支撑及拼装两片模板的配件，待模板离开结构表面再起吊。起吊时，下面不准站人。

（9）在支撑搭设、拆除和浇筑混凝土时，无关人员不得进入模板底下，应在适当位置挂设警示标志，并指定专人负责。

（10）在架空输电线路下安装模板时，应停电作业。当不能停电时，应有隔离防护措施。

（11）搭设应由专业持证人员安装；安全责任人应向作业人员进行安全技术交底，并做好记录及签证。

（12）模板拆除时，混凝土强度必须达到规定的要求，严禁混凝土未达到设计强度的规定要求时拆除模板。

1.9.10 重大危险源识别及环境保护措施

1. 重大危险源辨识

本模板工程涵盖了钢筋、混凝土、模板等工程，施工过程中存在的主要危险源有以下几点：

（1）机械伤害

形成原因：木工机械操作不当，防护不到位。

应采取的控制措施：

1）设专人负责，按规范操作，经常检查电锯、电刨等的防护罩，分料器、推料器等设施，确保安全有效。

2）停机时要拉闸、断电、上锁。

（2）触电

形成原因：漏电开关失效，违规接送电源。

应采取的控制措施：

1）机械设备必须做到"一机一闸一漏电"。

2）安、拆电源应由专业电工操作。

3）漏电开关等必须灵敏有效。

4）现场电缆布设规范。

5）设备必须使用按钮开关，严禁使用倒顺开关。

（3）火灾

形成原因：明火。

应采取的控制措施：

1）严禁烟火；

2）严禁存放易燃易爆物品；

3）操作间必须配齐消防器材。

（4）物体打击

形成原因：模板搬运违章作业、支模设施存在缺陷。

应采取的控制措施：

1）轻拿慢放，规范作业，注意安全。

2）应经常检查所用工具，确保安全有效。

（5）高处坠落

形成原因：高处支模防护不到位。

应采取的控制措施：脚手架作业面应采取铺板或平挂安全网等防护措施，且工人应规范操作，勿猛拉猛撬。

（6）坍塌

形成原因：木料等堆放不规范，支撑体系不满足受力要求。

应采取的控制措施：

1）应分散放料，并严格控制堆放高度，严禁超过规定载荷。

2）基础符合设计要求，达到设计的承载力，检测条件缺乏的情况下，可做堆载实验。

（7）起重伤害

形成原因：模板等吊运不规范。

应采取的控制措施：

1）吊装时应把吊物绑牢。

2）信号工及吊装司机必须持证上岗，密切配合，严格遵守"十不吊"规定。

3）被吊物严禁从人上方通过，严禁人员在被吊物下方停留。

4）经常检查吊索具，保证安全有效。

5）遇有6级以上强风、大雨、大雾等天气时严禁吊物。

6）整个预防措施过程都必须安排有专门人员进行监控。

(8) 其他伤害

形成原因：支拆模环境不良。

应采取的控制措施：应把所有拆下木料上的钉子去除或砸平。

2. 环境保护措施

(1) 安全警示标志牌

所有施工和生产现场必须按照施工规范标准和规定等的要求，在重要部位设置齐全的安全文明生产标志、标牌等标识。

安全文明标志牌须由安全色、几何图形和图形符号组成，要能表达特定的安全信息。

如安全文明标志在使用中，要用其他补充文字说明时要与安全文明标志平行悬挂一处，让操作人员明确其含义。

(2) 现场围挡

搭、拆模板时必须进行围挡并派专人看守。

(3) 场容场貌

进入现场一切材料必须按施工现场平面布置图指定位置一次性放置到位，各类材料分类码放，按贯标要求挂牌，控制高度符合要求，保持现场材料整齐统一。

建筑物内外的零散料及时清理，施工及生活垃圾要分开堆放，及时外运，做到活完场清。

通道等处严禁堆放材料和其他物品，进场的成品采取相应的保护措施。

施工区、办公区和生活区域分隔开，对施工现场内进行绿化布置。建立严格的管理责任制，划分责任区，设置明显的标志牌，分片包干，责任到人。

(4) 材料堆放

建筑物内外存放的各种物资要分类别、规格按施工平面布置图码放整齐，符合其具体要求。

构件、半成品、模板、块料必须指定地点分类存放整齐，堆放平稳。

现场工人操作做到活完料净脚下清。

现场施工垃圾集中堆放，及时分拣、回收、清运。施工作业面建筑垃圾及时清理。

现场余料、包装容器及时回收，堆放整齐。

(5) 现场防火

不准在宿舍、办公室内私自用电炉、电炒煲、电热杯、煤油炉等，不准私自乱拉乱接电灯，不准在宿舍、办公室内使用60瓦以上的灯泡。

加强消防器材的管理，维修和保养，经常保持完整好用。钢、木加工厂及其他场合要配备适当数量的在使用期内的灭火器并教会进场工人正确使用。

严禁工人携带易燃、易爆物品进入施工现场。

(6) 垃圾清运

在生活区修建卫生的公共厕所，厕所的污水必须经化粪池处理才允许排入公共下水道。

建立健全卫生责任制。

提供给工人饮用水必须从当地的卫生饮用水源接到。

施工现场设公共浴室，浴室必须是淋浴。

生活垃圾集中堆放于垃圾池，并应定期清运出去。

整个生活区的公共卫生设专人负责，以保持生活区经常清洁、干净。

(7) 环保及不扰民措施

1) 施工现场环保工作计划

认真学习和贯彻国家、地方环境法律法规和本公司环境方针、目标、指标及相关文件要求，达到并超过"文明安全工地"的要求。

积极全面地开展环保工作，建立项目部环境管理体系，成立环保领导小组，予以运行控制，定期或不定期监测监控。

加强环保宣传工作，提高全员环境意识。

现场采取图片、表扬、评优、奖励等多种形式进行环保宣传，并将环保知识的普及工作落实到每位施工人员身上。

对上岗的施工人员实行环保达标上岗制度，做到凡是上岗人员均通过环保考试。

现场建立环保义务监督岗制度，保证及时反馈信息，对环保做得不周之处及时提出整改方案，积极改进并完善环保措施。

根据现场实际情况组织有关技术人员进行环保革新发明，并注意及时宣传推广。每月三次进行环保噪声检查，发现问题及时解决。实行奖罚、曝光制度，定期奖励。严格按照施工组织设计中环保措施开展环保工作，其针对性和可操作性要强。

2) 施工现场环保工作措施

① 环境管理体系有效运转，各单位环保员切实做好本职工作，随时进行信息反馈，每月召开例会，由专职环保员总结信息，集体解决落实，保证环境管理体系有效运行，持续改进。

② 为防止大气污染，施工现场采取如下具体措施：

职工大灶和茶炉，采用煤气（电）方式，每月进行两次自检。现场严禁烧杂物。每月进行3次烟尘监测。

③ 为防止施工粉尘污染，现场采取如下具体措施：

工程施工现场采用砖砌围墙进行现场围挡，并保证高度在2.5m以上。

对易飞扬细颗料散体材料，安排在临时库房存放或用彩条布遮盖；运输时采用彩条布遮盖或其他方式防止遗撒、飞扬；卸装时要小心轻放，不得抛撒，最大限度地减少扬尘。

对进出现场的车辆，进行严格的清扫，做好防遗撒工作。在土方开挖运输期间，设专人负责清扫车轮，并拍实车上土，对松散易飞扬物采取遮盖。临时施工道路进行路面硬化，在干燥多风季节定时洒水。结构施工中的施工垃圾采用容器吊运至封闭垃圾站，并及时清运。

运输车不得超量运载，运载工程土方最高点不超过车辆槽帮上沿50cm，边缘低于车辆槽帮上沿10cm，装载建筑渣土或其他散装材料不得超过槽帮上沿。定期对施工作业人员进行文明施工的教育，对施工生产有关管理人员定期进行文明施工现场噪声控制要求的考核。

结构施工阶段昼间不超过70分贝，夜间不超过55分贝，并经常测试。混凝土浇筑如需连续施工，在夜间施工时，须做好周围居民的工作并向环保局提出书面报告，同时要尽量采取降噪措施，做到最大限度减少扰民。

对强噪声机械如电锯、电刨等，使用时须在封闭工棚内，尽量选用低噪声或备有消声降噪设备的施工机械；对使用时不能封闭的机械如振捣棒等，严格控制工作时间。

建筑物四周挂降噪声网。

施工期间，尤其是夜间施工尽量减少撞击声、哨声，禁止乱扔模板、拖铁器及禁止大声喧哗等人为噪声。

每月进行两次噪声值监测，并在夜间22：00以后进行抽测。

加强噪声监测，采取专人监测、专人管理的原则，及时对施工现场超标的有关因素进行调整，达到施工噪声不扰民的目的。

会同有关部门和领导及时妥善处理重大扰民问题，详细记录问题及处理结果，必要时及时上报监理和甲方。

④ 为防止水污染，现场采取如下具体措施：

施工现场道路平整，做到不积水。对现场油料集中保管，油料库做好防渗、污、跑、冒、滴、漏处理。搅拌机和运输车辆冲洗污水、地泵污水等须设二级沉淀池后，排入市政污水管线。现场内职工食堂污水经过滤、沉淀、隔油后排入污水管线。

⑤ 做好施工现场环境保护的监督检查工作，每月初、月中和月末对环境各项工作进行一次检查，对存在的问题及时解决，并做好文字记录和存档工作。

1.9.11 监测措施

1. 监测控制

采用经纬仪、水准仪对支撑体系进行监测，重点监测体系的水平、垂直位置是否有偏移。

2. 监测点设置

观测点可采取在临边位置的支撑基础面（梁或板）及柱、墙上埋设倒"L"形直径12mm钢筋头。

3. 监测措施

混凝土浇筑过程中，派专人检查支架和支撑情况，发现下沉、松动、变形和水平位移情况的应及时解决。

4. 仪器设备配置（见下表）

名　称	规　格	数　量	精　度
电子经纬仪	DT202C	1	
精密水准仪		1	±2″
全站仪一台	RXT—232	1	±2″，最大允许误差±20″
自动安平水准仪		2	千米往返±3mm
红外线水准仪		1	
激光垂直仪	DZJ2	2	$h/40000$
对讲机		3	
检测扳手		1	

5. 监测说明

（1）班组每日进行安全检查，项目部进行安全周检查，公司进行安全月检查；

（2）模板工程日常检查重点部位：

1）杆件的设置和连接，连墙件、支撑，剪刀撑等构件是否符合要求；

2）连墙件是否松动；

3）架体是否有不均匀沉降，垂直度偏差；

4）施工过程中是否有超载现象；

5) 安全防护措施是否符合规范要求;
6) 支架与杆件是否有变形现象。

6. 监测频率

在浇筑混凝土过程中应实时监测,一般监测频率不宜超过 20~30min 一次,在混凝土初凝前后及混凝土终凝前至混凝土 7 天龄期应实施实时监测,终凝后的监测频率为每天一次。

(1) 本工程立杆监测预警值为 10mm,高大模板支撑立杆垂直偏差在 24mm 以内。

(2) 监测数据超过预警值时必须立即停止浇筑混凝土,疏散人员,并及时进行加固处理。

1.9.12 成品保护

(1) 不得在配好的模板上随意践踏或冲击重物;木背楞分类堆放,不得随意切断或锯、割。不准在模板上任意拖拉钢筋。在支好的顶板上焊接钢筋(固定线盒)时,必须在模板上加垫铁皮或其他阻燃材料,以及在顶板上进行预埋管打弯走线时不得直接以模板为支点,须用木方作垫进行。

(2) 根据图纸精心排板,每块板、每根梁尽量少拼缝。

(3) 多余扣件和钉子要装入专用背包中,按要求回收,不得乱丢乱放。

(4) 模板拆除扣件不得乱丢,边拆边进袋。

(5) 拆除模板按标识吊运到模板堆放场地,由模板保养人员及时对模板进行清理、修正、刷脱模剂,标识不清的模板应重新标识;作到精心保养,以延长使用期限。

(6) 模板上的脱模剂晾干后才可吊运。

1.9.13 应急预案

1. 应急领导小组

组　长：陈× 　133××××5237

副组长：王× 　139××××8322 　　朱× 　139××××9196

队　员：刘× 　138××××0548 　　李× 　135××××0145

　　　　刘× 　132××××49599 　董× 　135×××0564

　　　　柳× 　135×××0564 　　　王× 　138××××6222

2. 应急材料

钢丝绳、钢管、手动葫芦、手电筒等若干。

3. 应急措施

(1) 浇捣施工过程中,如支撑架有上面情况,必须马上停止施工,上部作业人员全部疏散到安全地方,项目部组织人员进行检查排除各种存在的安全隐患,加强对高支撑的检查和验收工作,根据脚手架验收规范严格执行,保证不超载施工。

(2) 一旦在混凝土施工过程中,一处板或梁处出现轻微下陷,施工人员应马上通知项目部,及时疏散施工人员,马上卸掉板上的混凝土,停止施工,再加强底部支撑架的支撑力,对整个支撑架进行加固通过验收后再施工,保证高支模的安全。

(3) 发生火灾事故时,现场救援专业人员立即用干粉灭火器灭火,并报告项目部领导指挥人员立即到现场指挥,组织非应急人员疏散。在火势扩大蔓延时,立即寻求第三方求助,拨打119,并组织抢救财产和保护现场。

(4) 触电情况的发生采取的应急措施：发现有人触电时，应立即切断电源或用干木棍、竹竿等绝缘物把电线从触电者身上移开，使伤员尽早脱离电源。对神志清醒者，应让其在通风处休息一会儿，观察病情变化。对应失去知觉者，仰卧地上，解开衣服等，使其呼吸不受阻碍，对心跳停止的触电者，应立即进行人工呼吸和胸外心脏按压等措施进行抢救。

(5) 坠落情况发生采取的应急措施：一旦发现有坠落的伤员，首先不要惊慌失措，要注意检查伤员意识反应、瞳孔大小和呼吸、脉搏等，尽快掌握致命伤部位，同时及时与120或附近医院取得联系，争取急救人员尽快赶到现场。对疑有脊柱和骨盆骨折的伤员，这时千万不要轻易搬运，以免加重伤情。在对伤员急救前，要取出伤员身上的安装机具和口袋中的硬物。对有颌面损伤的伤员，将伤员的头面向一侧，同时松解伤员的衣领扣，对疑有颅底骨折或脑脊液外漏的伤员，切忌填塞，以防颅内感染而危及生命。对于大血管损伤的伤员，这时应立即采取止血的方法，使用止血带、指压或加包扎的方法止血。

(6) 报警联系方式

火警电话：119　　急救电话：120

1.9.14 支撑架施工安全防护领导小组

安全生产、文明施工是企业生存与发展的前提、是达到无重大伤亡事故的必然保障，也是项目部创建"文明现场、样板工地"的根本要求。为此项目部成立以项目经理为组长的安全防护领导小组，其机构组成，人员编制及责任分工如下：

组　长：陈×，安全总负责，并协调工作。

副组长：王×，现场总负责。

组　员：朱×（技术负责人）、章×（质量员）——技术交底、方案实施、质量检查。

　　　　李×（施工员）、刘×（安全员）——现场施工指挥、安全检查。

地下室顶板模板支架计算书

一、综合说明

本工程模板支撑架高5.1m，施工总荷载13.076kN/m^2，根据《建筑施工扣件式钢管模板支架技术规程》DB 33/1035—2006属高大模板工程，须组织专家论证。为确保施工安全，编制本专项施工方案。设计范围包括：楼板，长×宽＝8.4m×4.2m，楼板厚0.25m。

（一）模板支架选型

根据本工程实际情况，结合施工单位现有施工条件，经过综合技术经济比较，选择扣件式钢管脚手架作为模板支架的搭设材料，进行相应的设计计算。

（二）编制依据

1. 中华人民共和国行业标准，《建筑施工扣件式钢管脚手架安全技术规范》(JGJ 130—2001)。

2. 浙江省地方标准，《建筑施工扣件式钢管模板支架技术规程》(DB 33/1035—2006)。以下简称《规程》。

3. 建设部《建筑施工安全检查标准》(JGJ 59—1999)。

4. 本工程相关图纸，设计文件。

5. 国家、省有关模板支撑架设计、施工的其他规范、规程和文件。

二、搭设方案

（一）基本搭设参数

模板支架高 H 为 5.1m，立杆步距 h（上下水平杆轴线间的距离）取 1.5m，立杆纵距 l_a 取 0.8m，横距 l_b 取 0.8m。立杆伸出顶层横向水平杆中心线至模板支撑点的自由长度 a 取 0.1m。整个支架的简图如下所示。

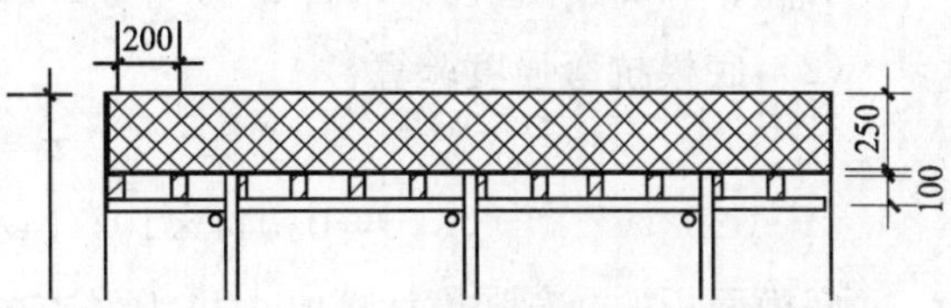

模板底部的方木，截面宽 60mm，高 80mm，布设间距 0.2m。

图 3-106

（二）材料及荷载取值说明

本支撑架使用 $\phi48\times3.2mm$ 钢管，钢管壁厚不得小于 3mm，钢管上严禁打孔；采用的扣件，应经试验，在螺栓拧紧扭力矩达 $65N\cdot m$ 时，不得发生破坏。

按荷载规范和扣件式钢管模板支架规程，模板支架承受的荷载包括模板及支架自重、新浇混凝土自重、钢筋自重，以及施工人员及设备荷载、振捣混凝土时产生的荷载等。

三、板模板支架的强度、刚度及稳定性验算

荷载首先作用在板底模板上，按照"底模→底模方木/钢管→横向水平钢管→扣件/可调托座→立杆→基础"的传力顺序，分别进行强度、刚度和稳定性验算。其中，取与底模方木平行的方向为纵向。

（一）板底模板的强度和刚度验算

模板按三跨连续梁计算，如下图所示：

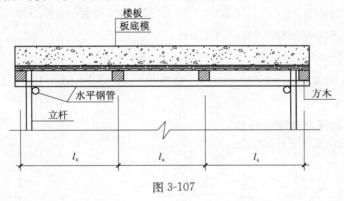

图 3-107

（1）荷载计算，（笔者注：根据浙江省工程建设标准（DB 33/1035—2006），施工人员及设备活荷载标准值按 $1kN/m^2$ 计。）

模板的截面抵抗矩为：$W=800\times18^2/6=4.32\times10^4 mm^3$；

模板自重标准值：$x_1=0.3\times0.8=0.24kN/m$；

新浇混凝土自重标准值：$x_2=0.25\times24\times0.8=4.8kN/m$；

板中钢筋自重标准值：$x_3=0.25\times1.1\times0.8=0.22kN/m$；

施工人员及设备活荷载标准值：$x_4=1\times0.8=0.8kN/m$；

振捣混凝土时产生的荷载标准值：$x_5=2\times0.8=1.6kN/m$。

$g_1=(x_1+x_2+x_3)\times1.35=(0.24+4.8+0.22)\times1.35=7.101kN/m$；

$q_1=(x_4+x_5)\times1.4=(0.8+1.6)\times1.4=3.36\text{kN/m}$；

对荷载分布进行最不利组合，最大弯矩计算公式如下：

$M_{\max}=-0.1g_1l_c^2-0.117q_1l_c^2=-0.1\times7.101\times0.2^2-0.117\times3.36\times0.2^2=-0.044\text{kN}\cdot\text{m}$。

（2）底模抗弯强度验算

$$\sigma=M/W\leqslant f$$

$$\sigma=0.044\times10^6/(4.32\times10^4)=1.022\text{N/mm}^2$$

底模面板的受弯强度计算值 $\sigma=1.022\text{N/mm}^2$ 小于抗弯强度设计值 $f_m=15\text{N/mm}^2$，满足要求。

（3）底模抗剪强度计算。

荷载对模板产生的剪力为

$Q=0.6g_1l_c+0.617q_1l_c=0.6\times7.101\times0.2+0.617\times3.36\times0.2=1.267\text{kN}$；

按照下面的公式对底模进行抗剪强度验算：

$$\tau=3Q/(2bh)\leqslant f_v$$

$\tau=3\times1266.744/(2\times1000\times18)=0.106\text{N/mm}^2$；

底模的抗剪强度 $\tau=0.106\text{N/mm}^2$ 小于抗剪强度设计值 $f_v=1.4\text{N/mm}^2$，满足要求。

（4）底模挠度验算

模板弹性模量 $E=6000\text{N/mm}^2$；

模板惯性矩 $I=800\times18^3/12=3.888\times10^5\text{mm}^4$；

根据JGJ 130—2001，刚度验算时采用荷载短期效应组合，取荷载标准值计算，不乘分项系数，因此，底模的总的变形按照下面的公式计算：

$\nu=0.677\times(x_1+x_2+x_3)\times l^4/(100\times E\times I)+0.990\times(x_4+x_5)\times l^4/(100\times E\times I)$

$=0.677\times(0.24+4.8+0.22)\times200^4/(100\times6000\times388800)+0.990\times(0.8+1.6)\times$

$200^4/(100\times6000\times388800)=0.041\text{mm}$；

挠度设计值 $[\nu]=\text{Min}(200/150,10)=1.333\text{mm}$

底模面板的挠度计算值 $\nu=0.041\text{mm}$ 小于挠度设计值 $[\nu]=\text{Min}(200/150,10)\text{mm}$，满足要求。

（二）底模方木的强度和刚度验算

按三跨连续梁计算

（1）荷载计算

模板自重标准值：$x_1=0.3\times0.2=0.06\text{kN/m}$；

新浇混凝土自重标准值：$x_2=0.25\times24\times0.2=1.2\text{kN/m}$；

板中钢筋自重标准值：$x_3=0.25\times1.1\times0.2=0.055\text{kN/m}$；

施工人员及设备活荷载标准值：$x_4=1\times0.2=0.2\text{kN/m}$；

振捣混凝土时产生的荷载标准值：$x_5=2\times0.2=0.4\text{kN/m}$；

$g_2=(x_1+x_2+x_3)\times1.35=(0.06+1.2+0.055)\times1.35=1.775\text{kN/m}$；

$q_2=(x_4+x_5)\times1.4=(0.2+0.4)\times1.4=0.84\text{kN/m}$；

支座最大弯矩计算公式如下：

$M_{\max}=-0.1\times g_2\times l_a^2-0.117\times q_2\times l_a^2=-0.1\times1.775\times0.8^2-0.117\times0.84\times0.8^2=$

$\quad-0.177\text{kN}\cdot\text{m}$。

（2）方木抗弯强度验算

方木截面抵抗矩 $W=bh^2/6=60\times 80^2/6=6.4\times 10^4 mm^3$；
$$\sigma=M/W\leq f$$
$\sigma=0.177\times 10^6/(6.4\times 10^4)=2.758 N/mm^2$；

底模方木的受弯强度计算值 $\sigma=2.758 N/mm^2$ 小于抗弯强度设计值 $f_m=13 N/mm^2$，满足要求。

（3）底模方木抗剪强度计算

荷载对方木产生的剪力为 $Q=0.6 g_2 l_a+0.617 q_2 l_a=0.6\times 1.775\times 0.8+0.617\times 0.84\times 0.8=1.267 kN$；

按照下面的公式对底模方木进行抗剪强度验算：

$\tau=3Q/(2bh)\leq f_v$

$\tau=0.396 N/mm^2$；

底模方木的抗剪强度 $\tau=0.396 N/mm^2$ 小于抗剪强度设计值 $f_v=1.3 N/mm^2$，满足要求。

（4）底模方木挠度验算

方木弹性模量 $E=9000 N/mm^2$；

方木惯性矩 $I=60\times 80^3/12=2.56\times 10^6 mm^4$；

根据JGJ 130—2001，刚度验算时采用荷载短期效应组合，取荷载标准值计算，不乘分项系数，因此，方木的总的变形按照下面的公式计算：

$\nu=0.677\times(x_1+x_2+x_3)\times l a^4/(100\times E\times I)+0.99\times(x_4+x_5)\times l_a^4/(100\times E\times I)$
$=0.677\times(0.06+1.2+0.055)\times 80^4/(100\times 9000\times 2560000)+0.990\times(0.2+0.4)\times 80^4/(100\times 9000\times 2560000)=0.264 mm$；

挠度设计值 $[\nu]=Min(800/150,10)=5.333 mm$

底模方木的挠度计算值 $\nu=0.264 mm$ 小于挠度设计值 $[\nu]=Min(800/150,10) mm$，满足要求。

（三）板底横向水平钢管的强度与刚度验算

根据JGJ 130—2001，板底水平钢管按三跨连续梁验算，承受本身自重及上部方木小楞传来的双重荷载，如下图所示。

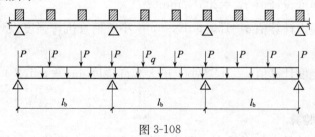

图 3-108

（1）荷载计算

材料自重：$0.035 kN/m$；

方木所传集中荷载：取（二）中方木内力计算的中间支座反力值，即
$p=1.1 g_2 l_a+1.2 q_2 l_a=1.1\times 1.775\times 0.8+1.2\times 0.84\times 0.8=2.369 kN$；

按叠加原理简化计算，钢管的内力和挠度为上述两荷载分别作用之和。

（2）强度与刚度验算

横向水平钢管计算简图、内力图、变形图如下：

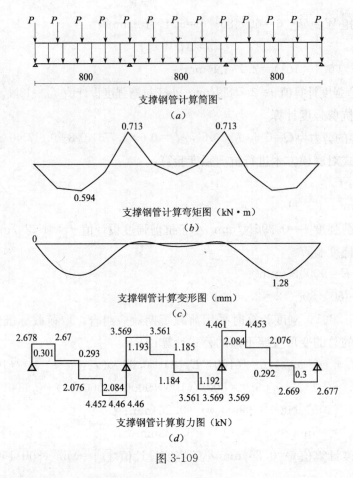

图 3-109

中间支座的最大支座力 $R_{max}=10.398$ kN；

钢管的最大应力计算值 $\sigma=0.713\times10^6/4.73\times10^3=150.801$ N/mm²；

钢管的最大挠度 $\nu_{max}=1.28$ mm；

支撑钢管的抗弯强度设计值 $f_m=205$ N/mm²；

支撑钢管的最大应力计算值 $\sigma=150.801$ N/mm² 小于钢管抗弯强度设计值 $f_m=205$ N/mm²，满足要求！

支撑钢管的最大挠度计算值 $\nu=1.28$ 小于最大允许挠度 $[\nu]=\min(800/150,10)$ mm，满足要求！

（四）扣件抗滑力验算

板底横向水平钢管的最大支座反力，即为扣件受到的最大滑移力，扣件连接方式采用双扣件，扣件抗滑力按下式验算

$$1.05N \leqslant R_c$$

$N=10.398$ kN；

双扣件抗滑移力 $1.05N=10.918$ kN 小于 $R_c=12$ kN，满足要求。

（五）立杆稳定性验算

1. 不组合风荷载时，立杆稳定性计算

（1）立杆荷载。根据《规程》，支架立杆的轴向力设

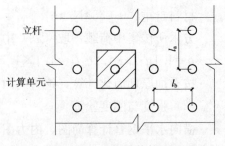

图 3-110 立杆计算简图

计值 N 应按下式计算：

$$N=1.35\sum N_{GK}+1.4\sum N_{QK}$$

其中 N_{GK} 为模板及支架自重，显然，最底部立杆所受的轴压力最大。将其分成模板（通过顶部扣件）传来的荷载和下部钢管自重两部分，分别计算后相加而得。模板所传荷载就是顶部扣件的滑移力（或可调托座传力），根据前节扣件抗滑力计算，此值为 $F_1=10.398\text{kN}$。

除此之外，根据《规程》条文说明 4.2.1 条，支架自重按模板支架高度乘以 0.15kN/m 取值。故支架自重部分荷载可取为

$F_2=0.15\times5.1=0.765\text{kN}$；

立杆受压荷载总设计值为：

$N_{ut}=F_1+F_2\times1.35=10.398+0.765\times1.35=11.431\text{kN}$；

其中 1.35 为下部钢管、扣件自重荷载的分项系数，F_1 因为已经是设计值，不再乘分项系数。

（2）立杆稳定性验算。按下式验算

$$\sigma=1.05N_{ut}/(\varphi AK_H)\leqslant f$$

式中　φ——轴心受压立杆的稳定系数，根据长细比 λ 按《规程》附录 C 采用；

　　　A——立杆的截面面积，取 $4.5\times10^2\text{mm}^2$；

K_H——高度调整系数，建筑物层高超过 4m 时，按《规程》5.3.4 采用。

计算长度 l_0 按下式计算的结果取大值：

$l_0=h+2a=1.5+2\times0.1=1.7\text{m}$；

$l_0=k\mu h=1.167\times1.325\times1.5=2.319\text{m}$；

式中　h——支架立杆的步距，取 1.5m；

　　　a——模板支架立杆伸出顶层横向水平杆中心线至模板支撑点的长度，取 0.1m；

　　　μ——模板支架等效计算长度系数，参照《规程》附表 D—1，取 1.325；

　　　k——计算长度附加系数，按《规程》附表 D—2 取值为 1.167。

故 l_0 取 2.319m；

$$\lambda=l_0/i=2.319\times10^3/15.9=146；$$

查《规程》附录 C 得 $\varphi=0.324$；

$K_H=1/(1+0.005(H-4))$

$K_H=1/[1+0.005\times(5.1-4)]=0.995$；

$\sigma=1.05\times N/(\varphi AK_H)=1.05\times11.431\times10^3/(0.324\times4.5\times10^2\times0.995)=82.774\text{N}/\text{mm}^2$；

立杆的受压强度计算值 $\sigma=82.774\text{N}/\text{mm}^2$ 小于立杆的抗压强度设计值 $f=205\text{N}/\text{mm}^2$，满足要求。

2. 组合风荷载时，立杆稳定性计算

（1）立杆荷载。根据《规程》，支架立杆的轴向力设计值 N_{ut} 取不组合风荷载时立杆受压荷载总设计值计算。由前面的计算可知：

$N_{ut}=11.431\text{kN}$；

风荷载标准值按下式计算：

$w_k=0.7\mu_z\mu_s w_0=0.7\times0.74\times0.273\times0.45=0.064\text{kN}/\text{m}^2$；

其中　w_0——基本风压（kN/m^2），按照《建筑结构荷载规范》（GB 50009—2001）的规定

采用：$w_0=0.45\text{kN/m}^2$；

μ_z——风荷载高度变化系数，按照《建筑结构荷载规范》(GB 50009—2001)的规定采用：$\mu_z=0.74$；

μ_s——风荷载体型系数：取值为0.273。

$M_w=0.85\times1.4\times M_{wk}=0.85\times1.4\times w_k\times l_a\times h^2/10=0.85\times1.4\times0.064\times0.8\times1.5^2/10=0.014\text{kN}\cdot\text{m}$。

(2) 立杆稳定性验算

$\sigma=1.05N_{ut}/(\varphi AK_H)+M_w/W\leqslant f$

$\sigma=1.05\times N/(\varphi AK_H)+M_w/W=1.05\times11.431\times10^3/(0.324\times4.5\times10^2\times0.995)+0.014\times10^6/(4.73\times10^3)=85.655\text{N/mm}^2$；

立杆的受压强度计算值 $\sigma=85.655\text{N/mm}^2$ 小于立杆的抗压强度设计值 $f=205\text{N/mm}^2$，满足要求。

(六) 立杆的地基承载力计算

立杆基础底面的平均压力应满足下式的要求

$$p\leqslant f_g$$

地基承载力设计值：

$f_g=f_{gk}\times k_c=170\times1=170\text{kPa}$；

其中，地基承载力标准值：$f_{gk}=170\text{kPa}$；

脚手架地基承载力调整系数：$k_c=1$；

立杆基础底面的平均压力：$p=N/A=11.431/0.25=45.723\text{kPa}$；

其中，上部结构传至基础顶面的轴向力设计值：$N=11.431\text{kN}$；

基础底面面积：$A=0.25\text{m}^2$。

$p=45.723\text{kPa}\leqslant f_g=170\text{kPa}$，地基承载力满足要求！

地下室梁模板支架计算书

一、参数信息

本算例中，取 KL1 作为计算对象。梁的截尺寸为 450mm×1300mm，模板支架计算长度为 8.4m，梁支撑架搭设高度 H (m)：5.1，梁段集中线荷载 (kN/m)：23.061。根据《建筑施工扣件式钢管模板支架技术规程》DB 33/1035—2006 属高大模板工程，须组织专家论证。结合工程实际情况及公司现有施工工艺采用梁底支撑小楞垂直梁跨方向的支撑形式。

(一) 支撑参数及构造

梁两侧楼板混凝土厚度 (mm)：250；立杆纵距 l_a (m)：0.8；

立杆上端伸出至模板支撑点长度 a (m)：0.3；

立杆步距 h (m)：1.5；板底承重立杆横向间距或排距 l (m)：0.8；

梁两侧立杆间距 l_b (m)：0.8；

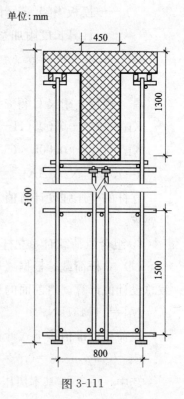

图 3-111

（二）材料参数

面板类型为胶合面板，梁底支撑采用钢管。竖向力传递通过双扣件。

梁底支撑钢管采用 $\Phi 48\times 3.2$ mm 钢管，钢管的截面积为 $A=4.50\times 10^2$ mm^2，截面模量 $W=4.73\times 10^3$ mm^3，截面惯性矩为 $I=1.14\times 10^5$ mm^4。

木材的抗弯强度设计值为 $f_m=13$N/mm^2，抗剪强度设计值为 $f_v=1.3$N/mm^2，弹性模量为 $E=12000$N/mm^2；面板的抗弯强度设计值为 $f_m=15$N/mm^2，抗剪强度设计值为 $f_v=1.4$N/mm^2，面板弹性模量为 $E=6000$N/mm^2。

荷载首先作用在梁底模板上，按照"底模→底模小楞→水平钢管→扣件/可调托座→立杆→基础"的传力顺序，分别进行强度、刚度和稳定性验算。

（三）荷载参数

梁底模板自重标准值为 0.3kN/m^2；梁钢筋自重标准值为 1.5kN/m^3；施工人员及设备荷载标准值为 1kN/m^2；振捣混凝土时产生的荷载标准值为 2kN/m^2；新浇混凝土自重标准值：24kN/m^3。

所处城市为××市，基本风压为 $w_0=0.45$kN/m^2；风荷载高度变化系数为 $\mu_z=0.74$，风荷载体型系数为 $\mu_s=0.355$。

二、梁底模板强度和刚度验算

面板为受弯结构，需要验算其抗弯强度和挠度。计算的原则是按照模板底支撑的间距和模板面的大小，按支撑在底撑上的三跨连续梁计算。

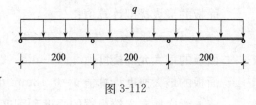

图 3-112

本工程中，面板的截面惯性矩 I 和截面抵抗矩 W 分别为：

$W=450.00\times 18.00\times 18.00/6=2.43\times 10^4$ mm^3；

$I=450.00\times 18.00\times 18.00\times 18.00/12=2.19\times 10^5$ mm^4；

1. 荷载计算

模板自重标准值：$q_1=0.30\times 0.45=0.14$kN/m；

新浇混凝土自重标准值：$q_2=1.30\times 24.00\times 0.45=14.04$kN/m；

梁钢筋自重标准值：$q_3=1.30\times 1.50\times 0.45=0.88$kN/m；

施工人员及设备活荷载标准值：$q_4=1.00\times 0.45=0.45$kN/m；

振捣混凝土时产生的荷载标准值：$q_5=2.00\times 0.45=0.90$kN/m。

恒载设计值：

$q_{恒}=1.35\times(q_1+q_2+q_3)=1.35\times(0.14+14.04+0.88)=20.32$kN/m；

活载设计值：

$q_{活}=1.4\times(q_4+q_5)=1.4\times(0.45+0.90)=1.89$kN/m；

2. 抗弯强度验算

按以下公式进行面板抗弯强度验算：

$$\sigma=M/W<f_m$$

梁底模板承受的最大弯矩计算公式如下：$M=-0.1q_{恒}l^2-0.117q_{活}l^2$

$M_{max}=0.1\times 20.32\times 0.20^2+0.117\times 1.89\times 0.20^2=0.090$kN·m；

最大支座反力 $R=1.1q_{恒}l+1.2q_{活}l=1.1×20.32×0.20+1.2×1.89×0.20=4.924$kN；

$\sigma=M/W=9.01×10^4/2.43×10^4=3.7$N/mm^2；

面板计算应力 $\sigma=3.7$N/mm^2 小于梁底模面板的抗弯强度设计值 $f_m=15$N/mm^2，满足要求！

3. 抗剪强度验算

面板承受的剪力为 $Q=0.6q_{恒}l+0.617q_{活}l=0.6×20.32×0.20+0.617×1.89×0.20=2.672$kN，抗剪强度按照下面的公式计算：

$$\tau=3Q/(2bh)\leqslant f_v$$

$\tau=3×2.672×1000/(2×450×18)=0.495$N/mm^2；

面板受剪应力计算值 $\tau=0.49$ 小于 $f_v=1.40$N/mm^2，满足要求。

4. 挠度验算

根据《建筑施工计算手册》刚度验算采用荷载标准值，根据 JGJ 130—2001，刚度验算时采用荷载短期效应组合，取荷载标准值计算，不乘分项系数，因此梁底模板的变形计算如下：最大挠度计算公式如下：

$$\nu=0.677q_k l^4/(100EI)\leqslant[\nu]=\min(l/150,10)$$

其中，l——计算跨度（梁底支撑间距）：$l=200.00$mm；

面板的最大挠度计算值：

$\nu=0.677×15.05×200.00^4/(100×6000.00×2.19×10^5)=0.124$mm；

面板的最大允许挠度值 $[\nu]=\min(200.00/150,10)=1.33$mm

面板的最大挠度计算值 $\nu=0.12$mm 小于面板的最大允许挠度值 $[\nu]=1.33$mm，满足要求！

三、梁底横向支撑小楞的强度和刚度验算

本算例中，支撑小楞采用 $\phi 48×3.2$mm 钢管，截面惯性矩 I 和截面抵抗矩 W 分别为 $W=4.73×10^3$mm^3，$I=1.14×10^5$mm^4；

1. 荷载计算

梁底横向支撑小楞按照受局部线荷载的多跨连续梁进行计算，该线荷载是梁底面板传递的均布线荷载。计算中考虑梁两侧部分楼板混凝土荷载以集中力方式向下传递。

$p=(0.80-0.45)/4×0.20×0.25×24.00×1.2=0.126$kN。

$q=4.92/0.45=10.943$kN/m。

2. 强度及刚度验算

最大弯矩考虑为连续梁均布荷载作用下的弯矩，计算简图及内力、变形图如下：

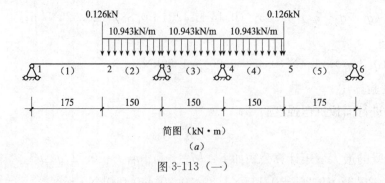

图 3-113（一）

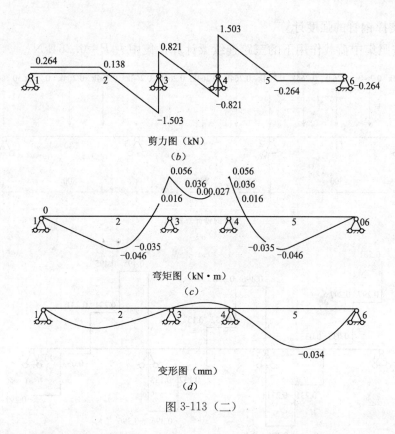

剪力图（kN）
(b)

弯矩图（kN·m）
(c)

变形图（mm）
(d)

图 3-113（二）

梁底横向支撑小楞的边支座力 $N_1=N_2=0.264$kN，中间支座的最大支座力 $N=2.324$kN；

梁底横向支撑小楞的最大弯矩为 $M_{max}=0.056$kN·m，最大剪力为 $Q=2.324$kN，最大变形为 $\nu=0.034$mm。

最大受弯应力 $\sigma=M_{max}/W=5.61\times10^4/4.73\times10^3=11.853$N/mm^2；

支撑小楞的最大应力计算值 $\sigma=11.853$N/mm^2 小于支撑小楞的抗弯强度设计值 $f_m=205.000$N/mm^2，满足要求！

支撑小楞的受剪应力值计算：

$\tau=2\times2.32\times10^3/450.00=10.328$N/mm^2；

支撑小楞的抗剪强度设计值 $f_v=120.000$N/mm^2；

支撑小楞的受剪应力计算值 $\tau=10.328$N/mm^2 小于支撑小楞的抗剪强度设计值 $f_v=120.00$N/mm^2，满足要求！

梁底横向支撑小楞的最大挠度：$\nu=0.034$mm；

支撑小楞的最大挠度计算值 $\nu=0.034$mm 小于支撑小楞的最大允许挠度 $[\nu]=\min(800.00/150, 10)$mm，满足要求！

四、梁跨度方向钢管的计算

作用于梁跨度方向钢管的集中荷载为梁底支撑钢管的支座反力。

钢管的截面惯性矩 I，截面抵抗矩 W 和弹性模量 E 分别为：

$W=4.73$cm^3；

$I=11.36$cm^4；

$E=206000$N/mm^2；

1. 梁两侧支撑钢管的强度计算

支撑钢管按照集中荷载作用下的三跨连续梁计算；集中力 $P=0.264\mathrm{kN}$。

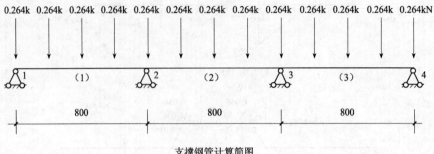

支撑钢管计算简图
(a)

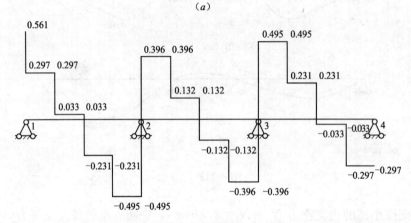

支撑钢管计算剪力图（kN）
(b)

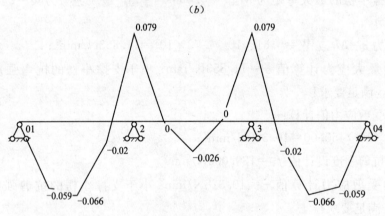

支撑钢管计算弯矩图（kN·m）
(c)

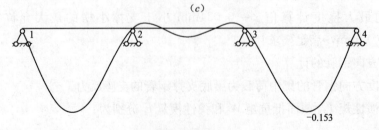

支撑钢管计算变形图（mm）
(d)

图 3-114

最大弯矩 $M_{max}=0.079$ kN·m；

最大变形 $\nu_{max}=0.153$ mm；

最大支座力 $R_{max}=1.155$ kN；

最大应力 $\sigma=M/W=0.079\times10^6/(4.73\times10^3)=16.745$ N/mm²；

支撑钢管的抗弯强度设计值 $f_m=205$ N/mm²；

支撑钢管的最大应力计算值 $\sigma=16.745$ N/mm² 小于支撑钢管的抗弯强度设计值 $f_m=205$ N/mm²，满足要求！

支撑钢管的最大挠度 $\nu=0.153$ mm 小于最大允许挠度 $[\nu]=\min(800/150, 10)$ mm，满足要求！

2. 梁底支撑钢管的强度计算

支撑钢管按照集中荷载作用下的三跨连续梁计算；集中力 $P=2.324$ kN

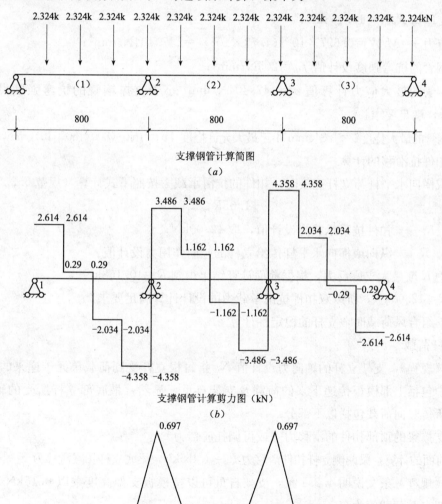

支撑钢管计算简图
(a)

支撑钢管计算剪力图（kN）
(b)

支撑钢管计算弯矩图（kN·m）
(c)

图 3-115（一）

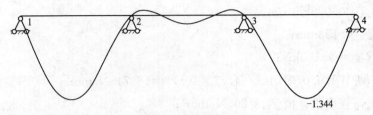

支撑钢管计算变形图（mm）
(d)

图 3-115（二）

最大弯矩 $M_{max}=0.697\text{kN}\cdot\text{m}$；

最大变形 $\nu_{max}=1.344\text{mm}$；

最大支座力 $R_{max}=10.168\text{kN}$；

最大应力 $\sigma=M/W=0.697\times10^6/(4.73\times10^3)=147.404\text{N/mm}^2$；

支撑钢管的抗弯强度设计值 $f_m=205\text{N/mm}^2$；

支撑钢管的最大应力计算值 $\sigma=147.404\text{N/mm}^2$ 小于支撑钢管的抗弯强度设计值 $f_m=205\text{N/mm}^2$，满足要求！

支撑钢管的最大挠度 $\nu=1.344\text{mm}$ 小于最大允许挠度 $[\nu]=\min(800/150,10)$ mm，满足要求！

五、扣件抗滑移的计算

纵向或横向水平杆与立杆连接时，扣件的抗滑承载力按照下式计算（规范5.2.5）：

$$1.05R\leqslant R_c$$

其中 R_c——扣件抗滑承载力设计值，取 12.00kN；

R——纵向或横向水平杆传给立杆的竖向作用力设计值。

计算中 R 取最大支座反力，根据前面计算结果得到 $R=10.168\text{kN}$；

$1.05R<12.00\text{kN}$，所以双扣件抗滑承载力的设计计算满足要求！

六、不组合风荷载时，立杆的稳定性计算

1. 立杆荷载

根据《规程》，支架立杆的轴向力设计值 N_{ut} 指每根立杆受到荷载单元传递来的最不利的荷载值。其中包括上部模板传递下来的荷载及支架自重，显然，最底部立杆所受的轴压力最大。上部模板所传竖向荷载包括以下部分：

通过支撑梁的顶部扣件的滑移力（或可调托座传力）。

根据前面的计算，梁两侧立杆扣件滑移力 $F_1=1.155\text{kN}$，梁底立杆扣减滑移力 $F_2=10.168\text{kN}$；

根据《规程》条文说明 4.2.1 条，支架自重可以按模板支架高度乘以 0.15kN/m 取值，故梁两侧支架自重荷载值为：

$F_3=1.35\times0.15\times5.10=1.033\text{kN}$；

梁底立杆支架自重荷载值为：

$F_4=1.35\times0.15\times(5.10-1.30)=0.770\text{kN}$；

通过相邻的承受板的荷载的扣件传递的荷载，此值包括模板自重和钢筋混凝土自重：

$F_5=1.35\times(0.80/2+(0.80-0.45)/4)\times0.80\times(0.30+24.00\times0.25)=3.317\text{kN}$；

梁两侧立杆受压荷载总设计值为：$N_1=1.155+1.033+3.317=5.505\text{kN}$；

梁底增加立杆受压荷载总设计值为：$N_2=10.168+0.770=10.937\text{kN}$；

立杆受压荷载总设计值为：$N=10.937\text{kN}$；

2. 立杆稳定性验算

$$\sigma=1.05N_{ut}/(\varphi AK_H)\leqslant f$$

φ——轴心受压立杆的稳定系数；

A——立杆的截面面积，按《规程》附录B采用；立杆净截面面积（cm^2）：$A=4.5$；

K_H——高度调整系数，建筑物层高超过4m时，按《规程》5.3.4采用。

计算长度l_0按下式计算的结果取大值：

$l_0=h+2a=1.50+2\times0.30=2.100\text{m}$；

$l_0=k\mu h=1.167\times1.325\times1.500=2.319\text{m}$；

式中　h——支架立杆的步距，取1.5m；

　　　a——模板支架立杆伸出顶层横向水平杆中心线至模板支撑点的长度，取0.3m；

　　　μ——模板支架等效计算长度系数，参照《扣件式规程》附表D—1，$\mu=1.325$；

　　　k——计算长度附加系数，取值为：1.167。

故l_0取2.319m；

$\lambda=l_0/i=2319.413/15.9=146$；

查《规程》附录C得$\varphi=0.324$；

$K_H=1/[1+0.005\times(5.10-4)]=0.995$；

$\sigma=1.05\times N/(\varphi AK_H)=1.05\times10.937\times10^3/(0.324\times450.000\times0.995)=79.198\text{N/mm}^2$；

立杆的受压强度计算值$\sigma=79.198\text{N/mm}^2$小于立杆的抗压强度设计值$f=205.000\text{N/mm}^2$，满足要求。

七、组合风荷载时，立杆稳定性计算

1. 立杆荷载

根据《规程》，支架立杆的轴向力设计值N_{ut}取不组合风荷载时立杆受压荷载总设计值计算。由前面的计算可知：

$N_{ut}=10.937\text{kN}$；

风荷载标准值按照以下公式计算

经计算得到，风荷载标准值

$w_k=0.7\mu_z\mu_s w_0=0.7\times0.45\times0.74\times0.355=0.083\text{kN/m}^2$；

式中　w_0——基本风压（kN/m^2），按照《建筑结构荷载规范》（GB 50009—2001）的规定采用：$w_0=0.45\text{kN/m}^2$；

　　　μ_z——风荷载高度变化系数，按照《建筑结构荷载规范》（GB 50009—2001）的规定采用：$\mu_z=0.74$；

　　　μ_s——风荷载体型系数：取值为0.355。

风荷载设计值产生的立杆段弯矩M_W为

$M_W=0.85\times1.4w_k l_a h^2/10=0.850\times1.4\times0.083\times0.8\times1.5^2/10=0.018\text{kN}\cdot\text{m}$。

2. 立杆稳定性验算

$$\sigma=1.05N_{ut}/(\varphi AK_H)+M_w/W\leqslant f$$

$\sigma = 1.05 \times N/(\varphi A K_H) = 1.05 \times 10.937 \times 10^3/(0.324 \times 450.000 \times 0.99) + 17725.157/4730.000 = 82.946 \text{N/mm}^2$；

立杆的受压强度计算值 $\sigma = 82.946 \text{N/mm}^2$ 小于立杆的抗压强度设计值 $f = 205.000 \text{N/mm}^2$，满足要求。

八、模板支架整体侧向力计算

1. 根据《规程》4.2.10条，风荷载引起的计算单元立杆的附加轴力按线性分布确定，最大轴力 N_1 表达式为：

$$N_1 = 3FH/[(m+1)l_b]$$

式中　F——作用在计算单元顶部模板上的水平力（N）。按照下面的公式计算：

$$F = 0.85 A_F w_k l_a/(L_a)$$

A_F——结构模板纵向挡风面积（mm²），本工程中 $A_F = 8.40 \times 10^3 \times 1.30 \times 10^3 = 1.09 \times 10^7 \text{mm}^2$；

w_k——风荷载标准值，对模板，风荷载体型系数 μ_s 取为 1.0，$w_k = 0.7 \mu_z \times \mu_s \times w_0 = 0.7 \times 0.74 \times 1.0 \times 0.45 = 0.233 \text{kN/m}^2$；

所以可以求出 $F = 0.85 \times A_F \times w_k \times l_a/L_a = 0.85 \times 1.09 \times 10^7 \times 10^{-6} \times 0.233 \times 0.8/8.4 \times 1000 = 206.060 \text{N}$。

式中　H——模板支架计算高度。$H = 5.100 \text{m}$；

m——计算单元附加轴力为压力的立杆数为：1根；

l_b——模板支架的横向长度（m），此处取梁两侧立杆间距 $l_b = 0.800 \text{m}$；

l_a——梁底立杆纵距（m），$l_a = 0.800 \text{m}$；

L_a——梁计算长度（m），$L_a = 8.400 \text{m}$。

综合以上参数，计算得 $N_1 = 3 \times 206.060 \times 5100.000/((1+1) \times 800.000) = 1970.453 \text{N}$。

2. 考虑风荷载产生的附加轴力，验算边梁和中间梁下立杆的稳定性，当考虑叠合效应时，按照下式重新计算：

$$\sigma = (1.05 N_{ut} + N_1)/(\varphi A K_H) \leqslant f$$

计算得：$\sigma = (1.05 \times 10937.075 + 1970.453)/(0.324 \times 450.000 \times 0.995) = 92.787 \text{N/mm}^2$。

$\sigma = 92.787 \text{N/mm}^2$ 小于 205.000N/mm^2，模板支架整体侧向力满足要求。

九、立杆的地基承载力计算

立杆基础底面的平均压力应满足下式的要求

$$p \leqslant f_g$$

地基承载力设计值：

$f_g = f_{gk} \times k_c = 170 \times 1 = 170 \text{kPa}$；

其中，地基承载力标准值：$f_{gk} = 170 \text{kPa}$；

脚手架地基承载力调整系数：$k_c = 1$；

立杆基础底面的平均压力：$p = 1.05 \times N/A = 1.05 \times 10.937/0.25 = 45.936 \text{kPa}$；

其中，上部结构传至基础顶面的轴向力设计值：$N = 10.937 \text{kN}$；

基础底面面积：$A = 0.25 \text{m}^2$。

$p = 45.936 \text{kPa} \leqslant f_g = 170 \text{kPa}$，地基承载力满足要求！

地下室梁侧模板支架计算书

梁段：KL1。

一、参数信息

1. 梁侧模板及构造参数

梁截面宽度 B（m）：0.45；梁截面高度 D（m）：1.30；

混凝土板厚度（mm）：250.00；

采用的钢管类型为 $\Phi 48 \times 3.2$mm；

次楞间距（mm）：200；主楞竖向根数：2；

穿梁螺栓直径（mm）：M12；

穿梁螺栓水平间距（mm）：400；

主楞材料：圆钢管；

直径（mm）：48.50；壁厚（mm）：3.20；

主楞合并根数：2；

次楞材料：木方；

宽度（mm）：60.00；高度（mm）：80.00；

次楞合并根数：2；

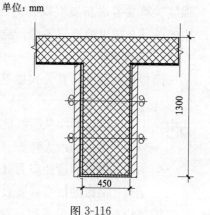

图 3-116

2. 荷载参数

新浇混凝土侧压力标准值（kN/m²）：16.8；

倾倒混凝土侧压力（kN/m²）：4.0；

3. 材料参数

木材弹性模量 E（N/mm²）：9000.0；

木材抗弯强度设计值 f_m（N/mm²）：13.0；木材抗剪强度设计值 f_v（N/mm²）：1.3；

面板类型：木面板；面板弹性模量 E（N/mm²）：9000.0；

面板抗弯强度设计值 f_m（N/mm²）：13.0。

二、梁侧模板荷载标准值计算

强度验算要考虑新浇混凝土侧压力和倾倒混凝土时产生的荷载；挠度验算只考虑新浇混凝土侧压力。

$$F = 0.22\gamma t \beta_1 \beta_2 V^{1/2}$$
$$F = \gamma H$$

式中　γ——混凝土的重力密度，取 24.000kN/m³；

　　　t——新浇混凝土的初凝时间，可按现场实际值取，输入 0 时系统按 200/(T+15) 计算，得 5.714h；

　　　T——混凝土的入模温度，取 20.000℃；

　　　V——混凝土的浇筑速度，取 1.200m/h；

　　　H——混凝土侧压力计算位置处至新浇混凝土顶面总高度，取 0.700m；

　　　β_1——外加剂影响修正系数，取 1.200；

　　　β_2——混凝土坍落度影响修正系数，取 1.150。

根据以上两个公式计算的新浇筑混凝土对模板的最大侧压力 F；

分别计算得 45.611kN/m²、16.800kN/m²，取较小值 16.800kN/m² 作为本工程计算荷载。

三、梁侧模板面板的计算

面板为受弯结构，需要验算其抗弯强度和刚度。强度验算要考虑新浇混凝土侧压力和倾倒混凝土时产生的荷载；挠度验算只考虑新浇混凝土侧压力。

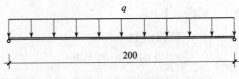

图 3-117　面板计算简图（单位：mm）

1. 强度计算

面板抗弯强度验算公式如下：

$$\sigma = M/W < f$$

式中　W——面板的净截面抵抗矩，$W = 105 \times 1.8 \times 1.8/6 = 56.7 \text{cm}^3$；

　　　M——面板的最大弯矩（N·mm）；

　　　σ——面板的弯曲应力计算值（N/mm²）

　　　f——面板的抗弯强度设计值（N/mm²）。

按照均布活荷载最不利布置下的三跨连续梁计算：

$$M = 0.1q_1 l^2 + 0.117 q_2 l^2$$

式中　q——作用在模板上的侧压力，包括：

新浇混凝土侧压力设计值：$q_1 = 1.2 \times 1.05 \times 16.8 \times 0.9 = 19.05 \text{kN/m}$；

倾倒混凝土侧压力设计值：$q_2 = 1.4 \times 1.05 \times 4 \times 0.9 = 5.29 \text{kN/m}$；

计算跨度（次楞间距）：$l = 200\text{mm}$；

面板的最大弯矩 $M = 0.1 \times 19.051 \times 200^2 + 0.117 \times 5.292 \times 200^2 = 1.01 \times 10^5 \text{N·mm}$；

面板的最大支座反力为：

$N = 1.1 q_1 l + 1.2 q_2 l = 1.1 \times 19.051 \times 0.20 + 1.2 \times 5.292 \times 0.20 = 5.461 \text{kN}$；

经计算得到，面板的受弯应力计算值：$\sigma = 1.01 \times 10^5 / 5.67 \times 10^4 = 1.8 \text{N/mm}^2$；

面板的抗弯强度设计值：$[f] = 13 \text{N/mm}^2$；

面板的受弯应力计算值 $\sigma = 1.8 \text{N/mm}^2$ 小于面板的抗弯强度设计值 $[f] = 13 \text{N/mm}^2$，满足要求！

2. 挠度验算

$$\nu = 0.677 q l^4 / (100 EI) \leq [\nu] = l/250$$

式中　q——作用在模板上的侧压力线荷载标准值：$q = 16.8 \times (1.3 - 0.25) = 17.64 \text{N/mm}$；

　　　l——计算跨度：$l = 200\text{mm}$；

　　　E——面板材质的弹性模量：$E = 9000 \text{N/mm}^2$；

　　　I——面板的截面惯性矩：$I = 105 \times 1.8 \times 1.8 \times 1.8/12 = 51.03 \text{cm}^4$。

面板的最大挠度计算值：$\nu = 0.677 \times 17.64 \times 200^4 / (100 \times 9000 \times 5.10 \times 10^5) = 0.042 \text{mm}$；

面板的最大容许挠度值：$[\nu] = l/250 = 200/250 = 0.8 \text{mm}$；

面板的最大挠度计算值 $\nu = 0.042 \text{mm}$ 小于面板的最大容许挠度值 $[\nu] = 0.8 \text{mm}$，满足要求！

四、梁侧模板支撑的计算

1. 次楞计算

次楞直接承受模板传递的荷载，按照均布荷载作用下的简支梁计算。

次楞均布荷载按照面板最大支座力除以面板计算宽度得到：

$$q = 5.461/(1.300 - 0.250) = 5.201 \text{kN/m}$$

本工程中，次楞采用木方，宽度60mm，高度80mm，截面惯性矩 I，截面抵抗矩 W 和弹性

模量 E 分别为：

$W=2\times 6\times 8\times 8/6=128\text{cm}^3$；

$I=2\times 6\times 8\times 8\times 8/12=512\text{cm}^4$；

$E=9000.00\text{N/mm}^2$；

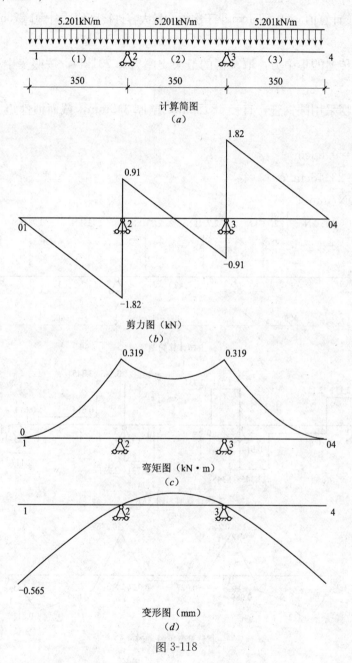

图 3-118

经过计算得到最大弯矩 $M=0.319\text{kN}\cdot\text{m}$，最大支座反力 $R=2.731\text{kN}$，最大变形 $\nu=0.565\text{mm}$

(1) 次楞强度验算

强度验算计算公式如下：

$$\sigma=M/W<f$$

经计算得到，次楞的最大受弯应力计算值 $\sigma=3.19\times 10^5/1.28\times 10^5=2.5\text{N/mm}^2$；

次楞的抗弯强度设计值：$[f]=13\text{N/mm}^2$；

次楞最大受弯应力计算值 $\sigma=2.5\text{N/mm}^2$ 小于次楞的抗弯强度设计值 $[f]=13\text{N/mm}^2$，满足要求！

（2）次楞的挠度验算

次楞的最大容许挠度值：$[\nu]=350/400=0.875\text{mm}$；

次楞的最大挠度计算值 $\nu=0.565\text{mm}$ 小于次楞的最大容许挠度值 $[\nu]=0.875\text{mm}$，满足要求！

2. 主楞计算

主楞承受次楞传递的集中力，取次楞的最大支座力 2.731kN，按照集中荷载作用下的三跨连续梁计算。

本工程中，主楞采用圆钢管，直径 48.5mm，壁厚 3.2mm，截面惯性矩 I 和截面抵抗矩 W 分别为：

$W=2\times4.841=9.68\text{cm}^3$；

$I=2\times11.74=23.48\text{cm}^4$；

$E=206000.00\text{N/mm}^2$；

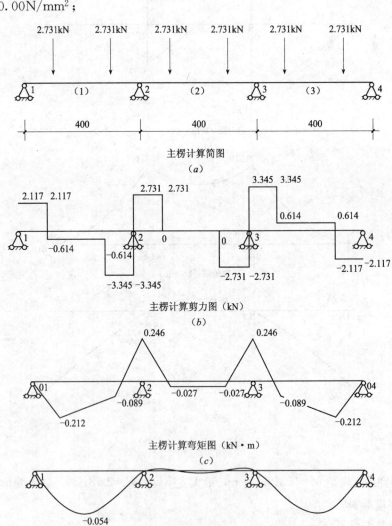

主楞计算简图
(a)

主楞计算剪力图（kN）
(b)

主楞计算弯矩图（kN·m）
(c)

主楞计算变形图（mm）
(d)

图 3-119

经过计算得到最大弯矩 $M=0.246$ kN·m，最大支座反力 $R=6.076$ kN，最大变形 $\nu=0.054$ mm。

（1）主楞抗弯强度验算

$$\sigma=M/W<f$$

经计算得到，主楞的受弯应力计算值：$\sigma=2.46\times10^5/9.68\times10^3=25.4$ N/mm²；

主楞的抗弯强度设计值：$[f]=205$ N/mm²；

主楞的受弯应力计算值 $\sigma=25.4$ N/mm² 小于主楞的抗弯强度设计值 $[f]=205$ N/mm²，满足要求！

（2）主楞的挠度验算

根据连续梁计算得到主楞的最大挠度为 0.054mm。

主楞的最大容许挠度值：$[\nu]=400/400=1$ mm；

主楞的最大挠度计算值 $\nu=0.054$ mm 小于主楞的最大容许挠度值 $[\nu]=1$ mm，满足要求！

五、穿梁螺栓的计算

验算公式如下：

$$N<[N]=f\times A$$

式中　N——穿梁螺栓所受的拉力；

　　　A——穿梁螺栓有效面积（mm²）；

　　　f——穿梁螺栓的抗拉强度设计值，取 170N/mm²。

穿梁螺栓型号：M12；查表得：

穿梁螺栓有效直径：9.85mm；

穿梁螺栓有效面积：$A=76$ mm²；

穿梁螺栓所受的最大拉力：$N=6.076$ kN。

穿梁螺栓最大容许拉力值：$[N]=170\times76/1000=12.92$ kN；

穿梁螺栓所受的最大拉力 $N=6.076$ kN 小于穿梁螺栓最大容许拉力值 $[N]=12.92$ kN，满足要求！

16.55m 高大支模架梁模板支架计算书

一、参数信息

本算例中，取 KL2 作为计算对象。梁的截尺寸为 450mm×1200mm，模板支架计算长度为 17.25m，梁支撑架搭设高度 H（m）：16.55，梁段集中线荷载（kN/m）：21.52。根据《建筑施工扣件式钢管模板支架技术规程》DB33/1035—2006 属高大模板工程，须组织专家论证。结合工程实际情况及公司现有施工工艺采用梁底支撑小楞垂直梁跨方向的支撑形式。

（一）支撑参数及构造

梁两侧楼板混凝土厚度（mm）：140；立杆纵距 l_a（m）：0.8；

立杆上端伸出至模板支撑点长度 a（m）：0.3；

立杆步距 h（m）：1.5；板底承重立杆横向间距或排距 l（m）：1.5；

梁两侧立杆间距 l_b（m）：0.8。

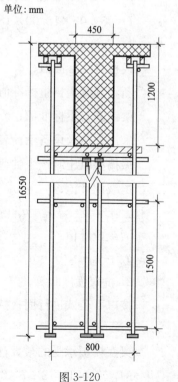

图 3-120

（二）材料参数

面板类型为胶合面板，梁底支撑采用方木。竖向力传递通过双扣件。

木方截面为 60mm×80mm，梁底支撑钢管采用 $\phi48×3.2$ mm 钢管，钢管的截面积为 $A=4.50×10^2$ mm²，截面模量 $W=4.73×10^3$ mm³，截面惯性矩为 $I=1.14×10^5$ mm⁴。

木材的抗弯强度设计值为 $f_m=13$ N/mm²，抗剪强度设计值为 $f_v=1.3$ N/mm²，弹性模量为 $E=12000$ N/mm²，面板的抗弯强度设计值为 $f_m=15$ N/mm²，抗剪强度设计值为 $f_v=1.4$ N/mm²，面板弹性模量为 $E=6000$ N/mm²。

荷载首先作用在梁底模板上，按照"底模→底模小楞→水平钢管→扣件/可调托座→立杆→基础"的传力顺序，分别进行强度、刚度和稳定性验算。

（三）荷载参数

梁底模板自重标准值为 0.3kN/m²；梁钢筋自重标准值为 1.5kN/m³；施工人员及设备荷载标准值为 1kN/m²；振捣混凝土时产生的荷载标准值为 2kN/m²；新浇混凝土自重标准值：24kN/m³。

所处城市为××市，基本风压为 $w_0=0.45$ kN/m²；风荷载高度变化系数为 $\mu_z=0.74$，风荷载体型系数为 $\mu_s=0.355$。

二、梁底模板强度和刚度验算

面板为受弯结构，需要验算其抗弯强度和挠度。计算的原则是按照模板底支撑的间距和模板面的大小，按支撑在底撑上的三跨连续梁计算。

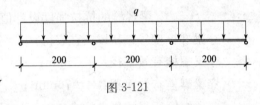

图 3-121

本工程中，面板的截面惯性矩 I 和截面抵抗矩 W 分别为：

$W=450.00×18.00×18.00/6=2.43×10^4$ mm³；

$I=450.00×18.00×18.00×18.00/12=2.19×10^5$ mm⁴；

1. 荷载计算

模板自重标准值：$q_1=0.30×0.45=0.14$ kN/m；

新浇混凝土自重标准值：$q_2=1.20×24.00×0.45=12.96$ kN/m；

梁钢筋自重标准值：$q_3=1.20×1.50×0.45=0.81$ kN/m；

施工人员及设备活荷载标准值：$q_4=1.00×0.45=0.45$ kN/m；

振捣混凝土时产生的荷载标准值：$q_5=2.00×0.45=0.90$ kN/m。

恒载设计值：

$q_{恒}=1.35×(q_1+q_2+q_3)=1.35×(0.14+12.96+0.81)=18.77$ kN/m；

活载设计值：

$q_{活}=1.4×(q_4+q_5)=1.4×(0.45+0.90)=1.89$ kN/m；

2. 抗弯强度验算

按以下公式进行面板抗弯强度验算：

$$\sigma=M/W<f_m$$

梁底模板承受的最大弯矩计算公式如下：$M=-0.1q_{恒}l^2-0.117q_{活}l^2$

$M_{max}=0.1×18.77×0.20^2+0.117×1.89×0.20^2=0.084$ kN·m；

最大支座反力 $R=1.1q_{恒}l+1.2q_{活}l=1.1\times18.77\times0.20+1.2\times1.89\times0.20=4.583\text{kN}$；

$\sigma=M/W=8.39\times10^4/2.43\times10^4=3.5\text{N/mm}^2$；

面板计算应力 $\sigma=3.5\text{N/mm}^2$ 小于梁底模面板的抗弯强度设计值 $f_\text{m}=15\text{N/mm}^2$，满足要求！

3. 抗剪强度验算

面板承受的剪力为 $Q=0.6q_{恒}l+0.617q_{活}l=0.6\times18.77\times0.20+0.617\times1.89\times0.20=2.486\text{kN}$，抗剪强度按照下面的公式计算：

$$\tau=3Q/(2bh)\leqslant f_\text{v}$$

$\tau=3\times2.486\times1000/(2\times450\times18)=0.46\text{N/mm}^2$；

面板受剪应力计算值 $\tau=0.46$ 小于 $f_\text{v}=1.40\text{N/mm}^2$，满足要求。

4. 挠度验算

根据《建筑施工计算手册》刚度验算采用荷载标准值，根据 JGJ 130—2001，刚度验算时采用荷载短期效应组合，取荷载标准值计算，不乘分项系数，因此梁底模板的变形计算如下：

最大挠度计算公式如下：

$$\nu=0.677q_\text{k}l^4/(100EI)\leqslant[\nu]=\min(l/150,10)$$

其中 l——计算跨度（梁底支撑间距）：$l=200.00\text{mm}$。

面板的最大挠度计算值：

$\nu=0.677\times13.90\times200.00^4/(100\times6000.00\times2.19\times10^5)=0.115\text{mm}$；

面板的最大允许挠度值 $[\nu]=\min(200.00/150,10)=1.33\text{mm}$

面板的最大挠度计算值 $\nu=0.11\text{mm}$ 小于面板的最大允许挠度值 $[\nu]=1.33\text{mm}$，满足要求！

三、梁底横向支撑小楞的强度和刚度验算

本工程中，支撑小楞采用方木，方木的截面惯性矩 I 和截面抵抗矩 W 分别为：

$W=60.00\times80.00\times80.00/6=6.40\times10^4\text{mm}^3$；

$I=60.00\times80.00\times80.00\times80.00/12=2.56\times10^6\text{mm}^4$；

1. 荷载计算

梁底横向支撑小楞按照受局部线荷载的多跨连续梁进行计算，该线荷载是梁底面板传递的均布线荷载。计算中考虑梁两侧部分楼板混凝土荷载以集中力方式向下传递。

$p=(0.80-0.45)/4\times0.20\times0.14\times24.00\times1.2=0.071\text{kN}$。

$q=4.58/0.45=10.185\text{kN/m}$。

2. 强度及刚度验算

最大弯矩考虑为连续梁均布荷载作用下的弯矩，计算简图及内力、变形图如下：

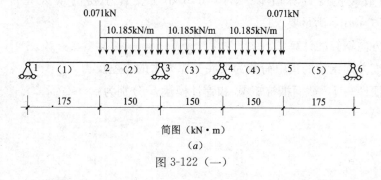

图 3-122（一）

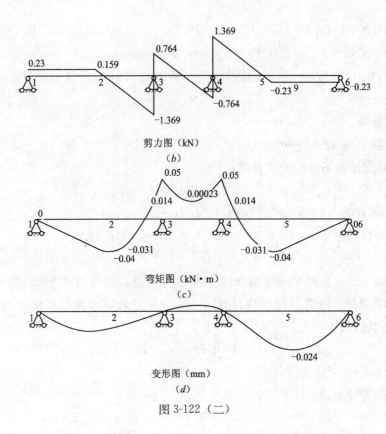

剪力图（kN）
(b)

弯矩图（kN·m）
(c)

变形图（mm）
(d)

图 3-122（二）

梁底横向支撑小楞的边支座力 $N_1=N_2=0.23\mathrm{kN}$，中间支座的最大支座力 $N=2.133\mathrm{kN}$；

梁底横向支撑小楞的最大弯矩为 $M_{max}=0.050\mathrm{kN\cdot m}$，最大剪力为 $Q=2.133\mathrm{kN}$，最大变形为 $\nu=0.024\mathrm{mm}$。

最大受弯应力 $\sigma=M_{max}/W=5.05\times10^4/6.40\times10^4=0.789\mathrm{N/mm^2}$；

支撑小楞的最大应力计算值 $\sigma=0.789\mathrm{N/mm^2}$ 小于支撑小楞的抗弯强度设计值 $f_m=13.000\mathrm{N/mm^2}$，满足要求！

支撑小楞的受剪应力值计算：

$\tau=3\times2.13\times10^3/(2\times60.00\times80.00)=0.666\mathrm{N/mm^2}$；

支撑小楞的抗剪强度设计值 $f_v=1.300\mathrm{N/mm^2}$；

支撑小楞的受剪应力计算值 $\tau=0.666\mathrm{N/mm^2}$ 小于支撑小楞的抗剪强度设计值 $f_v=1.30\mathrm{N/mm^2}$，满足要求！

梁底横向支撑小楞的最大挠度：$\nu=0.024\mathrm{mm}$；

支撑小楞的最大挠度计算值 $\nu=0.024\mathrm{mm}$ 小于支撑小楞的最大允许挠度 $[\nu]=\min(800.00/150,10)\mathrm{mm}$，满足要求！

四、梁跨度方向钢管的计算

作用于梁跨度方向钢管的集中荷载为梁底支撑方木的支座反力。

钢管的截面惯性矩 I，截面抵抗矩 W 和弹性模量 E 分别为：

$W=4.73\mathrm{cm^3}$；

$I=11.36\mathrm{cm^4}$；

$E=206000\mathrm{N/mm^2}$。

1. 梁两侧支撑钢管的强度计算

支撑钢管按照集中荷载作用下的三跨连续梁计算；集中力 $P=0.23\text{kN}$。

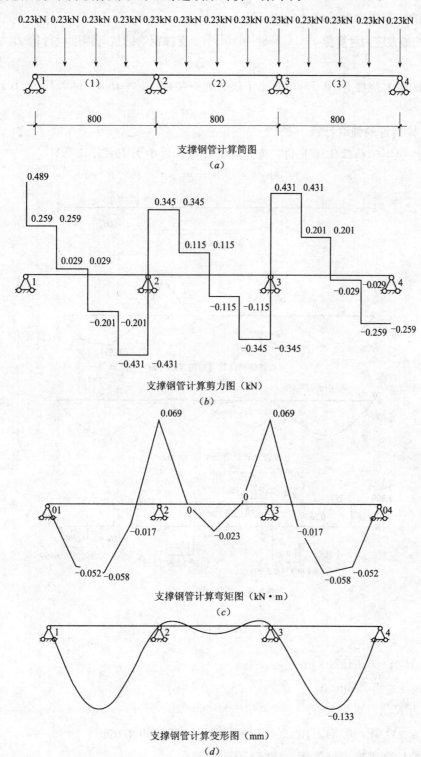

图 3-123

最大弯矩 $M_{max}=0.069\text{kN}\cdot\text{m}$；

最大变形 $\nu_{max}=0.133\text{mm}$；

最大支座力 $R_{max}=1.006$kN；

最大应力 $\sigma=M/W=0.069\times10^6/(4.73\times10^3)=14.588$N/mm^2；

支撑钢管的抗弯强度设计值 $f_m=205$N/mm^2；

支撑钢管的最大应力计算值 $\sigma=14.588$N/mm^2 小于支撑钢管的抗弯强度设计值 $f_m=205$N/mm^2，满足要求！

支撑钢管的最大挠度 $\nu=0.133$mm 小于最大允许挠度 $[\nu]=\min(800/150,10)$mm，满足要求！

2. 梁底支撑钢管的强度计算

支撑钢管按照集中荷载作用下的三跨连续梁计算；集中力 $P=2.133$kN

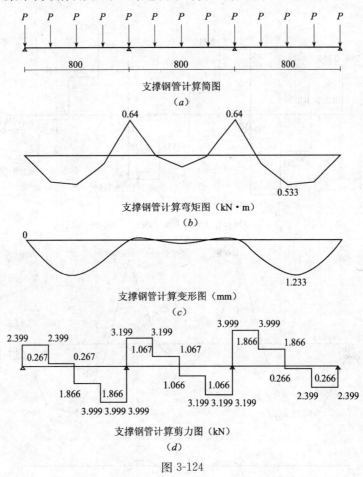

图 3-124

最大弯矩 $M_{max}=0.64$kN·m；

最大变形 $\nu_{max}=1.233$mm；

最大支座力 $R_{max}=9.33$kN；

最大应力 $\sigma=M/W=0.64\times10^6/(4.73\times10^3)=135.289$N/mm^2；

支撑钢管的抗弯强度设计值 $f_m=205$N/mm^2；

支撑钢管的最大应力计算值 $\sigma=135.289$N/mm^2 小于支撑钢管的抗弯强度设计值 $f_m=205$N/mm^2，满足要求！

支撑钢管的最大挠度 $\nu=1.233$mm 小于最大允许挠度 $[\nu]=\min(800/150,10)$mm，满足要求！

五、扣件抗滑移的计算

纵向或横向水平杆与立杆连接时，扣件的抗滑承载力按照下式计算（规范5.2.5）：

$$1.05R \leqslant Rc$$

其中 Rc——扣件抗滑承载力设计值，取12.00kN；

R——纵向或横向水平杆传给立杆的竖向作用力设计值。

计算中 R 取最大支座反力，根据前面计算结果得到 $R=9.33$kN；

$1.05R<12.00$kN，所以双扣件抗滑承载力的设计计算满足要求！

六、不组合风荷载时，立杆的稳定性计算

1. 立杆荷载

根据《规程》，支架立杆的轴向力设计值 N_{ut} 指每根立杆受到荷载单元传递来的最不利的荷载值。其中包括上部模板传递下来的荷载及支架自重，显然，最底部立杆所受的轴压力最大。上部模板所传竖向荷载包括以下部分：

通过支撑梁的顶部扣件的滑移力（或可调托座传力）。

根据前面的计算，梁两侧立杆扣件滑移力 $F_1=1.006$kN，梁底立杆扣减滑移力 $F_2=9.33$kN；

根据《规程》条文说明4.2.1条，支架自重可以按模板支架高度乘以0.15kN/m取值，故梁两侧支架自重荷载值为：

$F_3=1.35\times0.15\times16.55=3.351$kN；

梁底立杆支架自重荷载值为：

$F_4=1.35\times0.15\times(16.55-1.20)=3.108$kN；

通过相邻的承受板的荷载的扣件传递的荷载，此值包括模板自重和钢筋混凝土自重：

$F_5=1.35\times(1.50/2+(0.80-0.45)/4)\times0.80\times(0.30+24.00\times0.14)=3.310$kN；

梁两侧立杆受压荷载总设计值为：$N_1=1.006+3.351+3.310=7.668$kN；

梁底增加立杆受压荷载总设计值为：$N_2=9.330+3.108=12.439$kN；

立杆受压荷载总设计值为：$N=12.439$kN。

2. 立杆稳定性验算

$$\sigma=1.05N_{ut}/(\varphi AK_H)\leqslant f$$

式中 φ——轴心受压立杆的稳定系数；

A——立杆的截面面积，按《规程》附录B采用；立杆净截面面积（cm²）：$A=4.5$；

K_H——高度调整系数，建筑物层高超过4m时，按《规程》5.3.4采用；

计算长度 l_0 按下式计算的结果取大值：

$l_0=h+2a=1.50+2\times0.30=2.100$m；

$l_0=k\mu h=1.167\times1.325\times1.500=2.319$m；

式中 h——支架立杆的步距，取1.5m；

a——模板支架立杆伸出顶层横向水平杆中心线至模板支撑点的长度，取0.3m；

μ——模板支架等效计算长度系数，参照《扣件式规程》附表D-1，$\mu=1.325$；

k——计算长度附加系数，取值为：1.167。

故 l_0 取2.319m；

$\lambda=l_0/i=2319.413/15.9=146$；

查《规程》附录 C 得 $\varphi=0.324$；

$K_H=1/[1+0.005\times(16.55-4)]=0.941$；

$\sigma=1.05\times N/(\varphi A K_H)=1.05\times12.439\times10^3/(0.324\times450.000\times0.941)=95.201\text{N/mm}^2$；

立杆的受压强度计算值 $\sigma=95.201\text{N/mm}^2$ 小于立杆的抗压强度设计值 $f=205.000\text{N/mm}^2$，满足要求。

七、组合风荷载时，立杆稳定性计算

1. 立杆荷载

根据《规程》，支架立杆的轴向力设计值 N_{ut} 取不组合风荷载时立杆受压荷载总设计值计算。由前面的计算可知：

$N_{ut}=12.439\text{kN}$；

风荷载标准值按照以下公式计算

经计算得到，风荷载标准值

$w_k=0.7\mu_z\mu_s w_0=0.7\times0.45\times0.74\times0.355=0.083\text{kN/m}^2$；

式中　w_0——基本风压（kN/m^2），按照《建筑结构荷载规范》(GB 50009—2001)的规定采用：$w_0=0.45\text{kN/m}^2$；

μ_z——风荷载高度变化系数，按照《建筑结构荷载规范》(GB 50009—2001)的规定采用：$\mu_z=0.74$；

μ_s——风荷载体型系数：取值为 0.355。

风荷载设计值产生的立杆段弯矩 M_W 为

$M_W=0.85\times1.4w_k l_a h^2/10=0.850\times1.4\times0.083\times0.8\times1.5^2/10=0.018\text{kN}\cdot\text{m}$。

2. 立杆稳定性验算

$$\sigma=1.05N_{ut}/(\varphi A K_H)+M_w/W\leqslant f$$

$\sigma=1.05\times N/(\varphi A K_H)=1.05\times12.439\times10^3/(0.324\times450.000\times0.94)+17725.157/4730.000=98.948\text{N/mm}^2$；

立杆的受压强度计算值 $\sigma=98.948\text{N/mm}^2$ 小于立杆的抗压强度设计值 $f=205.000\text{N/mm}^2$，满足要求。

八、模板支架整体侧向力计算

1. 根据《规程》4.2.10 条，风荷载引起的计算单元立杆的附加轴力按线性分布确定，最大轴力 N_1 表达式为：

$$N_1=3FH/[(m+1)L_b]$$

式中　F——作用在计算单元顶部模板上的水平力（N）。按照下面的公式计算：

$$F=0.85A_F w_k l_a/(L_a)$$

A_F——结构模板纵向挡风面积（mm^2），本工程中 $A_F=1.73\times10^4\times1.20\times10^3=2.07\times10^7\text{mm}^2$；

w_k——风荷载标准值，对模板，风荷载体型系数 μ_s 取为 1.0，$w_k=0.7\mu_z\times\mu_s\times w_0=0.7\times0.74\times1.0\times0.45=0.233\text{kN/m}^2$；

所以可以求出 $F=0.85\times A_F\times w_k\times l_a/L_a=0.85\times2.07\times10^7\times10^{-6}\times0.233\times0.8/17.25\times1000=190.210\text{N}$。

H——模板支架计算高度。$H=16.550\text{m}$；

m——计算单元附加轴力为压力的立杆数为：1根；

l_b——模板支架的横向长度（m），此处取梁两侧立杆间距 l_b＝0.800m；

l_a——梁底立杆纵距（m），l_a＝0.800m；

L_a——梁计算长度（m），L_a＝17.250m。

综合以上参数，计算得 N_1＝3×190.210×16550.000/((1+1)×800.000)＝5902.442N。

2. 考虑风荷载产生的附加轴力，验算边梁和中间梁下立杆的稳定性，当考虑叠合效应时，按照下式重新计算：

$$\sigma=(1.05N_{ut}+N_1)/(\varphi A K_H)\leqslant f$$

计算得：σ＝(1.05×12438.784＋5902.442)/(0.324×450.000×0.941)＝138.224N/mm²。

σ＝138.224N/mm² 小于 205.000N/mm²，模板支架整体侧向力满足要求。

九、立杆的地基承载力计算

立杆基础底面的平均压力应满足下式的要求

$$p\leqslant f_g$$

地基承载力设计值：

$f_g=f_{gk}\times k_c=170\times1=170$ kPa；

其中，地基承载力标准值：f_{gk}＝170kPa；

脚手架地基承载力调整系数：k_c＝1；

立杆基础底面的平均压力：p＝1.05×N/A＝1.05×12.439/0.5＝26.121kPa；

其中，上部结构传至基础顶面的轴向力设计值：N＝12.439kN；

基础底面面积：A＝0.5m²。

p＝26.121kPa≤f_g＝170kPa，地基承载力满足要求！

16.55m高大支模架梁侧模板支架计算书

梁段：KL2。

一、参数信息

1. 梁侧模板及构造参数

梁截面宽度 B（m）：0.45；梁截面高度 D（m）：1.20；

混凝土板厚度（mm）：140.00；

采用的钢管类型为 $\Phi 48\times 3.2$mm；

次楞间距（mm）：200；主楞竖向根数：2；

穿梁螺栓直径（mm）：M12；

穿梁螺栓水平间距（mm）：400；

主楞材料：木方；

宽度（mm）：80.00；高度（mm）：100.00；

主楞合并根数：2；

次楞材料：木方；

宽度（mm）：60.00；高度（mm）：80.00；

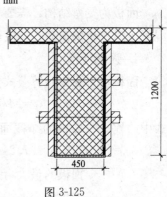

图3-125

次楞合并根数：2。

2. 荷载参数

新浇混凝土侧压力标准值（kN/m²）：16.8；

倾倒混凝土侧压力（kN/m²）：4.0。

3. 材料参数

木材弹性模量 E（N/mm²）：9000.0；

木材抗弯强度设计值 f_m（N/mm²）：13.0；木材抗剪强度设计值 f_v（N/mm²）：1.3；

面板类型：木面板；面板弹性模量 E（N/mm²）：9000.0；

面板抗弯强度设计值 f_m（N/mm²）：13.0。

二、梁侧模板荷载标准值计算

强度验算要考虑新浇混凝土侧压力和倾倒混凝土时产生的荷载；挠度验算只考虑新浇混凝土侧压力。

$$F = 0.22\gamma t \beta_1 \beta_2 V^{1/2}$$
$$F = \gamma H$$

式中 γ——混凝土的重力密度，取 24.000kN/m³；

t——新浇混凝土的初凝时间，可按现场实际值取，输入 0 时系统按 200/(T+15) 计算，得 5.714h；

T——混凝土的入模温度，取 20.000℃；

V——混凝土的浇筑速度，取 1.200m/h；

H——混凝土侧压力计算位置处至新浇混凝土顶面总高度，取 0.700m；

β_1——外加剂影响修正系数，取 1.200；

β_2——混凝土坍落度影响修正系数，取 1.150。

根据以上两个公式计算的新浇筑混凝土对模板的最大侧压力 F：

分别计算得 45.611kN/m²、16.800kN/m²，取较小值 16.800kN/m² 作为本工程计算荷载。

三、梁侧模板面板的计算

面板为受弯结构，需要验算其抗弯强度和刚度。强度验算要考虑新浇混凝土侧压力和倾倒混凝土时产生的荷载；挠度验算只考虑新浇混凝土侧压力。

1. 强度计算

面板抗弯强度验算公式如下：

$$\sigma = M/W < f$$

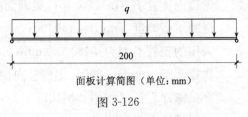

面板计算简图（单位：mm）

图 3-126

式中 W——面板的净截面抵抗矩，$W = 106 \times 1.8 \times 1.8/6 = 57.24\text{cm}^3$；

M——面板的最大弯矩（N·mm）；

σ——面板的弯曲应力计算值（N/mm²）；

[f]——面板的抗弯强度设计值（N/mm²）。

按照均布活荷载最不利布置下的三跨连续梁计算：

$$M = 0.1q_1l^2 + 0.117q_2l^2$$

其中 q——作用在模板上的侧压力，包括：

新浇混凝土侧压力设计值：$q_1 = 1.2 \times 1.06 \times 16.8 \times 0.9 = 19.23 \text{kN/m}$；

倾倒混凝土侧压力设计值：$q_2 = 1.4 \times 1.06 \times 4 \times 0.9 = 5.34 \text{kN/m}$；

计算跨度（次楞间距）：$l = 200 \text{mm}$；

面板的最大弯矩 $M = 0.1 \times 19.233 \times 200^2 + 0.117 \times 5.342 \times 200^2 = 1.02 \times 10^5 \text{N·mm}$；

面板的最大支座反力为：

$N = 1.1 q_1 l + 1.2 q_2 l = 1.1 \times 19.233 \times 0.20 + 1.2 \times 5.342 \times 0.20 = 5.513 \text{kN}$；

经计算得到，面板的受弯应力计算值：$\sigma = 1.02 \times 10^5 / 5.72 \times 10^4 = 1.8 \text{N/mm}^2$；

面板的抗弯强度设计值：$[f] = 13 \text{N/mm}^2$；

面板的受弯应力计算值 $\sigma = 1.8 \text{N/mm}^2$ 小于面板的抗弯强度设计值 $[f] = 13 \text{N/mm}^2$，满足要求！

2. 挠度验算

$$\nu = 0.677 q l^4 / (100 EI) \leqslant [\nu] = l/250$$

式中　q——作用在模板上的侧压力线荷载标准值：$q = 16.8 \times (1.2 - 0.14) = 17.81 \text{N/mm}$；

　　　l——计算跨度：$l = 200 \text{mm}$；

　　　E——面板材质的弹性模量：$E = 9000 \text{N/mm}^2$；

　　　I——面板的截面惯性矩：$I = 106 \times 1.8 \times 1.8 \times 1.8 / 12 = 51.52 \text{cm}^4$；

面板的最大挠度计算值：$\nu = 0.677 \times 17.81 \times 200^4 / (100 \times 9000 \times 5.15 \times 10^5) = 0.042 \text{mm}$；

面板的最大容许挠度值：$[\nu] = l/250 = 200/250 = 0.8 \text{mm}$；

面板的最大挠度计算值：$\nu = 0.042 \text{mm}$ 小于面板的最大容许挠度值 $[\nu] = 0.8 \text{mm}$，满足要求！

四、梁侧模板支撑的计算

1. 次楞计算

次楞直接承受模板传递的荷载，按照均布荷载作用下的简支梁计算。

次楞均布荷载按照面板最大支座力除以面板计算宽度得到：

$$q = 5.513 / (1.200 - 0.140) = 5.201 \text{kN/m}$$

本工程中，次楞采用木方，宽度 60mm，高度 80mm，截面惯性矩 I，截面抵抗矩 W 和弹性模量 E 分别为：

$W = 2 \times 6 \times 8 \times 8 / 6 = 128 \text{cm}^3$；

$I = 2 \times 6 \times 8 \times 8 \times 8 / 12 = 512 \text{cm}^4$；

$E = 9000.00 \text{N/mm}^2$；

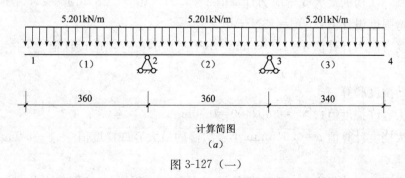

计算简图
(a)

图 3-127（一）

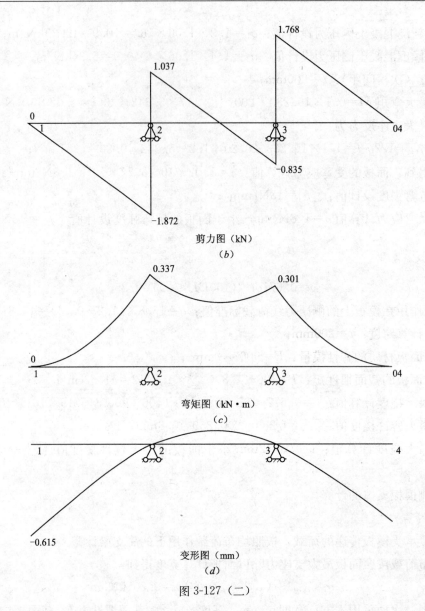

剪力图（kN）
(b)

弯矩图（kN·m）
(c)

变形图（mm）
(d)

图 3-127（二）

经过计算得到最大弯矩 $M=0.337$kN·m，最大支座反力 $R=2.910$kN，最大变形 $\nu=0.615$mm。

(1) 次楞强度验算

强度验算计算公式如下：

$$\sigma = M/W < f$$

经计算得到，次楞的最大受弯应力计算值 $\sigma = 3.37 \times 10^5 / 1.28 \times 10^5 = 2.6 \text{N/mm}^2$；

次楞的抗弯强度设计值：$[f] = 13\text{N/mm}^2$；

次楞最大受弯应力计算值 $\sigma = 2.6 \text{N/mm}^2$ 小于次楞的抗弯强度设计值 $[f] = 13 \text{N/mm}^2$，满足要求！

(2) 次楞的挠度验算

次楞的最大容许挠度值：$[\nu] = 360/400 = 0.9$mm；

次楞的最大挠度计算值 $\nu = 0.615$mm 小于次楞的最大容许挠度值 $[\nu] = 0.9$mm，满足要求！

2. 主楞计算

主楞承受次楞传递的集中力，取次楞的最大支座力 2.91kN，按照集中荷载作用下的三跨连续梁计算。

本工程中,主楞采用木方,宽度80mm,高度100mm,截面惯性矩I,截面抵抗矩W和弹性模量E分别为:

$W = 2 \times 8 \times 10 \times 10 / 6 = 266.67 \text{cm}^3$;

$I = 2 \times 8 \times 10 \times 10 \times 10 / 12 = 1333.33 \text{cm}^4$;

$E = 9000.00 \text{N/mm}^2$;

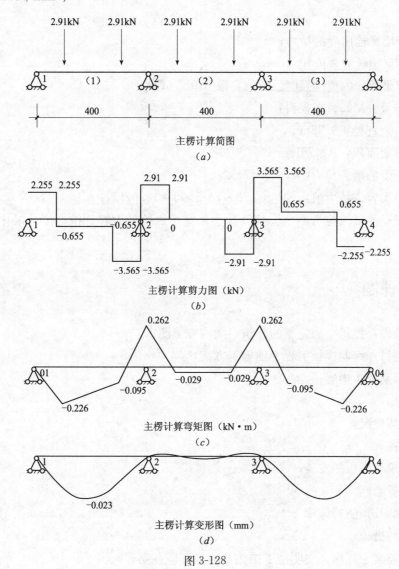

图 3-128

经过计算得到最大弯矩$M = 0.262 \text{kN} \cdot \text{m}$,最大支座反力$R = 6.475 \text{kN}$,最大变形$\nu = 0.023 \text{mm}$。

(1) 主楞抗弯强度验算

$$\sigma = M/W < f$$

经计算得到,主楞的受弯应力计算值:$\sigma = 2.62 \times 10^5 / 2.67 \times 10^5 = 1 \text{N/mm}^2$;

主楞的抗弯强度设计值:$[f] = 13 \text{N/mm}^2$;

主楞的受弯应力计算值$\sigma = 1 \text{N/mm}^2$小于主楞的抗弯强度设计值$[f] = 13 \text{N/mm}^2$,满足要求!

(2) 主楞的挠度验算

根据连续梁计算得到主楞的最大挠度为 0.023mm

主楞的最大容许挠度值：$[\nu]=400/400=1$mm；

主楞的最大挠度计算值 $\nu=0.023$mm 小于主楞的最大容许挠度值 $[\nu]=1$mm，满足要求！

五、穿梁螺栓的计算

验算公式如下：

$$N<[N]=f\times A$$

式中　N——穿梁螺栓所受的拉力；

　　　A——穿梁螺栓有效面积（mm^2）；

　　　f——穿梁螺栓的抗拉强度设计值，取 $170N/mm^2$。

穿梁螺栓型号：M12；查表得：

穿梁螺栓有效直径：9.85mm；

穿梁螺栓有效面积：$A=76mm^2$；

穿梁螺栓所受的最大拉力：$N=6.475$kN。

穿梁螺栓最大容许拉力值：$[N]=170\times76/1000=12.92$kN；

穿梁螺栓所受的最大拉力 $N=6.475$kN 小于穿梁螺栓最大容许拉力值 $[N]=12.92$kN，满足要求！

1.10　实训课题

（1）实训条件：提供一套完整的建筑、结构施工图。

（2）实训题目：编制模板工程专项施工方案。

（3）实训编制基本内容：

1）编制依据；

2）工程结构概况；

3）施工准备；

4）构造要求与模板的安装；

5）模板的拆除；

6）质量通病及预防措施；

7）材料节约措施；

8）安全、监测、环保、文明施工措施及应急反应预案；

9）模板计算。

（4）实训要求：

1）必须结合工程所在地区、工程的特点和工程规模。

2）针对性要强，具有可操作性，能实际起到组织、指导施工的作用。其内容要根据工程规模、复杂程度而定。

3）施工方法、机具设备、模板、支撑支架选择要切实可行、经济合理，因为它是施工方案的核心内容，一定要明确施工的难点和重点内容。

4）模板安装、拆除的安全措施和质量通病及防治措施必须讲透和到位。

5）要科学合理地确定施工流程、施工组织安排。

6）要认真贯彻国家、地方的有关规范、标准以及企业标准。

7）通过实际训练，初步掌握模板专项施工方案的编制，同时掌握结构各部位模板施工方法，模板安装、拆除的施工工艺，模板质量通病及预防措施，模板的计算等知识。

（5）实训方式：以实训教学专用周的形式进行，时间为2.5周。

（6）实训成果：实训结束后，每位学生提供一本模板工程专项施工方案，字数在12000～15000之间，要求图文并茂和完整计算书。

1.11 复习思考题与能力测试题

1. 复习思考题

（1）模板分哪几类？常见的有哪两类？它们各有什么特点和优缺点？

（2）模板工程施工设计应包括哪些内容？

（3）配板设计和支承系统的设计原则是什么？为了加快模板的周转使用，降低模板工程成本，宜选择哪些措施？

（4）基础、柱、墙、梁、楼板的组合小钢模配板设计各有什么特点？

（5）组合钢模板安装的施工工艺流程和工艺要点。

（6）胶合板模板的配置方法有哪几种？配置要求是什么？

（7）楼板胶合板模板的支设方法常用的有哪两种？具体构造是怎样的？

（8）楼梯胶合板模板的配置方法有哪两种？如何进行计算？

（9）模板安装、拆除的安全要求有哪些？

（10）模板一般施工质量通病及预防措施有哪些？

（11）胶合板模板的特殊质量通病和防治措施有哪些？

（12）模板计算有哪几项荷载？它们是如何规定的？它们取设计值时所考虑的荷载分项系数是如何规定的？

（13）在计算柱、墙侧模板强度时，在振捣混凝土和倾倒混凝土产生的荷载中是如何选择的？为什么？

（14）楼板模板和外钢楞的计算模型是什么？分别要验算哪几项内容？

（15）楼板模板方木的计算模型是什么？分别要验算哪几项内容？

2. 能力测试题

背景材料：楼板厚120mm，模板使用18mm厚胶合板，采用50mm宽×100mm高×2000mm长方木作内楞，方木间距360mm，采用$\phi48/3.5$mm钢管满堂架作为支撑，楼板底立杆纵、横距最大1.08m，步距1554mm。

计算一：模板抗弯、抗剪强度验算。

计算二：模板变形验算（结构表面做装修）。

计算三：方木抗弯、抗剪强度验算。

计算四：方木变形验算。

脚手架工程专项施工方案

2.1 编制依据与编制主要内容

2.1.1 编制依据

主要规程、规范：
(1)《建筑施工扣件式钢管脚手架安全技术规范》(JGJ 130—2001，2002 年版)；
(2)《建筑施工高处作业安全技术规范》(JGJ 80—91)；
(3)《建筑施工门式钢管脚手架安全技术规范》(JGJ 128—2000)；
(4)《钢结构设计规范》(GB 50017—2003)；
(5)《建筑结构荷载规范》(GB 50009—2001)；
(6)《建筑地基基础设计规范》(GB 50007—2002)；
(7)《建筑施工安全检查标准》(JGJ 59—99)；
(8)《建筑施工手册》第四版；
(9)《建筑施工计算手册》；
(10) 本工程施工图纸和投标文件；
(11) 本工程施工组织设计。

2.1.2 编制主要内容及说明

1. 编制依据

应简单说明编制依据，尤其是当采用的企业标准与国家通用规范不一致时，应重点说明。

2. 工程概况

工程概况应简洁明了，把和本方案有关的内容说明清楚就可以了，不必把整个工程的情况都作说明。

3. 施工部署

施工方案与工艺标准一个不同点在于施工方案的针对性。施工方案是针对某一个具体工程编制的。编制方案时应对组织机构、劳动力、材料、设备作出具体的安排，必要时应先进行一个脚手架方案比较，但重点应放在前面安排部分。

劳动力计划应能满足施工进度的要求，对于脚手架，应强调持证上岗；材料计划应注明规格，钢管按根数还是按重量应根据具体情况确定，应方便采购或租赁；基本将该工序的机具描述清楚（如架子扳手、吊线、钢卷尺等），还应说明应配备的检查、验收用的工具和仪器（如力矩扳手、游标卡尺、塞尺、钢卷尺、水平尺和角尺）及其数量与用途。

4. 脚手架构造要求

应对脚手架总的设计尺寸及各主要部件（纵向水平杆、横向水平杆、脚手板、立杆、连墙件、门洞、剪刀撑、扣件、基础、上人斜道等）具体写出其构造要求，应与规范、企业标准的要求认真核对，力求做到每一项要求、每一个数据均有据可查。对于一些特殊的部件，不能遵循规范要求的，应作重点说明并采取相应的对策，有些常用构造特别是特殊构造，最好用工程师的语言—节点详图作辅助说明，事半功倍。

5. 脚手架的搭设和拆除施工工艺

具体描述脚手架搭设和拆除的流程和顺序，写出在搭设、拆除脚手架过程中的重点或辅助施工步骤和注意事项。

6. 脚手架质量通病及预防措施

见模板支架质量通病及预防措施说明。

7. 目标和验收标准

施工方案应说明验收标准，可直接引用规范《建筑施工安全检查标准》(JGJ 59—99) 和《建筑施工扣件式钢管脚手架安全技术规范》(JGJ 130—2001)，不必照抄。

8. 安全文明施工保证措施及应急预案

首先列出危险源与相应监控方向，再分成安全生产教育培训、脚手架搭设的安全技术措施、脚手架上施工作业的安全技术措施、脚手架拆除的安全技术措施、材质及其使用的安全技术措施、文明施工六部分详述，最后写上脚手架工程应急预案。

9. 设计计算

必须明确用敞开式脚手架（未用密目安全网封闭），基本风压不大于 $0.35kN/m^2$，且构造符合要求时才可以免于验算部分杆件，但对于连墙杆、立杆地基承载力需验算。

完整验算应包括横向水平杆计算、纵向水平杆计算、连接扣件抗滑承载力计算、连墙件验算、立杆稳定性计算和立杆地基承载力计算或悬挑部分计算共六部分，计算时必须要有计算简图，这样直观且便于理解。

2.2 扣件式落地脚手架的构造

2.2.1 扣件式落地脚手架的构造

1. 单排外脚手架和双排外脚手架

扣件式钢管外脚手架，是以标准的钢管作杆件（立杆、横杆与斜杆），以特制的扣件作连接件组装成脚手架骨架，铺放脚手板，并用支撑与防护构配件搭设而成的各种用途的脚手架。图 3-129 为扣件式钢管脚手架的组成图。

外脚手架有单排外脚手架和双排外脚手架两类。单排脚手架的横向水平杆一端支承在墙体结构上，另一端支承在立杆上。双排脚手架的横向水平杆的两端均支承在立杆上。两类脚手架各有其适用范围，主要取决于下述三个因素。

（1）脚手架的高度：单排脚手架只能用于承担荷载较小的情况，即适用于高度较低的多层房屋。高层脚手架则应采用双排脚手架，具体高度划分情况见表 3-36。

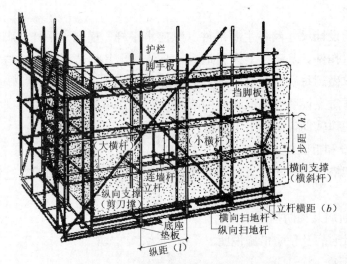

图 3-129 扣件式钢管脚手架的组成

脚手架的适用范围 表 3-36

普通脚手架	房屋高度在 25m 以内	可采用单排脚手架
高层脚手架	房屋高度在 25~50m 范围内	可采用双排脚手架
超高层脚手架	房屋高度超过 50m	需专门设计

（2）墙体结构的承载能力：高度低于 25m 的房屋，只有当其墙体结构能承担脚手架横向水平杆传来的施工荷载时才能采用单排脚手架，下列情况不能采用单排脚手架：

1) 加气混凝土墙、空斗墙、空心砖墙等轻质墙体；
2) 窗间墙宽度小于 1m 的砖墙；
3) 墙厚不大于 180mm 的砖墙；
4) 砌筑砂浆强度等级不大于 M1.0 的砖墙。

（3）运输材料的手段：当施工需要在脚手架上用手推小车来运输材料时，由于有较大的振动，将影响墙体的强度，因此也不能采用单排脚手架。

单排脚手架仅适用于由工人肩挑、背扛来运输建筑材料，施工中不产生较大振动的情况。

单排脚手架为搁置横向水平杆，在墙面上留的脚手眼，不能在下列位置设置：

1) 砖过梁上，与过梁成 60°角的三角形范围内；
2) 梁或梁垫下及其左右各 240mm 的范围内；
3) 在门窗洞口两侧四分之三砖的范围内；
4) 转角 $1\frac{3}{4}$ 处砖的范围内。

2. 常用脚手架设计尺寸

常用敞开式单、双排脚手架结构的设计尺寸如表 3-37 和表 3-38。

常用敞开式双排脚手架的设计尺寸（m） 表 3-37

连墙件设置	立杆上横距 l_b	步距 h	下列荷载时的立杆纵距 l_a（m）				脚手架允许搭设高度 $[H]$
			2+4×0.35 (kN/m²)	2+2+4×0.35 (kN/m²)	3+4×0.35 (kN/m²)	3+2+4×0.35 (kN/m²)	
二步三跨	1.05	1.20~1.35	2.0	1.8	1.5	1.5	50
		1.80	2.0	1.8	1.5	1.5	50

续表

连墙件设置	立杆上横距 l_b	步距 h	下列荷载时的立杆纵距 l_a (m)				脚手架允许搭设高度 $[H]$
			$2+4\times0.35$ (kN/m^2)	$2+2+4\times0.35$ (kN/m^2)	$3+4\times0.35$ (kN/m^2)	$3+2+4\times0.35$ (kN/m^2)	
二步三跨	1.30	1.20~1.35	1.8	1.5	1.5	1.5	50
		1.80	1.8	1.5	1.5	1.2	50
	1.55	1.20~1.35	1.8	1.5	1.5	1.5	50
		1.80	1.8	1.5	1.5	1.2	37
三步三跨	1.05	1.20~1.35	2.0	1.8	1.5	1.5	50
		1.80	2.0	1.5	1.5	1.5	34
	1.30	1.20~1.35	1.8	1.5	1.5	1.5	50
		1.80	1.8	1.5	1.5	1.2	30

注：1. 表中所示 $2+2+4\times0.35(kN/m^2)$，包括下列荷载：
　　$2+2(kN/m^2)$ 是二层装修作业层施工荷载；
　　$4\times0.35(kN/m^2)$ 包括二层作业层脚手板，另两层脚手板是根据本规范第7.3.12条的规定确定；
2. 作业层横向水平杆间距，应按不大于 $l_a/2$ 设置。

常用敞开式单排脚手架的设计尺寸（m）　　　　表3-38

连墙件设置	立杆横距 l_b	步距 h	下列荷载时的立杆纵距 l_a (m)		脚手架允许搭设高度 $[H]$
			$2+2\times0.35$ (kN/m^2)	$3+2\times0.35$ (kN/m^2)	
二步三跨 三步三跨	1.20	1.20~1.35	2.0	1.8	24
		1.80	2.0	1.8	24
	1.40	1.20~1.35	1.8	1.5	24
		1.80	1.8	1.5	24

3. 纵向水平杆、横向水平杆、脚手板（图3-130和图3-131）

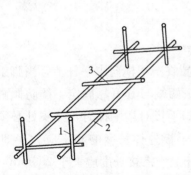

图3-130　纵向水平杆、横向水平杆
1—立杆；2—纵向水平杆；3—小横杆

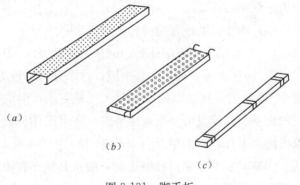

图3-131　脚手板
(a) 钢脚手板；(b) 专用脚手板；(c) 木脚手板

（1）纵向水平杆的构造应符合下列规定：

1）纵向水平杆宜设置在立杆内侧，其长度不宜小于3跨。

说明：纵向水平杆设在立杆内侧，可以减小横向水平杆跨度，接长立杆和安装剪刀撑时比较方便，对高处作业更为安全。

2）纵向水平杆接长宜采用对接扣件连接，也可采用搭接。对接、搭接应符合下列规定：

纵向水平杆的对接扣件应交错布置：两根相邻纵向水平杆的接头不宜设置在同步或同跨内；不同步或不同跨两个相邻接头在水平方向错开的距离不应小于500mm；各接头中心至最近主节

点的距离不宜大于纵距的 1/3（图 3-132）；

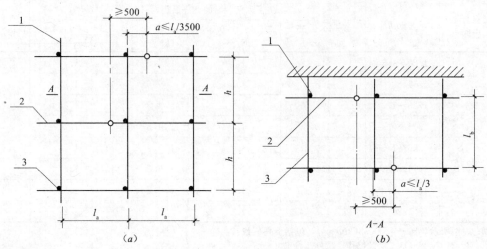

图 3-132　纵向水平杆对接接头布置
(a) 接头不在同步内（立面）；(b) 接头不在同跨内（平面）
1—立杆；2—纵向水平杆；3—横向水平杆

搭接长度不应小于 1m，应等间距设置 3 个旋转扣件固定，端部扣件盖板边缘至搭接纵向水平杆杆端的距离不应小于 100mm。

(2) 横向水平杆的构造应符合下列规定：

1) 主节点处必须设置一根横向水平杆，用直角扣件扣接且严禁拆除。

说明：本条规定在主节点处严禁拆除横向水平杆，这是因为它是构成脚手架空间框架必不可少的杆件。现场调查表明，该杆挪动他用的现象十分普遍，致使立杆的计算长度成倍增大，承载能力下降，这正是造成脚手架安全事故的重要原因之一。本条是强制性条文。

2) 作业层上非主节点处的横向水平杆，宜根据支承脚手板的需要等间距设置，最大间距不应大于纵距的 1/2。

(3) 脚手板的设置应符合下列规定：

1) 作业层脚手板应铺满、铺稳，离开墙面 120～150mm。

2) 冲压钢脚手板、木脚手板、竹串片脚手板等，应设置在三根横向水平杆上。当脚手板长度小于 2m 时，可采用两根横向水平杆支承，但应将脚手板两端与其可靠固定，严防倾翻。此三种脚手板的铺设可采用对接平铺，亦可采用搭接铺设。脚手板对接平铺时，接头处必须设两根横向水平杆，脚手板外伸长应取 130～150mm，两块脚手板外伸长度的和不应大于 300mm（图 3-133a）；脚手板搭接铺设时，接头必须支在横向水平杆上，搭接长度应大于 200mm，其伸出横向水平杆的长度不应小于 100mm（图 3-133b）。

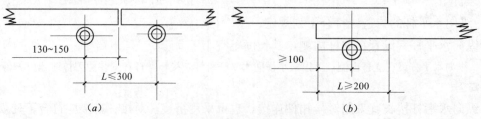

图 3-133　脚手板对接、搭接构造
(a) 脚手板对接；(b) 脚手板搭接

3) 竹笆脚手板应按其主竹筋垂直于纵向水平杆方向铺设，且采用对接平铺，四个角应用直径1.2mm的镀锌钢丝固定在纵向水平杆上。

4) 作业层端部脚手板探头长度应取150mm，其板长两端均应与支承杆可靠地固定。

4．立杆

(1) 每根立杆底部应设置底座或垫板。

(2) 脚手架必须设置纵、横向扫地杆。纵向扫地杆应采用直角扣件固定在距底座上皮不大于200mm处的立杆上。横向扫地杆亦应采用直角扣件固定在紧靠纵向扫地杆下方的立杆上。当立杆基础不在同一高度上时，必须将高处的纵向扫地杆向低处延长两跨与立杆固定，高低差不应大于1m。靠边坡上方的立杆轴线到边坡的距离不应小于500mm（图3-134）。

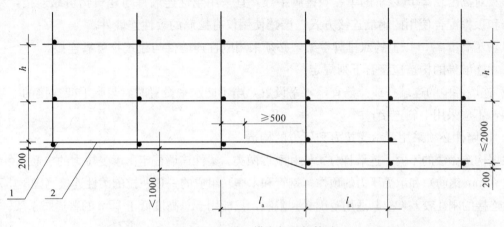

图3-134 纵、横向扫地杆构造
1—横向扫地杆；2—纵向扫地杆

(3) 脚手架底层步距不应大于2m（图3-134）。

(4) 立杆必须用连墙件与建筑物可靠连接，连墙件布置间距宜按表3-39采用。

连墙件布置最大间距　　　　表3-39

脚手架高度		竖向间距(h)	水平间距(l_a)	每根连墙件覆盖面积（m^2）
双排	≤50m	$3h$	$3l_a$	≤40
	>50m	$2h$	$3l_a$	≤27
单排	≤24m	$3h$	$3l_a$	≤40

注：h—步距；l_a—纵距。

(5) 立杆接长除顶层顶步外，其余各层各步接头必须采用对接扣件连接。

(6) 立杆顶端宜高出女儿墙上皮1m，高出檐口上皮1.5m。

5．连墙件

连墙件是起承受水平风荷载，防止脚手架向内或向外倾覆作用的，同时又起立杆中间支座的作用，对立杆在垂直于墙面方向位移提供一定的约束，提高立杆的承载能力，对保证脚手架的整体稳定性起重要作用。

(1) 连墙件数量的设置除应满足《建筑施工扣件式钢管脚手架安全技术规范》(JGJ 130—2001) 第5.3节、第5.4.1、5.4.2条计算要求外，尚应符合表3-40的规定。

(2) 连墙件的布置应符合下列规定：

1) 宜靠近主节点设置，偏离主节点的距离不应大于300mm；

2）应从底层第一步纵向水平杆处开始设置，当该处设置有困难时，应采用其他可靠措施固定；

说明：由于第一步立柱所承受的轴向力最大，是保证脚手架稳定性的控制杆件。在该处设连墙件，也就是增设了一个支座，这是从构造上保证脚手架立杆局部稳定性的重要措施之一。

3）宜优先采用菱形布置，也可采用方形、矩形布置；

4）一字形、开口形脚手架的两端必须设置连墙件，连墙件的垂直间距不应大于建筑物的层高，并不应大于4m（两步）。

说明：若一字形、开口形脚手架两端不与主体结构相连，就相当于自由边界而成为薄弱环节。将其两端与主体结构加强连接，再加上横向斜撑的作用，可对这类脚手架提供较强整体刚度。

（3）对高度在24m以下的单、双排脚手架，宜采用刚性连墙件与建筑物可靠连接，亦可采用拉筋和顶撑配合使用的附墙连接方式。严禁使用仅有拉筋的柔性连墙件。

（4）对高度24m以上的双排脚手架，必须采用刚性连墙件与建筑物可靠连接。

（5）连墙件的构造应符合下列规定：

1）连墙件中的连墙杆或拉筋宜呈水平设置，当不能水平设置时，与脚手架连接的一端应下斜连接，不应采用上斜连接；

2）连墙件必须采用可承受拉力和压力的构造。

根据构造做法的不同，连墙杆分柔性和刚性两类。柔性连墙杆定由承受拉力的拉筋（$\phi 4mm$的钢丝或$\phi 6mm$钢筋）和承受压力的顶撑（钢管和木楔）组成的一顶一拉的柔性连接（图3-135）。由于柔性连接的刚性较差，故其适用范围受到限制，只能用于总高度低于25m的普通脚手架。

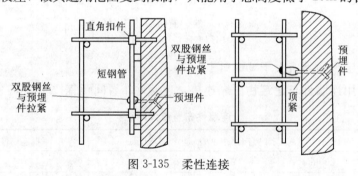

图3-135 柔性连接

刚性连墙杆有三种做法：

①连墙杆和预埋件焊接而成。即在现浇混凝土的框架梁、柱上留预埋件，然后用圆钢管或角钢（如用$L100\times 65\times 10$）一端与预埋件焊接（图3-136），另一端与连接短管用螺栓连接。连接时要求混凝土的强度等级不低于C15。

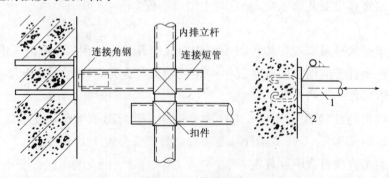

图3-136 焊接连接

②用短钢管、扣件与钢筋混凝土柱连接（图 3-137 和图 3-138）。

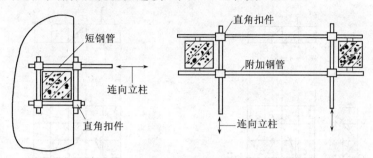

图 3-137 　与柱连接

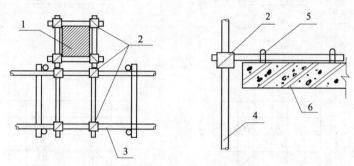

图 3-138 　与柱、板连接
1—结构柱；2—扣件；3—外脚手；4—立杆；5—预埋吊钩；6—楼板

③用短钢管、扣件与墙体相连接（图 3-139）。

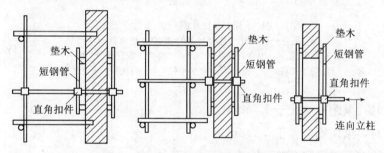

图 3-139 　与墙体刚性连接

（6）当脚手架下部暂不能设连墙件时可搭设抛撑。抛撑应采用通长杆件与脚手架可靠连接，与地面的倾角应在 45°～60°之间；连接点中心至主节点的距离不应大于 300mm。抛撑应在连墙件搭设后方可拆除。

说明：限制连墙件偏离主节点的最大距离 300mm 非常重要。因为只有连墙件在主节点附近方能有效地阻止脚手架发生横向弯曲失稳或倾覆，若远离主节点设置连墙件，因立杆的抗弯刚度较差，将会由于立杆产生局部弯曲，减弱甚至起不到约束脚手架横向变形的作用。调研中发现，许多连墙件设置在立杆步距的 1/2 附近，这对脚手架稳定是极为不利的，必须予以纠正。

（7）架高超过 40m 且有风涡流作用时，应采取抗上升翻流作用的连墙措施。

6. 门洞

（1）单、双排脚手架门洞宜采用上升斜杆、平行弦杆桁架结构形式（图 3-140），斜杆与地面的倾角 α 应在 45°～60°之间。门洞桁架的形式宜按下列要求确定：

1）当步距（h）小于纵距（l_a）时，应采用 A 型；

2）当步距（h）大于纵距（l_a）时，应采用B型，并应符合下列规定：

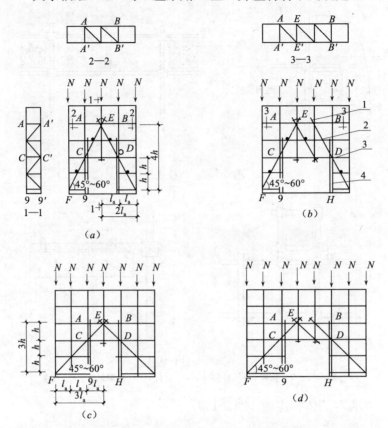

图 3-140 门洞处上升斜杆、平行弦杆桁架
(a) 挑空一根立杆（A型）；(b) 挑空二根立杆（A型）；
(c) 挑空一根立杆（B型）；(d) 挑空二根立杆（B型）
1—防滑扣件；2—增设的横向水平杆；3—副立杆；4—主立杆

①$h=1.8m$时，纵距不应大于1.5mm；

②$h=2.0m$时，纵距不应大于1.2mm。

（2）单、双排脚手架门洞桁架的构造应符合下列规定：

1）单排脚手架门洞处，应在平面桁架（图3-140中ABCD）的每一节间设置一根斜腹杆；双排脚手架门洞处的空间桁架，除下弦平面外，应在其余5个平面内的图示节间设置一根斜腹杆（图3-140中1—1、2—2、3—3剖面）；

2）斜腹杆宜采用旋转扣件固定在与之相交的横向水平杆的伸出端上，旋转扣件中心线至主节点的距离不宜大于150mm。当斜腹杆在1跨内跨越2个步距（图3-140A型）时，宜在相交的纵向水平杆处，增设一根横向水平杆，将斜腹杆固定在其伸出端上；

3）斜腹杆宜采用通长杆件，当必须接长使用时，宜采用对接扣件连接，也可采用搭接，搭接构造应符合《建筑施工扣件式钢管脚手架安全技术规范》(JGJ 130—2001)第6.3.5条的规定。

（3）单排脚手架过窗洞时应增设立杆或增设一根纵向水平杆（图3-141）。

（4）门洞桁架下的两侧立杆应为双管立杆，副立杆高度应高于门洞口1~2步。

（5）门洞桁架中伸出上下弦杆的杆件端头，均应增设一个防滑扣件（图3-140），该扣件宜紧靠主节点处的扣件。

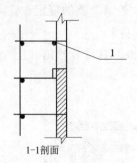
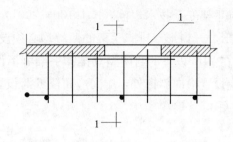

图 3-141　单排脚手架过窗洞构造
1—增设的纵向水平杆

7. 剪刀撑与横向斜撑

(1) 双排脚手架应设剪刀撑与横向斜撑，单排脚手架应设剪刀撑。

(2) 剪刀撑的设置应符合下列规定：

1) 每道剪刀撑跨越立杆的根数宜按表 3-40 的规定确定。每道剪刀撑宽度不应小于 4 跨，且不应小于 6m，斜杆与地面的倾角宜在 $45°\sim60°$ 之间；

剪刀撑跨越立杆的最多根数　　　　　　　　　　表 3-40

剪刀撑斜杆与地面的倾角 α	45°	50°	60°
剪刀撑跨越立杆的最多根数 n	7	6	5

2) 高度在 24m 以下的单、双排脚手架，均必须在外侧立面的两端各设置一道剪刀撑，并应由底至顶连续设置（图 3-142）；

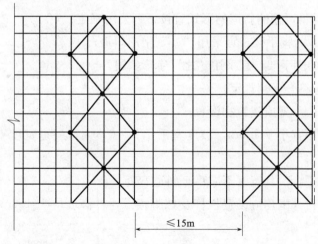

图 3-142　剪刀撑布置

3) 高度在 24m 以上的双排脚手架应在外侧立面整个长度和高度上连续设置剪刀撑；

4) 剪刀撑斜杆的接长宜采用搭接，搭接应符合本《建筑施工扣件式钢管脚手架安全技术规范》(JGJ 130—2001) 第 6.3.5 条的规定；

5) 剪刀撑斜杆应用旋转扣件固定在与之相交的横向水平杆的伸出端或立杆上，旋转扣件中心线至主节点的距离不宜大于 150mm。

(3) 横向斜撑的设置应符合下列规定：

1）横向斜撑应在同一节间，由底至顶层呈之字形连续布置，斜撑的固定应符合《建筑施工扣件式钢管脚手架安全技术规范》(JGJ 130—2001)第6.5.2条第2款的规定；

2）一字形、开口形双排脚手架的两端均必须设置横向斜撑；

3）高度在24m以下的封闭型双排脚手架可不设横向斜撑，高度在24m以上的封闭型脚手架，除拐角应设置横向斜撑外，中间应每隔6跨设置一道。

8. 斜道（图3-143）

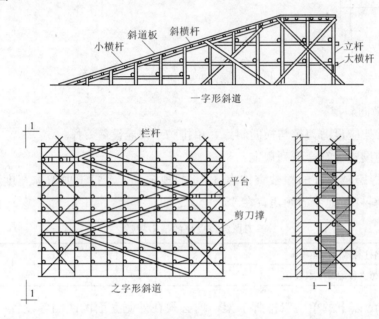

图3-143 斜道

（1）人行并兼作材料运输的斜道的形式宜按下列要求确定：

1）高度不大于6m的脚手架，宜采用"一"字形斜道；

2）高度大于6m的脚手架，宜采用"之"字形斜道。

（2）斜道的构造应符合下列规定：

1）斜道宜附着外脚手架或建筑物设置；

2）运料斜道宽度不宜小于1.5m，坡度宜采用1∶6，人行斜道宽度不宜小于1m，坡度宜采用1∶3；

3）拐弯处应设置平台，其宽度不应小于斜道宽度；

4）斜道两侧及平台外围均应设置栏杆及挡脚板。栏杆高度应为1.2m，挡脚板高度不应小于180mm；

5）运料斜道两侧、平台外围和端部均应按《建筑施工扣件式钢管脚手架安全技术规范》(JGJ 130—2001)第6.4.1～6.4.6条的规定设置连墙件；每两步应加设水平斜杆；应按《建筑施工扣件式钢管脚手架安全技术规范》(JGJ 130—2001)第6.6.2和6.6.3条的规定设置剪刀撑和横向斜撑。

（3）斜道脚手板构造应符合下列规定：

1）脚手板横铺时，应在横向水平杆下增设纵向支托杆，纵向支托杆间距不应大于500mm；

2）脚手板顺铺时，接头宜采用搭接；下面的板头应压住上面的板头，板头的凸棱外宜采用三角木填顺；

3）人行斜道和运料斜道的脚手板上应每隔250～300mm设置一根防滑木条，木条厚度宜为20～30mm。

2.2.2 单、双立杆扣件式落地脚手架的适用范围

《建筑施工扣件式钢管脚手架安全技术规范》(JGJ 130—2001)及《建筑施工门式钢管脚手架安全技术规范》(JGJ 128—2000)规定，扣件式钢管脚手架搭设高度可为50m，门式钢管脚手架搭设高度可为60m，但高度超过24m后要按"高层脚手架"施工。

对于扣件式钢管脚手架，高度在30m以下时，可用单根立杆，立杆纵距1.8m；高度在30～50m，应采取加密立杆纵距或用双立杆措施：

(1) 加密立杆间距：高度在30～40m的，纵距为1.5m，高度在41～50m的，纵距为1.00m。

(2) 双立杆措施：自脚手架顶部算起，往下30m为单立杆，30m以下则为双立杆。

做法：内外排均用双钢管平行于房屋纵墙并列，并用回转扣件连接。一般将从底到顶设置的立杆称为主立杆，增加的并列立杆为副立杆。主、副立杆均用$\phi 48\times 3.5$mm钢管，对接扣件接长。

双排立杆内外排之间横距为1.00～1.20m，内排立杆距建筑墙面500mm。小横杆伸出内排立杆300mm（端头距墙面距离不大于200mm），伸出外排立杆150～200mm。

2.3 扣件式落地脚手架的施工工艺流程和施工要点

2.3.1 施工工艺流程

扣件式落地脚手架的施工工艺流程：

(1) 纵向水平杆作为横向水平杆的支座（当使用冲压钢脚手板、木脚手板、竹串片脚手板时），施工搭设流程为：

做好搭设的准备工作→按房屋的平面形状放线→铺设垫板→按立杆间距排放底座→放置纵向扫地杆→逐根树立立杆，随即与纵向扫地杆扣牢→安装横向扫地杆，并与立杆或纵向扫地杆扣牢→安装第一步纵向水平杆（与各立杆扣牢）→安装第一步小横杆→安装第二步纵向水平杆（与各立杆扣牢）→安装第二步小横杆→加设临时抛撑（上端与第二步纵向水平杆扣牢，在装设两道连墙杆后可拆除）→第三、四步纵向水平杆和小横杆→设置连墙杆→接立杆→加设剪刀撑→铺脚手板→绑护身栏杆和挡脚板→立挂安全网→……。

(2) 横向水平杆作为纵向水平杆的支座（使用竹笆脚手板的南方做法），除了纵向水平杆和横向水平杆安装交换前后顺序外，施工搭设流程同(1)。

扣件式外脚手架，无论是双排脚手架还是单排脚手架，其拆除流程和搭设流程相反。就是先搭的后拆，后搭的先拆。先从钢管脚手架顶端拆起。

(3) 纵向水平杆作为横向水平杆的支座（当使用冲压钢脚手板、木脚手板、竹串片脚手板时），施工拆除流程为：安全网→护身栏→挡脚板→脚手板→小横杆→纵向水平杆→立杆→连墙杆→……。

（4）横向水平杆作为纵向水平杆的支座（使用竹笆脚手板的南方做法），施工拆除流程为：安全网→护身栏→挡脚板→脚手板→纵向水平杆→小横杆→立杆→连墙杆→……。

2.3.2 扣件式钢管脚手架的用料估算（表3-41）

扣件式钢管脚手架的用量参考表（每1000m² 墙面）　　　表3-41

材料名称		单位	墙高20m		墙高10m	
			单排	双排	单排	双排
钢管	立杆	m	546	1092	583	1166
	大横杆	m	805	1560	834	1565
	小横杆	m	924	882	998	897
	剪刀撑	m	183	183	100	100
	小计	m	2458	3717	2515	3728
		t	9.44	14.27	9.66	14.32
扣件	直角扣件	个	908	1688	943	1685
	回转扣件	个	75	75	40	40
	对接扣件	个	206	404	189	361
	底座	个	26	52	53	106
	小计	个	1215	2219	1225	2193
		t	1.63	2.98	1.65	2.97

注：1. 扣件每个重量：直角扣件1.25kg，回转扣件1.5kg，对接扣件1.6kg；
　　2. 底座用8mm钢板和60×3.5钢管焊接，每个重2.14kg；
　　3. 大横杆中包括安全栏用料。

2.3.3 施工要点

1. 施工准备

（1）熟悉搭设方案，明确搭设要求：单位工程负责人、单位工程技术负责人应了解房屋主体结构及地基情况，熟悉主体工程施工概况，按施工组织设计中有关脚手架布置方案及技术要求向架设和使用人员进行技术交底。

（2）搭设前，对钢管、扣件、脚手板、安全网等架料进行清理检查。有不合格的要剔除另行处理，处理方法见表3-42。未经处理的不得上架使用。

搭架前架料检查项目　　　表3-42

序号	架料	项目	处理
1	钢管	弯曲	剔除、修整
		压扁	剔除、修整
		严重锈蚀	剔除不用
2	扣件	脆裂	剔除不用
		变形	剔除不用
		滑丝	换螺栓
3	木脚手板	腐朽、断裂	剔除不用
		变形	剔除、修整

续表

序号	架料	项目	处理
4	竹脚手板	扭曲、变形	剔除不用
		腐朽、断裂	剔除不用
		螺栓松动	紧固修复
5	安全网	断绳、腐朽	报废
		局部松散	编制、加固

注：上表为旧架料的检查处理。

（3）经检验合格的构配件应按品种、规格分类，堆放整齐、平稳，堆放场地不得有积水。

2. 地基处理

（1）一般要求：

1）脚手架地基应平整夯实（或作基础）；

2）脚手架的钢立杆不能直接立于土地面上，应加设底座和垫板（或垫木）。垫板（木）厚度不小于50mm；不得在未经处理的起伏不平和软硬不一的地面上直接搭设脚手架；

3）遇有坑槽时，立杆应下到槽底或在槽上设底梁（一般可用道木或型钢梁）；

4）脚手架地基应有可靠的排水措施，防止积水浸泡地基；

5）脚手架旁有开挖的沟槽时，应控制外立杆距沟槽边的距离；当架高在25m以内时，不小于1.5m；架高为25～50m时，不小于2.0m；架高在50m以上，不小于3.0m。当不能满足上述距离时，应核算土坡承受脚手架的能力，不足时可加设挡土墙或其他可靠支护，避免槽壁坍塌危及脚手架安全；

6）脚手架底座底面标高宜高于自然地坪50mm；

7）脚手架基础经验收合格后，应按施工组织设计的要求放线定位。

（2）一般做法：对地基起伏较大的采用铲平、设垫块、砌垫墩，或将地面标高分为若干层，各层分别平整；对回填土，要分层夯实并设垫块或垫板。垫块采用C15以上混凝土，垫板可用50mm以上厚木板、槽钢等，在立杆底部应装钢底座，且必须加扫地杆。下面介绍两种常用做法：

1）架高50m以下脚手架的基础做法为：

①采用道木支垫；

②在地基上加铺200mm厚道碴后铺C15以上混凝土预制块，在其上沿纵向铺放12～16号槽钢，将脚手架立杆座于槽钢上。

若脚手架地基为回填土，应按规定分层夯实，达到密实度要求；并自地面以下1m深，改作三七灰土。

2）高度超过50m的脚手架，搭设场地表面应做2～3m 2:8灰土并夯实或加碎石；每根立杆底部应装钢底座并垫上厚度大于50mm的木板，木板面积不小于$0.15m^2$，也可垫通长脚手板。

3. 搭设操作施工要点

（1）立杆、架杆：立杆与架杆是搭架的基本工作。以小组为单位，每组3～4人配合架设。双排架先立里立杆（里立杆距墙500mm），后立外杆，里外立杆横距按搭架方案确定。使用钢套管底座的，要将钢管插到底座套管底部。立杆宜先立两头及中间的一根，待"三点拉成一线后"再立中间其余立杆。立杆要求垂直，允许偏差应小于高度的1/200。双排架的里外排立杆的连线应与墙面垂直。

架立杆的同时，即安装纵向水平杆，纵向水平杆安装好一部分后，紧接着安装小横杆。小横杆要与纵向水平杆相垂直，两端要伸出纵向水平杆外150mm，防止小横杆受力后发生弯曲而从扣件中滑脱。纵向水平杆要保持水平（一根杆的两端高低差最多不超过20mm、同跨内两根杆的高低差不大于10mm）。若地面有高差，应先从最低处立杆架设。

(2) 紧固扣件：架杆的同时，就要装扣件并紧固。架杆时，可在立杆上预定位置留置扣件，横杆依该扣件就位。先上好螺栓，再调平、校正，然后紧固。调整扣件位置时，要松开扣件螺栓移动扣件，不能猛力敲打。扣件螺栓的紧固，必须松紧适度。因为拧紧的程度对架子承载能力、稳定性及施工安全影响极大，尤其是立杆与纵向水平杆连接部位的扣件，应确保纵向水平杆受力后不致向下滑移。紧固扣件时，要注意以下几点要求：

1) 关于紧固力矩：试验表明，扣件螺栓拧紧到扭矩为40~65N·m时，扣件本身才具有抗滑、抗转动和抗拔出的能力，并具有一定的安全储备。当扭矩达65N·m以上时，扣件螺栓将出现"滑丝"甚至断裂。为此，规范规定拧紧扣件螺栓的力矩为40~65N·m。

2) 紧固扣件螺栓的工具：可以用定扭（力）扳手、棘轮扳手和固定扳手（活动扳手）。以定扭（力）扳手为最佳，这种扳手不仅能连续拧紧操作，并可事先确定扭力距，拧紧螺栓时，达到定扭力矩，扳手会发出"咔嚓"声响，这时便达到拧紧要求。棘轮扳手也可以连续拧转操作，使用方便，但不能"定扭"。使用普通固定（活动）扳手时，操作人应根据其扳手的长度用测力计量自己的手劲，以便在紧固扣件时掌握力度。

3) 关于扣件的朝向：扣件在杆上的朝向应注意两个问题：一是要有利于扣件受力，二是要避免雨水进入钢管。所以，用于连接纵向水平杆的对接扣件，扣件开口不得朝下，以开口朝内螺栓朝上为宜，直角扣件开口不得朝下，以确保安全。

(3) 接杆：立杆和纵向水平杆用对接扣件对接。相邻杆的接头位置要错开500mm以上。在立杆、架杆时选用不同长度的钢管。立杆的接长应先接外排立杆，后接里排杆。纵向水平杆也可用旋转扣件搭接连接，搭头长度为1000mm，用不少于3个扣件连接。

剪刀撑的钢管因要承受拉力，不能用对接扣件接头，而要用旋转扣件连接。其接长部位要超过1000mm，并采用双扣件连接。

(4) 连墙件设置：连墙件的作用主要是防止架子向外倾倒，也防止向内倾斜。同时也增加架子的纵向刚度和整体性。当架高为两步以上时即开始设连墙件。普通脚手架连墙件设置方法有以下几种：

1) 将小横杆伸入墙内，用两只扣件在墙内外侧夹紧小横杆。

2) 在墙内预埋钢筋环，用钢丝穿过钢筋环拉住立杆，同时将小横杆顶住墙体，或加绑木枋作顶撑顶住墙体。

3) 在墙体洞口处内外加短钢管（长度大于洞口宽度500mm），再用扣件与小横杆扣紧。

4) 在混凝土柱、梁内设预埋件，用钢筋挂钩勾挂脚手架立杆，同时加顶撑撑住墙体。

(5) 架剪刀撑：用两根钢管交叉分别跨过4根以上7根以下立杆，设于临空侧立杆外侧。剪刀撑主要是增强架子纵向稳定及整体刚度。一般从房屋两端开始设置，中间间距不超过12~15m。

(6) 架安全栏杆和挡脚板（图3-144）：每一操作层均要在架子外侧（临空侧）设安全栏杆

和挡脚板。安全栏杆为上下两道，上道栏杆上口高度1200mm，下道栏杆居中（500～600mm），用通长的钢管平行于纵向水平杆设在外立杆内侧。挡脚板高度不应小于180mm，也设在外立杆内侧，用钢丝绑扎在立杆和纵向水平杆上。

（7）铺脚手板：每一作业层均要满铺脚手板。脚手板的支承杆的间距要按规定设置。为了节约用料，该支承杆可随着铺板层的移动而拆卸移动。铺板时要注意以下几点：

1）脚手板必须满铺不得有空隙。采用冲压钢脚手板、木脚手板、竹串片脚手板等以横向水平杆为支承杆的脚手板，应在中部加一道横向水平杆，使脚手板搁置在三根横向水平杆上；若脚手板长度小于2m，其支承杆可为两根横向水平杆，但应将脚手板两端固牢，防倾翻；板长大于3.5m时，其支承杆不能少于4根。

2）脚手板可采取对接平铺与搭接平铺两种方式。对接平铺时，接头必须设两根横向水平杆，脚手板外伸长度为130～150mm；脚手板搭接铺设时，接头必须支在横向水平杆上，搭接长度应大于200mm，其伸出横向水平杆的长度不应小于100mm。

3）在脚手架转角处，脚手板应交叉（重叠）搭设。作业层端部脚手板伸出横向水平杆探头长度不应大于150mm，并应与支承杆绑扎连接。

4）脚手板要铺平、铺稳，当支承杆高度有变化时，可在支承杆上加绑木枋、钢管使其高度一致，不能用砖块、木块垫塞。

5）当采用竹笆脚手板时，要在横向水平杆上平行于纵向水平杆方向加支承杆，支承杆间距400～500mm，竹笆主竹筋垂直于纵向水平杆，并采用对接平铺法，四角均用钢丝绑扎固定在纵向水平杆上。

6）脚手板不要抵住墙体，要留出一定空隙，以便抹灰操作，一般留出120～150mm。该空隙也不能留置过大，以免发生坠落事故，应控制在200mm以内。

（8）架安全网：砌筑用脚手架，其高度是随着砌体升高而逐渐上升的，当高度超过3.2m后，就应架安全网（图3-145）。安全网设于脚手架外侧，宽度不小于3m，用钢管或毛竹、杉槁支撑，其外口高于里口50～60mm。为防止物料下坠，脚手架第一步操作层下口要设安全网或安全棚（用竹编板、脚手板等满铺）。在城区施工时，通常要"封闭施工"，即在脚手架外侧满挂安全棚，其材料可用密目安全网、竹笆板、塑料布、竹编板、竹编席、钢丝网等，具体做法按单位工程施工方案。

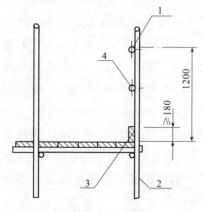

图3-144 栏杆与挡脚板构造
1—上栏杆；2—外立杆；
3—挡脚板；4—中栏杆

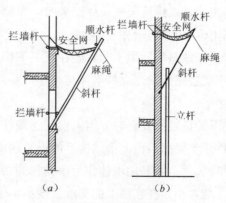

图3-145 安全网构造

4. 注意事项

（1）高处作业注意事项：架上操作系高处作业，必须严格执行《建筑施工高处作业安全技术规范》。上架时戴好安全帽、系上安全带，并穿软底鞋，扎紧袖口、裤口。在架上，不得往下抛掷料具，也不得抛掷传递料具。特别要注意，架上各项操作不得"勉强"，不得违"规"，更不得开玩笑。酒后不得上架，身体不适也不得上架，牢记安全第一。

（2）架上行走注意事项：

一般情况，架上行走要在脚手板作业层上。在搭设架子过程中，不可避免要在横杆上行走，行走时要注意以下几点：

1）该横杆扣件应是已经紧固、稳定的。

2）行走时，要攀附墙面或上部横杆钢管，不能双手持物在架上行走。

3）要系上安全带。

（3）紧固操作注意事项：钢管脚手架的节点即扣件连接点，也是荷载的传递点。架子靠节点形成整体，荷载也靠节点传递。扣件紧固的程度也就直接影响架子的安全。但扣件并不是越紧固越好，施力过大会使钢管变形，甚至螺栓断裂。紧固力矩以 40~65N·m 较合适。紧固时要一手扶钢管，一手拧扳手，绝不能用双手拧扳手。紧固低于工作面的扣件时，不能双脚蹲在一根钢管上，而应骑坐或跨坐在钢管上，利用腿、脚、肘、臂勾挂住架子，保持身体平衡。

（4）架料传递注意事项：在架上传递长钢管，应就近竖立传递。短钢管可利用房屋内部楼梯从室内传递。扣件要用工具包装好、用拉绳吊运，绝不允许采取"抛掷"方法传递。传递人员要配合密切，要做到"上手未抓牢，下手不松手"，吊运扣件时要"下手未装好，上手不拉绳"。

架料传递与搭架工作是紧密相连的，搭架准备工作完全做好后才传递架料，传上架的钢管要马上安装，不能悬在空中。扣件用多少传多少，传上架的扣件包要挂牢，不能将散扣件放在架上。个别零散扣件可套在钢管上传递，上架后再卸下使用。若利用起重设备（井架、塔吊等）吊运钢管，不论钢管长短，都应采用两点绑扎吊运法吊运。

（5）其他注意事项：

1）搭设架子最好连续作业，下班前要将所有上架的料具、钢管用完，已搭的架子都要紧固稳定，不得留下未紧固的"半截架"就下班走人。架子搭完后，未经检查验收，不允许使用。非架子工不得上架作业。

2）当风力达六级或天气条件恶劣时，要停止架上作业，雷雨季节施工要注意防雷。

3）当用毛竹代替钢管作安全栏杆时，毛竹必须无破损、无毛刺，毛竹直径不得小于70mm。

4）脚手架地基为回填土时，要注意最下排立杆不能立在"枯石"上。也不得使立杆下部悬空，当脚手架搭完后发现立杆下部与底座、垫块间有空隙时不能用填塞的办法，而应用木楔或钢楔楔紧垫平。

5）在开始搭底部立杆时，因未设置连墙件，要支搭抛撑作为临时稳定措施。当脚手架高度超过连墙件两步架高后而上部结构不能设置连墙件时，要设置拉杆、拉绳等临时稳定措施。

6）单排脚手架系利用墙体作为小横杆的一个支撑端，为保证支撑稳定，支承小横杆的墙必须是实心砖墙，小横杆在墙上的支承长度不小于240mm。

5. 拆除操作施工要点

脚手架使用完毕，确信所有施工操作均不再用脚手架时，便可开始拆除。拆除前，要由单位工程负责人确认不再使用脚手架，并下达拆除通知，方可开始拆除。对复杂的架子，还需制定拆除方案，由专人指挥，各工种配合操作。

拆除脚手架要按照"先搭的后拆、后搭的先拆、先拆上部、后拆下部、先拆外面、后拆里面、次要杆件先拆、主要杆件后拆"的原则，按层次自上而下拆除，其要点如下：

（1）拆除顺序：首先清除架子上堆放的物料，然后拆除脚手板（每档留一块，供拆除操作时使用），再依次拆除各杆件。各杆件拆除顺序为：安全栏杆——剪刀撑——小横杆——大横杆——立杆。自上而下逐步拆除。

（2）操作要点：

1）拆除大横杆、立杆及剪刀撑等较长杆件，要由三人配合操作。两端人员拆卸扣件，中间一个负责接送（向下传送）。若用吊车吊运，要两点绑扎，平放吊运。小横杆、扣件包等，可通过建筑室内楼梯工人运送。

2）杆件拆除时要一步一清，不得采用踏步式拆法。对剪刀撑、连墙杆，不能一次拆除，只能随架子整体的下拆而逐层拆除。

3）拆除的扣件与零配件，用工具包或专用容器收集，用吊车或吊绳吊下，不得向下抛掷。也可将扣件留置在钢管上，待钢管吊下后，再拆卸。

4）拆除下的杆件、扣件要及时按规格、品种分类堆放，并及时清理入库。

5）拆除操作人员要佩带安全带，安全带挂钩要挂在可靠的且高于操作面的地方。

6）拆除时要设置警戒线，专人负责安全警戒，禁止无关人员进入。

7）拆除工作宜连续进行，若中途下班休息，要清除架上已拆卸的杆件、扣件，并加临时拉杆稳定架子，并派人值班看守，防止他人动用脚手架。

2.4 扣件式落地脚手架的质量通病及预防措施

2.4.1 脚手架质量通病

（1）脚手架用料不符合要求，使用前未进行必要的检验检测。具体归纳有下列三个原因：

1）未经检查验收就直接使用，包括新料和周转料。

2）用料不配套。如 $\phi51$ 与 $\phi48$ 钢管混用。

3）用料规格不当。材料虽经检验，且为合格，但其规格不满足要求。如：纵向水平杆长度不足，致使产生跨内多处接头；小横杆兼作连墙件时，长度不够，致使伸出立杆外长度不足 150mm。

（2）脚手架构造做法不当：

1）脚手架基础排水不畅、未整平夯实、斜坡地段未分段作垫块、地下管沟未作防护处理等。

2）立杆接头未错开、中部采用回转扣件连接、顶部未按规定高出屋面、垂直度偏差大于规范规定、未设底座或垫板、扫地杆设置错误等。

3）纵向水平杆单根长度小于 3 跨、同步同跨内有接头、相邻接头交错距离不足 500mm、横向水平杆靠墙端伸出过长（大于 500mm）或顶住墙体、与立杆连接未采用直角扣件、水平度超过规范规定等。

4) 脚手板对接处悬挑太长（大于150mm）、搭接长度不足200mm、绑扎不牢、未采用满铺、未设挡脚板、采用脚手笆但未加纵向支撑杆或支撑间距过大、脚手板与墙面间距超过200mm等。

5) 连墙件与脚手架连接处偏移主节点300mm以上、与建筑连接不可靠、总体布置不合理、底层未设连墙件、连墙件刚性不足、拉杆连墙件不水平（规范规定：连墙件若不能处于水平，脚手架端可向下斜但不能向上斜）、脚手架下部不能设连墙件处未加设抛撑等。

6) 剪刀撑搭接长度不足600mm、未采用回转扣件连接、跨越立杆数量过少或过多（少于4跨，多于7跨）、未由底至顶连续设置、两道之间间距大于15m、与脚手架连接处距主节点大于300mm、高层脚手架（24m以上）未按规定在外侧立面长度范围连续设置、角度小于45°或大于60°等。

(3) 搭设工艺质量方面：搭设工艺质量与构造要求是密切相关的，凡未按构造规定搭设的，其质量应为不合格。按构造规定搭设的，因搭设人员操作技术问题或其他问题，也有可能出现质量问题。

如：1) 扣件紧固施力过小或过大，使节点产生滑移或扣件螺栓断裂。

2) 脚手板铺设虽然按规定满铺，但脚手板接合处绑扎不牢或板面不平而出现安全隐患。

3) 钢丝绳插接的接头质量不好、连接长度不足，用卡环连接时卡环数量不够，"安全弯"留设不正确等。

4) 工具使用方面，用大扳手拧小螺栓或小扳手拧大螺栓，绑扎钢丝不用"插钎"而只用手拧，校正时用铁锤猛击扣件等。

(4) 异常环境处理措施方面：所谓异常环境，指脚手架特殊部位或在特殊条件下使用的脚手架，在这些特殊部位或特殊条件下，脚手架往往需要专门的构造处理，处理是否得当，将直接影响到脚手架的质量。如：脚手架门洞处的处理；满堂架的掏空处理；建筑结构影响连墙件正常布置时的构造处理；异形脚手架的构造措施；坡地上搭设脚手架；回填土上搭设脚手架；斜道、卸料平台、乘人吊笼等设施与脚手架接合部位的处理。

2.4.2 脚手架质量通病的防治措施

搭设合格的、不存在质量隐患的脚手架，是架子工的基本职责。脚手架出现了质量问题，架子工应熟悉相应的处理对策，并立即采取措施处理。表3-43列出的防治对策可供参考。实践工作中，各类脚手架都有各自特点的质量问题，处理时需具体问题具体分析，并严格执行规范，发挥老工人经验丰富的长处，因地制宜地解决问题。

脚手架质量通病及防治对策　　　　表3-43

脚手架质量通病类别	防　治　对　策
脚手架用料方面	所有脚手架材料应为合格品 所有上架应用的材料都必须检查 各类材料配套使用 回收材料加强保管
构造做法方面	严格执行脚手架技术操作规范，对目前无统一规范要求的脚手架参照有关规程（规定）执行，无参照要求时，应通过试验确定构造做法
搭设工艺方面	练好基本功，掌握各项操作工艺
异常环境方面	针对环境条件制定搭设方案，特殊部位要特殊处理。对有可能产生特殊情况的部位事先作好预防性处理

2.5 安全、文明施工措施与应急预案

2.5.1 危险源识别与监控

1. 脚手架工程事故的类型
(1) 整架倾倒或局部垮架。
(2) 整架失稳，垂直坍塌。
(3) 人员从脚手架上高处坠落。
(4) 落物伤人（物体打击）。
(5) 不当操作事故（闪失、碰撞等）。

2. 引发事故的主要原因
(1) 整架倾倒、垂直坍塌或局部垮架：
1) 构架缺陷：构架缺少必须的结构杆件，未按规定数量和要求搭设连墙件等。
2) 在使用过程中任意拆除必不可少的杆件和连墙件等。
3) 构架尺寸过大、承载能力不足或设计安全不够与严重超载。
4) 地基出现过大的不均匀沉降。
(2) 人员从脚手架上高处坠落：
1) 作业层未按规定设置围挡防护。
2) 作业层未满铺脚手板或架面与墙之间的间隙过大。
3) 脚手板和杆件因搁置不稳、扎结不牢或发生断裂而坠落。
4) 不当操作产生的碰撞或闪失等。
(3) 不当操作事故：
1) 用力过猛，致使身体失稳。
2) 在架面上拉车退着行走。
3) 拥挤碰撞。
4) 集中多人搬运或安装较重构件。
5) 架面上的冰雪未清除，造成滑落。
(4) 落物伤人（物体打击）：
1) 在搭设或拆除时，高空抛掷构配件，砸伤工人或路过行人。
2) 架体上物体堆放不牢或意外碰落，砸伤工人或路过行人。
3) 整架倾倒、垂直坍塌或局部垮架，砸伤工人或路过行人等。
(5) 其他伤害：
1) 在不安全的天气条件（六级以上大风、雷雨和雪天）下继续施工。
2) 在长期搁置以后未作检查的情况下重新投入使用。
3) 脚手架的外侧边缘与外电架空线路的边线之间没有保持安全操作距离等。

3. 危险源的监控
(1) 对脚手架的构配件材料的材质，使用的机械、工具、用具进行监控。
(2) 对脚手架的构架和防护设施承载可靠和使用安全进行监控。

(3) 对脚手架的搭设、使用和拆除进行监控，坚决制止乱搭、乱改和乱用情况。

(4) 加强安全管理与日常维护，对施工环境和施工条件进行监控。

2.5.2 安全、文明施工措施

1. 脚手架安全事故的原因

(1) 在脚手架上发生高处坠落事故的主要原因分析。

作业人员安全意识淡薄，自我保护能力差，冒险违章作业。一是架子工从事脚手架搭设与拆除时，未按规定正确佩戴安全帽和安全带。许多作业人员自恃"艺高人胆大"，嫌麻烦，认为不戴安全帽或不系安全带，只要小心一些就不会出事，由此导致的高处坠落事故时有发生。二是作业人员危险意识差，对可能遇到或发生的危险估计不足，对施工现场存在的安全防护不到位等问题不能及时发现。

(2) 脚手架搭设不符合规范要求。建设部行业标准《建筑施工扣件式钢管脚手架安全技术规范》(JGJ 130—2001) 已经于 2001 年 6 月 1 日起正式实施。该规范属于强制性标准，在脚手架的设计计算、搭设与拆除、架体结构等方面提出了许多新的要求。但在部分施工现场，脚手架搭设不规范的现象仍比较普遍，一是脚手架操作层防护不规范；二是密目网、水平兜网系结不牢固，未按规定设置随层兜网和层间网；三是脚手板设置不规范；四是悬挑架等设置不规范，由此导致了多起职工伤亡事故的发生。

(3) 脚手架搭设与拆除方案不全面，安全技术交底无针对性。项目部重视施工现场、忽视安全管理资料的现象比较普遍，应当编制专项施工工程安全技术方案，如脚手架搭设与拆除、基坑支护、模板工程、临时用电、塔机拆装等，不编制施工方案，或者不结合施工现场实际情况，照抄标准、规范，应付检查。安全技术交底仍停留在"进入施工现场必须戴安全帽"的层次上，缺乏针对性。工程施工中凭个人经验操作，不可避免地存在事故隐患和违反操作规程、技术规范等问题，甚至引发伤亡事故。

(4) 安全检查不到位，未能及时发现事故隐患。在脚手架的搭设与拆除和在脚手架上作业过程中发生的伤亡事故，大都存在违反技术标准和操作规程等问题，但施工现场的项目经理、工长、专职安全员在定期安全检查、平时检查中，均未能及时发现问题，或发现问题后未及时整改和纠正，对事故的发生负有一定责任。

2. 在脚手架上发生伤亡事故的预防措施

(1) 加强培训教育，提高安全意识，增强自我保护能力，杜绝违章作业。

安全生产教育培训是实现安全生产的重要基础工作。企业要完善内部教育培训制度，通过对职工进行三级教育、定期培训，开展班组班前活动，利用黑板报、宣传栏、事故案例剖析等多种形式，加强对一线作业人员，尤其是农民工的培训教育，增强安全意识，掌握安全知识，提高职工搞好安全生产的自觉性、积极性和创造性，使各项安全生产规章制度得以贯彻执行。脚手架等特殊工种作业人员必须做到持证上岗，并每年接受规定学时的安全培训。《建筑施工扣件式钢管脚手架安全技术规范》规定："脚手架搭设人员必须是经过按现行国家标准《特种作业人员安全技术考核管理规则》(GB 5036—85) 考核合格的专业架子工。上岗人员应定期体检，合格者方可持证上岗"。《建筑安装工人安全技术操作规程》规定，进入施工现场必须戴安全帽，禁止穿拖鞋或光脚。在没有防护设施的高空、悬崖和陡坡施工，必须系安全带。正确使用个人安全防护用品是防止职工因工伤亡事故的第一道防线，是作业人员的"护身符"。

(2) 加强脚手架搭设的安全技术措施。

脚手架的基础必须经过夯实处理满足承载力要求，做到不积水、不沉陷；搭设过程中应划出工作标志区，禁止行人进入，统一指挥、上下呼应、动作协调，严禁在无人指挥下作业。当解开与另一人有关的扣件时必须先告诉对方，并得到允许以防坠落伤人；开始搭设立杆时，应每隔 6 跨设置一根抛撑，直至连墙件安装稳定后，方可根据情况拆除；脚手架及时与结构拉结或采用临时支顶，以保证搭设过程安全，未完成脚手架在每日收工前，一定要确保架子稳定；脚手架必须配合施工进度搭设，一次搭设高度不得超过相邻连墙件以上两步；在搭设过程中应由安全员、架子班长等进行检查、验收，每两步验收一次。

1) 脚手架作业层防护要求：

①脚手板：脚手架作业层应满铺脚手板，板与板之间紧靠，离开墙面 120~150mm；当作业层脚手板与建筑物之间缝隙大于 150mm 时，应采取防护措施。脚手板一般应至少两层，上层为作业层，下层为防护层。只设一层脚手板时，应在脚手板下设随层兜网。自顶层作业层的脚手板向下宜每隔 12m 满铺一层脚手板。

②防护栏杆和挡脚板：均应搭设在外立杆内侧；上栏杆上皮高度应为 1.2m；挡脚板高度 180mm；中栏杆应居中设置。

③密目网与兜网：脚手架外排立杆内侧，要采用密目式安全网全封闭。密目网必须用符合要求的系绳将网周边每隔 45cm 系牢在脚手管上。建筑物首层要设置兜网，向上每隔 3 层设置一道，作业层下设随层网。兜网要采用符合质量要求的平网，并用系绳系牢，不可留有漏洞。密目网和兜网破损严重时，不得使用。

2) 连墙件的设置要求：连墙件的布置间距除满足计算要求外，尚不应大于最大间距；连墙件宜靠近主节点设置，偏离主节点的距离不应大于 300mm；应从底层第一步纵向水平杆开始设置，否则应采用其他可靠措施固定；宜优先采用菱形布置，也可采用方形、矩形布置；一字形、开口形脚手架的两端必须设置连墙件，连墙件的垂直间距不应大于建筑物的层高，并不应大于 4m；高度 24m 以下的单、双排架，宜采用刚性连墙件与建筑物可靠连接，亦可采用拉筋和顶撑配合使用的附墙连接方式，严禁使用仅有拉筋的柔性连墙件；高度 24m 以上的双排架，必须采用刚性连墙件与建筑物可靠连接；连墙件中的连墙杆或拉筋宜水平设置，当不能水平设置时，与脚手架连接的一端应下斜连接，不应采用上斜连接。

3) 剪刀撑设置要求：每组剪刀撑跨越立杆根数为 5~7 根；高度在 24m 以下的单、双排脚手架，必须在外侧立面的两端各设置一组，由底部到顶部随脚手架的搭设连续设置；高度 24m 以上的双排架，在外侧立面必须沿长度和高度连续设置；剪刀撑斜杆应与立杆和伸出的横向水平杆进行连接；剪刀撑斜杆的接长均采用搭接。

4) 横向水平杆设置要求：主节点处必须设置一根横向水平杆，用直角扣件扣接且严禁拆除；作业层上非主节点处的横向水平杆，宜根据支承脚手板的需要等间距设置，最大间距不应大于纵距的 1/2；使用钢脚手板、木脚手板、竹串片脚手板时，双排架的横向水平杆两端均应采用直角扣件固定在纵向水平杆上。

(3) 加强脚手架上施工作业的安全技术措施。

结构施工阶段外脚手架每支搭一层完毕后，经项目部安全员验收合格后方可使用。任何班组长和个人，未经同意不得任意拆除脚手架部件；严格控制施工荷载，脚手板不得集中堆料，施工荷载不得大于 2kN/m²，确保较大安全储备；施工时不允许多层同时作业，同时作业层数不得超过二层；当作业层高出其下连墙件 3.6m 以上，且其上尚无连墙件时，应采取适当的临时撑拉措施;定期检查脚手架,发现问题和隐患,在施工作业前及时维修加固,以达到坚固稳定,确保施工安全。

(4) 加强脚手架拆除的安全技术措施。

拆除前的准备工作:全面检查脚手架的扣件连接、连墙件、支撑体系是否符合构造要求;根据检查结果补充完善施工方案中的拆除顺序和措施,拟订出作业计划经主管部门批准后实施;由工程施工负责人进行拆除安全技术交底;查看施工现场环境,清除脚手架上杂物及地面障碍物,包括架空线路、外脚手架、地面的设施等各类障碍物、地锚、缆风绳、连墙杆及被拆架体各吊点、附件、电气装置情况,凡能提前拆除的尽量拆除掉。

拆架时应划分作业区,周围设绳绑围栏或竖立警戒标志,地面应设专人指挥,禁止非作业人员进入;拆除时要统一指挥,上下呼应,动作协调,需解开与另一人有关的扣件时,应先通知对方采取防范措施,以防坠落;在拆架时,不得中途换人,如必须换人时,应将拆除情况交代清楚后方可离开;每天拆架下班时,不应留下隐患部位;拆架时严禁碰撞脚手架附近电源线,以防触电;所有杆件和扣件在拆除时应分离,不准在杆件上附着扣件或两杆连着送到地面;所有的脚手板,应自外向里竖立搬运,以防脚手板和垃圾物从高处坠落伤人;拆下的零配件要装入容器内,用吊篮吊下;拆下的钢管要绑扎牢固,双点起吊,严禁从高空抛掷;拆下来的材料要分类摆放整齐不得随便乱放。

拆除时应做到:拆除作业必须由上而下逐层进行,严禁上下同时作业;连墙件必须随脚手架逐层拆除,严禁先将连墙件整层或数层拆除后再拆脚手架,分段拆除高差不应大于2步,如大于2步应增设连墙件加固;当脚手架拆至下部最后一根长立杆的高度时,应先在适当位置搭设临时抛撑加固后,再拆除连墙件;当脚手架分段、分立面拆除时,对不拆除的脚手架两端,应按照规范要求设置连墙件和横向斜撑加固;各构配件严禁抛掷至地面。

(5) 加强脚手架构配件材质的检查,按规定进行检验检测。

多年来,由于种种原因,大量的不合格的安全防护用具及构配件流入施工现场,因安全防护用具及构配件不合格而造成的伤亡事故占有很大比例。因此,施工企业必须从进货的关口把住产品质量关,保证进入施工现场的产品必须是合格产品,同时在使用过程中,要按规定进行检验检测,达不到使用要求的安全防护用具及构配件不得使用。

脚手架钢管应采用国家标准《直缝电焊钢管》(GB/T 13793—2008)或《低压流体输送用镀锌焊接钢管》(GB/T 3092—2008)规定的Q235号普通钢管,质量符合《碳素结构钢》(GB/T 700—2006)中Q235-A级钢的规定。冲压钢脚手板、连墙件材质应符合《碳素结构钢》(GB/T 700—2006)中Q235-A级钢的规定,木脚手板材质应符合《木结构设计规范》(GB 50005—2003)中Ⅱ级材质的规定。连墙件扣件材质应符合《钢管脚手架扣件》(GB 15831—2006)的规定。旧钢管使用前要对钢管的表面锈蚀深度、弯曲变形程度进行检查,外脚手架严禁钢竹、钢木混搭,禁止扣件、绳索、钢丝、竹篾、塑料混用;严禁将外径48mm与51mm的钢管混合使用。旧扣件使用前也应进行质量检查,有裂缝、变形的严禁使用,出现滑丝的螺栓必须更换;扣件的紧固程度不应小于40N·m,且不应大于65N·m;对接扣件的抗拉承载力为3kN;扣件上螺栓应保持适当的拧紧程度;对接扣件安装时其开口应向内,以防进雨水,直角扣件安装时开口不得向下,以保证安全;各杆件端头伸出扣件盖板边缘的长度不应小于100mm。

(6) 制定有针对性的、切实可行的脚手架搭设与拆除方案,严格进行安全技术交底。

安全防护方案是规定施工现场如何进行安全防护的文件,所以必须根据施工现场的实际情况，针对现场的施工环境、施工方法及人员配备等情况进行编制，按照标准、规范的规定，确定切实有效的防护措施，并认真落实到工程项目的实际工作中。

（7）落实安全生产责任制，强化安全检查。

安全生产责任制度是建筑企业最基本的安全管理制度。建立并严格落实安全生产责任制，是搞好安全生产的最有效的措施之一。安全生产责任制要将企业各级管理人员，各职能机构及其工作人员和各岗位生产工人在安全生产方面应做的工作及应负的责任加以明确规定。工程项目经理部的管理人员和专职安全员，要根据自身工作特点和职责分工，严格执行定期安全检查制度，并经常进行不定期的、随机的检查，对于发现的问题和事故隐患，要按照"定人、定时间、定措施"的原则进行及时整改，并进行复查，消除事故隐患，防止职工伤亡事故的发生。

脚手架检查、验收应根据技术规范、施工组织设计及变更文件和技术交底文件进行。在基础完工后及脚手架搭设前、作业层上施加荷载前、每搭设完 10～13m 高度后、达到设计高度后、遇有六级大风与大雨后、寒冷地区开冻后、停用超过一个月后，均要组织检查与验收。

脚手架使用中，应定期检查下列项目：杆件的设置和连接，连墙件、支撑、门洞桁架等的构造是否符合要求；地基是否积水，底座是否松动，立杆是否悬空；扣件螺栓是否松动；立杆的沉降与垂直度的偏差是否符合规范规定；安全防护措施是否符合要求；是否超载。

（8）文明施工要求：

1）进入施工现场的人员必须戴好安全帽，高空作业系好安全带，穿好防滑鞋等，现场严禁吸烟。

2）进入施工现场的人员要爱护场内的各种绿化设施和标示牌，不得践踏草坪、损坏花草树木、随意拆除和移动标示牌。

3）严禁酗酒人员上架作业，施工操作时要求精力集中、禁止开玩笑和打闹。

4）脚手架搭设人员必须是经考试合格的专业架子工，上岗人员定期体检，体检合格者方可发上岗证，凡患有高血压、贫血病、心脏病及其他不适于高空作业者，一律不得上脚手架操作。

5）上架子作业人员上下均应走人行梯道，不准攀爬架子。

6）护身栏、脚手板、挡脚板、密目安全网等影响作业班组支模时，如需拆改时，应由架子工来完成，任何人不得任意拆改。

7）脚手架验收合格后任何人不得擅自拆改，如需做局部拆改时，须经主管工程师同意后由架子工操作。

8）不准利用脚手架吊运重物；作业人员不准攀登架子上下作业面，不准推车在架子上跑动，塔吊起吊物体时不能碰撞和拖动脚手架。

9）不得将模板支撑、缆风绳、泵送混凝土及砂浆的输送管等固定在脚手架上，严禁任意悬挂起重设备。

10）在架子上的作业人员不得随意拆动脚手架的所有拉结点和脚手板，以及扣件绑扎扣等所有架子部件。

11）拆除架子而使用电焊气割时，派专职人员做好防火工作，配备料斗，防止火星和切割物溅落。

12）脚手架使用时间较长，因此在使用过程中需要进行检查，发现基础下沉、杆件变形严重、防护不全、拉结松动等问题要及时解决。

13）要保证脚手架体的整体性，不得与井架一并拉结，不得截断架体。

14）施工人员严禁凌空投掷杆件、物料、扣件及其他物品，材料、工具用滑轮和绳索运输，不得乱扔。

15）不使用的工具要放在工具袋内，防止掉落伤人，登高要穿防滑鞋，袖口及裤口要扎紧。

16）脚手架堆放场应做到整洁、摆放合理、专人保管，并建立严格领退料手续。

17）施工人员应做到活完料净脚下清，确保脚手架施工材料不浪费。

18）运至地面的材料应按指定地点随拆随运，分类堆放，当天拆当天清；拆下的扣件和钢丝要集中回收处理，应随时整理、检查，按品种、分规格堆放整齐，妥善保管。

19）六级以上大风、大雪、大雾、大雨天气停止脚手架作业。在冬期、雨期要经常检查脚手板上有无积水等物。若有则应随时清扫，并要采取防滑措施。

2.5.3 应急预案

具体可参考模板工程专项施工方案中的应急预案说明。

2.5.4 落地式外脚手架安全检查标准

对脚手架的检查是进行脚手架工作状态分析的基础，只有质量合格的脚手架，其工作状态才有可能是正常的。部颁标准《建筑施工安全检查标准》(JGJ 59—99)对建筑施工的各项现场设施制定了检查评价标准，该标准也是脚手架质量检查的依据。表 3-44 为落地式外脚手架的检查评分表。表 3-44 中，各脚手架的检查项目分为保证项目和一般项目。各脚手架保证项目 40 分以上，总分 70 分以上为合格，总分 70 分以下为不合格（详见 JGJ 59—99 检查分类评分办法）。

落地式外脚手架检查评分表　　　　　　　表 3-44

序号	检查项目		扣分标准	应得分数	扣减分数	实得分数
1	保证项目	施工方案	脚手架无施工方案的扣 10 分 脚手架高度超过规范规定无设计计算书或未经审批的扣 10 分 施工方案不能指导施工的扣 5～8 分	10		
2		立杆基础	每 10 延长米立杆基础不平、不实、不符合方案设计要求的扣 2 分 每 10 延长米立杆缺少底座、垫木的扣 5 分 每 10 延长米无扫地杆的扣 5 分 每 10 延长米木脚手架立杆不埋地或无扫地杆的扣 5 分 每 10 延长米无排水措施的扣 3 分	10		
3		架体与建筑结构拉结	脚手架高度在 7m 以上，架体与建筑结构拉结，按规定要求每少一处的扣 2 分 拉结不牢固每一处的扣 1 分	10		
4		杆件间距与剪刀撑	每 10 延长米立杆、大横杆、小横杆间距超过规定要求的每一处扣 2 分 不按规定设置剪刀撑的每一处扣 5 分 剪刀撑未沿脚手架高度连续设置或角度不符合要求的扣 5 分	10		
5		脚手板与防护栏杆	脚手板不满铺，扣 7～10 分 脚手板材质不符合要求的扣 7～10 分 每有一处探头的扣 2 分 脚手架外侧未设置密目式安全网的，或网间不严密，扣 7～10 分 施工层不设 1.2m 高防护栏杆和挡脚板，扣 5 分	10		

续表

序号	检查项目		扣分标准	应得分数	扣减分数	实得分数
6	保证项目	交底与验收	脚手架搭设前无交底，扣5分 脚手架搭设完毕未办理验收手续，扣10分 无量化的验收内容	10		
		小计		60		
7	一般项目	小横杆设置	不按立杆与大横杆交点处设置小横杆的每有一处，扣2分 小横杆只固定一端的每有一处，扣1分 单排架子小横杆插入墙内小于24cm的每有一处，扣2分	10		
8		杆件搭接	木立杆、大横杆每一处搭接小于1.5m，扣1分 钢管立杆采用搭接的每一处扣2分	5		
9		架体内封闭	施工层以下每隔10m未用平网或其他措施封闭的扣5分 施工层脚手架内立杆与建筑物之间未进行封闭的扣5分	5		
10		脚手架材质	木杆直径、材质不合要求的扣4～5分 钢管弯曲、锈蚀严重的扣4～5分	5		
11		通道	架体不设上下通道的扣5分 通道设置不符合要求的扣1～3分	5		
12		卸料平台	卸料平台未经设计计算扣10分 卸料平台搭设不符合设计要求扣10分 卸料平台支撑系统与脚手架连接的扣8分 卸料平台无限定荷载标牌的扣3分	10		
		小计		40		
	检查项目合计			100		

2.6 扣件式落地脚手架的计算

2.6.1 荷载和荷载组合

1. 荷载分类

作用于脚手架的荷载可分为永久荷载（恒荷载）与可变荷载（活荷载），分类是根据现行国家标准《建筑结构荷载规范》第3.1.1条确定的。

永久荷载（恒荷载）是在结构使用期间，其值不随时间变化，或其变化与平均值相比可以忽略不计的荷载。例如结构自重、土压力等。作用于脚手架上的永久荷载分为脚手架结构自重（包括立杆、纵向水平杆、横向水平杆、剪刀撑、横向斜撑和扣件等的自重）与构配件自重（包括脚手板、栏杆、挡脚板、安全网等防护设施的自重）。自重是指材料自身重量产生的荷载（重力）。

可变荷载（活荷载）是在结构使用期间，其值随时间变化，且其变化值与平均值相比不可忽略的荷载。例如楼面活荷载、屋面活荷载和积灰荷载、吊车荷载、风荷载、雪荷载等。作用于脚手架的可变荷载分为施工荷载（包括作业层上的人员、器具和材料的自重）与风荷载。

2. 主要荷载标准值说明

(1) 每米立杆承受的结构自重标准值：

JGJ 130—2001 规定扣件式钢管脚手架每米立杆承受的结构自重按规范附录 A 表 A-1 执行，得出过程如下：

1) 构配件取值：

每个扣件自重是按抽样 408 个的平均值加两倍标准差求得。

直角扣件：按每个主节点处两个，每个自重：13.2N/个；

旋转扣件：按剪刀撑每个扣件点一个，每个自重：14.6N/个；

对接扣件：按每 6.5m 长的钢管一个，每个自重：18.4N/个；

横向水平杆每个主节点一根，取 2.2m 长；

钢管尺寸：$\phi 48 \times 3.5$mm，每米自重：38.4N/m。

2) 计算图形见图 3-146。

3) 脚手架立面单位轮廓面积上主框架的重量，按下列公式计算：

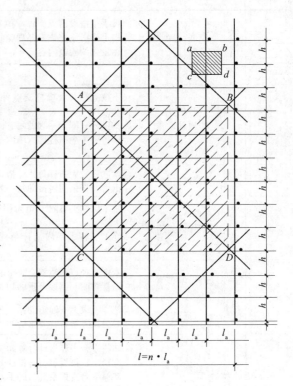

图 3-146　每米立杆承受的结构自重标准值计算图

单排脚手架：

$$G_D = \frac{(l_a+h+2.2)q + 2q_1 + \dfrac{l_a+h}{6.5} \cdot q_2}{l_a h} = \frac{41.231(l_a+h)+110.88}{l_a h} \times 10^{-3} \text{kN/m}^2 \quad (3-1)$$

双排脚手架：

$$G_S = \frac{[2l_a+h+2.2]q + 2\left[2q_1 + \dfrac{l_a+h}{6.5} \cdot q_2\right]}{l_a h} = \frac{82.462(l_a+h)+137.28}{l_a h} \times 10^{-3} \text{kN/m}^2 \quad (3-2)$$

式中　l_a——立杆纵距（m）；

　　　h——步距（m）；

　　　q——$\phi 48 \times 3.5$mm 钢管每米重量，$q=38.4$N/m；

　　　q_1——直角扣件每个重量，$q_1=13.2$N/个；

　　　q_2——对接扣件每个重量，$q_2=18.4$N/个；

　　　2.2m——每根横向水平杆的长度；

　　　6.5m——每根 6.5m 长的钢管上计算一个对接扣件。

不同纵距、步距时，框架立面单位轮廓面积的重量由式（3-1）、式（3-2）求得的计算结果见表 3-45。

4) 脚手架立面单位轮廓面积上剪刀撑的自重。

剪刀撑按设在脚手架外侧，满堂红铺设，用对接扣件连接时材料用量计算：

脚手架立面单位轮廓面积上主框架的自重 表 3-45

步距（h）m	脚手架类型	下列纵距（m）时，每 m² 框架的自重（kN/m²）				
		1.2	1.5	1.8	2.0	2.1
1.2	单排	0.1457	0.1234	0.1086	0.1012	0.0980
	双排	0.2328	0.1999	0.1781	0.1672	0.1625
1.35	单排	0.1333	0.1128	0.0991	0.0922	0.0893
	双排	0.2145	0.1839	0.1634	0.1531	0.1487
1.5	单排	0.1234	0.1043	0.0915	0.0851	0.0823
	双排	0.1999	0.1710	0.1516	0.1419	0.1378
1.8	单排	0.1086	0.0915	0.0800	0.0743	0.0719
	双排	0.1781	0.1516	0.1340	0.1252	0.1214
2.0	单排	0.1012	0.0851	0.0743	0.0690	0.0666
	双排	0.1671	0.1420	0.1252	0.1168	0.1132

设两个13m杆交叉组成计算单元，用长杆（6.5m）4根，对接扣件4个，剪刀撑斜杆与立杆交叉处均有旋转扣件，钢管和对接扣件用量按式（3-3）计算。

$$G_J = \frac{4(6.5q + q_2) + \frac{2 \times \cos\alpha}{l_a} \cdot q_3}{13\cos\alpha \cdot 13\sin\alpha} = \left(\frac{6.3432}{\cos\alpha\sin\alpha} + \frac{2.2462}{l_a\sin\alpha}\right) \times 10^{-3} \text{kN/m}^2 \quad (3-3)$$

式中 q_3——旋转扣件每个重量，$q_3 = 14.6$N/个；

α——剪刀撑斜杆与地面夹角；

l_a——立杆纵距。

计算结果见表3-46。

脚手架立面单位轮廓面积上剪刀撑的自重 表 3-46

剪刀撑倾角	下列纵距（m）时，每 m² 剪刀撑的自重（kN/m²）				
	1.2	1.5	1.8	2.0	2.1
45°	0.0153	0.0148	0.0145	0.143	0.0142
50°	0.0153	0.0148	0.0145	0.0143	0.0143
55°	0.0158	0.0153	0.0150	0.0149	0.0148
60°	0.0168	0.0164	0.0161	0.0159	0.0159

将表3-46中倾角为45°时的各值与表3-45各值相加得表3-47。

脚手架立面每 m² 轮廓面积自重 表 3-47

步距（m）	脚手架类型	下列纵距（m）时，每 m² 轮廓面积的自重（kN/m²）				
		1.2	1.5	1.8	2.0	2.1
1.2	单排	0.1610	0.1382	0.1231	0.1155	0.1122
	双排	0.2481	0.2147	0.1926	0.1815	0.1767
1.35	单排	0.1486	0.1276	0.1136	0.1065	0.1035
	双排	0.2298	0.1987	0.1779	0.1674	0.1629
1.5	单排	0.1387	0.1191	0.1060	0.0994	0.0965
	双排	0.2152	0.1858	0.1661	0.1562	0.1520

续表

步距（m）	脚手架类型	下列纵距（m）时，每 m² 轮廓面积的自重（kN/m²）				
		1.2	1.5	1.8	2.0	2.1
1.8	单排	0.1239	0.1063	0.0945	0.0886	0.861
	双排	0.1934	0.1664	0.1485	0.1395	0.1356
2.0	单排	0.1165	0.0999	0.0888	0.0833	0.0808
	双排	0.1824	0.1568	0.1397	0.1311	0.1274

脚手架每米立杆承受的结构自重由下式计算：

$$g_k = \eta G l_a \qquad (3-4)$$

式中 η——双排脚手架内、外立杆在脚手架结构自重的比值，见表 3-49；

G——脚手架立面每 m² 轮廓面积自重，见表 3-48。

双排脚手架内、外立杆在结构自重中的比值 η　　　表 3-48

步距 h (m)	下列纵距（m）时，内、外立杆的自重系数									
	1.2		1.5		1.8		2.0		2.1	
	内	外	内	外	内	外	内	外	内	外
1.2	0.469	0.531	0.465	0.535	0.462	0.538	0.461	0.539	0.460	0.540
1.35	0.466	0.534	0.463	0.537	0.459	0.541	0.457	0.543	0.456	0.544
1.5	0.464	0.536	0.460	0.540	0.456	0.544	0.454	0.546	0.453	0.547
1.8	0.460	0.540	0.455	0.545	0.541	0.549	0.449	0.5513	0.447	0.553
2.0	0.458	0.542	0.450	0.550	0.441	0.559	0.440	0.560	0.440	0.560

注：外立杆结构自重含剪刀撑自重。

由于单排脚手架立杆的构造与双排的外立杆相同，故每米立杆承受结构自重标准值可按双排的外立杆等值采用。

为简化计算，双排脚手架每米立杆承受的结构自重标准值是采用内、外立杆的平均值。

由式（3-4）计算得表 3-49，由此表得表 3-50，此表即规范附录 A 表 A-1。

脚手架每米立杆承受的结构自重 g_k　　　表 3-49

步距 (m)	脚手架类别	下列纵距（m）时立杆线自重 g_k (kN/m)									
		1.2		1.5		1.8		2.0		2.1	
		内杆	外杆	内杆	外杆	内杆	外杆	内杆	外杆	内杆	外杆
1.2	双排	0.1396	0.1581	0.1498	0.1723	0.1602	0.1865	0.1672	0.1958	0.1707	0.2004
1.35		0.1285	0.1473	0.1380	0.1601	0.1470	0.1732	0.1530	0.1818	0.1560	0.1861
1.50		0.1198	0.1384	0.1282	0.1505	0.1363	0.1626	0.1418	0.1706	0.1446	0.1746
1.80		0.1068	0.1253	0.1136	0.1360	0.1206	0.1467	0.1251	0.1539	0.1273	0.1575
2.00		0.1000	0.1190	0.1058	0.1294	0.1110	0.1405	0.1153	0.1470	0.1177	0.1500

φ48×3.5 钢管脚手架每米立杆承受的结构自重标准值 g_k（kN/m）　　　表 3-50

步距（m）	纵距（m）									
	1.2		1.5		1.8		2.0		2.1	
	双排	单排	双排	单排	双排	单排	双排	单排	双排	单排
1.2	0.1489	0.1581	0.1611	0.1723	0.1734	0.1865	0.1815	0.1958	0.1856	0.2004
1.35	0.1379	0.1473	0.1491	0.1601	0.1601	0.1732	0.1674	0.1818	0.1711	0.1861
1.50	0.1291	0.1384	0.1394	0.1505	0.1495	0.1626	0.1562	0.1706	0.1596	0.1746
1.80	0.1161	0.1253	0.1248	0.1360	0.1337	0.1467	0.1395	0.1593	0.1424	0.1575
2.00	0.1094	0.1190	0.1176	0.1294	0.1258	0.1405	0.1312	0.1471	0.1338	0.1500

（2）脚手板自重标准值：

脚手板的自重，按分别抽样 12～50 块的平均值加两倍标准差求得，表 3-51 即为规范表 4.2.1-1。

脚手板自重标准值　　　表 3-51

类　　别	标准值（kN/m²）
冲压钢脚手板	0.3
竹串片脚手板	0.35
木脚手板	0.35

（3）施工均布活荷载标准值：

根据 JGJ 130—2001 第 4.2.3 的规定：装修与结构脚手架作业层上的施工均布活荷载标准值，应按表 4.2.2 采用；其他用途脚手架的施工均布活荷载标准值，应根据实际情况确定。表 3-52 即为规范表 4.2.2。

施工均布活荷载标准值　　　表 3-52

类　　别	标准值（kN/m²）
装修脚手架	2
结构脚手架	3

注：斜道均布活荷载标准值不应低于 2kN/m²。

本条规定的施工均布活荷载标准值，主要是根据我国长期使用 2kN/m² 和 2.7kN/m² 的实际情况，并参考了国外同类标准的荷载系列，如德国为 1、2、3kN/m²，英国为 0.75、1.5、3.0kN/m² 确定的。

根据对我国施工现场调查表明，结构施工荷载限制为 3.0kN/m² 是可行的，且为经济合理。

（4）风荷载标准值：

根据 JGJ 130—2001 第 4.2.3 的规定，作用于脚手架上的水平荷载标准值，应按下式计算：

$$\omega_k = 0.7\mu_z \cdot \mu_s \cdot \omega_0 \tag{3-5}$$

式中　ω_k——风荷载标准值（kN/m²）；

　　　μ_z——风压高度变化系数，按现行国家标准《建筑结构荷载规范》(GBJ 9—1987) 规定采用；

　　　μ_s——脚手架风荷载体型系数，按本规范表 4.2.4 的规定采用；

　　　ω_0——基本风压（kN/m²），按现行国家标准《建筑结构荷载规范》(GBJ 9—1987) 规定采用。

对风荷载的规定说明如下:

1) 现行国家标准《建筑结构荷载规范》规定的风荷载标准值中,还应乘以风振系数 β_z,以考虑风压脉动对高层结构的影响。考虑到脚手架附着在主体结构上,故取 $\beta_z=1.0$。

2) 对基本风压 ω_0 值乘以 0.7 修正系数,其根据是:《建筑结构荷载规范》的基本风压 ω_0 是根据重现期为 50 年确定的,而脚手架使用期较短,一般为 2~5 年,遇到强劲风的概率相对要小得多;0.7 是参考英国脚手架标准(BS5973—1981)计算确定。

3) 按《建筑结构荷载规范》要求,对于平坦或稍有起伏的地形,风压高度变化系数应根据地面粗糙度类别按表 3-53 确定。

风压高度变化系数 表 3-53

离地面或海平面高度(m)	地面粗糙度类别			
	A	B	C	D
5	1.17	1.00	0.74	0.62
10	1.38	1.00	0.74	0.62
15	1.52	1.14	0.74	0.62
20	1.63	1.25	0.84	0.62
30	1.80	1.42	1.00	0.60
40	1.92	1.56	1.13	0.73
50	2.03	1.67	1.25	0.84
60	2.12	1.77	1.35	0.93
70	2.20	1.86	1.45	1.02
80	2.27	1.95	1.54	1.11
90	2.34	2.02	1.62	1.19
100	2.40	2.09	1.70	1.27
150	2.64	2.38	2.03	1.61
200	2.83	2.61	2.30	1.92
250	2.99	2.80	2.54	2.19
300	3.12	2.97	2.75	2.45
350	3.12	3.12	2.94	2.68
400	3.12	3.12	3.12	2.91
≥450	3.12	3.12	3.12	3.12

地面粗糙度可分为 A、B、C、D 四类:

——A 类指近海海面和海岛、海岸、湖岸及沙漠地区;

——B 类指田野、乡村、丛林、丘陵以及房屋比较稀疏的乡镇和城市郊区;

——C 类指有密集建筑群的城市市区;

——D 类指有密集建筑群且房屋较高的城市市区。

全国主要城市基本风压按表 3-54 给出的 50 年一遇的风压采用,但不得小于 $0.3kN/m^2$。

全国部分主要城市的 50 年一遇风压 表 3-54

城 市 名		海拔高度(m)	风压(kN/m^2)		
			$n=10$	$n=50$	$n=100$
北京		54.0	0.3	0.45	0.50
天津	天津市	3.3	0.30	0.50	0.60
	塘沽	3.2	0.40	0.55	0.60
上海		2.8	0.40	0.55	0.60
重庆		259.1	0.25	0.40	0.45

续表

城　市　名	海拔高度（m）	风压（kN/m²）		
		$n=10$	$n=50$	$n=100$
石家庄市	80.5	0.25	0.35	0.40
秦皇岛市	2.1	0.35	0.45	0.50
太原市	778.3	0.30	0.40	0.45
呼和浩特市	1063.0	0.35	0.55	0.60
沈阳市	42.8	0.40	0.55	0.60
长春市	236.8	0.45	0.65	0.75
哈尔滨市	142.3	0.35	0.55	0.65
济南市	51.6	0.30	0.45	0.50
青岛市	76.0	0.45	0.60	0.70
南京市	8.9	0.25	0.40	0.45
海口市	14.1	0.45	0.75	0.90
成都市	506.1	0.20	0.30	0.35
乌鲁木齐市	917.9	0.40	0.60	0.70
杭州市	41.7	0.30	0.45	0.50
合肥市	27.9	0.25	0.35	0.40
南昌市	46.7	0.30	0.45	0.55
福州市	83.8	0.40	0.70	0.85
厦门市	139.4	0.50	0.80	0.95
西安市	397.5	0.25	0.35	0.40
兰州市	1517.2	0.20	0.30	0.35
银川市	1111.4	0.40	0.65	0.75
西宁市	2261.2	0.25	0.35	0.40
郑州市	110.4	0.30	0.45	0.50
武汉市	23.3	0.25	0.35	0.40
长沙市	44.9	0.25	0.35	0.40
广州市	6.6	0.30	0.50	0.60
南宁市	73.1	0.25	0.35	0.40
昆明市	1891.4	0.20	0.30	0.35
拉萨市	3568.0	0.20	0.30	0.35
贵阳市	1074.3	0.20	0.30	0.35

4）脚手架的风荷载体型系数，按 JGJ 130—2001 第 4.2.4 条的规定，应按表 3-55 的规定采用。

脚手架的风荷载体型系数 μ_s　　　　表 3-55

背靠建筑物的状况		全　封　闭　墙	敞开、框架和开洞墙
脚手架状况	全封闭、半封闭	1.0φ	1.3φ
	敞开	μ_{stw}	

表 3-55 中 μ_{stw} 值可将脚手架视为桁架，按现行国家标准《建筑结构荷载规范》(GB 50009—2001) 表 7.3.1 第 32 项和第 36 项的规定计算。

敞开式双排脚手架 $\mu_s = \mu_{stw} = 1.2\varphi(1+\eta)$ (3-6)
敞开式单排脚手架 $\mu_s = 1.2\varphi$ (3-7)

η 系数按表 3-56 采用。

系数 η 表　　　　　　　　　　　　　　表 3-56

φ	$l_b/H \leqslant 1$	$l_b/H \leqslant 2$
$\leqslant 0.1$	1.00	1.00
0.2	0.85	0.90

注：l_b—脚手架立杆横距或宽度；H—脚手架高。

φ 为挡风系数，$\varphi = 1.2A_n/A_w$。 (3-8)

其中 A_n 为挡风面积；A_w 为迎风面积。敞开式单、双排脚手架的 φ 值宜按规范附录 A 表 A-3 采用。敞开式扣件钢管脚手架的挡风系数是由下式计算确定：

$$\varphi = \frac{1.2A_n}{l_a \cdot h}$$ (3-9)

式中　1.2——节点面积增大系数；

A_n——1 步 1 纵距（跨）内钢管的总挡风面积 $A_n = (l_a + h + 0.325 l_a h)d$；

l_a——立杆纵距 m；

h——立杆步距 m；

0.325——脚手架立面每平方米内剪刀撑的平均长度；

d——钢管外径 m。

脚手架立面每平方米内剪刀撑的平均长度 0.325m/m^2 计算说明：

剪刀撑斜杆与地面夹角分别采用 45°、50°、55°、60°四种。每一计算单元宽、高和覆盖面积见表 3-57。

计算单元宽、高和覆盖面积　　　　　　　　表 3-57

角　度	宽（m）	高（m）	覆盖面积（m²）	覆盖面积平均值
45°	9.1924	9.1924	84.5	$\frac{84.5+83.22+79.4+73.18}{4}$ $=80.075\text{m}^2$
50°	8.3562	9.9586	83.22	
55°	7.4565	10.6490	79.40	
60°	6.5	11.2583	73.18	

因两个 13m 杆交叉组成一计算单元，则每平方米剪刀撑平均长度：

$$4 \times 6.5\text{m}/80.075\text{m}^2 = 0.325 \text{m/m}^2$$

5）密目式安全立网全封闭脚手架挡风系数计算。

国家标准《密目式安全立网》(GB 16909—1997) 第 5.2.1 条规定："网目密度不应低于 800 目/100cm²。"《建筑施工安全检查标准》(JGJ 59—99) 条文说明 3.0.7 条有关内容，"立网应该使用密目式安全网，其标准：每 10cm×10cm=100cm² 的面积上，有 2000 个以上网目。"根据以上规定，设 100m² 密目式安全立网的网目目数为 $n \geqslant 2000$ 目。

每目孔隙面积为 $A_o \text{cm}^2$，则根据挡风系数 φ 的定义即式 (3-8)，$\varphi = 1.2A_n/A_w$

则密目式安全立网挡风系数为：

$$\varphi_1 = \frac{1.2A_{n1}}{A_{w1}} = \frac{1.2(100-nA_o)}{100}$$ (3-10)

式中 A_{n1}——密目式安全立网在 100cm² 内的挡风面积。

A_{w1}——密目式安全立网在 100cm² 内的迎风面积。

而敞开式扣件钢管脚手架的挡风系数根据式（3-9）为 $\varphi_2 = \dfrac{1.2A_{n2}}{l_a \cdot h}$

A_{n2} 仍为 1 步 1 纵距（跨）内钢管的总挡风面积。

因此，密目式安全立网全封闭脚手架挡风系数：

$$\varphi = \frac{1.2A_n}{A_w} = \frac{1.2\left(\dfrac{A_{n1}}{A_{w1}}l_a h - \dfrac{A_{n1}}{A_{w1}}A_{n2} + A_{n2}\right)}{l_a h} = \frac{1.2A_{n1}}{A_{w1}} - \frac{1.2A_{n1}}{A_{w1}} \cdot \frac{A_{n2}}{l_a h} + \frac{1.2A_{n2}}{l_a h}$$
$$= \varphi_1 + \varphi_2 - \varphi_1\varphi_2/1.2 \tag{3-11}$$

式（3-11）计算挡风面积考虑扣除密目式安全网在 1 步 1 跨内与脚手架钢管重叠的面积，如果不考虑这一点，密目式安全网封闭脚手架挡风系数 $\varphi \approx \varphi_1 + \varphi_2$。

对于常用的网目密度 2300 目/100cm²，每目孔隙面积约为 $A_o = 1.3$mm²；常用网目密度 3200 目/100cm²，则每目孔隙面积约为 $A_o = 0.7$mm²，以上孔隙面积 A_o 均为参考值，准确的密目式安全立网每目孔隙面积在购货时，应向该网生产厂家咨询。

3. 荷载效应组合

按 JGJ 130—2001 第 4.3.1 条的规定，设计脚手架的承重构件时，应根据使用过程中可能出现的荷载取其最不利组合进行计算，荷载效应组合宜按表 3-58 采用（即 JGJ 130—2001 规范中表 4.3.1）。

荷载效应组合　　　　　　　　　　　表 3-58

计　算　项　目	荷载效应组合
纵向、横向水平杆强度与变形	永久荷载＋施工均布活荷载
脚手架立杆稳定	①永久荷载＋施工均布活荷载
	②永久荷载＋0.85（施工均布活荷载＋风荷载）
连墙件承载力	单排架，风荷载＋3.0kN
	双排架，风荷载＋5.0kN

本条明确规定了脚手架的荷载效应组合，但未考虑偶然荷载，这是由于规范第 9 章中，已规定不容许撞击力等作用于脚手架，故本条不考虑爆炸力、撞击力等偶然荷载。

另按 JGJ 130—2001 第 4.3.2 条的规定：在基本风压等于或小于 0.35kN/m² 的地区，对于仅有栏杆和挡脚板的敞开式脚手架，当每个连墙点覆盖的面积不大于 30m²，构造符合本规范第 6.4 节规定时，验算脚手架立杆的稳定性，可不考虑风荷载作用。

说明：鉴于在立杆稳定性计算中，底层立杆的轴向力最大，起控制作用，而当基本风压为 0.35kN/m² 时，风荷载产生的附加应力小于设计强度的 5%，故可以忽略风荷载。

证明如下：某敞开式双排脚手架，其立杆步距 $h=2.0$m，立杆纵距 $l_a=2.0$m，地面粗糙度为 A 类，计算底层立杆段由于风荷载产生的最大附加应力。

解：风压高度变化系数 $\mu_z = 1.17$，挡风系数 $\varphi = 0.077$，

风荷载体型系数 $\mu_s = 1.2\varphi(1+\eta) = 1.2 \times 0.077 \times (1+1) = 0.1848$

作用于脚手架上的水平风荷载标准值

$$\omega_k = 0.7\mu_z \cdot \mu_s \cdot \omega_o = 0.7 \times 1.17 \times 0.1848 \times 0.35 = 0.053\text{kN/m}^2$$

由风荷载设计值产生的立杆段弯矩

$$M_\mathrm{w}=0.85\times1.4M_\mathrm{wk}=\frac{0.85\times1.4\omega_k l_a h^2}{10}=\frac{0.85\times1.4\times0.053\times2\times2^2}{10}=0.0505\mathrm{kN/m}$$

风荷载产生的附加应力

$$\sigma_\mathrm{w}=\frac{M_\mathrm{w}}{W}=\frac{0.0505\times10^6}{5.08\times10^3}=9.94\mathrm{N/mm^2}$$

$$\sigma_\mathrm{w}/f=\frac{9.94}{205}\times100\%=4.8\%<5\%$$

说明：挡风系数取的虽偏小，但立杆步距、立杆纵距取的最大，所以计算立杆段由风荷载设计值产生的弯矩最大。

2.6.2 单立杆落地式脚手架计算

1. 计算内容和搭设高度限制

（1）计算内容：根据 JGJ 130—2001 第 5.1.1 条的规定：脚手架的承载能力应按概率极限状态设计法的要求，采用分项系数设计表达式进行设计。可只进行下列设计计算：

1）纵向、横向水平杆等受弯构件的强度和连接扣件的抗滑承载力计算；

2）立杆的稳定性计算；

3）连墙件的强度、稳定性和连接强度的计算；

4）立杆地基承载力计算。

（2）搭设高度限制：按规范第 5.3.6 条和 5.3.7 条，当立杆采用单管落地式脚手架时，敞开式、全封闭、半封闭脚手架的可搭设高度 H_s 可以按立杆稳定验算公式反算，其中反算可搭设高度 H_s 大于等于 26m 时要按公式调整，但不宜超过 50m。

JGJ 130—2001 第 5.3.8 条规定：高度超过 50m 的脚手架，可采用双管立杆、分段悬挑或分段卸荷等有效措施，必须另行专门设计。

规定脚手架高度不宜超过 50m 的依据：

1）根据国内几十年的实践经验及对国内脚手架的调查，立杆采用单管的落地脚手架一般在 50m 以下。当需要的搭设高度大于 50m 时，一般都比较慎重地采用了加强措施，如采用双管立杆、分段卸荷、分段搭设等方法。国内在脚手架的分段搭设、分段卸荷方面已经积累了许多可靠、行之有效的方法和经验。

2）从经济方面考虑。搭设高度超过 50m 时，钢管、扣件的周转使用率降低，脚手架的地基基础处理费用也会增加。

3）参考国外的经验。美国、日本、德国等也限制落地脚手架的搭设高度：如美国为 50m，德国为 60m，日本为 45m 等。

规范提出的脚手架搭设高度限值 $[H]$ 是考虑到脚手架是施工现场搭设的临时结构，其结构安全度受人为因素影响很大，高度越高不安全隐患越大。为确保高层脚手架的安全，根据国内几十年的实践经验，并参考国外同类标准而作此规定。

从安全和经济考虑，根据我国的历史经验，理论搭设高度 H_s 在 25m 及 25m 以下不考虑高度安全系数。

2. 纵向、横向水平杆等受弯构件的强度、刚度验算和连接扣件的抗滑承载力计算

计算纵向、横向水平杆的内力与挠度时，纵向水平杆宜按三跨连续梁计算，计算跨度取纵

距；横向水平杆宜按简支梁计算，计算跨度：双排架取横距 l_b，单排架取（l_b-120）mm。（JGJ 130—2001 第 5.2.4 条），计算时应注意分析荷载的传递途径，分两种情况采用正确的纵向、横向水平杆的计算简图。这是因为当铺冲压钢脚手板、木脚手板、竹串片脚手板时，脚手板构造上要求小横杆置于纵向水平杆上面，并紧靠立杆，用直角扣件固定在立杆上，在铺脚手板时，于每跨内至少加一根小横杆作为脚手板的支承杆（图 3-147a）；当采用竹笆脚手板时则将纵向水平杆置于小横杆之上，并在内外立杆间加设纵向水平杆用以支承竹笆脚手板，其间距不大于 400mm，如图 3-147b。下面具体讨论如下：

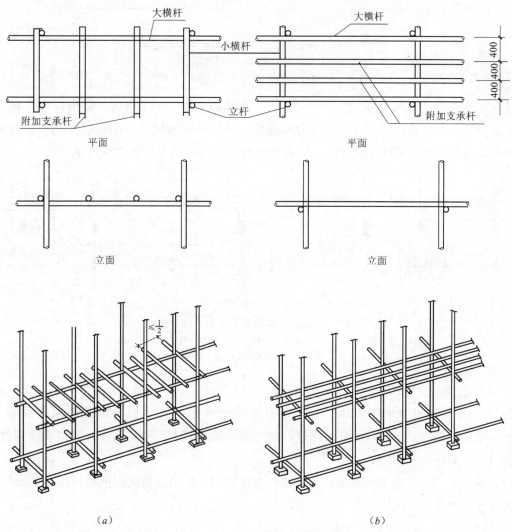

图 3-147 纵向水平杆与小横杆构造
(a) 铺冲压钢脚手板、木脚手板、竹串片脚手板时；(b) 铺竹笆脚手板时

（1）第一种情况：纵向水平杆作为横向水平杆的支座（北方常用冲压钢脚手板等）JGJ 130—2001 第 6.2.2 条第三款规定：当使用冲压钢脚手板、木脚手板、竹串片脚手板时，双排脚手架的横向水平杆两端均应采用直角扣件固定在纵向水平杆上；单排脚手架的横向水平杆的一端，应用直角扣件固定在纵向水平杆上，另一端应插入墙内，插入长度不应小于 180mm；相应对于纵向水平杆的构造，JGJ 130—2001 第 6.2.1 条第 2 条第三款规定：当使用冲压钢脚手板、木脚手板、竹串片脚手板时，纵向水平杆应作为横向水平杆的支座，用直角扣件固定在立

杆上（图 3-148）。这样的构造布置决定了施工荷载的传递路线是：

脚手板→横向水平杆→纵向水平杆→纵向水平杆与立杆连接的扣件→立杆

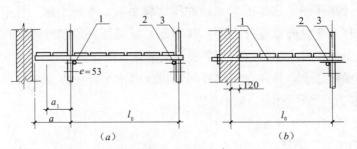

图 3-148　纵向水平杆作为横向水平杆的支座
(a) 双排脚手架；(b) 单排脚手架
1—横向水平杆；2—纵向水平杆；3—立杆

对应这种传递路线的横向、纵向水平杆的计算简图如图 3-149 所示，即横向水平杆先按受均布荷载的简支梁计算，验算弯曲正应力和挠度，不应计入悬挑部分的荷载作用；纵向水平杆按受集中荷载作用的三跨连续梁计算，应验算弯曲正应力、挠度和扣件抗滑承载力。

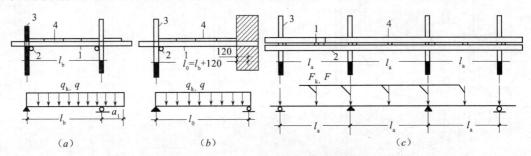

图 3-149　横向、纵向水平杆的计算简图一
(a) 双排架的横向水平杆；(b) 单排架的横向水平杆；(c) 纵向水平杆
1—横向水平杆；2—纵向水平杆；3—立杆；4—脚手板

【例 5】已知：立杆纵距为 1.5m，立杆横距为 1.55m，横向水平杆间距 $S=0.75$m，横向水平杆的构造外伸长度 $a=500$mm。结构脚手架采用冲压钢脚手板，脚手架钢管采用 $\phi 48\times 3.5$mm。试验算横向、纵向水平杆的强度与刚度是否满足要求，并验算扣件的抗滑承载力。

【解】1）荷载

查 JGJ 130—2001 第 4.2.1 和 4.2.2 条：冲压钢脚手板均布荷载标准值：0.3kN/m^2，施工均布活荷载标准值：3.0kN/m^2。

2）横向水平杆的抗弯强度验算

①作用横向水平杆线荷载标准值
$$q_k = (3+0.3)\times 0.75 = 2.475 \text{kN/m}$$

②作用横向水平杆线荷载设计值
$$q = 1.4\times 3\times 0.75 + 1.2\times 0.3\times 0.75 = 3.42 \text{kN/m}$$

考虑活荷载在横向水平杆上的最不利布置（验算弯曲正应力、挠度不计悬挑荷载，但计算支座最大反力要计入悬挑荷载）。

最大弯矩：
$$M_{max} = \frac{q l_b^2}{8} = \frac{3.42\times 1.55^2}{8} = 1.027 \text{kN} \cdot \text{m}$$

钢管截面模量,查 JGJ 130—2001 附录 B 表 B,$W=5.08\text{cm}^3$,
Q235 钢抗弯强度设计值,查 JGJ 130—2001 表 5.1.6 得 $f=205\text{N/mm}^2$,
按规范中式(5.2.1)计算抗弯强度

$$\sigma=\frac{M_{\max}}{W}=\frac{1.027\times10^6}{5.08\times10^3}=202\text{N/mm}^2<205\text{N/mm}^2 \quad 满足要求。$$

3)横向水平杆的抗弯刚度验算

钢材弹性模量:查 JGJ 130—2001 表 5.1.6 得 $E=2.06\times10^5\text{N/mm}^2$

钢管惯性矩:查 JGJ 130—2001 附录 B 表 B,$I=12.19\text{cm}^4$

按规范中式(5.2.3)验算刚度

容许挠度:查 JGJ 130—2001 表 5.1.8 得 $[\nu]=l/150$ 与 10mm 较小值,$\frac{1550}{150}$ 与 10mm 较小值 = 10mm

$$v=\frac{5q_k l_b^4}{384EI}=\frac{5\times2.475\times1550^4}{384\times2.06\times10^5\times12.19\times10^4}=7.41\text{mm}<[\nu]=10\text{mm},满足要求。$$

4)纵向水平杆的抗弯强度验算

查 JGJ 130—2001 第 5.2.4 条,其计算外伸长度 a_1 可取 300mm。

由横向水平杆传给纵向水平杆的集中力设计值

$$F=0.5ql_b\left(1+\frac{a_1}{l_b}\right)^2=0.5\times3.42\times1.55\times\left(1+\frac{0.3}{1.55}\right)^2=3.78\text{kN}$$

最大弯矩 $\quad M_{\max}=0.175Fl_a=0.175\times3.78\times1.5=0.99\text{kN}\cdot\text{m}$

按 JGJ 130—2001 中式(5.2.1)计算抗弯强度

$$\sigma=\frac{M_{\max}}{W}=\frac{0.99\times10^6}{5.08\times10^3}=194.88\text{N/mm}^2<f=205\text{N/mm}^2 \quad 满足要求。$$

5)纵向水平杆的抗弯强度验算

由横向水平杆传给纵向水平杆的集中力标准值

$$F_k=0.5q_k l_b\left(1+\frac{a_1}{l_b}\right)^2=0.5\times2.475\times1.55\times\left(1+\frac{0.3}{1.55}\right)^2=2.73\text{kN}$$

按 JGJ 130—2001 中式(5.2.3)验算刚度

容许挠度:查规范表 5.1.8 得 $[\nu]=l/150$ 与 10mm 较小值,$\frac{1500}{150}$ 与 10mm 较小值 = 10mm

$$v=\frac{1.146F_k l_a^3}{100EI}=\frac{1.146\times2.73\times10^3\times1500^3}{100\times2.06\times10^5\times12.19\times10^4}=4.2\text{mm}<[\nu]=10\text{mm} \quad 满足要求。$$

6)验算扣件的抗滑承载力

直角扣件、旋转扣件抗滑承载力设计值:查 JGJ 130—2001 中表 5.1.7,$R_c=8\text{kN}$

$$R=2.15F=2.15\times3.78=8.127\text{kN}>8\text{kN} \quad 不满足要求$$

双扣件在 20kN 的荷载下会滑动,其抗滑承载力可取 12.0kN。

因为 8.127kN<12kN,所以采用双扣件满足要求。

(2)第二种情况:横向水平杆作为纵向水平杆的支座(使用竹笆脚手板的南方做法)JGJ 130—2001 第 6.2.2 条第四款规定:使用竹笆脚手板时,双排脚手架的横向水平杆两端应用直角扣件固定在立杆上;单排脚手架的横向水平杆的一端,应用直角扣件固定在立杆上,另一端应插入墙内,插入长度亦不应小于 180mm。JGJ 130—2001 第 6.2.1 条第 2 条第三款规定:当使用竹笆脚手板时，纵向水平杆应采用直角扣件固定在横向水平杆上，并应等间距设置，间距不应大于400mm（图3-150）。为满足间距不应大于的400mm要求，当立杆横距$l_b \leqslant 1.2m$时，纵向水平杆间距$S = \dfrac{l_b}{3} \leqslant 0.4m$；当$1.2m < l_b < 1.5m$时，则间距必须分成四等份即$S = \dfrac{l_b}{4} < 0.4m$。

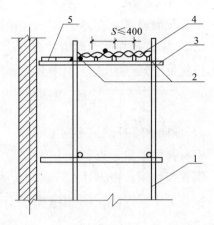

图3-150 铺竹笆脚手板时纵向水平杆的构造
1—立杆；2—纵向水平杆；3—横向水平杆；
4—竹笆脚手板；5—其他脚手板

这样的构造布置决定了施工荷载的传递路线是：竹笆脚手板→纵向水平杆→横向水平杆→横向水平杆与立杆连接的扣件→立杆。对应这种传递路线的纵向、横向水平杆的计算简图如图3-151所示，即纵向水平杆按受均布荷载的三跨连续梁计算，应验算弯曲正应力、挠度；横向水平杆按受集中荷载简支梁计算，应验算弯曲正应力、挠度，不计悬挑荷载，但验算扣件抗滑承载力要计入悬挑荷载。

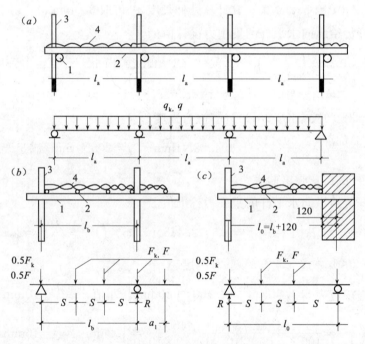

图3-151 横向、纵向水平杆的计算简图二
(a) 纵向水平杆；(b) 双排架的横向水平杆；(c) 单排架的横向水平杆
1—横向水平杆；2—纵向水平杆；3—立杆；4—竹笆板

【例3】 已知：立杆纵距$l_a = 1.5m$，立杆横距$l_b = 1.05m$，纵向水平杆等间距设置，间距$S = \dfrac{l_b}{3} = \dfrac{1.05}{3} = 0.35m$，结构脚手架采用竹笆脚手板，竹笆脚手板均布活荷载标准值约取$0.3kN/m^2$，脚手架钢管采用$\phi 48 \times 3.5mm$。试验算纵向、横向水平杆的强度与刚度是否满足要求，并验算扣件的抗滑承载力。

【解】 1) 荷载：

查JGJ 130—2001第4.2.2条：施工均布活荷载标准值：$3.0kN/m^2$；

按题目竹笆脚手板均布活荷载标准值约取 $0.3kN/m^2$

2) 纵向水平杆的抗弯强度验算：

作用纵向水平杆永久线荷载标准值　　$q_{k1}=0.3\times0.35=0.105kN/m$

作用纵向水平杆可变线荷载标准值　　$q_{k2}=3\times0.35=1.05kN/m$

作用纵向水平杆永久线荷载设计值　　$q_1=1.2q_{k1}=1.2\times0.105=0.126kN/m$

作用纵向水平杆可变线荷载设计值　　$q_2=1.4q_{k2}=1.4\times1.05=1.47kN/m$

最大弯矩　　$M_{max}=0.1q_1l_a^2+0.117q_2l_a^2=0.1\times0.126\times1.5^2+0.117\times1.47\times1.5^2=0.42kN\cdot m$

按 JGJ 130—2001 中公式（5.2.1）计算抗弯强度

$$\sigma=\frac{M_{max}}{W}=\frac{0.42\times10^6}{5.08\times10^3}=82.68N/mm^2<205N/mm^2\ \text{满足要求。}$$

3) 纵向水平杆的抗弯刚度验算：

按 JGJ 130—2001 中式（5.2.3）验算刚度

容许挠度：查 JGJ 130—2001 表 5.1.8 得 $[v]=l/150$ 与 10mm 较小值，$\frac{1500}{150}$ 与 10mm 较小值=10mm

$$v=\frac{l_a^4}{100EI}(0.677q_{k1}+0.99q_{k2})=\frac{1500^4}{100\times2.06\times10^5\times12.19\times10^4}$$

$(0.677\times0.105+0.99\times1.05)=2.2mm<[v]=10mm$ 满足要求。

4) 横向水平杆的抗弯强度验算：

由纵向水平杆传给横向水平杆的集中力标准值：

$$F_k=1.1q_{k1}l_a+1.2q_{k2}l_a=1.1\times0.105\times1.5+1.2\times1.05\times1.5=2.06kN$$

由纵向水平杆传给横向水平杆的集中力设计值：

$$F=1.1q_1l_a+1.2q_2l_a=1.1\times0.126\times1.5+1.2\times1.47\times1.5=2.85kN$$

最大弯矩：　　$M_{max}=\frac{Fl_b}{3}=\frac{2.85\times1.05}{3}=1.00kN\cdot m$

抗弯强度：　　$\sigma=\frac{M_{max}}{W}=\frac{1.00\times10^6}{5.08\times10^3}=196.85N/mm^2<205N/mm^2$ 满足要求。

5) 横向水平杆的抗弯刚度验算：

按 JGJ 130—2001 中式（5.2.3）验算刚度

容许挠度：查 JGJ 130—2001 第 5.1.8 条得 $[v]=l/150$ 与 10mm 较小值，$\frac{1050}{150}$ 与 10mm 较小值=7mm

$$v=\frac{23F_kl_b^3}{648EI}=\frac{23\times2.06\times10^3\times1050^3}{648\times2.06\times10^5\times12.19\times10^4}=3.37mm<7mm\ \text{满足要求。}$$

6) 验算扣件的抗滑承载力：

直角扣件、旋转扣件抗滑承载力设计值：查 JGJ 130—2001 中表 5.1.7，$R_c=8kN$

查 JGJ 130—2001 第 5.2.4 条，其计算外伸长度 a_1 可取 300mm。

横向水平杆外伸端处纵向水平杆传给横向水平杆的集中力设计值：

$$F'=1.1q_1'l_a+1.2q_2'l_a=1.1\times1.2\times0.3\times\frac{0.3}{2}\times1.5+1.2\times1.4\times3\times\frac{0.3}{2}\times1.5=1.22kN$$

由横向水平杆通过扣件传给立杆的竖向力设计值 R：

$$R = 2F + F'\left(1 + \frac{a_1}{l_b}\right) = 2 \times 2.85 + 1.22 \times \left(1 + \frac{0.3}{1.05}\right) = 7.27\text{kN} < R_c = 8\text{kN} \text{ 满足要求}$$

3. 立杆的稳定性计算

（1）部分有关主要规范条文介绍：

JGJ 130—2001 第 5.3.1 条规定：立杆的稳定性应按下列公式计算：

不组合风荷载时
$$\frac{N}{\varphi A} \leqslant f \tag{5.3.1-1}$$

组合风荷载时
$$\frac{N}{\varphi A} + \frac{M_w}{W} \leqslant f \tag{5.3.1-2}$$

式中 N——计算立杆段的轴向力设计值，应按 JGJ 130—2001（5.3.2-1、2）式计算；

φ——轴心受压构件的稳定系数，应根据长细比 λ 由 JGJ 130—2001 附录 C 表 C 取值，当 $\lambda > 250$ 时，$\phi = \frac{7320}{\lambda^2}$；

λ——长细比，$\lambda = \frac{l_0}{i}$；

l_0——计算长度，应按 JGJ 130—2001 第 5.3.3 条的规定计算；

i——截面回转半径，应按 JGJ 130—2001 附录 B 表 B 采用；

A——立杆的截面面积，应按 JGJ 130—2001 附录 B 表 B 采用；

M_w——计算立杆段由风荷载设计值产生的弯矩，可按 JGJ 130—2001（5.3.4）式计算；

f——钢材的抗压强度设计值，应按 JGJ 130—2001 表 5.1.6 采用。

JGJ 130—2001 第 5.3.2 条则规定：计算立杆段的轴向力设计值 N，应按下列公式计算：

不组合风荷载时
$$N = 1.2(N_{G1k} + N_{G2k}) + 1.4 \sum N_{Qk} \tag{5.3.2-1}$$

组合风荷载时：
$$N = 1.2(N_{G1k} + N_{G2k}) + 0.85 \times 1.4 \sum N_{Qk} \tag{5.3.2-2}$$

式中 N_{G1k}——脚手架结构自重标准值产生的轴向力；

N_{G2k}——构配件自重标准值产生的轴向力；

$\sum N_{Qk}$——施工荷载标准值产生的轴向力总和，内、外立杆可按一纵距（跨）内施工荷载的 1/2 取值。

其中 JGJ 130—2001 5.3.3 条规定：立杆计算长度 l_0 应按下式计算：

$$l_0 = k\mu h \tag{5.3.3}$$

式中 k——计算长度附加系数，其值取 1.155；

μ——考虑脚手架整体稳定因素的单杆计算长度系数，应按表 3-59 采用；

h——立杆步距。

脚手架立杆的计算长度系数 μ　　　　　　表 3-59

类　别	立杆横距（m）	连墙件布置	
		二步三跨	三步三跨
双排架	1.05	1.50	1.70
	1.30	1.55	1.75
	1.55	1.60	1.80
单排架	≤1.50	1.80	2.00

JGJ 130—2001 第 5.3.4 条规定：由风荷载设计值产生的立杆段弯距 M_w，可按下式计算：

$$M_w = 0.85 \times 1.4 M_{wk} = \frac{0.85 \times \omega_k l_a h^2}{10} \qquad (5.3.4)$$

式中　M_{wk}——风荷载标准值产生的弯矩；

　　　ω_k——风荷载标准值，应按 JGJ 130—2001（4.2.3）式计算；

　　　l_a——立杆纵距。

（2）敞开式单管双排脚手架搭设高度计算：

【例4】已知条件：扣件式脚手架用于外墙装修，立杆纵距 $l_a = 1.8\text{m}$，立杆横距 $l_b = 1.3\text{m}$，立杆步距 $h = 1.8\text{m}$，计算外伸长度 $a_1 = 0.3\text{m}$。钢管外径与壁厚：$\phi 48 \times 3.5\text{mm}$，施工地区的基本风压为 0.35kN/m^2。求脚手架搭设高度限值 $[H]$。

其中　可变荷载标准值：

施工均布活荷载标准值（一层操作层）：　　　　$Q_k = 2.0\text{kN/m}^2$

永久荷载标准值：

冲压钢脚手板自重标准值（满铺四层），查 JGJ 130—2001 表 4.2.1-1，$\sum Q_{p1} = 4 \times 0.3\text{kN/m}^2$

栏杆、冲压钢脚手板挡板自重标准值，查 JGJ 130—2001 表 4.2.1-2，$Q_{p1} = 0.11\text{kN/m}$

脚手架每米立杆承受的结构自重标准值查 JGJ 130—2001 附录A，表 A-1，$g_k = 0.1337\text{kN/m}$

连墙件设置：三步三跨。

【解】1）验算长细比：

由已知条件立杆横距 $l_b = 1.3\text{m}$，连墙件设置三步三跨，查 JGJ 130—2001 表 5.3.3 即表 3-59 得脚手架立杆的计算长度系数，$\mu = 1.75$

查 JGJ 130—2001 附录B表B得钢管回转半径 $i = 1.58\text{cm}$

查 JGJ 130—20015.1.9 得双排脚手架立杆容许长细比 $[\lambda] = 210$

根据 JGJ 130—2001 第 5.3.3 式

$$\lambda = \frac{l_o}{i} = \frac{k\mu h}{i} = \frac{1 \times 1.75 \times 180}{1.58} = 199 < 210 \text{ 满足要求。（注意按 JGJ 130—2001 第 5.1.9 条计算入时 } k \text{ 取 1）}$$

2）确定轴心受压构件的稳定系数：

由 JGJ 130—2001 第 5.3.3 式得 $\lambda = \frac{l_o}{i} = \frac{k\mu h}{i} = \frac{1.155 \times 1.75 \times 180}{1.58} = 230$（$k$ 取 1.155）查 JGJ 130—2001 附录C表C得 $\varphi = 0.138$

3）求构配件自重标准值产生的轴向力：

$$N_{G2k} = 0.5(l_b + a_1)l_a \sum Q_{p1} + Q_{p2} l_a$$
$$= 0.5(1.3 + 0.3) \times 1.8 \times 4 \times 0.3 + 0.11 \times 1.8 = 1.926\text{kN}$$

$$\sum N_{Qk} = 0.5(l_b + a_1)l_a Q_k = 0.5(1.3 + 0.3) \times 1.8 \times 2 = 2.88\text{kN}$$

4）求脚手架搭设高度限值 $[H]$：

查 JGJ 130—2001 表 5.1.6 得钢材的抗弯强度设计值 $f = 205\text{N/mm}^2$

查 JGJ 130—2001 表附录B表B得钢管截面积 $A = 489\text{mm}^2$

基本风压为 0.35kN/m^2，敞开式双排脚手架按三步三跨连墙布置，每个连墙点覆盖面积为

$3\times1.8\times3\times1.8=29.16\text{m}^2<30\text{m}^2$，符合 JGJ 130—2001 第 4.3.2 条规定可不考虑风荷载作用。

按 JGJ 130—2001 公式 5.3.6-1 计算 H_s（按稳定计算的搭设高度）

$$H_s=\frac{\varphi Af-(1.2N_{G2k}+1.4\sum N_{Qk})}{1.2g_k}$$

$$=\frac{0.138\times489\times205\times10^{-3}-(1.2\times1.926+1.4\times2.88)}{1.2\times0.1337}$$

$$=46.69\text{m}$$

由 JGJ 130—2001 第 5.3.7 式得脚手架搭设限高

$$[H]=\frac{H_s}{1+0.001H_s}=\frac{46.69}{1+0.001\times46.69}=44\text{m}$$

【例5】 已知条件：施工地区在基本风压为 0.45kN/m^2 大城市市区，立杆横距 $l_b=1.05\text{m}$，步距 $h=1.8\text{m}$，立杆纵距 $l_a=1.8\text{m}$，连墙件布置二步三跨，施工均布荷载标准值（二层操作层）：$\sum Q_k=2+2=4\text{kN/m}^2$，竹串片脚手板自重标准值（满铺四层）：$\sum Q_{p1}=4\times0.35\text{kN/m}^2$，栏杆、竹串片脚手板挡板自重标准值：$\sum Q_{p2}=2\times0.14\text{kN/m}^2=0.28\text{kN/m}^2$，求 $[H]$。

根据 JGJ 130—2001 第 4.3.2 条，因基本风压为 0.45kN/m^2，所以应考虑风荷载作用。

【解】 1) 计算风荷载标准值对立杆段产生的弯矩 M_{wk}：

敞开式：双排脚手架挡风系数 φ 根据 JGJ 130—2001 附录 A 表 A-3 得 $\varphi=0.083$

根据荷载规范得脚手架风荷载体型系数 $\mu_s=1.2\varphi(1+\eta)$

根据荷载规范 取 $\eta=1(l_b/H<1)$ $\mu_s=1.2\times0.083\times(1+1)=0.1992$

根据荷载规范，大城市市区地面粗糙度类别为 C 类 高度 5m，$\mu_z=0.74$

$$M_{wk}=\frac{w_k l_a h^2}{10}=\frac{0.7\mu_z\times\mu_s\times w_o\times1.8\times1.8^2}{10}$$

$$=\frac{0.7\times0.74\times0.1992\times0.45\times1.8\times1.8^2}{10}=0.027\text{kN}\cdot\text{m}$$

2) 施工荷载标准值产生的轴心力总和 $\sum N_{Qk}$：

$$\sum N_{Qk}=0.5(l_b+0.3)l_a\sum N_{Qk}=0.5(1.05+0.3)\times1.8\times4=4.86\text{kN}$$

3) 构配件自重标准值产生的轴向力 N_{G1k}：

$$N_{G1k}=0.5(l_b+0.3)l_a\sum Q_{p1}+\sum Q_{p2}l_b=0.5(1.05+0.3)\times1.8\times4\times$$

$$0.35+2\times0.14\times1.8=2.205\text{kN}$$

按 JGJ 130—2001 (5.3.6-2) 式计算组合风荷载时的稳定可搭设高度：

$$H_s=\frac{\varphi Af-\left\{1.2N_{G2k}+0.85\times1.4\left(\sum N_{Qk}+\frac{M_{wk}}{W}\varphi A\right)\right\}}{1.2g_k}$$

$$=\frac{0.186\times489\times205\times10^{-3}-\left[1.2\times2.205+0.85\times1.4\left(4.86+\frac{0.027\times10^3}{5.08\times10^3}\times0.186\times489\right)\right]}{1.2\times0.1337}$$

$$=60\text{m}$$

4) 脚手架搭设高度计算：

按 JGJ 130—2001 (5.3.6-1) 式计算不组合风荷载时的稳定可搭设高度：

$$H_s=\frac{\varphi Af-(1.2N_{G2k}+1.4\sum N_{Qk})}{1.2g_k}$$

$$= \frac{0.186 \times 489 \times 205 \times 10^{-3} - (1.2 \times 2.205 + 1.4 \times 4.86)}{1.2 \times 0.1337} = 57\text{m}$$

两者比较取 $H_s = 57\text{m}$。

5) 计算脚手架搭设高度限值 $[H]$：

由 JGJ 130—2001 公式 5.3.7 计算 $\quad [H] = \dfrac{H_s}{1 + 0.001 H_s} = \dfrac{57}{1 + 0.001 \times 57} = 54\text{m}$

根据 JGJ 130—2001 第 5.3.7 条 取 $[H] = 50\text{m}$

(3) 敞开式单管双排脚手架设计与整体稳定验算：

【例 6】 工程需搭设 50m 高脚手架，采用 $\phi 48 \times 3.5$ 钢管，冲压钢脚手板，脚手架用于外墙装修，要求两层同时作业。施工地区在基本风压为 0.4kN/m^2 城市市区。

【解】 1) 搭设尺寸设计：根据规范 6.1.1 条表 6.1.1-1 常用敞开式双排脚手架的设计尺寸，试选用搭设尺寸：立杆横距 $l_b = 1.05\text{m}$，立杆步距 $h = 1.8\text{m}$，立杆纵距 $l_a = 1.8\text{m}$。连墙件设置二步三跨，脚手架搭设采用相同的步距、立杆纵距、立杆横距和连墙件间距。脚手板选用冲压钢脚手板。

2) 纵向、横向水平杆和扣件抗滑承载力计算（略）。

3) 立杆稳定验算：脚手架以相同的步距、立杆纵距、立杆横距和连墙件间距搭设，底层立杆段所受的轴压应力最大，应计算该部位（见 JGJ 130—2001 第 5.3.5 条第二款）。

第一步：验算长细比。

根据 JGJ 130—2001 第 5.1.9 条和 5.3.3 式

长细比 $\lambda = \dfrac{l_0}{i} = \dfrac{k \mu h}{i} = \dfrac{\mu h}{i}$（$k$ 取 1）

μ 查 JGJ 130—2001 表 5.3.3，$\mu = 1.5$，$\lambda = \dfrac{1.5 \times 180}{1.58} = 171 < 210$，满足要求。

第二步：确定轴心受压构件的稳定系数。

由 5.3.3 式得 $\lambda = \dfrac{l_0}{i} = \dfrac{k \mu h}{i} = \dfrac{1.155 \times 1.50 \times 180}{1.58} = 197$（$k$ 取 1.155）查 JGJ 130—2001 附录 C 表 C 得 $\varphi = 0.186$

第三步：求脚手架结构自重标准值产生的轴向力 N_{Gk}。

按 JGJ 130—2001 公式 5.3.7 计算脚手架按稳定计算的搭设高度

$$H_s = \frac{[H]}{1 - 0.001[H]} = \frac{50}{1 - 0.001 \times 50} = 52.63\text{m}$$

查 JGJ 130—2001 附录 A 表 A-1 得脚手架每米立杆承受的结构自重标准值 $g_k = 0.1337\text{kN/m}$

$$N_{G1k} = H_s g_k = 52.63 \times 0.1337 = 7.04\text{kN}$$

第四步：求构配件自重标准值产生的轴力 N_{G2k}。

脚手架高 50m，根据 JGJ 130—2001 要求，脚手板每 12m 铺设一层（规范 7.3.12 条第 4 款），并考虑脚手架上有两个同时作业施工层，应铺设钢脚手板 5 层。

查 JGJ 130—2001 表 4.2.1-1 得脚手板自重标准值：$\sum Q_{p1} = 5 \times 0.3 = 1.5\text{kN/m}^2$

栏板、冲压钢脚手板挡板自重标准值，查 JGJ 130—2001 表 4.2.1-2 得

$$\sum Q_{p2} = 2 \times 0.11\text{kN/m} = 0.22\text{kN/m}$$

$$N_{G2k} = 0.5(l_b + 0.3)l_a \sum Q_{p1} + \sum Q_{p2} l_a = 0.5(1.05 + 0.3) \times$$
$$1.8 \times 5 \times 0.3 + 2 \times 0.11 \times 1.8 = 2.219 \text{kN}$$

第五步：施工荷载标准值产生的轴向力总和 $\sum N_{Qk}$。

脚手架上有两个装修作业施工层，查 JGJ 130—2001 表 4.2.2 得施工均布活荷载标准值：

$$\sum Q_k = 2 \times 2 \text{kN/m}^2 = 4 \text{kN/m}^2$$

$$\sum N_{Qk} = 0.5(l_b + 0.3)l_a \sum Q_k = 0.5(1.05 + 0.3) \times 1.8 \times 4 = 4.86 \text{kN}$$

第六步：计算立杆段的轴向力设计值 N。

组合风荷载时：
$$N = 1.2(N_{G1k} + N_{G2k}) + 0.85 \times 1.4 \sum N_{Qk}$$
$$= 1.2(7.04 + 2.219) + 0.85 \times 1.4 \times 4.86 = 16.89 \text{kN}$$

不组合风荷载时：
$$N = 1.2(N_{G1k} + N_{G2k}) + 1.4 \sum Q_k$$
$$= 1.2(7.04 + 2.219) + 1.4 \times 4.86 = 17.91 \text{kN}$$

第七步：计算风荷载设计值对立杆段产生的弯矩 M_w。

搭设敞开式脚手架在基本风压为 0.4kN/m^2 大城市市区，根据 JGJ 130—2001 4.3.2 条，验算脚手架立杆的稳定性，需考虑风荷载作用。

大城市市区地面粗糙度为 C 类，查荷载规范，风压高度变化系数 $\mu_z = 0.74$

风荷载体型系数 $\mu_s = 1.2\varphi(1+\eta)$

挡风系数查 JGJ 130—2001 附录 A 表 A-3 得，$\varphi = 0.083$，$\mu_s = 1.2 \times 0.083(1+1) = 0.1992$ ($\eta = 1$)

由 JGJ 130—2001 公式 4.2.3 与 5.3.4 得

$$M_w = \frac{0.85 \times 1.4 w_k l_a h^2}{10} = \frac{0.85 \times 1.4 \times 0.7 \mu_z \cdot \mu_s w_0 l_a h^2}{10}$$

$$= \frac{0.85 \times 1.4 \times 0.7 \times 0.74 \times 0.1992 \times 0.4 \times 1.8 \times 1.8^2}{10} = 0.029 \text{kN} \cdot \text{m}$$

第八步：立杆稳定性验算

组合风荷载时，按 JGJ 130—2001 公式 5.3.1-2 计算立杆稳定性，即：

$$\frac{N}{\varphi A} + \frac{M_w}{W} = \frac{16.89 \times 10^3}{0.186 \times 484} + \frac{0.029 \times 10^6}{5.08 \times 10^3} = 185.70 + 5.71 = 191.41 \text{N/mm}^2 < f$$

不组合风荷载时，按 JGJ 130—2001 公式 5.3.1-1 验算立杆稳定性，即：

$$\frac{N}{\varphi A} = \frac{17.91 \times 10^3}{0.186 \times 489} = 196.91 < f \quad \text{脚手架立杆稳定性满足要求。}$$

(4) 密目式安全立网全封闭双排脚手架搭设高度计算：

【例7】脚手架立杆纵距 $l_a = 1.2 \text{m}$，立杆横距 $l_b = 1.05 \text{m}$，步距 $h = 1.8 \text{m}$，3 步 3 跨连墙布置，施工均布荷载标准值（二层）$\sum Q_k = 3 + 2 \text{kN/m}^2$，冲压钢脚手板自重标准值 $\sum Q_{p1} = 4 \times 0.3 \text{kN/m}^2$（四层），栏杆、冲压钢脚手板挡板自重标准值 $\sum Q_{p2} = 2 \times 0.11 \text{kN/m}^2$，建筑结构形式为框架结构，用密目式安全立网全封闭脚手架，其挡风系数 $\varphi = 0.871$，密目式安全立网自重标准值 $Q_{p3} = 0.005 \text{kN/m}^2$，施工地区在基本风压为 0.6kN/m^2 大城市郊区。求搭设高度限值 $[H]$。

【解】1) 验算长细比：

由 JGJ 130—2001 5.1.9 条式 (5.3.3) 得 $\lambda = \frac{l_0}{i} = \frac{k\mu h}{i} = \frac{1.7 \times 180}{1.58} = 194 < 210$ ($k = 1$，μ 查 JGJ 130—2001 表 5.3.3) 满足要求。

2）确定轴心受压构件稳定系数 φ：

$k=1.155$，$\lambda=\dfrac{k\mu h}{i}=\dfrac{1.155\times 1.7\times 180}{1.58}=224$ 查 JGJ 130—2001 附录 C 表 C 得 $\varphi=0.145$，查 JGJ 130—2001 附录 A 表 A-1，$g_k=0.1161\text{kN/m}^2$

3）确定构配件自重标准值产生的轴心力 N_{G2k}

$N_{G2k}=0.5(l_b+a_1)l_a\sum Q_{p1}+l_a\sum Q_{p2}+[H]\sum Q_{p3}l_a=0.5(1.05+0.3)\times 1.2\times 4\times$
$0.3+1.2\times 0.11\times 2+50\times 1.2\times 0.005=1.536\text{kN}$

（$[H]$ 脚手架搭设高度限值，取最大，即 $[H]=50\text{m}$）

4）求施工荷载标准值产生的轴向力总和 $\sum N_{Qk}$：

$\sum N_{Qk}=0.5(l_b+a_1)l_a\sum Q_k=0.5(1.05+0.3)\times 1.2\times(3+2)=4.05\text{kN}$

5）求风荷载标准值产生的弯矩：

由 JGJ 130—2001 式（4.2.3）、式（5.3.4）得 $M_{wk}=\dfrac{0.7\mu_z\mu_s w_0 l_a h^2}{10}$

建筑物为框架结构，风荷载体型系数 $\mu_s=1.3\varphi=1.3\times 0.871=1.1323$

大城市郊区，地面粗糙度为 B 类，立杆计算段取底部，风压高度变化系数 $\mu_z=1.0$

$M_{wk}=\dfrac{0.7\mu_z\mu_s w_0 l_a h^2}{10}=\dfrac{0.7\times 1.0\times 1.1323\times 0.6\times 1.2\times 1.8^2}{10}=0.185\text{kN}\cdot\text{m}$

6）确定按稳定计算的搭设高度 H_s：

组合风荷载时由 JGJ 130—2001 式（5.3.6-2）计算 H_s：

$$H_s=\dfrac{\varphi Af-\left\{1.2N_{G2k}+0.85\times 1.4\left[\sum N_{Qk}+\dfrac{M_{wk}}{W}\varphi A\right]\right\}}{1.2g_k}$$

$$=\dfrac{0.145\times 489\times 205\times 10^{-3}-\left\{1.2\times 1.536+0.85\times 1.4\left[4.05+\dfrac{0.185}{5.08}\times 0.145\times 489\right]\right\}}{1.2\times 0.1161}$$

$=34.4\text{m}$

不组合风荷载时

$$H_s=\dfrac{\varphi Af-(1.2N_{G2k}+1.4\sum N_{Qk})}{1.2g_k}$$

$=\dfrac{0.145\times 489\times 205\times 10^{-3}-(1.2\times 1.536+1.4\times 4.05)}{1.2\times 0.1161}=50.4\text{m}$

H_s 取 34.4m 时，$[H]=\dfrac{H_s}{1+0.001H_s}=\dfrac{34.4}{1+0.001\times 34.4}=33\text{m}$

（5）密目式安全立网全封闭双排脚手架设计与整体稳定验算：

【例8】已知条件：立杆纵距 $l_a=1.2\text{m}$，立杆横距 $l_b=1.05\text{m}$，步距 $h=1.5\text{m}$。计算外伸长度 $a_1=0.3\text{m}$，钢管外径与壁厚 $\phi 48\times 3.5\text{m}$，2 步 3 跨连墙布置。施工地区基本风压为 0.45kN/m^2，大城市郊区，施工均布荷载标准值（一层操作层）$Q_k=3\text{kN/m}^2$，冲压钢脚手板自重标准值 0.3kN/m^2，铺设四层，$\sum Q_{p1}=4\times 0.3\text{kN/m}^2$，栏杆、冲压钢脚手板挡板自重标准值 $Q_{p2}=0.11\text{kN/m}$，建筑物结构形式为框架结构，用密目式安全立网全封闭脚手架，其挡风系数 $\varphi=0.872$，密目式安全立网自重标准值 $Q_{p3}=0.005\text{kN/m}^2$。工程需搭设 48m 高脚手架，按稳定计算的搭设高度 $H_s=\dfrac{[H]}{1-0.001[H]}=\dfrac{48}{1-0.001\times 48}=50.42\text{m}$。试验算立杆稳定性。

【解】 1) 验算长细比：

根据 JGJ 130—2001 第 5.1.9 条和式（5.3.3）μ 查 JGJ 130—2001 表 5.3.3，$\mu=1.5$ 且 $k=1$。

长细比 $\lambda = \dfrac{l_o}{i} = \dfrac{k\mu h}{i} = \dfrac{\mu h}{i} = \dfrac{1.5 \times 150}{1.58} = 142 < 210$ 满足要求。

2) 计算立杆段轴向力设计值 N：

脚手架结构自重标准值产生的轴向力 $N_{G1k} = H_s g_k = 50.42 \times 0.1291 = 6.509 \text{kN}$

构配件自重标准值产生的轴向力

$$N_{G2k} = 0.5(l_b + a_1)l_a \sum Q_{p1} + Q_{p2}l_a [H]Q_{p3} = 0.5(1.05 + 0.3) \times$$
$$1.2 \times 4 \times 0.3 + 0.11 \times 1.2 + 1.2 \times 48 \times 0.005 = 1.392 \text{kN}$$

施工荷载标准值产生的轴向力总和

$$\sum N_{Qk} = 0.5(l_b + a_1)l_a Q_k = 0.5(1.05 + 0.3) \times 1.2 \times 3 = 2.43 \text{kN}$$

组合风荷载时

$$N = 1.2(N_{G1k} + N_{G2k}) + 0.085 \times 1.4 \sum N_{Qk}$$
$$= 1.2(6.509 + 1.392) + 0.85 \times 1.4 \times 2.43 = 12.37 \text{kN}$$

不组合风荷载时

$$N = 1.2(N_{G1k} + N_{G2k}) + 1.4 \sum N_{Qk} = 1.2(6.509 + 1.392) + 1.4 \times 2.43 = 12.88 \text{kN}$$

3) 计算风荷载设计值对立杆段产生的弯矩 M_w：

根据 JGJ 130—2001 第 4.2.4 条，背靠建筑物结构形式为框架结构，风荷载体型系数

$$\mu_s = 1.3\varphi = 1.3 \times 0.872 = 1.1336$$

大城市郊区，地面粗糙度为 B 类，查荷载规范，5m 以下风压高度变化系数 $\mu_z = 1.00$

$$M_w = \dfrac{0.85 \times 1.4 w_k l_a h^2}{10} = \dfrac{0.85 \times 1.4 \times 0.7 \mu_z \cdot \mu_s w_o l_a h^2}{10}$$
$$= \dfrac{0.85 \times 1.4 \times 0.7 \times 1.0 \times 1.1336 \times 0.45 \times 1.2 \times 1.5^2 \times 10^6}{10}$$
$$= 1.147 \times 10^5 \text{N} \cdot \text{mm}$$

4) 立杆稳定性验算：

确定轴心受压构件的稳定系数。

由规范式（5.3.3）得 $\lambda = \dfrac{l_o}{i} = \dfrac{k\mu h}{i} = \dfrac{1.155 \times 1.50 \times 150}{1.58} = 164$（$k$ 取 1.155）查 JGJ 130—2001 附录 C 表 C 得 $\varphi = 0.262$，组合风荷载时，按 JGJ 130—2001 式（5.3.1-2）计算立杆稳定性，即：

$$\dfrac{N}{\varphi A} + \dfrac{M_w}{W} = \dfrac{12.37 \times 10^3}{0.262 \times 489} + \dfrac{1.147 \times 10^5}{5.08 \times 10^3} = 96.55 + 22.58 = 119.13 \text{N/mm}^2 < f$$

不组合风荷载时，按 JGJ 130—2001 式（5.3.1-1）验算立杆稳定性，即：

$$\dfrac{N}{\varphi A} = \dfrac{12.88 \times 10^3}{0.262 \times 489} = 100.53 \text{N/mm}^2 < f \quad \text{脚手架立杆稳定性满足要求。}$$

4. 连墙件计算

(1) 敞开式脚手架连墙件计算：

【例9】 已知条件：脚手架采用 $\phi 48 \times 3.5$ 钢管，立杆横距 $l_a = 1.05 \text{m}$，立杆纵距 $l_a = 1.8 \text{m}$。连墙件布置 2 步 3 跨均匀布置。基本风压 0.45kN/m^2，地面粗糙度类别属 B 类，连墙件的连墙

杆采用φ48×3.5钢管,用直角扣件分别与脚手架立杆和建筑物连接,脚手架高度50m。试验算连墙杆的稳定性。

【解】 连墙件的轴向力设计值由JGJ 130—2001式5.4.1得 $N_l = N_{lw} + N_0$。

由风荷载产生的连墙件的轴向力设计值,由公式5.4.2得 $N_{lw} = 1.4 \cdot w_k A_w$

脚手架上水平风荷载标准值,由JGJ 130—2001公式4.2.3得 $w_k = 0.7 \mu_z \cdot \mu_s \cdot w_0$

1) 求 w_k:

由已知条件,连墙件均匀布置,受风荷载最大的连墙件应在脚手架的最高部位,计算按50m考虑。

地面粗糙度为B类,根据荷载规范,风压高度变化系数 $\mu_z = 1.67$

查JGJ 130—2001附录A表A-3得 $\varphi = 0.083$

风荷载体型系数(由荷载规范得)$\mu_s = 1.2 \varphi (1+\eta) = 1.2 \times 0.083 \times (1+1) = 0.1992$(由荷载规范得 $\eta = 1$)

$$w_k = 0.7 \mu_z \cdot \mu_s \cdot w_0 = 0.7 \times 1.67 \times 0.1992 \times 0.45 = 0.105 \text{kN/m}^2$$

2) 求 N_l:

按JGJ 130—2001 5.4.1第1款双排脚手架 $N_0 = 5 \text{kN}$(N_0为连墙杆约束脚手架平面外变形所产生的轴向力) $N_l = N_{lw} + N_0 = 1.4 w_k A_w + 5 = 1.4 \times 0.105 \times 2 \times 1.8 \times 3 \times 1.8 + 5 = 7.86 \text{kN}$

3) 扣件连接抗滑移验算:

查JGJ 130—2001表5.1.7得直角扣件抗滑承载力设计值

$$R_c = 8 \text{kN}, N_l = 7.86 \text{kN} < R_c \text{ 满足要求。}$$

4) 连墙杆稳定承载力验算:

连墙杆采用φ48×3.5钢管时,杆件两端均采用直角扣件分别连于脚手架及附加墙外侧的短钢管上,因此连墙杆的计算长度可取脚手架的离墙距离,即 $l_H = 0.5 \text{m}$,因此长细比

$$\lambda = \frac{l_H}{i} = \frac{50}{1.58} = 32 < [\lambda] = 150 \text{(查《冷弯薄壁型钢结构技术规范》)}$$

查JGJ 130—2001附录C表C得 $\varphi = 0.912$

$$\frac{N_l}{\varphi A} = \frac{7.86 \times 10^3}{0.912 \times 489} = 17.62 \text{N/mm}^2 \ll 205 \text{N/mm}^2$$

计算说明连墙件采用φ48×3.5钢管时,其稳定承载能力足够。

【例10】 已知条件:密目式安全立网全封闭双排脚手架,其挡风系数 $\varphi = 0.871$,脚手架高50m,立杆纵距 $l_a = 1.2 \text{m}$,建筑物结构形式为框架结构,其余条件同例9。试验算连墙杆的稳定性。

【解】 1) 求脚手架上水平风荷载标准值 w_k:

计算部位取50m高处,地面粗糙度类别为B类,风压高度变化系数 $\mu_z = 1.67$

$$\mu_s = 1.3 \varphi = 1.3 \times 0.871 = 1.1323$$

由JGJ 130—2001式(4.2.3)得 $w_k = 0.7 \mu_z \cdot \mu_s \cdot w_0 = 0.7 \times 1.67 \times 1.1323 \times 0.45 = 0.60 \text{kN/m}^2$

2) 求 N_l:

双排脚手架 $N_0 = 5 \text{kN}$ $N_l = N_{lw} + N_0 = 1.4 w_k A_w + 5 = 1.4 \times 0.6 \times 2 \times 1.8 \times 3 \times 1.2 + 5 = 15.89 \text{kN}$

3) 扣件连接抗滑承载力验算:

查 JGJ 130—2001 表 5.1.7 一个直角扣件抗滑承载力设计值 $R_c=8kN$，$N_l=15.89kN>R_c$，不满足要求。采用双扣件：即连墙杆采用直角扣件与脚手架的内、外排立杆连接，连墙杆与建筑物连接时，应在内、外墙面附加短管处各加两只直角扣件扣牢，即可满足要求。

$$N_l=15.89kN<2R_c=16kN$$

4）连墙件稳定验算：$\lambda=\dfrac{l_H}{i}=\dfrac{50}{1.58}=32<[\lambda]=150$

$$\varphi=0.912, \dfrac{N}{\varphi A}=\dfrac{15.89\times10^3}{0.912\times489}=35.63N/mm^2,满足要求。$$

5. 立杆地基承载力计算

【例11】已知条件：立杆横距 $l_b=1.05m$，步距 $h=1.8m$，立杆纵距 $l_a=1.5m$，二步三跨连墙布置。

脚手板自重标准值（满铺四层）　　　$\sum Q_{p1}=4\times0.35kN/m^2$

施工均布活荷载标准值（一层作业）　$Q_k=3kN/m^2$

栏杆、挡脚板自重标准值　　　　　　$Q_{p2}=0.14kN/m$

敞开式脚手架，施工地区在基本风压为 $0.35kN/m^2$ 地区，脚手架高 $H_s=50m$

脚手架底通长铺设木垫板（板宽×板厚为 300mm×50mm）。

地基土质为碎石，承载力标准值 $f_{gk}=300kPa$

【解】1）计算立杆段轴力设计值 N：

由已知条件可知，根据 JGJ 130—2001 4.3.2 条，不组合风荷载。

用 JGJ 130—2001 式（5.3.2-1），即 $N=1.2(N_{G1k}+N_{G2k})+1.4\sum N_{Qk}$

由已知条件 $l_a=1.5m$，$h=1.8m$ 查 JGJ 130—2001 附录 A 表 A-1 得 $g_k=0.1248kN/m$

脚手架结构自重标准值产生的轴向力 N_{G1k}　　$N_{G1k}=H_s g_k=50\times0.1248=6.24kN$

构配件自重标准值产生的轴向力

$$N_{G2k}=0.5(l_b+0.3)l_a Q_{p1}+Q_{p2}l_a=0.5\times(1.05+0.3)\times1.5$$
$$\times4\times0.35+0.14\times1.5=1.628kN$$

施工荷载标准值产生的轴向力总和 $\sum N_{Qk}$：

$$\sum N_{Qk}=0.5(l_b+0.3)l_a Q_k=0.5\times(1.05+0.3)\times1.5\times3=3.038kN$$

$$N=1.2(N_{G1k}+N_{G2k})+1.4\sum N_{Qk}=1.2(6.24+1.628)+1.4\times3.038=13.69kN$$

2）计算基础底面积 A：

取木垫板作用长度 0.5m　　　$A=0.3\times0.5=0.15m^2$

3）确定地基承载力设计值 f_g：

碎石土承载力标准值：　　　$f_{gk}=300kPa=300kN/m^2$

由 JGJ 130—2001 式（5.5.2），并取 $K_c=0.4$（地基土质为碎石）

得　　　　　　　　$f_g=k_c f_{gk}=0.4\times300=120kN/m^2$

4）验算地基承载力：

由式（5.5.1）得立杆基础底面的平均压力

$$p=\dfrac{N}{A}=\dfrac{13.69}{0.15}=91.27kN/m^2<f_g=120kN/m^2 \text{ 满足要求。}$$

2.6.3 双立杆落地式脚手架计算

JGJ 130—2001 第 6.3.7 条规定：双管立杆中副立杆的高度不应低于3步，钢管长度不应小于 6m。

高层脚手架的立杆采用上单下双时，下部的两根钢管必须直角扣件与纵向水平杆扣紧，以保证两根钢管共同工作，不得只扣一根，以避免其自由长度成倍增加。

单杆和双杆的连接构造有两种（图 3-152）：

（1）上部单立杆是由下部双立杆中的一根延伸而成。该杆底部应按承受全部荷载包括单立杆部分的 65% 考虑。

（2）上部单立杆同时和下部两根双立杆搭接。上部单立杆支承在小横杆上，这小横杆则置于下部双立杆之间。搭接部分用不少于三道旋转扣件扣在立杆上，且三道扣件紧接，以加强对纵向水平杆支持力。这种连接方式下的两根立杆的荷载可按平均分担考虑。

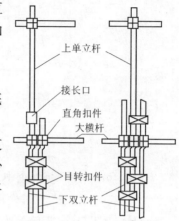

图 3-152　单杆相接和双杆连接

实际上，双管立杆脚手架的破坏特征（试验），均是由上部单立杆失稳破坏造成的。在这种条件下只要上部单立杆满足自身的稳定性要求，则双杆部分一般不必进行稳定性验算。但在施工现场搭设的双管立杆脚手架，其高度往往超过 50m，双立杆脚手架试验破坏特征不能完全反映现场情况，不能排除存在其他失稳破坏，所以有必要对双管立杆部分进行计算。经试验在双管立杆第①种连接构造中，主立杆的荷载分配规律是由上而下递减，副立杆是由上而下递增。单双立杆交接处主立杆承担的荷载在 65% 以上，主立杆传至第三步时主立杆承受的荷载下降为 60%，经七步传递后，主副立杆承受 50%，即荷载分配系数均为 0.5。因此在验算主立杆的稳定性时，从安全计，主立杆的荷载分配系数宜采用 0.65 以上（参考）。

【例12】采用 $\phi 48 \times 3.5$ 钢管搭设双排双管立杆脚手架（内、外排立杆为双管立杆），脚手架搭设高度限值 $[H]=55m$，$H_s=58m$，副立杆高 38m，立杆横距 $l_b=1.05m$，立杆纵距 $l_a=1.5m$，立杆步距 $h=1.5m$，二步三跨连墙布置，建筑物为全混凝土结构（开窗洞），密闭式安全立网全封闭脚手架，密目式安全立网的网目密度为 2300 目$/100cm^2$，其自重标准值 $Q_{p3}=0.005kN/m^2$，一层结构施工，施工均布荷载标准值 $Q_k=3kN/m^2$，冲压钢脚手板满铺5层，其自重标准值 $\sum Q_{p1}=5\times 0.3kN/m^2$，栏杆、冲压钢脚手板挡板自重标准值 $Q_{p2}=0.11kN/m^2$。施工地区为基本风压 $0.35kN/m^2$ 市区。试验算立杆稳定性。

1）计算方法：

①验算脚手架整体稳定性部位为脚手架双管立杆底部与脚手架单立杆底部（双管立杆以上第一部）。

②确定主、副立杆荷载分配。

副立杆每步与纵向水平杆扣接，扣接节点靠近主节点，与脚手架形成整体框架。按前分析，主立杆的荷载分配系数宜采用 0.65 以上，即在双管立杆高度范围内的脚手架结构自承担的荷载副立杆分担 35%，主立杆承担 65%。因此脚手架结构自重标准值对主立杆产生的轴力计算如下：

$$N_{G1k}=(H_s-38)\times g_k\times 0.65+38g'_k\times 0.65=(58-38)\times 0.1394 \times 0.65+38\times 0.2116\times 0.65=7.039kN$$

2）双管立杆脚手架每米立杆承受的结构自重标准值 g'_k 计算。

副立杆每步与纵向水平杆相交处用直角扣件扣牢，每 6.5m 处用对接扣件扣牢，增加副立

杆每米自重为 $\dfrac{q_1+hq+\dfrac{h}{6.5}q_2}{h}$，考虑增加剪刀撑（剪刀撑为双杆）自重后副立杆每米自重 g_{k1} 为：

$$g_{k1}=\dfrac{4(6.5q+q_2)+\dfrac{2\times 13\cos\alpha}{l_a}q_3}{13\cos\alpha\times 13\sin\alpha}l_a+\dfrac{q_1+hq+\dfrac{h}{6.5}q_2}{h}$$

$$=\dfrac{4(6.5\times 38.4+18.4)+\dfrac{2\times 13\cos 45°}{1.5}\times 14.6}{13\cos 45°13\sin 45°}\times 10^{-3}$$

$$\times 1.5+\dfrac{13.2+1.5\times 38.4+\dfrac{1.5}{6.5}\times 18.4}{1.5}\times 10^{-3}$$

$$=0.0148\times 1.5+0.050=0.0722\text{kN/m}$$

$l_a=1.5\text{m}$，$h=1.5\text{m}$ 查 JGJ 130—2001 附录 A 表 A-1，$g_k=0.1394\text{kN/m}$

$$g'_k=g_k+g_{k1}=0.1394+0.0722=0.2116\text{kN/m}$$

q：$\phi 48\times 3.5\text{mm}$ 钢管每米重量 $q=38.4\text{N/m}$

q_1：直角扣件每个重量 $q_1=13.2\text{N/个}$　　q_2：对接扣件每个重量 $q_2=18.4\text{N/个}$

q_3：旋转扣件每个重量 $q_3=14.6\text{N/个}$　　α：剪刀撑斜杆与地面夹角，取 $\alpha=45°$

3）密目式安全立网封闭双排双管立杆脚手架挡风系数 φ_2 计算。

$$\varphi_2=\dfrac{1.2A_{n2}}{l_ah}=\dfrac{1.2(l_a+2h+2\times 0.325l_ah)\,d}{l_ah}$$

$$=\dfrac{1.2(1.5+2\times 1.5+2\times 0.325\times 1.5\times 1.5)\times 0.048}{1.5\times 1.5}=0.153$$

密目式安全立网挡风系数 φ_1

$$\varphi_1=\dfrac{1.2A_{n1}}{A_{w1}}=\dfrac{1.2(100-nA_o)}{100}=\dfrac{1.2(100-2300\times 1.3\times 10^{-2})}{100}=0.841$$

式中　n 为每 100cm^2 内网目目数 $n=2300$；A_o 为每目孔隙面积约取 $A_o=1.3\text{mm}^2$；

按（3-11）式 $\varphi=\varphi_1+\varphi_2-\varphi_1\cdot\varphi_2/1.2=0.841+0.153-0.841\times 0.153/1.2=0.887$。

4）验算长细比。

$k=1$，$\mu=1.5$（查 JGJ 130—2001 表 5.3.3），$\lambda=\dfrac{l_o}{i}=\dfrac{k\mu h}{i}=\dfrac{1.5\times 150}{1.58}=142<[\lambda]=210$ 满足要求。

$$k=1.155,\lambda=\dfrac{1.155\times 1.5\times 150}{1.58}=164,\varphi=0.262$$

5）计算立杆段轴向力设计值。

构配件自重标准值产生的轴向力

$$N_{G2k}=0.65\times\{0.5(l_b+a_1)l_a\sum Q_{p1}+Q_{p2}l_a+l_a[H]Q_{p3}\}$$

$$=0.65\times\{0.5(1.05+0.3)\times 1.5\times 5\times 0.3$$

$$+0.11\times 1.5+1.5\times 55\times 0.005\}=1.363\text{kN}$$

施工荷载标准值产生的轴向力总和

$$\sum N_{Qk}=0.65\times 0.5(l_b+a_1)l_aQ_k=0.65\times 0.5(1.05+0.3)\times 1.5\times 3=1.974\text{kN}$$

组合风荷载时

$$N=1.2(N_{G1k}+N_{G2k})+0.85\times 1.4\sum N_{Qk}=1.2(7.039+1.363)+0.85\times 1.4\times 1.974=12.43\text{kN}$$

不组合风荷载时
$$N=1.2(N_{G1k}+N_{G2k})+1.4\sum N_{Qk}=1.2(7.039+1.363)+1.4\times1.974=12.85\text{kN}$$

6) 计算立杆段风荷载设计值产生的弯矩 M_w：

城市市区地面粗糙度为 C 类，风压高度变化系数 $\mu_z=0.74$

建筑为全混凝土结构（开窗洞），风荷载体型系数 $\mu_z=1.3\varphi=1.3\times0.887=1.153$

$$M_w=\frac{0.85\times1.4w_k l_a h^2}{10}=\frac{0.85\times1.4\times0.7\mu_z\mu_s w_o l_a h^2}{10}$$

$$=\frac{0.85\times1.4\times0.7\times0.74\times1.153\times0.35\times1.5\times1.5^2}{10}=0.084\text{kN}\cdot\text{m}$$

7) 验算主立杆稳定性。

①按 JGJ 130—2001 式（5.3.1-2）验算，即

$$\frac{N}{\varphi A}+\frac{M_w}{W}=\frac{12.43\times10^3}{0.262\times489}+\frac{0.084\times10^6}{2\times5.08\times10^3}=97.02+8.27=105.29\text{N/mm}^2<f$$

②按 JGJ 130—2001 式（5.3.1-1）验算，即

$$\frac{N}{\varphi A}=\frac{12.85\times10^3}{0.262\times489}=100.30\text{N/mm}^2<f$$

8) 38m 以上脚手架立杆（单立杆部分）验算稳定性：

密目式安全立网全封闭双排（单立杆）脚手架挡风系数 φ，在网目密度为 2300 目/100cm² 时 $\varphi=0.869$，城市市区地面粗糙度为 C 类，风压高度变化系数 $\mu_z=1.13$，建筑物为全混凝土结构（开窗洞），风荷载体型系数 $\mu_s=1.3\varphi=1.3\times0.869=1.1297$。立杆段风荷载设计值产生的弯矩

$$M_w=\frac{0.85\times1.4w_k l_a h^2}{10}=\frac{0.85\times1.4\times0.7\mu_z\mu_s w_o l_a h^2}{10}$$

$$=\frac{0.85\times1.4\times0.7\times1.13\times1.1297\times0.35\times1.5\times1.5^2}{10}=0.126\text{kN}\cdot\text{m}$$

构配件自重标准值产生的轴向力（脚手板按二层计）

$$N_{G2k}=0.5(l_b+a_1)l_a\sum Q_{p1}+Q_{p2}l_a+l_a([H]-38)Q_{p3}$$
$$=0.5(1.05+0.3)\times1.5\times0.3\times2+0.11\times$$
$$1.5+1.5(55-38)\times0.005=0.9\text{kN}$$

脚手架结构自重标准值产生的轴向力

$$N_{G1k}=(H_s-38)g_k=(58-38)\times0.1394=2.788\text{kN}$$

施工荷载标准值产生的轴向力总和

$$\sum N_{Qk}=0.5(l_b+a_1)l_a Q_k=0.65\times0.5(1.05+0.3)\times1.5\times3=3.04\text{kN}$$

①组合风荷载时，立杆段轴向力设计值：

$$N=1.2(N_{G1k}+N_{G2k})+0.85\times1.4\sum N_{Qk}=1.2(2.788+0.9)+$$
$$0.85\times1.4\times3.04=8.043\text{kN}$$

立杆稳定性验算

$$\frac{N}{\varphi A}+\frac{M_w}{W}=\frac{8.043\times10^3}{0.262\times489}+\frac{0.126\times10^6}{5.08\times10^3}=62.78+24.80=87.58\text{N/mm}^2<f\ \text{满足要求}。$$

②不组合风荷载时，立杆段轴向力设计值：

$$N=1.2(N_{G1k}+N_{G2k})+1.4\sum N_{Qk}=1.2(2.788+0.9)+1.4\times3.04=8.682\text{kN}$$

$$\frac{N}{\phi A}=\frac{8.682\times 10^3}{0.262\times 489}=67.77\text{N/mm}^2<f \text{ 满足要求。}$$

2.7 悬挑脚手架

2.7.1 悬挑脚手架的构造

悬挑式外脚手架（简称挑架）是将脚手架设置在悬挑的支承结构上，支承结构则固定在已建造房屋结构的外缘处，以承担脚手架传来的荷载并将之传给房屋结构。支承在悬挑支承结构上的脚手架，其最底一层应满铺脚手板，以保证脚手架底层有足够的横向水平刚度。

搁置在支承结构上的脚手架有两种。

（1）现场搭设的脚手架。用单根钢管直接在悬挑的支承结构上搭设而成。搭设方法与一般脚手架相同，并按要求设置连墙杆。架高（或分段的高度）不得超过25m架子的允许搭设高度，当房屋高度大时，可按允许搭设高度分成若干段，每段脚手架分别支承在各段悬挑支承结构上。

（2）定型预拼的脚手架。事先在平地上用钢管搭设成一个工具式的定型架子。图3-153所示的定型架子是由$\phi 48\times 3.5$mm的钢管用扣件连成一个$8\text{m}\times 1\text{m}\times 12\text{m}$（长×宽×高）的整体架子。根据需要也可以有不同的规格。定型预拼脚手架是用起重吊车提升到支承结构上，就位后在定型架子上部用钢丝绳将定型架子拉结在房屋结构的预埋锚环上，并加上顶杆，使定型架子稳固。

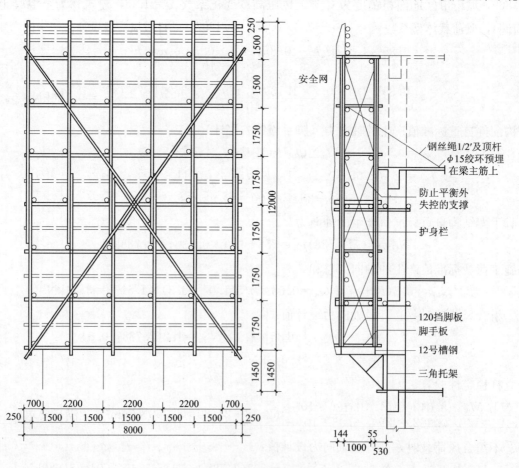

图3-153 定型预拼的工具式脚手架

挑架的悬挑支承结构是关键部件，必须有足够的强度、刚度和稳定性，保证能将脚手架上的荷载传给房屋结构，并且房屋结构需作施工期间承受外荷载的验算。

悬挑支承结构的形式一般为三角形桁架，根据所用杆件的种类不同可分成两类，即型钢制作的支承结构和钢管制作的支承结构。

1. 型钢制作的支承结构的结构形式有两类

（1）斜拉式：

1）斜拉式悬挑支承结构做法一：用型钢作为一根悬挑梁，悬挑端用钢丝绳或钢筋作为斜向拉杆。斜拉杆的上端装有花篮螺栓，用来控制悬挑梁外端的挠度。图 3-154 就是采用轻型槽钢悬挑，端部加钢丝绳斜拉的典型图例。

2）斜拉式悬挑支承结构做法二：是在楼板上预埋钢筋环，外伸的型钢插入钢筋环内固定，在型钢上搭设脚手架。架子的上部用钢丝绳和花篮螺栓与楼板拉结，或用斜钢管支撑在下层楼板上。图 3-155 就是型钢长伸入楼板插入钢筋环固定，架子的上部用钢丝绳和花篮螺栓与楼板拉结的图例。

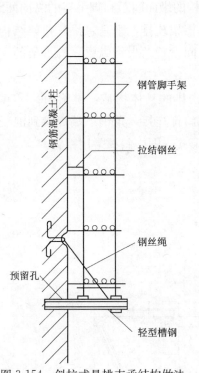

图 3-154　斜拉式悬挑支承结构做法一

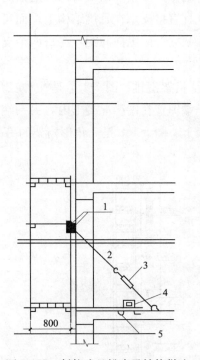

图 3-155　斜拉式悬挑支承结构做法二
1—两根纵向水平杆；2—钢丝绳，间距不大于 2m；
3—花篮螺栓；4—压杠；5—槽钢搁置在楼板上

3）斜拉式悬挑支承结构做法三：既在楼板上预埋两只钢筋环，外伸的型钢插入钢筋环内固定，在型钢梁外伸端端部用钢丝绳和花篮螺栓与上层钢筋混凝土梁或墙的预埋件固定，见图 3-156。为了双保险，更多做法常常在悬挑钢梁下先焊接型钢三角支架支承，悬挑梁端部的挠度自始至终得到严格控制，应用极广。

上述三种做法中悬挑支承结构的纵向间距和脚手架的纵向间距均相同，即脚手架的立杆直接支承在悬挑结构上。槽钢的竖立顶端电焊短钢管（$\phi38mm$）作为脚手架立柱的定位销。

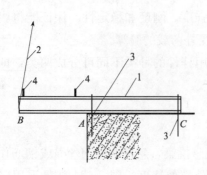 

图 3-156 斜拉式悬挑支承结构做法三
1—槽钢或工字钢；2—带对拉螺栓的钢丝绳；
3—预埋钢筋环；4—D38 钢管长约 70mm 焊于 1 上

（2）下撑式：下撑式悬挑支承结构是用型钢焊接而成的三角形桁架。桁架的上下支点直接与主体结构中的预埋件焊接或螺栓连接。根据工程结构特点和悬挑架的承载能力，三角形桁架有密排和疏排之分。三角形桁架密排就是悬挑三角架结构的纵向间距和脚手架的纵向间距相同，即脚手架的立杆直接支承在悬挑结构上；而对于三角形桁架疏排，则是悬挑三角架结构的纵向间距大于脚手架立杆的纵向间距，在每两个支承结构之间设置两根钢纵梁，脚手架的立杆支承在钢纵梁上。

1）三角形桁架密排：图 3-157 是一种三角形挑架密排的具体构造，挑梁由 [12.6 槽钢制作，挑梁的一端埋置在端梁混凝土内，另一端利用角钢斜杆连接，角钢下端焊接到混凝土结构中的预埋钢板上。图 3-158 是三角形桁架的另一种常用形式，图中斜撑常用钢管。

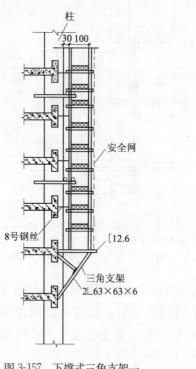 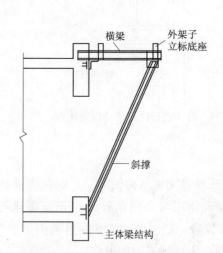

图 3-157 下撑式三角支架一　　　　图 3-158 下撑式三角支架二

2）三角形桁架疏排：图 3-148 是一种三角形挑架疏排的具体构造，挑梁由工字钢制作，挑梁的一端埋置在墙体结构的混凝土内，另一端利用螺栓与钢管制作的斜杆连接，斜杆下端焊接到混凝土结构中的预埋钢板上。

当结构中钢筋过密，挑梁无法埋入时，可采用预埋件，将挑梁与预埋件焊接。预埋件的锚固筋要采用锚塞焊，并由计算确定。挑梁与结构的连接还可根据结构情况和工地条件采用其他可靠的形式，如利用连接杆件和连接螺栓与结构柱连接。

钢底梁安装后，在其上安装[8槽钢的小横梁做为脚手架立柱的支座。槽钢小横梁与钢底梁的连接宜用可移动和可校正的压板方式固定，不宜用螺栓连接。在槽钢小横梁的槽钢槽口内电焊短钢管，作为脚手架立柱的定位销，如图 3-159 所示。

挑架间距视柱网而定，最大间距不宜超过 6m。挑架上脚手架搭设的高度一般取 4~10 个楼层高度，最高不得超过 25m。脚手架随建筑结构的升高，向上逐段搭设，下方不用的脚手架则逐段拆除。脚手架与建筑物外皮的距离为 20cm。每 3 步架应设一道与建筑物拉结的杆件。

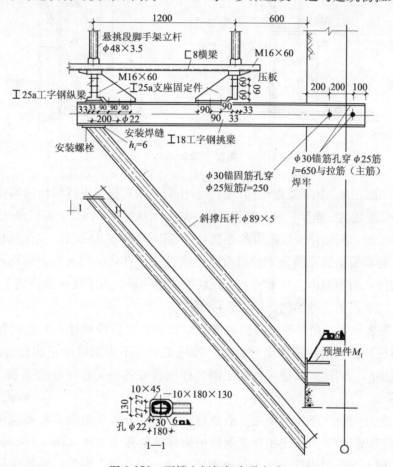

图 3-159 下撑空间钢架支承方式

在挑梁所耗的材料及挑梁的制作和安装、拆卸用工方面，斜拉式都远低于下撑式，但在使用方面斜拉式不如下撑式方便。

2. 钢管制作的支撑结构

（1）斜撑钢管加吊杆支承：斜撑钢管加吊杆作为分段支承的构造形式见图 3-160。这是一种简易支承方式：在楼面上架斜撑钢管"撑"住脚手架的内外立杆，同时在上层楼面加钢筋吊杆"拉"住脚手架外立杆（拉点靠近斜撑支点）。为保证"撑"、"拉"的可靠，斜撑钢管与脚手架立杆应采用双扣件连接，拉杆上要设"花篮螺栓"，支撑外立杆的斜撑与支撑内立杆的斜撑错开一个楼层，在脚手架上并加横杆将内外斜撑扣接。这种方式只适用于装修工程，分段高度15m以内（一般为三个楼层），脚手架上的使用荷载控制在每米长度内1500N，且每2m内只允许1人在架上操作，全长内不超过10人上架操作。

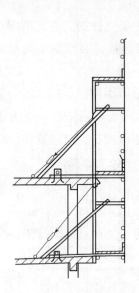 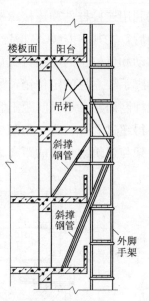

图 3-160 斜撑钢管加吊杆支承方式

（2）钢管制作的三角形桁架支撑结构：钢管制作的三角形桁架支撑结构的结构形式如图3-160所示。它是由钢管组成的三角形桁架，其斜压杆一般采用双斜杆，在其上可搭设八步脚手架。

高层建筑施工时，可采用分段搭设的办法，一般以3~4层为一段。主体结构施工阶段，下段结构完成后，将脚手架拆除转到上段搭设，依次进行，直到结构封顶。装修施工阶段，则与主体结构施工相反，脚手架由上往下转，直到底部装修完毕。为了便于装修施工脚手架的搭设，可以将结构施工时所搭的支撑结构保留以备再用。

图3-161详细表示了三角形桁架的构造情况以及各杆的搭设顺序，其搭设和拆除均属于高空作业。因此各根杆件的搭拆顺序十分重要，若施工顺序不当则可能造成杆件的传力不合理，留下隐患，酿成事故。因此，在搭、拆施工前要仔细研究各根钢管杆件的关系，选用既安全又方便的搭拆步骤。

（3）钢管桁架式外挑支承：当采用一般落地脚手架或分段悬挑脚手架不能满足施工需要时（如檐口、挑阳台等部位），可采用扣件式钢管桁架外挑架作为支承（图3-162）。这种架子是在室内钢管架的基础上加外伸钢管，逐步挑出形成支撑。图3-162钢管桁架外挑是为了支承屋顶的防护栏杆，图中杆件编号为杆件的搭拆顺序。扣件钢管桁架外挑支承的承载能力不大，杆件节点均为铰接，各杆件的搭拆顺序十分重要，在实际工程使用时，要对外挑部分架子进行几何分析，明确各杆的传力方向及受力情况，确定搭拆顺序。

挑檐和其他凸出部位，采用斜杆从外脚手架挑出，形成挑支承脚手架（图3-163）。斜杆应在每根立杆上挑出，与水平面夹角不得小于60°。斜杆两端均应交于立杆与纵向水平杆、小横杆的节点处。挑脚手架最外排立杆与原脚手架的两排立杆，至少应连续设置三道平行的小横杆。挑脚手架挑出部分高度不超过两步架，挑出部分的宽度和斜杆间距，均不得大于1.5m，其小横杆间距不得大于1m，两端必须绑牢，使用荷载不得超过100N/m²。

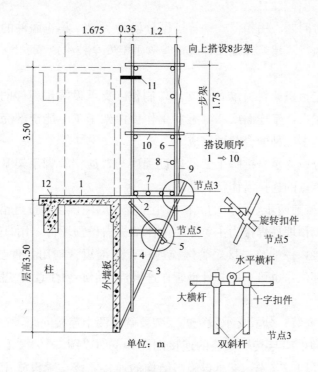

图 3-161 钢管制作支撑结构的搭设顺序
1—水平横杆；2—纵向水平杆；3—双斜杆；4—内立杆；
5—加强短杆；6—外立杆；7—竹笆脚手板；8—栏杆；9—安全网；
10—小横杆；11—用短钢管与结构拉结；12—水平横杆与预埋环焊接

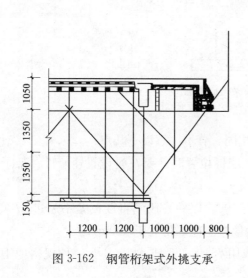

图 3-162 钢管桁架式外挑支承

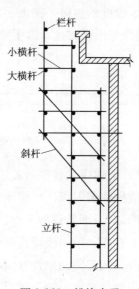

图 3-163 挑檐支承

2.7.2 悬挑脚手架搭设的特殊施工要点及注意事项

1. 分段悬挑脚手架的搭设施工要点

（1）选定搭架（含支承）方案：高层建筑施工，采用分段支承搭设外脚手架，首先选定支承方案。根据建筑结构的形式、施工现场的条件以及搭架经验，由项目负责人组织有关技术人员确定搭架方案。分段悬挑式脚手架搭架方案的重点是分段支承的形式、支承的构造做法、支承与建筑结构的关系等问题。用扣件式钢管搭设分段脚手架,其连墙件的设置、立杆、横杆的间距等构造要求,仍执行《建筑施工扣件式钢管脚手架安全技术规范》(JGJ 130—2001)的相关规定。

(2)准备工作:包括搭架材料准备,支承件制作,支承设施预埋件的设置等工作。高层建筑脚手架的搭设工作量大,牵连面广,其准备工作仅由架子工不能全部完成,通常由现场技术负责人统一安排协调,多工种配合共同完成。

(3)搭设架子:分段支承悬挑脚手架的搭设程序与普通钢管脚手架基本相同。只是连墙件的连接方法与分段支承点的连接需作特殊处理。

1)连墙件安装:按"两步三跨"的纵横间距设置连墙件,各连接点错开成梅花形布置。与主体结构连接的方法以预埋件焊接为主,即在主体结构内设预埋件,用L100×75×10作连接角钢,一端与预埋件焊接,一端与连接短管螺栓连接,连接短管则用扣件与脚手架内立杆连接。在不能设置预埋件的部位,也可采用扣件钢管作连墙件,但必须注意要"刚性连接",并保证连接点安全可靠。

2)分段支承设施安装:分段支承设施的安装要解决两个连接问题,一是支承设施与结构的连接问题,二是钢管脚手架与支承设施的连接问题。下面以图3-164"下撑三角形钢架支承方式"为例介绍其连接处理。首先,支承设施与结构的连接。该支承设施用18号工字钢作横梁,$\phi 89 \times 5$钢管作斜撑。斜撑下端与结构物内预埋件焊接,上端与横梁焊接;横梁支承端预留$\phi 30$孔,穿入$\phi 25$钢筋与结构内主筋焊接,安装时,先安装横梁,后架斜撑,并使横梁保持水平。工字钢纵梁间距1200mm(与脚手架立杆横距相同),并设"加劲肋"与支承横梁螺栓连接。其次,脚手架与支承设施的连接。在工字钢纵梁上按脚手架立杆纵距布置[8槽钢作"垫板",槽钢用M16×60螺栓与纵梁相连,脚手架立杆即架在槽钢上(与纵梁对齐)。

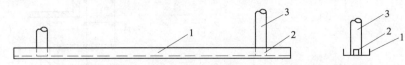

图3-164 8号槽钢的小横梁构造示意图
1—8号槽钢小横梁;2—$\phi 38$短钢管;3—脚手管立柱

3)架体搭设:架体搭设程序与普通钢管脚手架相同。着重注意以下几点:

①及时设连墙件和剪刀撑。当架子搭设到预定连墙件位置时,要及时设置连墙件;架子高度达6m(四步架)后,即架设剪刀撑。

②严格控制垂直度。第一段垂直度偏差不超过1/400,以后各段垂直度偏差不超过1/200,在允许偏差范围内,相邻段的偏差方向不能相同,且偏差总值不得大于100mm。

③不允许采用两种规格的钢管搭设架子。只能选用$\phi 51 \times 3.5$或$\phi 48 \times 3.5$一种规格的钢管及相应扣件。

④当利用建筑结构的平台、挑梁等作分段支承设施时,要验算结构的实际承载能力。支承在混凝土结构上的立杆、斜杆都要设垫板、垫块。

2.注意事项

(1)安全问题:外挑式脚手架的搭拆不仅是高处作业,有时可能还是"悬空"作业,其安全问题尤为重要。施工时,除严格遵守《建筑施工高处作业安全技术规范》和《建筑施工安全检查标准》(JGJ 59—99)外，尚应注意以下几点：

1) 搭架前，或进行支承设施安装时，若无其他安全防护设施，要先搭设安全网；拆架时包括拆除支承设施时，上部拆除完毕后，最后拆除安全网。

2) 严格掌握搭、拆架子的顺序。特别是钢管桁架式外挑支承方案，要根据钢管的传力顺序依次搭设和拆除。

3) "悬空"作业时，必须系安全带，且安全带的挂扣点必须牢固可靠。

(2) 搭架材料问题：用于搭设挑架的材料，要严格选择，扣件钢管架的材料按《建筑施工扣件式钢管脚手架安全技术规范》(JGJ 130—2001) 规定选用；竹木架料（可用于装修挑架）要选用无破损、无腐朽等缺陷的合格材料，稍径不小于80mm。

(3) 关于预埋件：分段支承脚手架的支承设施预埋件在编制搭架方案时即作好布置，预埋件所用材料、规格、铁脚要专门设计。预埋件的埋设要派专人在结构施工时进行。承受拉力的预埋件，要待混凝土达到设计强度的70%以上才能受力。

3. 悬挑式脚手架安全检查标准

表3-60 为悬挑式脚手架安全检查评分表。

悬挑式脚手架检查评分表　　　　　　　　表3-60

序号	检查项目		扣分标准	应得分数	扣减分数	实得分数
1	保证项目	施工方案	脚手架无施工方案、设计计算书或未经上级审批的扣10分 施工方案中搭设方法不具体的扣6分	10		
2		悬挑梁及架体稳定	外挑杆件与建筑结构连接不牢固的每有一处扣5分 悬挑梁安装不符合设计要求的每有一处扣5分 立杆底部固定不牢的每有一处扣3分 架体未按规定与建筑结构拉结的每有一处扣5分	20		
3		脚手架	脚手架铺设不严、不牢，扣7～10分 脚手架材质不符合要求，扣7～10分 每有一处探头板，扣2分	10		
4		荷载	脚手架荷载超过规定，扣10分 施工荷载堆放不均匀每有一处，扣5分	10		
5		交底与验收	脚手架搭设不符合方案要求，扣7～10分 每段脚手架搭设后，无验收资料，扣5分 无交底记录，扣5分	10	—	
		小计		60		
6	一般项目	杆件间距	每10延长米立杆间距超过规定，扣5分 大横杆间距超过规定，扣5分	10		
7		架体防护	施工层外侧未设置1.2m高防护栏杆和未设18cm高的挡脚板，扣5分 脚手架外侧不挂密目式安全网或网间不严密，扣7～10分	10		
8		层间防护	作业层下无平网或其他措施防护的扣10分 防护不严密扣5分	10		
9		脚手架材质	杆件直径、型钢规格及材质不符合要求扣7～10分	10		
		小计		40		
	检查项目合计			100		

2.7.3 悬挑脚手架悬挑部分的计算

悬挑脚手架的计算包括脚手架的计算和下部钢底梁、挑架的计算。脚手架的计算本章 2.5 节已详细介绍，此处只介绍钢底梁与挑架的计算。

1. 钢底梁的计算（以三角形桁架疏排为例）

钢底梁承受上方脚手架立柱传来的集中荷载 F 和本身的自重。按简支梁计算，偏于安全，计算简图如图 3-165 所示。

(1) 抗弯强度计算：

钢底梁抗弯强度计算如下：

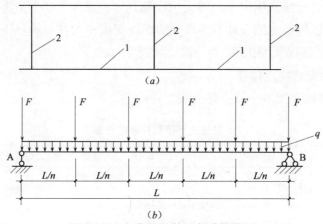

图 3-165 钢底梁的简图与计算简图
(a) 钢排梁简图；(b) 钢排梁计算简图
1—工字钢梁或槽钢梁；2—悬挑三角架，一般用螺栓与 1 连接成整体；
F—集中荷载；q—均布荷载；L—跨长

$$\frac{M_x}{\gamma_x W_{nx}} + \frac{M_y}{\gamma_y W_{nx}} \leqslant f$$

式中 M_x、M_y——绕 x 轴和 y 轴的弯矩（对于工字截面，x 轴为强轴，y 轴为弱轴）（N·mm）；

W_{nx}、W_{ny}——对 x 轴和 y 轴的净截面抵抗矩（mm³）；

γ_x、γ_y——截面塑性发展系数：对于工字形截面 $\gamma_x = \gamma_y = 1.05$；对其他截面可按 GB 50017—2003 表 5.2.1 采用；

f——钢材的抗弯强度设计值（N/mm²）。

(2) 抗剪强度计算：

钢底梁抗剪强度计算采用公式

$$\tau = \frac{VS}{It_w} \leqslant f_v$$

式中 V——计算截面沿腹板平面作用的剪力（N）；

S——计算剪应力处以上毛截面对中和轴的面积矩（mm³）；

I——毛截面惯性矩（mm⁴）；

t_w——腹板厚度（mm）；

f_v——钢材的抗剪强度设计值（N/mm²）。

(3) 局部承压强度计算：

钢底梁局部承压强度计算如下：

$$\sigma_c = \frac{\psi F}{t_w l_z} \leqslant f$$

式中　F——集中荷载（N）；

　　　ψ——集中荷载增大系数，此处 $\psi=1.0$；

　　　l_z——集中荷载在腹板计算高度上边缘的假定分布长度（mm），按下式计算：

$l_z=a+2h_y$（其中：a 为集中荷载沿梁跨度方向的支承长度，h_y 为梁顶面至腹板计算高度上边缘的距离，单位均为 mm）。

(4) 整体稳定验算：

钢底梁整体稳定验算如下：

$$\frac{M_x}{\varphi_b W_x} \leqslant f$$

式中　M_x——绕强轴作用的最大弯矩（N·mm）；

　　　W_x——按受压纤维确定的梁毛截面抵抗矩（mm³）；

　　　φ_b——梁的整体稳定系数，按 GB 50017—2003 附录 B 确定；

　　　f——钢材的设计强度（N/mm²）。

(5) 挠度计算：

钢底梁挠度计算如下：

$$f_{max}=f_1+f_2$$

式中　f_{max}——钢梁最大挠度（mm）；

　　　f_1——集中荷载引起的最大挠度（mm），如为 3 个等距集中荷载，则：

$$f_1=\frac{19Fl^3}{384EI}$$

　　　f_2——均布荷载引起的最大挠度（mm）；

$$f_2=\frac{5ql^4}{384EI}$$

　　　F——集中荷载（N）；

　　　q——均布荷载（N/mm）；

　　　l——钢梁跨度（mm）；

　　　E——钢梁弹性模量（N/mm²）；

　　　I——钢梁的惯性矩（mm⁴）。

【例 13】钢底梁跨度为 6m，上部有 16 排脚手架，脚手架立柱纵距为 1.5m，横距为 1m，脚手架步高 1.8m，设每根立柱传下的荷载 $F=14290$N；钢梁选用 I25 号工字钢，查梁自重 $q=0.3810$N/mm，计算简图见图 3-166。

【解】1) 荷载计算：

每根立柱传下的荷载：$F=14290$N

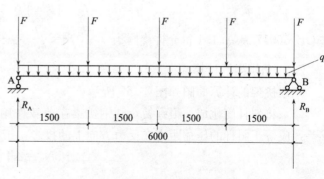

图 3-166　钢底梁计算简图

梁自重：$q = 0.3810 \text{N/mm}$

$$\sum M_A = 0$$

$$F \times (6000 + 4500 + 3000 + 1500) - R_B \times 6000 + q \times 6000^2/8 = 0$$

$$R_B = \frac{2.14 \times 10^8 + 1.71 \times 10^6}{6 \times 10^3} = 3.6 \times 10^4 \text{N}$$

$$R_A = R_B = 3.6 \times 10^4 \text{N}$$

2) 内力计算：

$$Q_{max} = R_A = 3.6 \times 10^4 \text{N}$$

$$M_{max} = R_A \times \frac{6000}{2} - F \times (3000 + 1500) - \frac{0.38 \times 6000^2}{8} = 4.19 \times 10^7 \text{N} \cdot \text{mm}$$

3) 验算：

① 抗弯强度：

查得 $\gamma_x = 1.05$，则 $\sigma = \dfrac{M_x}{\gamma_x W_x} = \dfrac{4.19 \times 10^7}{1.05 \times 4.02 \times 10^5} = 99.23 \text{N/mm}^2 < f = 215 \text{N/mm}^2$

② 剪应力：

查得 $\dfrac{I}{S} = 216 \text{mm}$，$t_w = 8 \text{mm}$ 则：

$$\tau = \frac{VS}{It_w} = \frac{3.6 \times 10^4}{216 \times 8} = 20.84 \text{N/mm}^2 \leqslant f_v = 125 \text{N/mm}^2$$

③ 支座局部承压：

设支座长度为 30mm，$h_y = 13 \text{mm}$，则 $l_z = a + 2h_y = 56 \text{mm}$，查得 $\varphi = 1$，则：

$$\sigma_c = \frac{1 \times 3.6 \times 10^4}{8 \times 56} = 80.36 \text{N/mm}^2 < f$$

④ 整体稳定性：

查 GB 50017—2003 附录表 13.2 得 $\varphi_b = 0.76$

$$\sigma = \frac{M_x}{\varphi_b W_x} = \frac{4.19 \times 10^7}{0.76 \times 4.02 \times 10^5} = 137.14 \text{N/mm}^2 < f$$

⑤ 挠度：

集中荷载引起的挠度为

$$f_1 = \frac{19Fl^3}{384EI} = \frac{19 \times 1.43 \times 10^4 \times 6000^3}{384 \times 2.1 \times 10^5 \times 5.02 \times 10^7} = 14.4 \text{mm}$$

均布荷载引起的挠度为

$$f_2 = \frac{5ql^4}{384EI} = \frac{5 \times 0.381 \times 6000^4}{384 \times 2.1 \times 10^5 \times 5.02 \times 10^7} = 0.6 \text{mm}$$

$$f = f_1 + f_2 = 14.4 + 0.6 = 15 \text{mm}$$

查 GB 50017 表 A.1.1 得允许挠度为 $[f] = \dfrac{l}{400} = \dfrac{6000}{400} = 15 \text{mm}$ 则 $f \approx [f]$

2. 三角挑架的计算

三角挑架的计算简图如图 3-167 所示。

(1) 将斜杆简化成一根弹簧，则钢挑梁在荷载作用下产生的位移与弹簧支座反力产生的位移差，应等于斜杆的压缩距离在反力方向上的投影，于是得出：

$$\Delta_p - \bar{\delta} N_z = \Delta_{N_z} \tag{3-12}$$

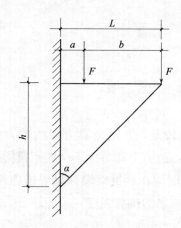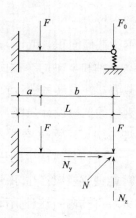

图 3-167　三角挑架的计算简图

式中　Δ_p——钢挑梁外端在荷载作用下产生的位移（mm）；

$\overline{\delta}$——弹簧支座在外力作用下的变形模量（N/mm）；

N_z——钢梁外端支座的垂直分力（N）；

Δ_{N_z}——斜杆的压缩距离在反力方向上的投影（mm）；

$$\Delta_{N_z}=\frac{Nl_c}{EA_c}\cos\alpha$$

式中　N——斜杆内力（N）；

l_c——斜杆长度（mm）；

E——斜杆的弹性模量（N/mm^2）；

A_c——斜杆的截面面积（mm^2）；

α——斜杆与墙面夹角。

$$N=N_z/\cos\alpha$$

$$\Delta_p=\frac{Fl^3}{3EI}+\frac{Fl_a^2(l-l_a/3)}{2EI}$$

式中　F——集中荷载（N）；

l——钢挑梁长（mm）；

E——钢挑梁的弹性模量（N/mm^2）；

I——钢挑梁的惯性矩（mm^4）；

l_a——内侧的集中荷载与墙面的距离（mm）。

$$\overline{\delta}=\frac{l^3}{3EI}$$

将上述各式代入式（3-13）得

$$N_z=\frac{\dfrac{Fl^3}{3EI}+\dfrac{Fl_a^2(l-l_a/3)}{2EI}}{\dfrac{l_c}{EA}+\dfrac{l^3}{3EI}} \quad (3\text{-}13)$$

$$N_y=N\sin\alpha \quad (3\text{-}14)$$

（2）验算挑梁拉弯强度：

$$\frac{N}{A_n}\pm\frac{M_x}{\gamma_x W_{nx}}\pm\frac{M_y}{\gamma_y W_{ny}}\leqslant f \quad (3\text{-}15)$$

式中　　N——轴心拉力（N）；

　　　　A_n——钢梁截面面积（mm²）；

W_{nx}、W_{ny}——绕 x 轴和 y 轴的净截面抵抗矩（mm³）；

　　γ_x、γ_y——截面塑性发展系数，按 GB 50017 表 5.2.1 计算；

　　　　f——钢材的抗拉设计强度。

（3）钢挑梁埋入验算：钢挑梁埋入处的受力比较复杂，沿垂直方向的剪力由钢挑梁承受，平面内的弯矩由上部结构自重产生的压力与之平衡，故剪力与弯矩不会使钢挑梁产生水平位移，而轴向拉力则有可能使钢挑梁产生水平位移，故一般均在钢挑梁端部设置锚固件，锚固件多用短钢筋销入钢挑梁端部孔内，这种情况下一般验算锚筋的抗剪强度：

$$\tau = \frac{N_y/n}{A} \leqslant f_v$$

式中　　N_y——轴向拉力（N）；

　　　　n——锚筋根数；

　　　　A——锚筋截面面积（mm²）；

　　　　τ——锚筋的剪应力（N/mm²）；

　　　　f_v——锚筋的抗剪设计强度（N/mm²）。

若钢挑梁直接埋设有困难时（如钢筋过密或截面较薄）也可以先设预埋件，将钢挑梁焊于预埋件上。预埋件的计算按有关规定进行，并要计算钢挑梁与预埋件焊接的焊缝强度。

（4）钢挑梁嵌固端的混凝土局部承压的验算：在进行钢挑梁嵌固端的混凝土局部承压的验算时，其承压区的截面尺寸应符合下式要求（配置间接钢筋构件）：

$$F_l \leqslant 1.5\beta \cdot f_c \cdot A_{ln} \tag{3-16}$$

式中　　F_l——局部荷载设计值（N）；

　　　　f_c——混凝土轴心抗压强度设计值（N/mm²）；

　　　　A_{ln}——混凝土局部承压净面积（mm²）；

　　　　β——混凝土局部承压强度提高系数：$\beta = \sqrt{\dfrac{A_b}{A_l}}$；

　　　　A_b——局部受压时的计算底面积（mm²）；

　　　　A_l——混凝土局部受压净面积（mm²）。

（5）斜杆的验算：

1）强度：

斜杆为两端二力受压杆，按下面公式进行强度验算：

$$\frac{N}{A_n} \leqslant f \tag{3-17}$$

2）稳定性：

相比强度验算，斜杆实际上按稳定控制，稳定性验算按式（3-18）进行：

$$\frac{N}{\varphi A} \leqslant f \tag{3-18}$$

式中　　N——轴心受压的设计荷载（N）；

　　　　A——斜杆的截面面积（mm²）；

　　　　f——钢斜杆的抗压设计强度（N/mm²）；

φ——轴心受压的稳定系数,按 GB 50017 中的表 5.1.2 的截面分类查附录 C 采用。

3) 斜杆焊缝验算:

斜杆焊缝验算按下式进行:

$$\tau_f = \frac{N}{h_e l_w} \leqslant f_f^w$$

式中 N——平行于焊缝长度方向的轴力,此处 $N=N_z$ (N);
h_e——角焊缝的有效厚度 (mm);
l_w——焊缝的有效长度 (mm);
τ_f——沿角焊缝长度方向的剪应力 (N/mm²);
f_f^w——角焊缝的抗剪设计强度 (N/mm²)。

【例 14】钢三角挑架简图见图 3-167。图中 $l=1500$mm,$a=500$mm,$b=1000$mm,$h=1500$mm,钢挑梁选用 I 18 号工字钢,斜杆选用 $\phi 89 \times 5$ 水煤气管。

【解】1) 荷载计算:

挑架上承受钢底梁传来的荷载:

$$F = 4 \times 14290 + 0.381 \times 6000 + 200 (连接件重) = 5.96 \times 10^4 N$$

2) 挑梁验算:

钢挑梁为 I 18 工字钢,$I_x = 1.66 \times 10^7$,$W_x = 1.85 \times 10^5$,$A = 3.06 \times 10^3$;斜杆为 $\phi 85 \times 5$ 钢管,$A = 1.32 \times 10^3$,$i = 29.8$,$l_o = 2121$mm,$\lambda = l_o/i = 71.17$,查表得 $\varphi = 0.834$。

$$\bar{\delta} = \frac{(1500)^3}{3 \times 2.1 \times 10^5 \times 1.66 \times 10^7} = 3.23 \times 10^{-3} \text{mm/N}$$

$$\Delta_P = \frac{5.96 \times 10^4 \times (1500)^3}{3 \times 2.1 \times 10^5 \times 1.66 \times 10^7} + \frac{5.96 \times 10^4 \times (500)^2 \times (1500 - 500/3)}{2 \times 2.1 \times 10^5 \times 1.66 \times 10^7}$$
$$= 19.21 + 2.84 = 22.05 \text{mm}$$

$$N_z = \frac{22.05}{\dfrac{2121}{2.1 \times 10^5 \times 1.32 \times 10^3} + 3.23 \times 10^{-3}} = 6.80 \times 10^4 N$$

$$N_y = 6.80 \times 10^4 / 0.707 = 9.62 \times 10^4 N$$

$$M_{max} = (F - N_z)l + Fl_a = (5.96 \times 10^4 - 6.80 \times 10^4)$$
$$\times 1500 + 5.96 \times 10^4 \times 500 = 1.72 \times 10^7 N \cdot mm$$

钢挑梁正应力:

$$\sigma = \frac{6.80 \times 10^4}{3.06 \times 10^3} + \frac{1.72 \times 10^7}{1.2 \times 1.85 \times 10^5} = 99.70 N/mm^2 < f = 215 N/mm^2$$

端部伸入混凝土 500mm,锚筋 2ϕ20,则

$$\tau = \frac{6.80 \times 10^4 / 2}{314.16} = 108.2 N/mm^2 < f_v$$

混凝土局部承压验算:

$$1.5 \times 1 \times 215 \times 500 \times 100 = 1.61 \times 10^7 N \geqslant 6.80 \times 10^4 N$$

3) 斜杆验算:

① 正应力:

$$\sigma = \frac{9.62 \times 10^4}{1.32 \times 10^3} = 72.88 N/mm^2 < f = 215 N/mm^2$$

② 稳定性：
$$\sigma = \frac{9.62 \times 10^4}{0.834 \times 1.32 \times 10^3} = 87.38 \text{N/mm}^2 < f = 215 \text{N/mm}^2$$

③ 焊缝验算：
焊缝厚度 5mm，周长为 $89 \times 3.1416 = 279.6$mm
$$\tau_f = \frac{6.80 \times 10^4}{5 \times 279.6} = 48.64 \text{N/mm}^2 < f_f^w = 160 \text{N/mm}^2$$

2.7.4 悬挑式钢管脚手架计算与综合实例

按照规范要求，悬挑式钢管脚手架设计计算应该包括以下内容：
（1）纵向和横向水平杆（大小横杆）等受弯构件的强度计算；
（2）扣件的抗滑承载力计算；
（3）立杆的稳定性计算；
（4）连墙件的强度、稳定性和连接强度的计算；
（5）悬挑水平主梁和连梁的强度计算和按照《钢结构设计规范》（GB 50017—2003）整体稳定性计算；
（6）锚固段与楼板连接处压环、螺栓和楼板局部受压计算。

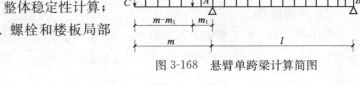

图 3-168 悬臂单跨梁计算简图

1. 悬臂挑梁的计算（图 3-168）

支座反力计算公式
$$R_A = N(2+k+k_1) + \frac{ql}{2}(k+1)^2 \tag{3-19}$$

$$R_B = -N(k+k_1) + \frac{ql}{2}(1-k^2) \tag{3-20}$$

支座弯矩计算公式
$$M_A = -N(m+m_1) - \frac{qm^2}{2} \tag{3-21}$$

C 点最大挠度计算公式
$$w_{\max} = \frac{Nm^2l}{3EI}(1+k) + \frac{Nm_1^2l}{3EI}(1+k_1) + \frac{ml}{3EI} \times \frac{ql^2}{8}(-1+4k^2+3k^3) \tag{3-22}$$

式中 $k = m/l$；$k_1 = m_1/l$

2. 悬挑梁上面连梁的计算（图 3-169）

按照集中荷载作用下的简支梁计算：$R_A = R_B = \frac{n-1}{2}P + P$ (3-23)

$$M_{\max} = \begin{cases} \dfrac{(n^2-1)Pl}{8n} & (n \text{ 为奇数}) \\ \dfrac{nPl}{8} & (n \text{ 为偶数}) \end{cases} \tag{3-24}$$

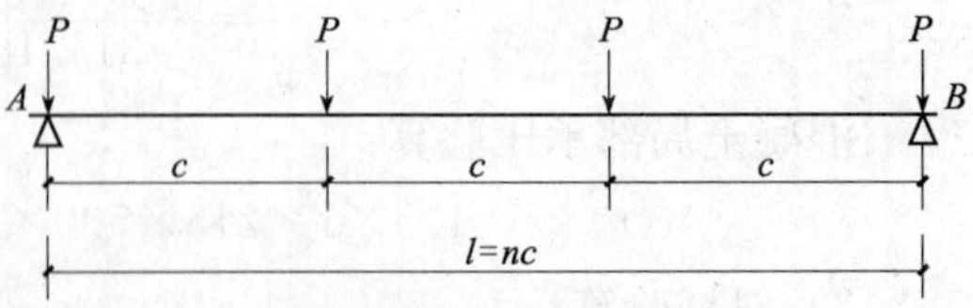

图 3-169 悬挑梁上面连梁的计算简图

3. 有支撑点（或拉结点）悬挑主梁的计算（图 3-170）

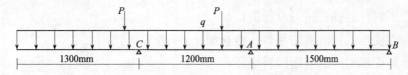

图 3-170 有支撑点 C（或拉结点 C）的悬挑主梁计算简图

悬挑主梁应该按照超静定的连续梁进行计算，根据是否有锚固段来判断计算条件是铰接（压环或螺栓连接主体结构），还是固结（焊接连接主体结构）。

P 为脚手架立杆（或连梁）传来的集中荷载，里端 B 为与楼板的锚固点，A 为墙支点。

水平钢梁的整体稳定性计算公式如下：

$$\sigma = \frac{M}{\varphi_b W_x} \leqslant f \tag{3-25}$$

式中 φ_b——均匀弯曲的受弯构件整体稳定系数，按照下式计算：

$$\varphi_b = \frac{570tb}{lh} \times \frac{235}{f_y} \tag{3-26}$$

4. 水平钢梁与楼板连接计算

(1) 水平钢梁与楼板压点如果采用钢筋拉环，拉环强度计算如下：

水平钢梁与楼板压点的拉环强度计算公式为

$$\sigma = \frac{N}{A} \leqslant f \tag{3-27}$$

式中 f——拉环钢筋抗拉强度，取 $f=50\text{N/mm}^2$。

水平钢梁与楼板压点的拉环一定要压在楼板下层钢筋下面，并要保证两侧 30cm 以上搭接长度。

(2) 水平钢梁与楼板压点如果采用螺栓，螺栓粘结力锚固强度计算如下，锚固深度计算公式为

$$h \geqslant \frac{N}{\pi d [f_b]} \tag{3-28}$$

式中 N——锚固力，即作用于楼板螺栓的轴向拉力；

d——楼板螺栓的直径；

$[f_b]$——楼板螺栓与混凝土的容许粘结强度，计算中取 1.57N/mm^2；

h——楼板螺栓在混凝土楼板内的锚固深度。

(3) 水平钢梁与楼板压点如果采用螺栓，混凝土局部承压计算如下，混凝土局部承压的螺栓拉力要满足公式：

$$N \leqslant \left(b^2 - \frac{\pi d^2}{4}\right) f_{ce} \tag{3-29}$$

式中 N——锚固力，即作用于楼板螺栓的轴向拉力；

d——楼板螺栓的直径；

b——楼板内的螺栓锚板边长；

f_{ce}——混凝土的局部挤压强度设计值。

5. 斜压支杆与钢丝绳连接计算

(1) 斜压支杆的强度计算

$$\sigma = \frac{N}{\varphi A} \leqslant f \tag{3-30}$$

式中　N——受压斜杆的轴心压力设计值；

　　　φ——轴心受压斜杆的稳定系数，由长细比 l/i 查表得到；

　　　i——计算受压斜杆的截面回转半径；

　　　l——受最大压力斜杆计算长度；

　　　A——受压斜杆净截面面积；

　　　σ——受压斜杆受压应力计算值；

　　　f——受压斜杆抗压强度设计值，$f=215\text{N/mm}^2$。

如斜压支杆采用焊接方式与墙体预埋件连接，对接焊缝强度计算公式如下：

$$\sigma=\frac{N}{l_w t}\leqslant f_c \text{ 或 } f_t \qquad (3\text{-}31)$$

式中　N——受压斜杆的轴心压力设计值；

　　　l_w——受压斜杆的截面周长；

　　　t——受压斜杆的厚度；

f_c 或 f_t——对接焊缝的抗拉或抗压强度，取 185N/mm^2。

（2）如果上面采用钢丝绳拉结双保险，钢丝绳的容许拉力按照下式计算：

$$[F_g]\leqslant\frac{\alpha F_g}{K} \qquad (3\text{-}32)$$

式中　$[F_g]$——钢丝绳的容许拉力（kN）

　　　F_g——钢丝绳的钢丝破断拉力总和（kN），计算中可以近似计算

　　　　　　$F_g=0.5d^2$，d 为钢丝绳直径（mm）；

　　　α——钢丝绳之间的荷载不均匀系数，对 6×19、6×37、6×61 钢丝绳分别取 0.85、0.82 和 0.8；

　　　K——钢丝绳使用安全系数，一般取 10。

钢丝绳（斜拉杆）的吊环强度计算公式为

$$\sigma=\frac{N}{A}\leqslant f_v \qquad (3\text{-}33)$$

式中　N——吊环的拉力即钢丝绳（斜拉杆）的最大轴力；

　　　f_v——吊环受力的单肢抗剪强度，取 $f_v=125\text{N/mm}^2$；

　　　A——吊环截面面积。

6. 悬挑式钢管脚手架计算综合实例

普通悬挑架计算书

（1）参考信息

1）脚手架搭设的参数如下所示。

①搭设尺寸：立杆的纵距为 1.20m，立杆的横距为 1.05m，立杆的步距为 1.8m；

②计算的脚手架为双排脚手架搭设高度为 15.0m，立杆采用单立管；

③内排架距离墙长度为 0.30m；

④大横杆在上，搭接在小横杆上的大横杆根数为 2；

⑤采用的钢管类型为 $\phi 48\text{mm}\times 3.5\text{mm}$；

⑥横杆与立杆连接方式为单扣件；扣件抗滑承载力系数为0.80；
⑦连墙件采用两步三跨，竖向间距3.60m，水平间距3.60m，采用扣件连接；
⑧连墙件连接方式为双扣件。

2）活荷载参数。

施工荷载均布参数：3.0kN/m²；脚手架用途：结构脚手架；同时施工层数：2。

3）风荷载参数。浙江省杭州市地区，基本风压为0.450kN/m²，风荷载高度变化系数μ_z为0.740，风荷载体型系数μ_s为0.649；考虑风荷载。

4）静荷载参数如下所示：

①每米立杆承受的结构自重标准值（kN/m）：0.1161kN/m；
②脚手板自重标准值（kN/m²）：0.3kN/m²；
③栏杆挡脚板自重标准值（kN/m）：0.110kN/m；
④安全设施与安全网（kN/m²）：0.005kN/m²；
⑤脚手板铺设层数：4层；
⑥脚手板类别：竹笆脚手板；栏杆挡板类别：栏杆冲压钢。

5）水平悬挑支撑梁参数。悬挑水平钢梁采用16a号槽钢，其中建筑物外悬挑长度为2.50m，建筑物锚固段长度为1.50m；与楼板连接的螺栓直径（mm）：50.00mm；楼板混凝土等级：C35。

悬挑脚手架侧面图如图3-171所示，悬挑脚手架正立面图如图3-172所示。

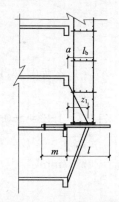

图3-171 悬挑脚手架侧面图
a—内排架距离墙长度；l_b—立杆的横距或排距；
z_1—第一道支撑距离墙的距离；m—悬挑梁锚固长度；
l—悬挑梁悬挑长度。

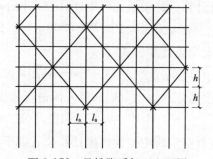

图3-172 悬挑脚手架正立面图
l_a—立杆纵距；h—立杆步距

6）拉绳与支杆参数如下所示。

①支撑数量：1；
②悬挑水平钢梁上面采用钢丝绳、下面采用支杆与建筑物拉结。
③钢丝绳安全系数：10.000；
④钢丝绳与墙距离：1.200m；
⑤支杆与墙垂直距离：1.500m；
⑥最里面支点距离建筑物1.20m，支杆采用5.6号角钢56mm×3mm×6mm。

（2）大横杆的计算

大横杆按照三跨连续梁进行强度和挠度计算，大横杆在小横杆的上面。按照大横杆上面的脚手板荷载和活荷载作为均布荷载计算大横杆的最大弯矩和变形（图 3-173、图 3-174）。

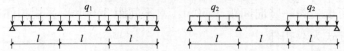

图 3-173　大横杆跨中最大弯矩和跨中最大挠度计算简图

（注：计算跨中最大挠度时用 q_{1k}、q_{2k} 代替 q_1、q_2）

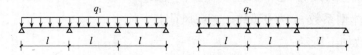

图 3-174　大横杆支座最大弯矩计算简图

（注：计算跨中最大挠度时用 q_{1k}、q_{2k} 代替 q_1、q_2）

1）均布荷载值计算

大横杆的自重标准值：0.038kN/m

脚手板的荷载标准值：0.30×1.05/3＝0.105kN/m

活荷载标准值 Q＝3.0×1.05/3＝1.05kN/m

静荷载的计算值 q_1＝1.2×0.038＋1.2×0.105＝0.172kN/m

活荷载的计算值 q_2＝1.4×1.05＝1.47kN/m

静荷载的标准值 q_{1k}＝0.038＋0.105＝0.143kN/m

活荷载的标准值 q_{2k}＝1.05kN/m

2）强度计算。跨中最大弯矩计算公式如下：

$M_{1\max}=0.08q_1l^2+0.10q_2l^2=0.08\times0.172\times1.2^2+0.10\times1.47\times1.2^2=0.232\text{kN}\cdot\text{m}$

支座最大弯矩计算公式

$M_{2\max}=-0.10q_1l^2-0.117q_2l^2=-0.10\times0.172\times1.2^2-0.117\times1.47\times1.2^2=-0.272\text{kN}\cdot\text{m}$

选择支座弯矩和跨中弯矩的最大值进行强度验算

$$\sigma=M/W=0.272\times10^6/5080=53.54\text{N/mm}^2<f=205\text{N/mm}^2$$

3）挠度计算。跨中最大挠度计算公式如下

$$w_{\max}=0.677\frac{q_{1k}l^4}{100EI}+0.990\frac{q_{2k}l^4}{100EI}$$

$$=0.677\times\frac{0.143\times1200^4}{100\times2.06\times10^5\times121900}+0.990\times\frac{1.05\times1200^4}{100\times2.06\times10^5\times121900}=0.938\text{mm}$$

大横杆的最大挠度小于 1200/150mm＝8mm 和 10mm 的较小值，故满足要求。

（3）小横杆的计算

小横杆按照简支梁进行强度和挠度计算，因大横杆在小横杆的上面，故用大横杆支座的最大反力计算值，在最不利荷载布置下计算小横杆的最大弯矩和变形（图 3-175）。

1）荷载值计算

大横杆传来的自重标准值：P_{1k}＝0.038×1.2＝0.046kN

脚手板传来的荷载标准值：P_{2k}＝0.3×1.05×1.2/3＝0.126kN

活荷载标准值：Q_k＝3×1.05×1.2/3＝1.26kN

荷载的计算值：P＝1.2×(0.046＋0.126)＋1.4×1.26＝1.97kN

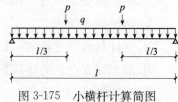

图 3-175　小横杆计算简图

2) 强度计算

小横杆均布荷载最大弯矩计算：
$$M_{q\max}=ql^2/8=1.2\times0.038\times1.05^2/8=0.006\text{kN}\cdot\text{m}$$

集中荷载最大弯矩计算：
$$M_{p\max}=Pl/3=1.97\times1.05/3=0.690\text{kN}\cdot\text{m}$$

最大弯矩 $M_{\max}=M_{p\max}+M_{q\max}=0.690+0.006=0.696\text{kN}\cdot\text{m}$

最大正应力 $\sigma=M/W=0.696\times10^6/5080=137.01\text{N/mm}^2<f=205\text{N/mm}^2$

故满足要求。

(4) 挠度计算

小横杆自重均布荷载 $q_k=0.038\text{kN/m}$ 引起的最大挠度：
$$w_{q\max}=\frac{5q_kl^4}{384EI}=\frac{5\times0.038\times1050^4}{384\times2.06\times10^5\times121900}=0.024\text{mm}$$

集中荷载标准值引起的最大挠度：
$$P_k=P_{1k}+P_{2k}+Q_k=0.046+0.126+1.26=1.432\text{kN}$$

$$w_{p\max}=\frac{P_kl(3l^2-4l^2/9)}{72EI}=\frac{1432\times1050\times(3\times1050^2-4\times1050^2/9)}{72\times2.06\times10^5\times121900}=2.343\text{mm}$$

$$w_{\max}=w_{p\max}+w_{q\max}=2.343+0.024=2.367\text{mm}$$

小横杆的最大挠度小于 (1050/150) mm=7mm 和 10mm 的较小值，满足要求。

(5) 扣件抗滑力的计算

按《建筑施工扣件式钢管脚手架安全技术规范》(JGJ 130—2001) 直角、旋转单扣件承载力取值为 8kN，按照扣件抗滑承载力系数 0.80，该工程实际的旋转单扣件承载力取值为 6.40kN。

小横杆传来的自重标准值 $P_{k1}=0.038\times1.05\times1.2/2=0.02\text{kN}$

脚手板传来的荷载标准值 $P_{k2}=0.3\times1.05\times1.2/2=0.189\text{kN}$

活荷载标准值 $Q_k=3\times1.05\times1.2/2=1.89\text{kN}$

小横杆传给立杆的竖向作用力设计值：
$$R=1.2\times(0.02+0.189)+1.4\times1.89=2.89\text{kN}<R_c=6.4\text{kN}$$

单扣件抗滑承载力的设计计算满足要求。

(6) 脚手架立杆承受的荷载标准值

作用于脚手架立杆的荷载包括静荷载、活荷载和风荷载。静荷载标准值包括以下内容：

1) 每米立杆承受的结构自重标准值，本例为 0.1161kN/m。
$$N_{G1k}=0.116\times15=1.742\text{kN}$$

2) 脚手板的自重标准值。本例采用竹笆片脚手板，标准值为 0.30kN/m。
$$N_{G2k}=0.3\times4\times1.2\times(1.05+0.3)/2=0.972\text{kN}$$

3) 栏杆与挡脚板自重标准值。本例采用栏杆冲压钢，标准值为 0.11kN/m。
$$N_{G3k}=0.110\times4\times1.2/2=0.264\text{kN}$$

4) 吊挂的安全设施荷载，包括安全网，本例为 0.005kN/m。
$$N_{G4k}=0.005\times1.2\times15=0.09\text{kN}$$

经计算得到，静荷载标准值
$$N_{Gk}=N_{G1k}+N_{G2k}+N_{G3k}+N_{G4k}=3.068\text{kN}$$

活荷载为施工荷载标准值产生的轴向力总和，内、外立杆按一纵距内施工荷载总和的 1/2 取值。经计算得到，活荷载标准值：

$$N_{Qk}=3\times1.05\times1.2\times2/2=3.78\text{kN}$$

风荷载标准值：$w_k=0.7\mu_z\mu_s w_o=0.7\times0.74\times0.649\times0.45=0.151\text{kN/m}^2$

不考虑风荷载时，立杆的轴向压力设计值计算如下：

$$N=1.2N_{Gk}+1.4N_{Qk}=1.2\times3.068+1.4\times3.780=8.973\text{kN}$$

考虑风荷载时，立杆的轴向压力设计值计算如下：

$$N=1.2N_{Gk}+0.85\times1.4N_{Qk}=1.2\times3.068+0.85\times1.4\times3.780=8.179\text{kN}$$

风荷载设计值产生的立杆段弯矩 M_w 计算如下：

$$M_w=0.85\times1.4w_k l_a h^2/10=0.85\times1.4\times0.151\times1.2\times1.8^2/10=0.06986\text{kN}\cdot\text{m}=69860\text{N}\cdot\text{mm}$$

（7）立杆的稳定性计算

1）不组合风荷载时，立杆的稳定性计算公式为

$$\sigma=\frac{N}{\varphi A}\leqslant f$$

其中，立杆的轴心压力设计值：$N=1.2N_{Gk}+1.4N_{Qk}=8.973\text{kN}$

计算长度附加系数：$K=1.155$；计算长度系数按照《建筑施工扣件式钢管脚手架安全技术规范》（JGJ 130—2001）表 5.3.3 得 $\mu=1.5$，计算长度 $l_0=k\mu h=1.155\times1.5\times1.8=3.12\text{m}$。

轴心受压立杆的稳定系数 φ，由长细比 $l_0/i=3120/15.8=197$，查表得到 $\varphi=0.186$。

立杆稳定性验算

$$\sigma=\frac{N}{\varphi A}=\frac{8973}{0.186\times489}=98.65\text{N/mm}^2<f=205\text{N/mm}^2，故满足要求。$$

2）考虑风荷载时，按立杆的稳定性计算公式：

$$\sigma=\frac{N}{\varphi A}+\frac{M_w}{W}=\frac{8179}{0.186\times489}+\frac{69860}{5080}=89.92+13.75=103.7\text{N/mm}^2\leqslant f=205\text{N/mm}^2$$

（8）连墙件的计算

风荷载基本风压值 $w_k=0.151\text{kN/m}^2$

每个连墙件覆盖面积内脚手架外侧的迎风面积即两步三跨面积（3.6m×3.6m）：

$$A_w=12.96\text{m}^2$$

连墙件约束脚手架平面外变形所产生的轴向力 $N_o=5.0\text{kN}$

风荷载产生的连墙件轴向力计算值应按照下式计算：

$$N_{hw}=1.4w_k A_w=1.4\times0.151\times12.96=2.75\text{kN}$$

连墙件的轴向力荷载计算值

$$N_l=N_{hw}+N_o=2.75+5=7.75\text{kN}$$

内排架距离墙的长度 $l=300\text{mm}$，由长细比 $l/i=300/15.8=18.99$ 查表得到 $\varphi=0.949$

连墙件轴向力抗力设计值

$$N_f=\varphi Af=0.949\times4.89\times10^{-4}\times205\times10^3=95.13\text{kN}\gg N_l=7.75\text{kN}$$

连墙件采用双扣件与墙体连接。如图 3-176 连墙扣件连接

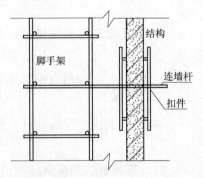

图 3-176 连墙件扣件示意图

示意图，双扣件抗滑力。

16kN＞N_l=7.75kN，故满足要求。

(9) 悬臂梁的受力计算

悬挑脚手架的水平钢梁按照带悬臂的连续梁计算。

悬臂部分脚手架荷载 N 的作用，如图 3-177 所示 B 为与楼板的锚固点，A 点为墙支点。计算简图见图 3-178。

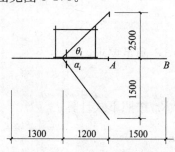

图 3-177 悬挑脚手架示意图

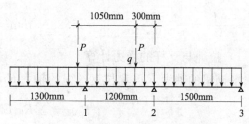

图 3-178 悬挑脚手架计算简图

本工程中，脚手架排距为 1050mm，内侧脚手架距离墙体 300mm，支拉斜杆的支点距离墙体为 1200mm。悬挑水平钢梁采用 16a 号槽钢，查截面惯性矩 $I=866.2cm^4$，截面抵抗矩 $W=108.3cm^3$，截面积 $A=21.95cm^3$。受脚手架集中荷载 $N=1.2N_{Gk}+1.4N_{Qk}=8.973kN$，水平钢梁自重荷载 $q=1.2\times21.95\times0.0001\times78.5=0.207kN/m$。

用力矩分配法事先算出此模型连续梁的结果，然后直接套用得各支座对支撑梁的支撑反力和关键截面弯矩：

$R[1]=1.33P+2.564q=1.33\times8.973+2.564\times0.207=12.465kN$

$R[2]=0.706P+0.718q=0.706\times8.973+0.718\times0.207=6.484kN$

$R[3]=0.718q-0.036P=0.718\times0.207-0.036\times8.973=-0.174kN$

$M_1^-=-0.15P-q\times1.3^2/2=-0.15\times8.973-0.207\times1.3^2/2=-1.521kN\cdot m$

$M_2^-=-0.054P-0.048q=-0.054\times8.973-0.048\times0.207=-0.495kN\cdot m$

$M_{12}=0.147P-0.112q=0.147\times8.973-0.112\times0.207$

$=1.296kN\cdot m$

也可利用网上下载的结构力学求解器求解，得到各支座对支撑梁的支撑反力由左至右分别为：

$R[1]=12.463kN$，$R[2]=6.486kN$，$R[3]=-0.176kN$

计算的内力图如图 3-179 所示，最大弯矩 $M_{max}=1.521kN\cdot m$

截面应力

$$\sigma=\frac{M}{1.05W}+\frac{N}{A}=\frac{1.521\times10^6}{1.05\times108300}+\frac{0}{2195}=13.37+0=13.37N/mm^2\leq f=215N/mm^2$$

故满足要求。

(10) 悬臂梁的整体稳定性计算

水平钢梁采用 16a 号槽钢，按计算公式(3-22)、(3-23)如下：

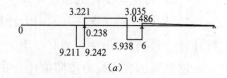

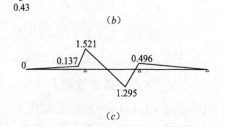

图 3-179 悬挑脚手架支撑梁内力图
(a) 悬挑脚手架支撑梁剪力图（单位：kN）;
(b) 悬挑脚手架支撑梁变形图（单位：mm）;
(c) 悬挑脚手架支撑梁弯矩图（单位：kN·m）

$$\sigma = \frac{M}{\varphi_b W_x} \leqslant f$$

式中 φ_b——均匀弯曲的受弯构件整体稳定系数，按照下式计算：

$$\varphi_b = \frac{570tb}{lh} \times \frac{235}{f_y} = \frac{570 \times 10 \times 63}{1200 \times 160} \times \frac{235}{235} = 1.87$$

由于 φ_b 大于 0.6，查《钢结构设计规范》（GB 50017-2003）附表 B 公式（B.1-2）$\varphi'_b = 1.07 - \frac{0.282}{\varphi_b} \leqslant 1.0$，得到 φ_b 值为 0.919。

$$\sigma = \frac{M}{\varphi_b W_x} = \frac{1.521 \times 10^6}{0.919 \times 108300} = 15.28 \text{N/mm}^2 \leqslant f = 215 \text{N/mm}^2，满足要求。$$

（11）拉绳与支杆的受力计算

水平钢梁的轴力 R_{AH} 和拉钢丝绳的轴力 R_{Ui}，支杆的轴力 R_{Di} 按照下式计算：

$$R_{AH} = \sum_{i=1}^{n} R_{Ui} \cos\theta_i - \sum_{i=1}^{n} R_{Di} \cos\alpha_i$$

式中 $R_{Ui}\cos\theta_i$——钢绳的拉力对水平杆产生的轴压力；

$R_{Di}\cos\alpha_i$——支杆的顶力对水平杆产生的轴压力。

当 $R_{AH} > 0$ 时，水平钢梁受压；当 $R_{AH} < 0$ 时，水平钢梁受拉；当 $R_{AH} = 0$ 时，水平钢梁不受力。

各支点的垂直支撑力 $R_{Gi} = R_{Ui}\sin\theta_i + R_{Di}\sin\alpha_i$

本例且有 $R_{AH} = 0$ 即 $R_{Ui}\cos\theta_i = R_{Di}\cos\alpha_i$

综合以上可以得到

$$R_{Ui} = \frac{R_{Gi}\cos\alpha_i}{\sin\theta_i\cos\alpha_i + \cos\theta_i\sin\alpha_i} \tag{3-31}$$

$$R_{Di} = \frac{R_{Gi}\cos\theta_i}{\sin\theta_i\cos\alpha_i + \cos\theta_i\sin\alpha_i} \tag{3-32}$$

按照以上公式计算得到由左至右各杆件力分别为

$$R_{Ui} = 8.64 \text{kN}；R_{Di} = 5.98 \text{kN}$$

（12）拉绳与支杆的强度计算

1）钢丝拉绳（支杆）的内力计算。钢丝拉绳（斜拉杆）的轴力与支杆的轴力均取最大值进行计算，分别为 $R_U = 8.64 \text{kN}；R_D = 5.98 \text{kN}$

钢丝绳的容许拉力按照前述公式（3-32）计算，计算中 $[F_g] = 8.64 \text{kN}，\alpha = 0.820，K = 10$ 代入。

$$[F_g] = 8.64 \leqslant \frac{\alpha F_g}{K} = \frac{0.82 \times 0.5 d^2}{10}，d^2 \geqslant 210.73，d \geqslant 14.5 \text{mm}$$

得到钢丝绳最小直径必须大于 16mm 才能满足要求。

下面压杆以 5.6 号角钢 56mm×3mm×6mm 按公式（3-27）计算，压力斜杆与墙垂直距离 1.500m，支点距离建筑物 1.20m，斜杆计算长度 $l = \sqrt{1500^2 + 1200^2} = 1921 \text{mm}$，查斜压杆截面回转半径 $i = 1.13 \text{cm}$，由长细比 l/i 查表得到 $\varphi = 0.248$，受压斜杆净截面面积 $A = 3.34 \text{cm}^2$，代入（3-30）得：

$$\sigma = \frac{N}{\varphi A} = \frac{5.98 \times 10^3}{0.248 \times 3.34 \times 10^2} = 72.19 \text{N/mm}^2 \leqslant f = 215 \text{N/mm}^2，故满足要求。$$

2）钢丝拉绳（斜拉杆）的吊环强度计算。钢丝拉绳（斜拉杆）的轴力 $R_U = 8.64 \text{kN}$，按钢丝绳（斜拉杆）的吊环强度计算公式（3-33）计算：

$$\sigma = \frac{N}{A} = \frac{8640}{\pi d^2/4} \leqslant f_v = 125, \quad d^2 \geqslant 88.05, \quad d \geqslant 9.38 \text{mm}$$

即所需要的钢丝绳（斜拉杆）的吊环最小直径 10mm，实际直径取 20mm。

3）斜撑支杆的焊缝计算。

斜撑支杆采用焊接方式与墙体预埋件连接，斜撑支杆件的周长 l_w 取 $56 \times 4 = 224$mm，斜撑支杆的厚度取最小厚度 $t = 3$mm。按对接焊缝强度计算公式（3-31）计算如下：

$$\sigma = \frac{N}{l_w t} = \frac{5980}{224 \times 3} = 8.90 \text{N/mm}^2 \leqslant f_c \text{ 或 } f_t = 185 \text{N/mm}^2$$

对接焊缝的抗拉或抗压强度计算满足要求。

（13）锚固段与楼板连接的计算

1）水平钢梁与楼板压点如果采用钢筋拉环，水平钢梁与楼板压点的拉环受力 $R[2] = 6.486$kN；根据前述公式（3-27）得：

$$\sigma = \frac{N}{A} = \frac{6486}{\pi d^2/4 \times 2} \leqslant f = 50, \quad d^2 \geqslant 82.58, \quad d \geqslant 9.09 \text{mm 实际取 16mm 钢筋拉环。}$$

水平钢梁与楼板压点的拉环一定要压在楼板下层钢筋下面，并要保证两侧 30cm 以上搭接长度。

2）水平钢梁与楼板压点如果采用螺栓，则要进行螺栓粘结力锚固强度计算。楼板螺栓的直径 d 取 50mm，则锚固深度按公式（3-28）计算至少为：

$$h \geqslant \frac{N}{\pi d [f_b]} = \frac{6486}{3.142 \times 50 \times 1.57} = 26.3 \text{mm 取 50mm}。$$

3）水平钢梁与楼板压点如果采用螺栓，还需进行混凝土局部承压验算。本例楼板内的螺栓锚板边长 $b = 5d = 250$mm，混凝土的局部挤压强度设计值 f_{ce} 取 $0.95 f_c = 16.7 \text{N/mm}^2$，

锚固力即作用于楼板螺栓的轴向拉力 $N = 6.486$kN，均代入公式（3-29）。

$$6486 = N \leqslant \left(b^2 - \frac{\pi d^2}{4}\right) f_{ce} = \left(250^2 - \frac{\pi \times 50^2}{4}\right) \times 16.7 = 1010960$$

故楼板混凝土局部承压完全能满足要求。

2.8 插口架与挂架简介

2.8.1 "插口式"挑脚手架

1. "插口式"挑脚手架的构造

插口式脚手架是一种轻型脚手架，所谓"插口"，指脚手架的支承架插入建筑物外墙上的洞口中与建筑物连接，并承受和传递荷载。也可理解为，利用建筑物外墙上的洞口挑出支撑或支架，脚手架及工作平台则以这些支撑或支架为支承点搭设。"插口式"脚手架的构造重点，在"插口"即支承部分，根据建筑结构形式不同可分为砖墙插口与混凝土插口两种构造形式：

（1）砖墙插口架的构造（图3-180）。

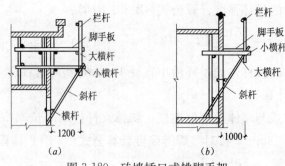

图 3-180 砖墙插口式挑脚手架
(a) 双立杆外伸式挑脚手架（净高大于 3m）；(b) 单立杆外伸式挑脚手架（净高小于等于 3m）

这类插口式挑脚手架适用于多层混合结构房屋的外部装修，如图 3-180 所示，有两种插口方式：一种为"双立杆外伸式挑脚手架"。其做法为在墙内搭设双立杆脚手架，并将小横杆悬挑出窗洞口，在下层窗台设斜杆与挑出小横杆端头连接，再在挑出部分设大横杆、安全栏杆、铺脚手板即成为悬挑工作平台；另一种为"单立杆外伸式挑脚手架"，小横杆及斜杆均从同一个窗口挑出，墙内立杆与小横杆、斜杆构成三角架，工作平台即设于三角架的上弦（小横杆）上。这种方式适于窗口高度较大，悬挑宽度小于 1000mm 的场合。这两种方式的斜杆与墙面的夹角，都不得大于 30°。

（2）混凝土插口架的构造。

当建筑结构为钢筋混凝土时，插口架可以采用甲型、乙型和丙型插口架。这类插口架主要作为结构施工层的外防护架，也可作为工作平台、人行通道。宽度为 0.8~1.0m，高度可达 4m（一般建筑层高），长度可达 8m（两个开间）。适用于钢筋混凝土框架、外挂内浇、大模板现浇等结构形式。

图 3-181 所示甲型插口架，是一种典型的"插口"架，由钢管或角钢制作的"插口件"插入钢筋混凝土洞口，在洞口内加"背杠"（别杠）、内立杆作为"插口件"的紧固件，在墙外侧的"插口件"上设立杆、大横杆（纵向水平杆）、小横杆、安全栏杆、安全网，再铺上脚手板。"插口件"可用钢管扣件组装，也可用角钢（或钢管）焊制，用扣件组装的插口件，间距不大于 2m，焊制插口件，间距可为 2.5m。

图 3-182 所示乙型插口架，适用于框架结构。插口架的下部横向水平杆伸入墙内与楼板上预埋钢筋环连接，用斜杆和拉索作为上部横向水平杆及立杆的锚固件。

图 3-183 所示丙型插口架适用于外墙上无洞口的墙面。它类似挂架，在钢筋混凝土外墙板上设穿墙挂钩螺栓作为插口架的锚固件。

2. 插口式脚手架搭设的基本要求和要点

（1）插口架的搭架材料：混合结构砖墙洞口的插口架，可用钢管、毛竹、杉槁等常用搭架材料；钢筋混凝土插口架，其"插口件"必须用钢管或角钢，背杠、立杠等可用钢管或毛竹、杉槁（背杠用方木较好）。脚手板用木板、竹串板、金属板均可。

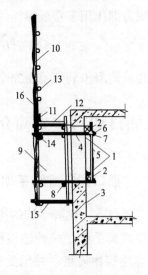

图 3-181 甲型插口架
1—插口架臂架；2—别杠；3—外墙；
4—上臂；5、10—立杆；6、7—扣件；
8—纵向水平杆；9—甲型插口件；
11—挡脚板；12—工作平台；
13—正面斜撑；14—纵向水平杆；
15—横向水平杆；16—安全网

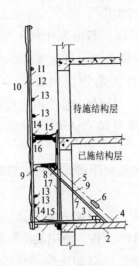
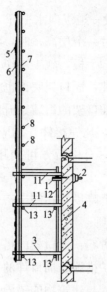

图 3-182 乙型插口架

1—底部横向水平杆；2—楼板；3、4—楼板预埋钢筋环；
5—钢丝绳；6—花篮螺栓；7—撑杆；8、9—纵向水平杆；
10—安全网；11—正面斜撑；12—外立杆；
13—护身栏；14—挡脚板；15—脚手板；
16—横向水平杆；17—内立杆

图 3-183 丙型插口架

1、13—纵向水平杆；2—穿墙螺栓吊钩；
3、11—横向水平杆；4—外墙板；
5—安全网；6—正面斜撑；
7—外立杆；8—护身栏

(2) 搭设插口架的基本方法及要求：

1) 搭设插口架的步骤：

第一步，制定搭设方案。根据使用要求和建筑物的结构形式，选择插口架形式，并作出搭设方案。

第二步，搭架准备工作。包括搭架材料的准备；预制件的准备；固定插口件的预留孔、预埋件的留置准备等。

第三步，搭架。砖墙装修插口架的搭设原则为"先墙内后墙外"，即先搭好墙内的架子，并将小横杆伸出，再搭墙外的斜杆、大横杆、安全栏杆等杆件，最后铺脚手板、挡脚板、挂安全网；用于钢筋混凝土结构施工层的防护插口架则可在地面组装，然后提升至楼层，"插入"建筑物"插口"，再安装背杠、拉杆等杆件将插口架固定于建筑物上。

2) 插口架的外伸长度及使用荷载：

各类插口架的构造尺寸有所不同。外伸长度一般不应大于1m；双立杆外伸式挑脚手架可为1.2m；特殊情况下，经专门设计，外伸长度也可达1.5m。外伸长度越大，其插口的锚固要求则越高，架上的使用荷载也应越小。一般插口式挑脚手架，使用荷载应控制在1200N/m² 以内，防护用的插口架工作平台上不得堆放材料和施工设备。

3) 插口架的安全防护措施：

用于装修的插口架，在工作面临空侧要设安全栏杆和挡脚板，高度超过 3.2m 以上时，还要加设安全网，做法同普通脚手架。专用于施工层防护的插口架，主要防护措施有：

安全栏杆同普通脚手架一样，在脚手板板面标高以上 1~1.2m 内设两道水平栏杆（护身栏杆）及挡脚板；外侧立杆间距不大于2m，高度应超过室内最高工作面1m以上，在立杆内侧，每隔 1.5m 加设一道纵向水平杆（大横杆），立杆外侧满挂密目安全网并加设剪刀撑。若立杆高度较高（如超过一个层高）时，应在施工层加设临时拉杆加固。

要铺双层脚手板，施工层作为施工通道或工作平台的脚手板略低于施工层楼面标高，要满铺，用钢丝绑扎；插口架底部也宜满铺脚手板，若下层未铺板时，则应张挂水平安全网。

（3）防护插口架的组装、升降：防护插口架的插口件为角钢或钢管，可为焊接、螺栓连接、扣件连接，凡焊接件，均应由焊工焊制。所有配件、料具、焊件，应经技术部门及有关人员检验鉴定，合格后方可使用。组装完毕，由施工项目负责人组织验收后，再提升就位安装。

插口架的升降设备在制定搭架方案时先行确定，一般都利用塔式起重机等起重设备吊运。

3. 注意事项

（1）搭设方案：插口架的搭设方案应包括以下主要内容：搭架材料、插口架的形式及构造做法、安全防护措施、插口件的锚固方法、升降方法及升降设备、使用及维护要求等；

（2）插口件与建筑物的锚固：与吊架、挂架一样，保证插口架正常工作的重点在于其支承与锚固是否牢固可靠。对于防护插口架，要注意以下问题：

1）承受插口件荷载的墙体、楼板、柱子等结构构件，本身应具有足够的强度，框架填充墙、砖墙、砌块墙等不得用作承力结构。

2）用"背杠"作为承力杆的，"背杠"设于洞口上下口，长度不宜大于 2000mm，且大于洞口宽度 400mm 以上（每边各 200mm），若洞口宽度较大，可于中部加设竖向"背杠"以减小承力跨度。内立杆与插口件"上下臂"应采用双扣件连接，若采用焊接则应加钢筋兜焊加固。

3）采用穿墙挂钩螺栓锚固插口架时，螺栓应用直径 16mm 以上的 Q235 圆钢（不能用高碳钢）制作，螺栓间距不大于 2000mm，安装时戴双螺母。

4）各种锚固措施的力学性能都要进行验算。

（3）使用插口架的注意事项：插口架在使用过程中，不得拆改或挪动架上的任何构件，也不得将缆风绳、爬梯、电缆等其他设施与插口架连接。若因施工需要，要对插口架进行改动时，应由施工项目负责人批准，架子工实施。使用期间，要随时检查，发现问题及时维修。

严格控制插口架上的使用荷载，在工作面上操作或通行要分散，勿使架上产生集中荷载；防护架的外立杆较高，要注意防雷、防电、防碰撞。

2.8.2 挂脚手架

挂脚手架是在建筑物结构体内设置预留（埋）件，在预留（埋）件上挂支架，支架上铺脚手板或搁置桁架式工作台的一种轻型脚手架。它适用于外装修和框架、排架结构的围护墙砌筑工程。

1. 挂置点的设置方法与构造

挂脚手架的挂置点可设在墙上或柱上，一般外装修工程设在墙上，砌筑围护墙则多设在柱上。常见方法有以下几种：

（1）在混凝土柱内预埋挂环：挂环用 $\phi 20 \sim \phi 22$ 钢筋制作。在柱内埋设有两种方法（图 3-184）：挂环直接埋在柱内及焊接在柱内预埋件上。埋设间距根据脚手架步距确定，一般第一步为 1.5~1.6m，其余为 1.2~1.4m。

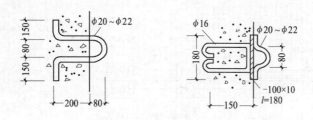

图 3-184 柱内预埋挂环

（2）在混凝土柱上设置挂卡箍：卡箍由角钢和带螺纹钢筋制作，在柱内固定有两种方法（图 3-185）：即柱上大卡箍、柱上小卡箍，小卡箍需在柱上预留螺栓孔，螺栓杆穿过预留孔，用螺栓夹紧角钢。

（3）在墙内预设扁钢预埋件：在砖墙灰缝内设置 8mm 厚扁钢，扁钢靠墙内侧留有圆孔，用 $\phi 10$ 钢筋插销拴牢，另一端扁钢弯制成圆环，用以挂支架。此法适用于外装修工程（图 3-186）。

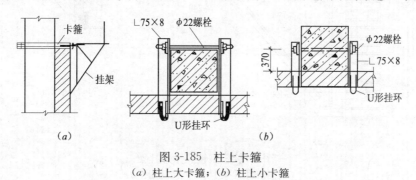

图 3-185 柱上卡箍
(a) 柱上大卡箍；(b) 柱上小卡箍

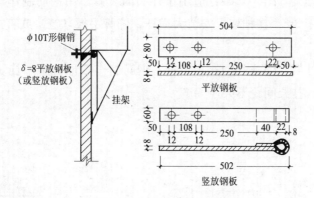

图 3-186 墙体内埋设钢板

2. 挂架的形式和构造

挂架用角钢、钢筋、钢管等材料焊制，其形式有三角形和矩形两种，用于砌筑的一般为三角形；用于装修的有三角形和矩形，通常，单层操作平台用三角形挂架，双层操作平台用矩形挂架。

（1）砌筑用挂架（图 3-187）：适用于装配式单层厂房或框架结构的围护墙砌筑工程。采用型钢制作三角架，在混凝土柱内预埋钢筋挂环，每柱挂两个挂架，用 U 形铁件将各节点连为整体（图 3-187 挂架平面图中即为两个挂架的拼合），挂架的间距与柱距相同（不大于 6m），挂架上搁置桁架式工作平台即为砌筑操作平台。

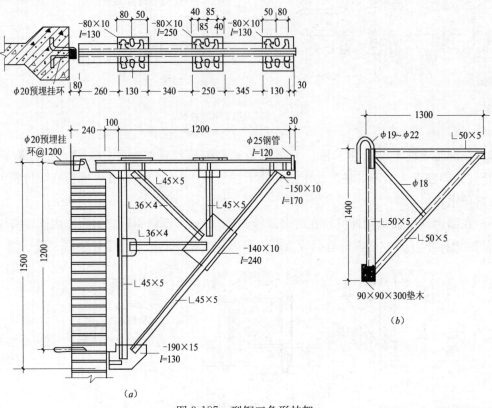

图 3-187 型钢三角形挂架
(a) 砌筑用挂架Ⅰ；(b) 砌筑用挂架Ⅱ

(2) 装修用单层挂架（图 3-188）：适用于外墙面装修。用钢筋制作三角架，墙内预设扁钢挂环，挂架间距不大于 3m。在挂架上安装大横杆，铺脚手板（笆）或直接铺脚手板即作为装修操作平台。

(3) 装修用双层挂架（图 3-189）：用角钢、钢筋制作矩形框架，挂于墙上，可在上下层铺板成为双层操作平台。挂架间距不大于 3m。

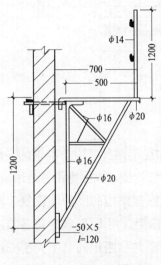

图 3-188 钢筋三角形挂架

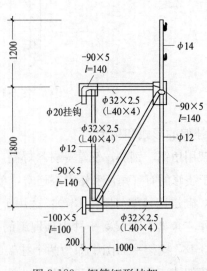

图 3-189 钢筋矩形挂架

3. 挂脚手架的安装、拆卸

(1) 安装支承设施及挂环：支承设施可在楼层上分段设置。支架的挂环随结构施工时预埋，各挂环标高一致，埋于混凝土柱内的挂环用 $\phi 20$ 钢筋制作，锚固长度不小于 200mm；附墙挂架的挂环用扁钢销片预埋于砖墙灰缝内，钢销片在砖缝内有立放和横放两种，其构造方式不同。柱上卡箍不必预设，在安装支架前设置即可，采用柱上小卡箍方案的则要在柱上预留螺栓孔。

(2) 安装支架和工作平台：支架和工作平台分别在地面组装（焊接），在工作平台下附挂小吊篮，然后提升平台略高于就位位置，在小吊篮上安装支架，再放下平台，用扣件、卡环、螺栓或绑扎法将平台与支架连接就位。

(3) 拆卸：附墙挂架的支架拆除与安装，是利用平台下的小吊篮随平台的升降交替进行，当工作平台降到最下一步时，挂架也拆除完毕，工作平台放到地面后拆除；砌筑用挂架，当砌墙到顶后，可在屋顶设"台灵架"或"爬杆"将工作平台放到地面，也可利用吊车等起吊设备吊运。

4. 挂脚手架的升降

挂脚手架的升降可用手动工具（捯链、手扳葫芦、手摇提升器、滑轮等），也可利用现场起吊设备进行升降。升降挂脚手架也就是"翻架"，用手动工具升降时，与吊架升降操作一样，需在建筑物上设置支架，用吊索升降。小跨度的装修挂架也可由人工升降。

5. 注意事项

(1) 第一步挂架及工作平台安装后，要进行荷载试验后才能使用。试验方法，在平台上加荷（以 1.5 倍最大工作荷载为试验荷载）4h，然后检查支架、挂环、平台状况，不得出现焊缝开裂、螺栓扭曲、挂环松动、结构变形等情况。在使用过程中，要随时注意检查支架、挂环，发现异常，应立即停止使用，并采取相应措施加固。

(2) 留在混凝土或墙体内的支架挂环，位置要准确、锚固要可靠，安装支架和平台时，结构强度应达到设计强度的 70%，附墙挂架的最上一步钢板销片挂环，其上部墙体高度应不小于 1000mm。柱内预埋的挂环，可砌入墙内作为拉结筋，不必拆除，而墙内的钢销片、柱上的抱箍则必须拆除，并于拆除的同时，作好墙面、柱面修补的工作。

(3) 操作平台临空面要设两道安全栏杆及安全网。在两跨挂架之间外侧对应安全栏杆位置增设一道水平连接杆，该连接杆是保证支架稳定及整体性的重要杆件，一般采用钢管扣件连接。

(4) 严格控制工作平台上的使用荷载，全部荷载不得超过规定最大荷载值（砌筑 $3000N/m^2$，装修 $2000N/m^2$），一般一个平台上装修操作人员不得超过 3 人，砌筑操作不得超过 5 人。

2.9 脚手架施工方案实例

钢管脚手架施工方案

2.9.1 编制依据

本脚手架安全专项施工方案主要参考以下规范和标准：

《建筑施工扣件式钢管脚手架安全技术规范》(JGJ 130—2001);
《钢结构设计规范》(GB 50017—2003);
《建筑结构荷载规范》(GB 50009—2001);
《混凝土结构设计规范》(GB 50010—2002);
《建筑地基基础设计规范》(GB 50007—2002);
《建筑施工安全检查标准》(JGJ 59—99)。

2.9.2 工程概况

工程名称：新北家园二期
建设单位：××市新北房地产有限公司
施工单位：浙江宝业建设集团有限公司
监理单位：××市华泰建设监理有限公司
结构类型：框剪
建筑面积：158000m^2
建筑层数：17、18、24层
本工程位于××市滨海新区。
本工程标准层层高均为2.8m，室内外高差为0.45m；总高度77m。

2.9.3 施工部署

1. 搭设方法

根据该工程建筑造型特点，脚手架为落地架和悬挑架。
1~5层搭设落地式脚手架，6层以上为悬挑架，搭设高度为20m，共12步架。

2. 施工准备

(1) 单位工程负责人应按《建筑施工扣件式钢管脚手架安全技术规范》(JGJ 130—2001)和方案中有关脚手架的要求向搭设专业操作人员及使用人员进行技术交底。

(2) 对搭设脚手架所用钢管、扣件、脚手板等进行检查验收，不合格产品不得使用。

(3) 施工单位应做好外架基础的处理工作。

3. 材料的选用与材质的要求

(1) 钢管

脚手架钢管选用现行国家标准《直缝电焊钢管》(GB/T 13793)中规定的Q235普通钢管，其质量符合现行国家标准《碳素结构钢》(GB/T700)中Q235-A级钢规定。脚手架钢管尺寸选用$\phi 48 \times 3.5$mm钢管，但考虑到市场材料供应与钢管的锈蚀程度，计算时可按$\phi 48 \times 3.0$mm计算参数以确保安全。表面锈蚀深度$\Delta \leqslant 0.5$mm；各种杆件钢管的端部弯曲变形$\Delta \leqslant 5$mm；立杆长度在$3m < L \leqslant 4m$时钢管弯曲变形$\Delta \leqslant 12$mm，立杆长度在$4m < L \leqslant 6.5m$时钢管弯曲变形$\Delta \leqslant 20$mm；用作水平杆、斜杆的钢管弯曲变形$\Delta \leqslant 30$mm。钢管两端面切斜偏差在1.7mm范围内，钢管上严禁打孔。

(2) 扣件

扣件采用可锻铸铁制作，其材质符合国家标准《钢管脚手架扣件》(GB 15831)的规定，使用前应进行质量检查，有裂缝、变形的严禁使用，并进行力矩实验，螺栓拧紧扭力矩低于

65N·m 时不得发生损坏。

(3) 连墙件、密目网、木铺板

连墙件的材质亦应符合现行标准《碳素结构钢》(GB/T700) 中 Q235-A 级钢的规定。外架采用草绿色阻燃密目网全封闭围护，密目网规格 ML－1.8m×6m，网目密度为 2000 目/100cm²，密目网要有合格证、冲击报告，符合标准才能使用。脚手板采用木板。

2.9.4 脚手架的构造要求

(1) 外架立杆横向间距 0.8m，步距 1.8m，纵距 1.5m，内立杆距墙面距离为 0.25m。悬挑架立杆下用 14 号工字钢设置，确保其足够的长度、刚度、强度和稳定性。

(2) 脚手架搭设流程为：熟悉方案和图纸→放线以便确定悬挑杆件 U 形环定位预埋→悬挑杆件定位→杆件与 U 形环的固定（每个 U 形环用木楔三方稳牢，严禁焊接）→立杆定位→转角处摆横向槽钢→摆入纵向扫地杆→逐根安装立杆（随即与纵向扫地杆扣紧）→安放横向扫地杆（与立杆或纵向扫地杆扣紧）→安装第一步纵向水平杆和横向水平杆→安装第二步纵向水平杆和横向水平杆→加设临时抛撑（上端与第二步纵向水平杆扣紧，在设置二道连墙杆后可拆除）→安装第三、四步纵向和横向水平杆；设置连墙杆→安装横向斜撑、增设卸荷钢丝绳→接立杆→加设剪刀撑→铺脚手板→安装护身栏杆→挂设安全网。外架四周从一步架起等距设置双道栏杆至顶层。

(3) 纵横向扫地杆

脚手架必须设置纵横向扫地杆。纵向扫地杆应采用直角扣件固定在距底座上不大于 20cm 处的立杆上。横向扫地杆亦采用直角扣件固定在紧靠纵向扫地杆下方的立杆上。当立杆基础不在同一高度上时，必须将高处的纵向扫地杆向低处延长两跨与立杆固定，高低差应不大于 100cm。靠边坡上方的立杆轴线到边坡的距离不应小于 50cm。

(4) 纵、横向水平杆

1) 纵向水平杆

纵向水平杆的构造要求：

①纵向水平杆在立杆内侧，其长度不小于 3 跨；

②纵向水平杆接长采用对接扣件连接，也可采用搭接，对接。纵向水平杆的搭接应符合下列规定：

a. 纵向水平杆的对接扣件应交错布置，两根相邻纵向水平杆的接头不宜设置在同步或同跨内，不同步或不同跨两个相邻接头在水平方向错开的距离不应小于 50cm，各接头中心至最近主节点的距离不宜大于纵距的 1/3；

b. 水平杆到转角处可用搭接，搭接长度不应小于 100cm，外伸部位一样长，内部搭接用 3 个旋转扣件等距离设置，扣件端部盖板与钢管末端保留 10cm。

2) 横向水平杆

横向水平杆的构造要求：每个主节点处都必须设置一根横向水平杆，用直角扣件扣接，并严禁拆除。主节点处两个直角扣件的中心距不应大于 15cm。

(5) 立杆

1) 立杆上的对接扣件应交错布置。错开距离：两根相邻立杆的接头不应设置在同步内，同步内隔一根立杆的两个相隔接头在高度方向错开的距离不宜小于 50cm。各接头中心至主节点的距离不宜大于步距的 1/3；

2) 立杆在平屋面时应超过檐口高度 150cm；

3) 立杆搭设到分段处或顶步可采用搭接，收尾一样齐，搭接长度不应小于 100cm，内部搭接用 3 个旋转扣件等距离设置，扣件端部盖板与钢管末端保留 10cm；其余部位立杆必须采用对接。

(6) 连墙件的设置

本工程脚手架与建筑物采用刚性连接方式，具体做法：用长 40cm 左右钢管预埋在结构混凝土梁内，预埋长度为 20cm，外侧保留 20cm，然后再用钢管和扣件与架体连接，并两跨逐层设置，如遇剪力墙，尽量避开在剪力墙设置连墙件，如避不开可用 6.0cm 的 PC 管预埋在板墙处，PC 管两侧孔处必须封实，等模板拆除后用钢管、扣件连接。连墙件布置应靠近主节点设置，偏离主节点的距离不应大于 30cm，且外架应采用刚性连墙件与建筑物连接。脚手架必须配合施工进度搭设，一次搭设高度不应超过相邻连墙件以上两步。每搭设一步脚手架后，应按规范要求校正步距、纵距、横距及立杆的垂直度，确保连墙件拉接的可靠性。

(7) 剪刀撑设置

1) 本工程外架剪刀撑采取连续式设置。剪刀撑角度在 45°～60°之间。

2) 剪刀撑斜杆的接长宜采用搭接，搭接长度不应小于 100cm，应采用 3 个扣件固定。端部扣件盖板的边缘至杆端的边缘距离不应小于 10cm，并应随立杆、纵向和横向水平杆等同步搭设。

3) 外架开口处必须由底部至顶部连续设置横向斜支撑。

(8) 木挑板的铺设

木挑板按照垂直于纵向水平杆方向铺设，且采用对接平铺，相交处挤严，四个角应用 16 号的镀锌钢丝绑扎在纵向水平杆上。

(9) 平网设置方法

当建筑施工到一定高度采用悬挑脚手架时，在每个悬挑梁处沿建筑物四周设置一道安全平网，作为防护措施，从而加强高层建筑物悬挑脚手架以上坠落物的缓冲防护。

张设水平网外水平杆比内水平杆高约 50cm，水平杆用搭接，不应少于 3 个转扣，每 3m 设置一道斜杆，斜杆的夹角应在 45°以下，斜杆和水平杆都必须要用 6m 的钢管。每个筋绳必须与内外水平杆栓牢，两网相交处也要栓牢，上面再设置一层密目网，密目网与水平网要固定在安全网上，对于水平网上的杂物要及时清理。

(10) "临边"、"洞口" 防护要求

1) 临边高处作业：施工中工程周边暂无脚手架且作业高度超过 3.2m 时，在工程楼层边除设置防护栏杆外，还必须按行业规定，在建筑物外围架设临时安全网。

2) 楼梯口和梯段边防护：楼梯口必须安装临时防护栏杆，防护栏杆应由上下两道横杆及栏杆柱组成，上杆离地高度为 1.2m，下杆离地 0.6m。横杆长度大于 2m 必须加设栏杆柱，并且整体构造可经受任何方向的 1kN 外力。防护栏杆必须自上而下用安全网封闭，或在栏杆下面固定高度不低于 0.18m 的挡脚板或 0.4m 的挡脚竹笆，楼梯边必须顺楼梯坡度设置双道防护栏杆，栏杆构件间距与平栏杆相同，栏杆柱应固定牢靠，不得晃动。

3) 安全通道

①防护棚长度为 6m 左右（具体尺寸以现场为准），采用钢管扣件落地式防护棚；

②棚内通道高度为3m，两侧立杆跨度为1.5m，下设扫地杆，中有栏杆；

③棚的两侧应有剪刀撑，迎面有横向八字斜撑；

④棚顶分上下两层，每层间隔0.6m，上下层铺竹笆，并需固定扎牢；

⑤棚顶四侧栏杆垂直面全部安装防护竹笆；

⑥防护棚要求坚固适用，同时坠落半径范围内的所有固定作业区和经常过往人员的道路，均应设置安全防护棚。

4）门洞口处理：在临时落地架底部开门时，脚手架必须按规范《JGJ 130—2001、J 84—2001》规定的6.51B型方法处理。

①在门洞两侧的立杆应为双立杆，副立杆长度不应小于6m，门洞上的立杆间距应为1.5m；

②由门洞上的中部位置，脚手架内、外立面，分别向下两侧打八字撑；

③在脚手架外侧门洞部位搭设宽不小于门洞宽度，长度不小于3个人员进出的防护棚，并显示标志；

④门洞上被打断的立杆在主节点处大横杆的上方，应增加防滑扣件。

5）预留洞口

①板与墙洞口立面门或平板面均应刷黄黑相间的警示色，并张贴安全警示标志；施工通道附近的各类洞口与坑、槽等处，除设置防护措施与安全标志外，夜间均应设置警示灯；

②楼板、屋面和平台等平面上短边尺寸大于25mm但小于250mm的孔口，必须用坚实的盖板覆盖，盖板须能保持四周搁置均衡，并有固定其位置的措施；

③楼板面等处边长大于250mm的洞口，应用贯穿于混凝土板内的直径不小于6mm的钢筋（或楼板分布筋）形成防护网，网格间距不得大于200mm，并在其上方满铺竹笆或脚手板；边长在1500mm以上的洞口，四周还必须设防护栏杆。垃圾井道和烟道、管道井等，在砌筑或安装前应严格按照预留洞口作防护，施工时需要切断钢筋防护时，应设明显标志；

④墙面等处的竖向洞口，凡是落地的洞口应加装开关式、工具式或固定的安全门，门扇网格的横向间距不大于150mm，也可采用防护栏杆，下设挡脚板；

⑤下沿至楼板或底面低于800mm的窗台等竖向洞口，如侧边落差大于2m时，应加设1.2m高的临时固定栏杆或其他措施防止意外坠落。

（11）电梯井部位防护

1）在电梯井口设置符合国家标准的安全警示标志。

2）电梯井口应用固定栅门，应做到定型化、工具化，其高度在1.5~1.8m范围内，并刷黄黑相间的警示色。

电梯井口宜在每层用贯穿于混凝土板内的直径不小于6mm钢筋形成防护网，网格间距不得大于200mm，并在其上面满铺竹笆。

（12）空调板处理

尽量避免在空调板内设置立杆，避免不掉应采取预留孔洞形式，使架体内立杆离墙20cm，避免出现单立杆现象。

（13）防电避雷措施

避雷针用φ12的钢筋制作，设置于建筑四角的立杆上，高度不小于1m，并将所有最上层的大横杆全部连接形成避雷网络，接地线应与建筑结构连接，防雷接地装置完成后，要用电阻表测定，要求防雷装置的冲击接电电阻不得大于30Ω。在施工期间遇有雷雨时，脚手架上的操作人员需离开脚手架。

（14）外架基础的处理

考虑到钢管外脚手架的牢固、安全、稳定性，基础回填土采用机械分层回填碾压平整、密实（人工辅助夯实），底部应浇筑 C20 混凝土垫层 10cm 厚以上，建筑物的基础周围自然地面及护坡便道均浇筑 C20 素混凝土 10cm，向外有不小于 1∶0.05 的排水坡度，四周设 15cm×15cm 宽排水沟，在四角有 60cm×60cm×100cm 的积水坑，备好排水机械做到有组织排水（基础处理相关回填资料，施工单位须提前提供给架业公司以备检查验收）。

2.9.5　脚手架各项安全稳定性设计计算

脚手架搭设方法如下（本书仅介绍悬挑脚手架）。

（1）悬挑梁采用 14 号工字钢。工字钢长度为 4.5m。工字钢外挑出建筑物 1.2m，锚固端长 3.3m。

（2）U 形环制作与设置：U 形环采用 $\phi16$ 的钢筋加工制作而成，U 形环内径宽度为 100mm，高度为 300mm。U 形环必须在钢筋底板筋下，U 形环的两角加横向直筋，增加抗拉力。安装工字钢与 U 形环锚卡间隙处用木楔塞紧，再用铁钉固定。每个悬挑梁部位分别设置三道 U 形环，第一道 U 形环预埋在结构梁边，并用木楔加固在工字钢的两侧，防止工字钢侧偏；第三道 U 形环设置在离工字钢的末端 20cm 处，第二道 U 形环在第三道环的前 80cm。第二、第三道环用木楔加固在工字钢的上侧与预埋卡的间隙处，主要增加工字钢的抗压力。预埋时三环要设置在一直线上，便于工字钢穿行。

（3）作为安全储备，悬挑端用 $\phi12$ 的钢丝绳拉吊于上层楼面梁内进行斜拉卸荷，对于转角处悬挑端分别用两根 $\phi12$ 的钢丝绳拉吊于上层楼面梁内进行斜拉卸荷，内立杆处工字钢底部钢丝绳作为支撑，外立杆处工字钢底部钢丝绳作为卸荷。楼面梁内预埋圆钢 $\phi16$ 的吊环，每个钢丝绳的绳头不少于 3 个卡扣卡紧，每个卡扣间隔 15cm，尾部卡扣离绳头预留 15cm。卡盖朝主绳安装，并用葫芦收紧。对于大拐角处锚固端卡环则相对集中。

（4）在悬挑工字钢上搭设脚手架，其立杆必须放置在 14 号工字钢上，立杆横距 0.8m，纵距 1.5m，步距 1.8m。外伸悬挑梁长度与固定梁长度之比应达到 1∶2 左右，对于转角部位外伸悬挑梁长度与固定梁长度之比可达到 1∶1.5，并采用双道钢丝绳作为加固措施。

（5）转角部位横向挑梁尾部相交部位采用焊接加固，并在其上方设置纵向工字钢连梁与横向挑梁焊接牢固，用于固定悬挑架体的内外立杆。

（6）悬挑梁上的钢管固定方法：在悬挑钢梁上的钢管根据脚手架立杆布置的宽度在工字钢梁上口焊 $\phi20$ 钢筋柱 10cm 高，立杆套上钢筋柱，搭设脚手架。

（7）悬挑层与建筑间的内封闭措施：在悬挑楼层与挑梁间的间隙必须用木板严实进行防护，不允许有一点漏洞，且用钉子加以固定，并且经常检查。

脚手架计算方法如下。

普通型钢悬挑脚手架计算书

新北家园二期工程，建设地点为滨海新区，属于框剪结构，地上 24 层、地下 1 层，建筑高度 77m，标准层层高 2.8m，总建筑面积 158000m²，总工期 646 天。

本工程由××新北建设开发有限公司投资建设，××市天友建筑设计有限公司设计，××

市华泰建设监理有限公司监理，浙江宝业建设集团有限公司组织施工。

本工程型钢悬挑扣件式钢管脚手架的计算依据《建筑施工扣件式钢管脚手架安全技术规范》（JGJ 130—2001）、《建筑结构荷载规范》（GB 50009—2001）、《钢结构设计规范》（GB 50017—2003）、《建筑施工安全检查评分标准》（JGJ 59—99）、《建筑施工高处作业安全技术规范》（JGJ 80—91）以及本工程的施工图纸。

1. 参数信息

（1）脚手架参数

双排脚手架搭设高度为21m，立杆采用单立杆。

搭设尺寸为：立杆的纵距为1.5m，立杆的横距为0.8m，立杆的步距为1.8m。

内排架距离墙长度为0.25m。

大横杆在上，搭接在小横杆上的大横杆根数为2根。

采用的钢管类型为$\phi 48 \times 3.0$mm。

横杆与立杆连接方式为单扣件；取扣件抗滑承载力系数1.00。

连墙件布置取两步两跨，竖向间距3.6m，水平间距3m，采用扣件连接。

连墙件连接方式为双扣件。

（2）活荷载参数

施工均布荷载（kN/m²）：2.000。

脚手架用途：装修脚手架。

同时施工层数：2层。

（3）风荷载参数

本工程地处××市塘沽区，查荷载规范基本风压为0.550kN/m²，风荷载高度变化系数μ_z为1.000，风荷载体型系数μ_s为1.128。

计算中考虑风荷载作用。

（4）静荷载参数

每米立杆承受的结构自重荷载标准值（kN/m）：0.1248。

脚手板自重标准值（kN/m²）：0.300。

栏杆挡脚板自重标准值（kN/m）：0.150。

安全设施与安全网自重标准值（kN/m²）：0.005。

脚手板铺设层数：4层。

脚手板类别：竹笆片脚手板。

栏杆挡板类别：栏杆、竹笆片脚手板挡板。

（5）水平悬挑支撑梁

悬挑水平钢梁采用14号工字钢，其中建筑物外悬挑段长度1.2m，建筑物内锚固段长度3.3m。

与楼板连接的螺栓直径（mm）：20.00。

楼板混凝土强度等级：C35。

（6）拉绳与支杆参数

钢丝绳安全系数为：6.000。

钢丝绳与墙距离为（m）：3.000。

悬挑水平钢梁采用钢丝绳与建筑物拉结,最里面钢丝绳距离建筑物1.05m。

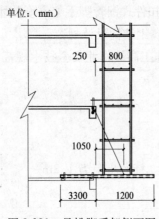

图3-190 悬挑脚手架侧面图

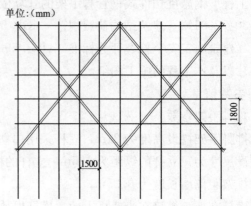

图3-191 悬挑架正立面图

2. 大横杆的计算

按照《扣件式钢管脚手架安全技术规范》(JGJ 130—2001)第5.2.4条规定,大横杆按照三跨连续梁进行强度和挠度计算,大横杆在小横杆的上面。将大横杆上面的脚手板自重和施工活荷载作为均布荷载计算大横杆的最大弯矩和变形。

(1) 均布荷载值计算

大横杆的自重标准值:$P_1 = 0.033 \text{kN/m}$;

脚手板的自重标准值:$P_2 = 0.3 \times 0.8/(2+1) = 0.08 \text{kN/m}$;

活荷载标准值:$Q = 2 \times 0.8/(2+1) = 0.533 \text{kN/m}$;

静荷载的设计值:$q_1 = 1.2 \times 0.033 + 1.2 \times 0.08 = 0.136 \text{kN/m}$;

活荷载的设计值:$q_2 = 1.4 \times 0.533 = 0.747 \text{kN/m}$。

(2) 强度验算

跨中和支座最大弯矩分别按图3-192、图3-193组合。

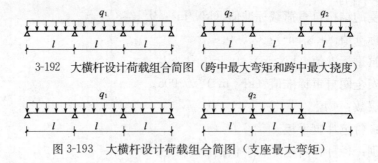

3-192 大横杆设计荷载组合简图(跨中最大弯矩和跨中最大挠度)

图3-193 大横杆设计荷载组合简图(支座最大弯矩)

跨中最大弯矩计算公式如下:

$$M_{1\max} = 0.08 q_1 l^2 + 0.10 q_2 l^2$$

跨中最大弯矩为 $M_{1\max} = 0.08 \times 0.136 \times 1.5^2 + 0.10 \times 0.747 \times 1.5^2 = 0.192 \text{kN} \cdot \text{m}$;

支座最大弯矩计算公式如下:

$$M_{2\max} = -0.10 q_1 l^2 - 0.117 q_2 l^2$$

支座最大弯矩为 $M_{2\max} = -0.10 \times 0.136 \times 1.5^2 - 0.117 \times 0.747 \times 1.5^2 = -0.227 \text{kN} \cdot \text{m}$;

选择支座弯矩和跨中弯矩的最大值进行强度验算:

$$\sigma = \text{Max}(0.192\times10^6, 0.227\times10^6)/4490 = 50.557\text{N/mm}^2;$$

大横杆的最大弯曲应力为 $\sigma=50.557\text{N/mm}^2$ 小于大横杆的抗压强度设计值 $[f]=205\text{N/mm}^2$，满足要求！

（3）挠度验算

最大挠度考虑为三跨连续梁均布荷载作用下的挠度。

计算公式如下：

$$v_{\max}=0.677\frac{q_{1k}l^4}{100EI}+0.990\frac{q_{2k}l^4}{100EI}$$

其中

静荷载标准值：$q_{1k}=P_1+P_2=0.033+0.08=0.113\text{kN/m}$；

活荷载标准值：$q_{2k}=Q=0.533\text{kN/m}$。

最大挠度计算值为：

$v=0.677\times0.113\times1500^4/(100\times2.06\times10^5\times107800)+0.990\times0.533\times1500^4/(100\times2.06\times10^5\times107800)$

$=1.379\text{mm}$；

大横杆的最大挠度 1.379mm，小于大横杆的最大容许挠度 1500/150mm 与 10mm 较小值，满足要求！

3. 小横杆的计算

根据 JGJ 130—2001 第 5.2.4 条规定，小横杆按照简支梁进行强度和挠度计算，大横杆在小横杆的上面。用大横杆支座的最大反力计算值作为小横杆集中荷载，在最不利荷载布置下计算小横杆的最大弯矩和变形。

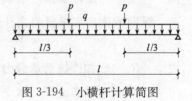

图 3-194 小横杆计算简图

（1）荷载值计算

大横杆的自重标准值：$p_1=0.033\times1.5=0.05\text{kN}$；

脚手板的自重标准值：$p_2=0.3\times0.8\times1.5/(2+1)=0.120\text{kN}$；

活荷载标准值：$Q=2\times0.8\times1.5/(2+1)=0.800\text{kN}$；

集中荷载的设计值：$P=1.2\times(0.05+0.12)+1.4\times0.8=1.324\text{kN}$。

（2）强度验算

最大弯矩考虑为小横杆自重均布荷载与大横杆传递荷载的标准值最不利分配的弯矩和；

均布荷载最大弯矩计算公式如下：

$$M_{q\max}=ql^2/8$$

$M_{q\max}=1.2\times0.033\times0.8^2/8=0.003\text{kN·m}$；

集中荷载最大弯矩计算公式如下：

$$M_{p\max}=\frac{Pl}{3}$$

$M_{p\max}=1.324\times0.8/3=0.353\text{kN·m}$；

最大弯矩 $M=M_{q\max}+M_{p\max}=0.356\text{kN·m}$；

最大应力计算值 $\sigma=M/W=0.356\times10^6/4490=79.342\text{N/mm}^2$；

小横杆的最大弯曲应力 $\sigma=79.342\text{N/mm}^2$，小于小横杆的抗压强度设计值 205N/mm^2，满

足要求!

(3) 挠度验算

最大挠度考虑为小横杆自重均布荷载与大横杆传递荷载的设计值最不利分配的挠度和。

小横杆自重均布荷载引起的最大挠度计算公式如下:

$$v_{qmax}=\frac{5q_k l^4}{384EI}$$

$v_{qmax}=5\times 0.033\times 800^4/(384\times 2.06\times 10^5\times 107800)=0.008$ mm;

大横杆传递荷载 $P_k=p_1+p_2+Q=0.05+0.12+0.8=0.97$ kN;

集中荷载标准值最不利分配引起的最大挠度计算公式如下:

$$v_{pmax}=\frac{P_k l\,(3l^2-4l^2/9)}{72EI}$$

$v_{pmax}=969.95\times 800\times(3\times 800^2-4\times 800^2/9)/(72\times 2.06\times 10^5\times 107800)=0.794$ mm;

最大挠度和 $v=v_{qmax}+v_{pmax}=0.008+0.794=0.802$ mm;

小横杆的最大挠度为 0.802mm,小于小横杆的最大容许挠度 800/150=5.333mm 与 10mm,满足要求!

4. 扣件抗滑力的计算

按规范规定,直角、旋转单扣件承载力取值为 8.00kN,按照扣件抗滑承载力系数 1.00,该工程实际的旋转单扣件承载力取值为 8.00kN。

纵向或横向水平杆与立杆连接时,扣件的抗滑承载力按照下式计算:

$$R \leqslant R_c$$

式中 R_c——扣件抗滑承载力设计值,取 8.00kN;

R——纵向或横向水平杆传给立杆的竖向作用力设计值。

大横杆的自重标准值:$P_1=0.033\times 1.5\times 2/2=0.05$ kN;

小横杆的自重标准值:$P_2=0.033\times 0.8/2=0.013$ kN;

脚手板的自重标准值:$P_3=0.3\times 0.8\times 1.5/2=0.18$ kN;

活荷载标准值:$Q=2\times 0.8\times 1.5/2=1.2$ kN;

荷载的设计值:$R=1.2\times(0.05+0.013+0.18)+1.4\times 1.2=1.972$ kN;

$R<8.00$ kN,单扣件抗滑承载力的设计计算满足要求!

5. 脚手架立杆荷载的计算

作用于脚手架的荷载包括静荷载、活荷载和风荷载。静荷载标准值包括以下内容:

(1) 每米立杆承受的结构自重标准值为 0.1248kN/m

$N_{G1}=[0.1248+(1.50\times 2/2)\times 0.033/1.80]\times 21.00=3.204$ kN;

(2) 脚手板的自重标准值:采用竹笆片脚手板,标准值为 0.3kN/m²

$N_{G2}=0.3\times 4\times 1.5\times(0.8+0.2)/2=0.945$ kN;

(3) 栏杆与挡脚手板自重标准值,采用栏杆、竹笆片脚手板挡板,标准值为 0.15kN/m

$N_{G3}=0.15\times 4\times 1.5/2=0.45$ kN;

(4) 吊挂的安全设施荷载,包括安全网,标准值为 0.005kN/m²

$N_{G4}=0.005\times 1.5\times 21=0.157$ kN;

经计算得到，静荷载标准值
$$N_G = N_{G1} + N_{G2} + N_{G3} + N_{G4} = 4.756 \text{kN};$$
活荷载为施工荷载标准值产生的轴向力总和，立杆按一纵距内施工荷载总和的1/2取值。

经计算得到，活荷载标准值
$$N_Q = 2 \times 0.8 \times 1.5 \times 2/2 = 2.4 \text{kN};$$
风荷载标准值按照以下公式计算
$$w_k = 0.7 \mu_z \cdot \mu_s \cdot w_0$$

式中 w_0——基本风压(kN/m^2)，按照《建筑结构荷载规范》(GB 50009—2001)的规定采用：
$$w_0 = 0.55 \text{kN/m}^2;$$

μ_z——风荷载高度变化系数，按照《建筑结构荷载规范》(GB 50009—2001)的规定采用：
$$\mu_z = 1;$$

μ_s——风荷载体型系数：取值为1.128。

经计算得到，风荷载标准值
$$w_k = 0.7 \times 0.55 \times 1 \times 1.128 = 0.434 \text{kN/m}^2;$$

不考虑风荷载时，立杆的轴向压力设计值计算公式
$$N = 1.2 N_G + 1.4 N_Q = 1.2 \times 4.756 + 1.4 \times 2.4 = 9.067 \text{kN};$$

考虑风荷载时，立杆的轴向压力设计值为
$$N = 1.2 N_G + 0.85 \times 1.4 N_Q = 1.2 \times 4.756 + 0.85 \times 1.4 \times 2.4 = 8.563 \text{kN};$$

风荷载设计值产生的立杆段弯矩 M_w 为
$$M_w = 0.85 \times 1.4 w_k L_a h^2 / 10 = 0.850 \times 1.4 \times 0.434 \times 1.5 \times 1.8^2 / 10 = 0.251 \text{kN} \cdot \text{m};$$

6. 立杆的稳定性计算

不考虑风荷载时，立杆的稳定性计算公式为：
$$\sigma = \frac{N}{\varphi A} \leq [f]$$

立杆的轴向压力设计值：$N = 9.067 \text{kN}$；

计算立杆的截面回转半径：$i = 1.59 \text{cm}$；

计算长度附加系数参照扣件规范表5.3.3得：$k = 1.155$；当验算杆件长细比时，取 $k = 1.0$；

计算长度系数参照扣件规范表5.3.3得：$\mu = 1.5$；

计算长度，由公式 $l_0 = k \times \mu \times h$ 确定：$l_0 = 3.118 \text{m}$；

长细比 $l_0/i = 196$；

轴心受压立杆的稳定系数 φ，由长细比 l_0/i 的计算结果查扣件规范附录C表得到：$\varphi = 0.188$；

立杆净截面面积：$A = 4.24 \text{cm}^2$；

立杆净截面模量（抵抗矩）：$W = 4.49 \text{cm}^3$；

钢管立杆抗压强度设计值：$[f] = 205 \text{N/mm}^2$；
$$\sigma = 9067/(0.188 \times 424) = 113.75 \text{N/mm}^2;$$

立杆稳定性计算 $\sigma = 113.75 \text{N/mm}^2$，小于立杆的抗压强度设计值 $[f] = 205 \text{N/mm}^2$，满足要求！

考虑风荷载时，立杆的稳定性计算公式

$$\sigma = \frac{N}{\varphi A} + \frac{M_w}{W} \leqslant [f]$$

立杆的轴心压力设计值：$N = 8.563 \text{kN}$；

计算立杆的截面回转半径：$i = 1.59 \text{cm}$；

计算长度附加系数参照扣件规范表 5.3.3 得：$k = 1.155$；

计算长度系数参照扣件规范表 5.3.3 得：$\mu = 1.5$；

计算长度，由公式 $l_0 = k\mu h$ 确定：$l_0 = 3.118 \text{m}$；

长细比：$l_0/i = 196$；

轴心受压立杆的稳定系数 φ，由长细比 l_0/i 的结果查表得到：$\varphi = 0.188$；

立杆净截面面积：$A = 4.24 \text{cm}^2$；

立杆净截面模量（抵抗矩）：$W = 4.49 \text{cm}^3$；

钢管立杆抗压强度设计值：$[f] = 205 \text{N/mm}^2$；

$$\sigma = 8563.26/(0.188 \times 424) + 251161.495/4490 = 163.365 \text{N/mm}^2；$$

立杆稳定性计算 $\sigma = 163.365 \text{N/mm}^2$，小于立杆的抗压强度设计值 $[f] = 205 \text{N/mm}^2$，满足要求！

7. 连墙件的计算

连墙件的轴向力设计值应按照下式计算：

$$N_1 = N_{1w} + N_0$$

风荷载标准值 $w_k = 0.434 \text{kN/m}^2$；

每个连墙件的覆盖面积内脚手架外侧的迎风面积 $A_w = 10.8 \text{m}^2$；按规范要求连墙件约束脚手架平面外变形所产生的轴向力对于双排架取 $N_0 = 5.000 \text{kN}$；

风荷载产生的连墙件轴向力设计值（kN），按照下式计算：

$$N_{1w} = 1.4 \times w_k \times A_w = 6.566 \text{kN}；$$

连墙件的轴向力设计值 $N_1 = N_{1w} + N_0 = 11.566 \text{kN}$；

连墙件承载力设计值按下式计算：

$$N_f = \varphi \cdot A \cdot [f]$$

其中 φ——轴心受压立杆的稳定系数。

由长细比 $l/i = 250/15.9$ 的结果查表得到 $\varphi = 0.958$，l 为内排架距离墙的长度；

又：$A = 4.24 \text{cm}^2$，$[f] = 205 \text{N/mm}^2$；

连墙件轴向承载力设计值为 $N_f = 0.958 \times 4.24 \times 10^{-4} \times 205 \times 10^3 = 83.269 \text{kN}$；

$N_1 = 11.566 < N_f = 83.269$，连墙件的设计计算满足要求！

连墙件采用双扣件与墙体连接。

由以上计算得到 $N_1 = 11.566 \text{kN}$，小于双扣件的抗滑力 16kN，满足要求！

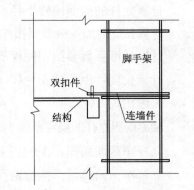

图 3-195 连墙件扣件连接示意图

8. 悬挑梁的受力计算

悬挑脚手架的水平钢梁按照带悬臂的连续梁计算。

悬臂部分受脚手架荷载 N 的作用，里端 B 为与楼板的锚固点，A 为墙支点。

本方案中,脚手架排距为800mm,内排脚手架距离墙体250mm,支拉斜杆的支点距离墙体为1050mm。

水平支撑梁的截面惯性矩 $I=712\text{cm}^4$,截面抵抗矩 $W=102\text{cm}^3$,截面积 $A=21.5\text{cm}^2$。

受脚手架集中荷载 $N=1.2\times4.756+1.4\times2.4=9.067\text{kN}$;

水平钢梁自重荷载 $q=1.2\times21.5\times0.0001\times78.5=0.203\text{kN/m}$;

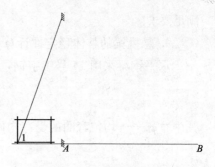

图 3-196 悬挑脚手架示意图

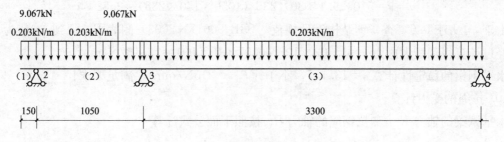

图 3-197 悬挑脚手架计算简图

经过连续梁的计算得到

图 3-198 悬挑脚手架支撑梁剪力图(kN)

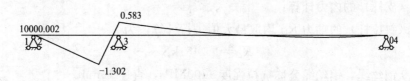

图 3-199 悬挑脚手架支撑梁弯矩图(kN·m)

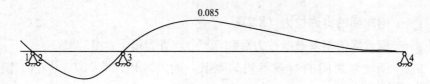

图 3-200 悬挑脚手架支撑梁变形图(mm)

各支座对支撑梁的支撑反力由左至右分别为:

$$R[1]=10.809\text{kN};$$
$$R[2]=8.081\text{kN};$$
$$R[3]=0.158\text{kN}。$$

最大弯矩 $M_{\max}=1.302\text{kN}\cdot\text{m}$;

最大应力 $\sigma=M/1.05W+N/A=1.302\times10^6/(1.05\times102000)+9.067\times10^3/2150=16.373\text{N/mm}^2$;

水平支撑梁的最大应力计算值 16.373N/mm^2,小于水平支撑梁的抗拉强度设计值 215N/mm^2,

满足要求!

9. 悬挑梁的整体稳定性计算

水平钢梁采用14号工字钢，计算公式如下

$$\sigma = \frac{M}{\varphi_b W_x} \leqslant f$$

其中 φ_b——均匀弯曲的受弯构件整体稳定系数，按照下式计算：

$$\varphi_b = \frac{570tb}{lh} \times \frac{235}{f_y}$$

$\varphi_b = 570 \times 9.1 \times 80 \times 235/(1050 \times 140 \times 235) = 2.82$

由于 φ_b 大于 0.6，查《钢结构设计规范》(GB 50017—2003) 附表 B，得到 φ_b 值为 0.97。

经过计算得到最大应力 $\sigma = 1.302 \times 10^6/(0.97 \times 102000) = 13.157 \text{N/mm}^2$；

水平钢梁的稳定性计算 $\sigma = 13.157$，小于 $[f] = 215 \text{N/mm}^2$，满足要求!

10. 拉绳的受力计算

水平钢梁的轴力 R_{AH} 和拉钢绳的轴力 R_{Ui} 按照下面公式计算

$$R_{AH} = \sum_{i=1}^{n} R_{Ui} \cos\theta_i$$

其中 $R_{Ui}\cos\theta_i$——钢绳的拉力对水平杆产生的轴压力。

各支点的支撑力 $R_{Ci} = R_{Ui}\sin\theta_i$

按照以上公式计算得到钢绳拉力为：

$$R_{U1} = 11.451 \text{kN}。$$

11. 拉绳的强度计算

钢丝拉绳（支杆）的内力计算：

钢丝拉绳（斜拉杆）的轴力 R_U 均取最大值进行计算，为

$$R_U = 11.451 \text{kN}$$

选择 6×19 钢丝绳，钢丝绳公称抗拉强度 1700MPa，直径 14mm。

$$[F_g] = \frac{\alpha F_g}{K}$$

其中 $[F_g]$——钢丝绳的容许拉力 (kN)；

F_g——钢丝绳的钢丝破断拉力总和 (kN)，查表得 $F_g = 123 \text{kN}$；

α——钢丝绳之间的荷载不均匀系数，对 6×19、6×37、6×61 钢丝绳分别取 0.85、0.82 和 0.8。$\alpha = 0.85$；

K——钢丝绳使用安全系数。$K = 6$。

得到：$[F_g] = 17.425 \text{kN} > R_u = 11.451 \text{kN}$。

经计算，选此型号钢丝绳能够满足要求。

钢丝拉绳（斜拉杆）的拉环强度计算：

钢丝拉绳（斜拉杆）的轴力 R_U 的最大值进行计算作为拉环的拉力 N，为

$$N = R_U = 11.451 \text{kN}$$

钢丝拉绳（斜拉杆）的拉环的强度计算公式为

$$\sigma = \frac{N}{A} \leqslant [f]$$

其中 $[f]$——拉环受力的单肢抗剪强度，取 $[f]=50\text{N/mm}^2$。

所需要的钢丝拉绳（斜拉杆）的拉环最小直径 $D=11451\times 4/(3.142\times 50)^{1/2}=18\text{mm}$。

12. 锚固段与楼板连接的计算

(1) 水平钢梁与楼板压点如果采用钢筋拉环，拉环强度计算如下：

水平钢梁与楼板压点的拉环受力 $R=0.158\text{kN}$；

水平钢梁与楼板压点的拉环强度计算公式为：

$$\sigma=\frac{N}{A}\leqslant [f]$$

其中 $[f]$——拉环钢筋抗拉强度，按照《混凝土结构设计规范》10.9.8 条 $[f]=50\text{N/mm}^2$。

所需要的水平钢梁与楼板压点的拉环最小直径

$$D=[8081\times 4/(3.142\times 50\times 2)]^{1/2}=10.14\text{mm}。实际取 16\text{mm} 钢筋拉环。$$

水平钢梁与楼板压点的拉环一定要压在楼板下层钢筋下面，并要保证两侧 30cm 以上锚固长度。

(2) 水平钢梁与楼板压点如果采用螺栓，螺栓粘结力锚固强度计算如下：

锚固深度计算公式：

$$h\geqslant \frac{N}{\pi d\,[f_b]}$$

其中 N——锚固力，即作用于楼板螺栓的轴向拉力，$N=0.158\text{kN}$；

d——楼板螺栓的直径，$d=20\text{mm}$；

$[f_b]$——楼板螺栓与混凝土的容许粘接强度，计算中取 1.57N/mm^2；

$[f]$——钢材强度设计值，取 215N/mm^2；

h——楼板螺栓在混凝土楼板内的锚固深度，经过计算得到 h 要大于 $158.197/(3.142\times 20\times 1.57)=1.604\text{mm}$。

螺栓所能承受的最大拉力 $F=1/4\times 3.14\times 20^2\times 215\times 10^{-3}=67.51\text{kN}$

螺栓的轴向拉力 $N=0.158\text{kN}$，小于螺栓所能承受的最大拉力 $F=67.51\text{kN}$，满足要求！

(3) 水平钢梁与楼板压点如果采用螺栓，混凝土局部承压计算如下：

混凝土局部承压的螺栓拉力要满足公式：

$$N\leqslant \left(b^2-\frac{\pi d^2}{4}\right)f_{cc}$$

其中 N——锚固力，即作用于楼板螺栓的轴向压力，$N=8.081\text{kN}$；

d——楼板螺栓的直径，$d=20\text{mm}$；

b——楼板内的螺栓锚板边长，$b=5\times d=100\text{mm}$；

f_{cc}——混凝土的局部挤压强度设计值，计算中取 $0.95 f_c=16.7\text{N/mm}^2$。

经过计算得到公式右边等于 161.75kN，大于锚固力 $N=8.08\text{kN}$，楼板混凝土局部承压计算满足要求！

钢管落地脚手架计算书

1. 参数信息

(1) 脚手架参数

双排脚手架搭设高度为 20m，立杆采用单立杆；

搭设尺寸为：立杆的横距为 1.05m，立杆的纵距为 1.5m，大小横杆的步距为 1.8m；

内排架距离墙长度为0.25m；

大横杆在上，搭接在小横杆上的大横杆根数为2根；

采用的钢管类型为$\phi 48 \times 3.0$mm；

横杆与立杆连接方式为单扣件；取扣件抗滑承载力系数为1.00；

连墙件采用两步三跨，竖向间距3.6m，水平间距4.5m，采用扣件连接；

连墙件连接方式为双扣件。

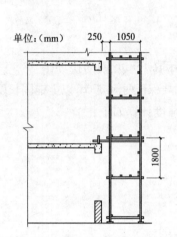

图 3-201 落地脚手架侧立面图

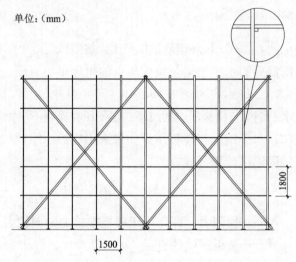

图 3-202 单立杆落地架脚手架正立面图

（2）活荷载参数

施工均布活荷载标准值：2.000kN/m²；

脚手架用途：装修脚手架；同时施工层数：2层。

（3）风荷载参数

本工程地处浙江杭州市，基本风压0.45kN/m²；

风荷载高度变化系数μ_z为1.00，风荷载体型系数μ_s为1.13；

脚手架计算中考虑风荷载作用。

（4）静荷载参数

每米立杆承受的结构自重标准值（kN/m）：0.1248；

脚手板自重标准值（kN/m²）：0.300；

栏杆挡脚板自重标准值（kN/m）：0.150；

安全设施与安全网（kN/m²）：0.005；

脚手板类别：竹笆片脚手板；

栏杆挡板类别：栏杆、竹笆片脚手板挡板；

每米脚手架钢管自重标准值（kN/m）：0.033；

脚手板铺设总层数：4。

（5）地基参数

地基土类型：素填土；

地基承载力标准值（kPa）：120.00；

立杆基础底面面积（m²）：0.20；

地基承载力调整系数：1.00。

2. 大横杆的计算

按照《建筑施工扣件式钢管脚手架安全技术规范》（JGJ 130—2001）第5.2.4条规定，大横杆按照三跨连续梁进行强度和挠度计算，大横杆在小横杆的上面。将大横杆上面的脚手板自重和施工活荷载作为均布荷载计算大横杆的最大弯矩和变形。

（1）均布荷载值计算

大横杆的自重标准值：$P_1=0.033$ kN/m；

脚手板的自重标准值：$P_2=0.3\times1.05/(2+1)=0.105$ kN/m；

活荷载标准值：$Q=2\times1.05/(2+1)=0.7$ kN/m；

静荷载的设计值：$q_1=1.2\times0.033+1.2\times0.105=0.166$ kN/m；

活荷载的设计值：$q_2=1.4\times0.7=0.98$ kN/m；

（2）强度验算

跨中和支座最大弯矩分别按图3-203、图3-204组合。

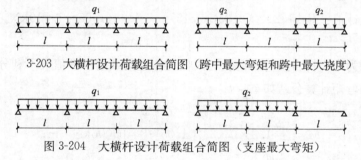

3-203 大横杆设计荷载组合简图（跨中最大弯矩和跨中最大挠度）

图3-204 大横杆设计荷载组合简图（支座最大弯矩）

跨中最大弯矩计算公式如下：
$$M_{1\max}=0.08q_1l^2+0.10q_2l^2$$

跨中最大弯矩为 $M_{1\max}=0.08\times0.166\times1.5^2+0.10\times0.98\times1.5^2=0.25$ kN·m；

支座最大弯矩计算公式如下：
$$M_{2\max}=-0.10q_1l^2-0.117q_2l^2$$

支座最大弯矩为 $M_{2\max}=-0.10\times0.166\times1.5^2-0.117\times0.98\times1.5^2=-0.295$ kN·m；

选择支座弯矩和跨中弯矩的最大值进行强度验算：
$$\sigma=\text{Max}(0.25\times10^6,0.295\times10^6)/4490=65.702\text{N/mm}^2;$$

大横杆的最大弯曲应力为 $\sigma=65.702\text{N/mm}^2$，小于大横杆的抗压强度设计值 $[f]=205\text{N/mm}^2$，满足要求！

（3）挠度验算

最大挠度考虑为三跨连续梁均布荷载作用下的挠度。

计算公式如下：
$$v_{\max}=0.677\frac{q_{1k}l^4}{100EI}+0.990\frac{q_{2k}l^4}{100EI}$$

其中：静荷载标准值：$q_{1k}=P_1+P_2=0.033+0.105=0.138$ kN/m；

活荷载标准值：$q_{2k}=Q=0.7$ kN/m；

最大挠度计算值为：

$v=0.677\times0.138\times1500^4/(100\times2.06\times10^5\times107800)+0.990\times0.7\times1500^4/(100\times2.06\times$

$10^5 \times 107800)$

$= 1.793$mm；

大横杆的最大挠度1.793mm，小于大横杆的最大容许挠度1500/150mm与10mm较小值，满足要求！

3. 小横杆的计算

根据JGJ 130—2001第5.2.4条规定，小横杆按照简支梁进行强度和挠度计算，大横杆在小横杆的上面。用大横杆支座的最大反力计算值作为小横杆集中荷载，在最不利荷载布置下计算小横杆的最大弯矩和变形。

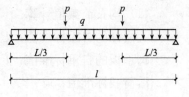

图3-205 小横杆计算简图

(1) 荷载值计算

大横杆的自重标准值：$p_1 = 0.033 \times 1.5 = 0.05$kN；

脚手板的自重标准值：$p_2 = 0.3 \times 1.05 \times 1.5/(2+1) = 0.158$kN；

活荷载标准值：$Q = 2 \times 1.05 \times 1.5/(2+1) = 1.050$kN；

集中荷载的设计值：$P = 1.2 \times (0.05+0.157) + 1.4 \times 1.05 = 1.719$kN。

(2) 强度验算

最大弯矩考虑为小横杆自重均布荷载与大横杆传递荷载的标准值最不利分配的弯矩和。

均布荷载最大弯矩计算公式如下：

$$M_{pmax} = ql^2/8$$

$M_{qmax} = 1.2 \times 0.033 \times 1.05^2/8 = 0.006$kN·m；

集中荷载最大弯矩计算公式如下：

$$M_{qmax} = \frac{Pl}{3}$$

$M_{pmax} = 1.719 \times 1.05/3 = 0.602$kN·m；

最大弯矩 $M = M_{qmax} + M_{pmax} = 0.607$kN·m；

最大应力计算值 $\sigma = M/W = 0.607 \times 10^6/4490 = 135.22$N/mm²；

小横杆的最大弯曲应力 $\sigma = 135.22$N/mm²，小于小横杆的抗压强度设计值205N/mm²，满足要求！

(3) 挠度验算

最大挠度考虑为小横杆自重均布荷载与大横杆传递荷载的设计值最不利分配的挠度和。

小横杆自重均布荷载引起的最大挠度计算公式如下：

$$v_{qmax} = \frac{5q_k l^4}{384EI}$$

$v_{qmax} = 5 \times 0.033 \times 1050^4/(384 \times 2.06 \times 10^5 \times 107800) = 0.024$mm；

大横杆传递荷载 $P_k = p_1 + p_2 + Q = 0.05 + 0.157 + 1.05 = 1.257$kN；

集中荷载标准值最不利分配引起的最大挠度计算公式如下：

$$v_{pmax} = \frac{P_k l (3l^2 - 4l^2/9)}{72EI}$$

$v_{pmax} = 1257.45 \times 1050 \times (3 \times 1050^2 - 4 \times 1050^2/9)/(72 \times 2.06 \times 10^5 \times 107800) = 2.327$mm；

最大挠度和 $v = v_{qmax} + v_{pmax} = 0.024 + 2.327 = 2.35$mm；

小横杆的最大挠度为 2.35mm，小于小横杆的最大容许挠度 1050/150＝7 与 10mm 较小值，满足要求！

4. 扣件抗滑力的计算

按规范表 5.1.7，直角、旋转单扣件承载力取值为 8.00kN，按照扣件抗滑承载力系数 1.00，该工程实际的旋转单扣件承载力取值为 8.00kN。

纵向或横向水平杆与立杆连接时，扣件的抗滑承载力按照下式计算：

$$R \leqslant R_c$$

其中　R_c——扣件抗滑承载力设计值，取 8.00kN；

　　　R——纵向或横向水平杆传给立杆的竖向作用力设计值。

大横杆的自重标准值：$P_1 = 0.033 \times 1.5 \times 2/2 = 0.05$kN；

小横杆的自重标准值：$P_2 = 0.033 \times 1.05/2 = 0.017$kN；

脚手板的自重标准值：$P_3 = 0.3 \times 1.05 \times 1.5/2 = 0.236$kN；

活荷载标准值：$Q = 2 \times 1.05 \times 1.5/2 = 1.575$kN；

荷载的设计值：$R = 1.2 \times (0.05 + 0.017 + 0.236) + 1.4 \times 1.575 = 2.569$kN；

$R < 8.00$kN，单扣件抗滑承载力的设计计算满足要求！

5. 脚手架立杆荷载计算

作用于脚手架的荷载包括静荷载、活荷载和风荷载。静荷载标准值包括以下内容：

(1) 每米立杆承受的结构自重标准值为 0.1248kN/m

$$N_{G1} = [0.1248 + (1.50 \times 2/2) \times 0.033/1.80] \times 20.00 = 3.051\text{kN};$$

(2) 脚手板的自重标准值：采用竹笆片脚手板，标准值为 0.3kN/m²

$$N_{G2} = 0.3 \times 4 \times 1.5 \times (1.05 + 0.2)/2 = 1.17\text{kN};$$

(3) 栏杆与挡脚手板自重标准值：采用栏杆、竹笆片脚手板挡板，标准值为 0.15kN/m

$$N_{G3} = 0.15 \times 4 \times 1.5/2 = 0.45\text{kN};$$

(4) 吊挂的安全设施荷载，包括安全网：0.005kN/m²

$$N_{G4} = 0.005 \times 1.5 \times 20 = 0.15\text{kN};$$

经计算得到，静荷载标准值

$$N_G = N_{G1} + N_{G2} + N_{G3} + N_{G4} = 4.821\text{kN};$$

活荷载为施工荷载标准值产生的轴向力总和，立杆按一纵距内施工荷载总和的 1/2 取值。

经计算得到，活荷载标准值

$$N_Q = 2 \times 1.05 \times 1.5 \times 2/2 = 3.15\text{kN};$$

风荷载标准值按照以下公式计算

$$w_k = 0.7 \mu_z \cdot \mu_s \cdot w_0$$

其中　w_0——基本风压（kN/m²），按照《建筑结构荷载规范》(GB 50009—2001) 的规定采用：

$$w_0 = 0.45\text{kN/m}^2;$$

　　　μ_z——风荷载高度变化系数，按照《建筑结构荷载规范》(GB 50009—2001) 的规定采用：$\mu_z = 1$；

　　　μ_s——风荷载体型系数：取值为 1.13；

经计算得到，风荷载标准值

$$w_k = 0.7 \times 0.45 \times 1 \times 1.13 = 0.356 \text{kN/m}^2;$$

不考虑风荷载时，立杆的轴向压力设计值计算公式

$$N = 1.2N_G + 1.4N_Q = 1.2 \times 4.821 + 1.4 \times 3.15 = 10.195 \text{kN};$$

考虑风荷载时，立杆的轴向压力设计值为

$$N = 1.2N_G + 0.85 \times 1.4N_Q = 1.2 \times 4.821 + 0.85 \times 1.4 \times 3.15 = 9.534 \text{kN};$$

风荷载设计值产生的立杆段弯矩 M_W 为

$$M_w = 0.85 \times 1.4 w_k L_a h^2 / 10 = 0.850 \times 1.4 \times 0.356 \times 1.5 \times 1.8^2 / 10 = 0.206 \text{kN} \cdot \text{m}。$$

6. 立杆的稳定性计算

不考虑风荷载时，立杆的稳定性计算公式为：

$$\sigma = \frac{N}{\varphi A} \leqslant [f]$$

立杆的轴向压力设计值：$N = 10.195 \text{kN}$；

计算立杆的截面回转半径：$i = 1.59 \text{cm}$；

计算长度附加系数参照扣件规范表 5.3.3 得：$k = 1.155$；当验算杆件长细比时，取块 1.0；

计算长度系数参照扣件规范表 5.3.3 得：$\mu = 1.5$；

计算长度，由公式 $l_0 = k \times \mu \times h$ 确定：$l_0 = 3.118 \text{m}$；

长细比 $l_0 / i = 196$；

轴心受压立杆的稳定系数 φ，由长细比 l_0/i 的计算结果查表得到：$\varphi = 0.188$；

立杆净截面面积：$A = 4.24 \text{cm}^2$；

立杆净截面模量（抵抗矩）：$W = 4.49 \text{cm}^3$；

钢管立杆抗压强度设计值：$[f] = 205 \text{N/mm}^2$；

$$\sigma = 10195 / (0.188 \times 424) = 127.9 \text{N/mm}^2;$$

立杆稳定性计算 $\sigma = 127.9 \text{N/mm}^2$，小于立杆的抗压强度设计值 $[f] = 205 \text{N/mm}^2$，满足要求！

考虑风荷载时，立杆的稳定性计算公式

$$\sigma = \frac{N}{\varphi A} + \frac{M_w}{W} \leqslant [f]$$

立杆的轴心压力设计值：$N = 9.534 \text{kN}$；

计算立杆的截面回转半径：$i = 1.59 \text{cm}$；

计算长度附加系数参照扣件规范表 5.3.3 得：$k = 1.155$；

计算长度系数参照扣件规范表 5.3.3 得：$\mu = 1.5$；

计算长度，由公式 $l_0 = k\mu h$ 确定：$l_0 = 3.118 \text{m}$；

长细比：$l_0 / i = 196$；

轴心受压立杆的稳定系数 φ，由长细比 l_0/i 的结果查表得到：$\varphi = 0.188$；

立杆净截面面积：$A = 4.24 \text{cm}^2$；

立杆净截面模量（抵抗矩）：$W = 4.49 \text{cm}^3$；

钢管立杆抗压强度设计值：$[f] = 205 \text{N/mm}^2$；

$$\sigma = 9533.7 / (0.188 \times 424) + 205860.123 / 4490 = 165.45 \text{N/mm}^2;$$

立杆稳定性计算 $\sigma = 165.45 \text{N/mm}^2$，小于立杆的抗压强度设计值 $[f] = 205 \text{N/mm}^2$，满足

要求！

7. 最大搭设高度的计算

按规范规定不考虑风荷载时，采用单立管的敞开式、全封闭和半封闭的脚手架可搭设高度按照下式计算：

$$H_s = \frac{\varphi A f - (1.2 N_{G2k} + 1.4 \sum N_{Qk})}{1.2 g_k}$$

构配件自重标准值产生的轴向力 N_{G2k}（kN）计算公式为：

$$N_{G2k} = N_{G2} + N_{G3} + N_{G4} = 1.77 \text{kN};$$

活荷载标准值：$N_Q = 3.15 \text{kN}$；

每米立杆承受的结构自重标准值：$G_k = 0.125 \text{kN/m}$；

$H_s = [0.188 \times 4.24 \times 10^{-4} \times 205 \times 10^3 - (1.2 \times 1.77 + 1.4 \times 3.15)]/(1.2 \times 0.125)$

$= 65.485 \text{m}$；

按规范规定脚手架搭设高度 H_s 等于或大于 26m，按照下式调整且不超过 50m：

$$[H] = \frac{H_s}{1 + 0.001 H_s}$$

$[H] = 65.485/(1 + 0.001 \times 65.485) = 61.46 \text{m}$；

$[H] = 61.46$ 和 50 比较取较小值。经计算得到，脚手架搭设高度限值 $[H] = 50 \text{m}$。

脚手架单立杆搭设高度为 20m，小于 $[H]$，满足要求！

按规范规定考虑风荷载时，采用单立管的敞开式、全封闭和半封闭的脚手架可搭设高度按照下式计算：

$$H_s = \frac{\varphi A f - [1.2 N_{G2k} + 0.85 \times 1.4 (\sum N_{Qk} + \frac{M_{wk}}{W} Q A)]}{1.2 g_k}$$

构配件自重标准值产生的轴向力 N_{G2k}（kN）计算公式为：

$$N_{G2k} = N_{G2} + N_{G3} + N_{G4} = 1.77 \text{kN};$$

活荷载标准值：$N_Q = 3.15 \text{kN}$；

每米立杆承受的结构自重标准值：$G_k = 0.125 \text{kN/m}$；

计算立杆段由风荷载标准值产生的弯矩：$M_{wk} = M_w/(1.4 \times 0.85) = 0.206/(1.4 \times 0.85) = 0.173 \text{kN·m}$；

$H_s = (0.188 \times 4.24 \times 10^{-4} \times 205 \times 10^3 - (1.2 \times 1.77 + 0.85 \times 1.4 \times (3.15 + 0.188 \times 4.24 \times 100 \times 0.173/4.49)))/(1.2 \times 0.125)$

$= 45.498 \text{m}$；

按规范规定脚手架搭设高度 H_s 等于或大于 26m，按照下式调整且不超过 50m：

$$[H] = \frac{H_s}{1 + 0.001 H_s}$$

$[H] = 45.498/(1 + 0.001 \times 45.498) = 43.518 \text{m}$；

$[H] = 43.518$ 和 50 比较取较小值。经计算得到，脚手架搭设高度限值 $[H] = 43.518 \text{m}$。

脚手架单立杆搭设高度为 20m，小于 $[H]$，满足要求！

8. 连墙件的稳定性计算

连墙件的轴向力设计值应按照下式计算：

$$N_l = N_{lw} + N_0$$

风荷载标准值 $w_k = 0.356 \text{kN/m}^2$；

每个连墙件的覆盖面积内脚手架外侧的迎风面积 $A_w = 16.2 \text{m}^2$；

按规范规定连墙件约束脚手架平面外变形所产生的轴向力（kN），$N_0 = 5.000 \text{kN}$；

风荷载产生的连墙件轴向力设计值（kN），按照下式计算：

$$N_{lw} = 1.4 \times w_k \times A_w = 8.073 \text{kN};$$

连墙件的轴向力设计值 $N_l = N_{lw} + N_0 = 13.073 \text{kN}$；

连墙件承载力设计值按下式计算：

$$N_f = \varphi \cdot A \cdot [f]$$

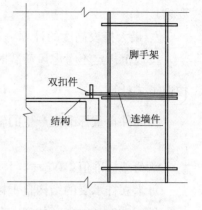

图 3-206 连墙件扣件连接示意图

其中 φ——轴心受压立杆的稳定系数。

由长细比 $l/i = 250/15.9$ 的结果查表得到 $\varphi = 0.958$，l 为内排架距离墙的长度；

又：$A = 4.24 \text{cm}^2$；$[f] = 205 \text{N/mm}^2$；

连墙件轴向承载力设计值为 $N_f = 0.958 \times 4.24 \times 10^{-4} \times 205 \times 10^3 = 83.269 \text{kN}$；

$N_l = 13.073 < N_f = 83.269$，连墙件的设计计算满足要求！

连墙件采用双扣件与墙体连接。

由以上计算得到 $N_l = 13.073$ 小于双扣件的抗滑力 16kN，满足要求！

9. 立杆的地基承载力计算

立杆基础底面的平均压力应满足下式的要求

$$p \leqslant f_g$$

地基承载力设计值：

$$f_g = f_{gk} \times k_c = 120 \text{kPa};$$

其中，地基承载力标准值：$f_{gk} = 120 \text{kPa}$；

脚手架地基承载力调整系数：$k_c = 1$；

立杆基础底面的平均压力：$p = N/A = 50.976 \text{kPa}$；

其中，上部结构传至基础顶面的轴向力设计值：$N = 10.195 \text{kN}$；

基础底面面积：$A = 0.2 \text{m}^2$。

$p = 50.976 \text{kPa} \leqslant f_g = 120 \text{kPa}$，地基承载力满足要求！

型钢悬挑卸料平台计算书

1. 参数信息

（1）荷载参数

脚手板类别：冲压钢脚手板；脚手板自重（kN/m²）：0.30；

栏杆、挡板类别：栏杆、冲压钢脚手板挡板；栏杆、挡板脚手板自重（kN/m）：0.11；

施工人员等活荷载（kN/m²）：2.00；最大堆放材料荷载（kN）：5.00。

（2）悬挑参数

内侧钢绳与墙的距离（m）：2.30；外侧钢绳与内侧钢绳之间的距离（m）：1.50；

上部拉绳点与悬挑梁墙支点的距离（m）：2.80；

钢丝绳安全系数 K：6.00，悬挑梁与墙的节点按铰支计算；

预埋件的直径（mm）：20.00；

只对外侧钢绳进行计算；内侧钢绳只是起到保险作用，不进行计算。

(3) 水平支撑梁

主梁材料类型及型号：18号槽钢槽口水平 [；

次梁材料类型及型号：10号槽钢槽口水平 [；

次梁水平间距 l_d (m)：0.60；建筑物与次梁的最大允许距离 l_e (m)：2.00。

(4) 卸料平台参数

水平钢梁（主梁）的悬挑长度（m）：5.00；水平钢梁（主梁）的锚固长度（m）：1.00；次梁悬臂（m）：0.00；平台计算宽度（m）：2.10。

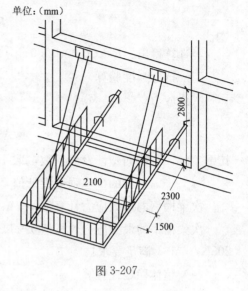

图 3-207

2. 次梁的验算

次梁选择 10 号槽钢槽口水平 [，间距 0.6m，其截面特性为：

面积 $A = 12.74 \text{cm}^2$；

惯性矩 $I_x = 198.3 \text{cm}^4$；

转动惯量 $W_x = 39.7 \text{cm}^3$；

回转半径 $i_x = 3.95 \text{cm}$；

截面尺寸：$b = 48 \text{mm}$，$h = 100 \text{mm}$，$t = 8.5 \text{mm}$。

(1) 荷载计算

1) 脚手板的自重标准值：本例采用冲压钢脚手板，标准值为 0.30kN/m²

$$Q_1 = 0.30 \times 0.60 = 0.18 \text{kN/m}。$$

2) 型钢自重标准值：本例采用 10 号槽钢槽口水平 [，标准值为 0.10kN/m

$$Q_2 = 0.10 \text{kN/m}。$$

3) 活荷载计算

① 施工荷载标准值：取 2.00kN/m²

$$Q_3 = 2.00 \text{kN/m}^2$$

② 最大堆放材料荷载 P：5.00kN，荷载组合

$$Q = 1.2 \times (0.18 + 0.10) + 1.4 \times 2.00 \times 0.60 = 2.01 \text{kN/m};$$

$$P = 1.4 \times 5.00 = 7.00 \text{kN}。$$

(2) 内力验算

内力按照集中荷载 P 与均布荷载 q 作用下的简支梁计算，计算简图如图 3-208 所示：

最大弯矩 M 的计算公式（规范 JGJ 80—91）为：

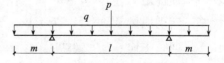

图 3-208 次梁计算简图

$$M_{max} = \frac{ql^2}{8}\left(1 - \frac{m^2}{l^2}\right)^2 + \frac{pl}{4}$$

经计算得出：$M_{max} = (2.01 \times 2.10^2/8) \times (1 - (0.00^2/2.10^2))^2 + 7.00 \times 2.10/4 = 4.78 \text{kN} \cdot \text{m}$。

最大支座力计算公式：

$$R=\frac{[P+q(l+2m)]}{2}$$

经计算得出：$R=(7.00+2.01\times(2.10+2\times0.00))/2=5.61\text{kN}$

（3）抗弯强度验算

次梁应力：

$$\sigma=\frac{M}{\gamma_x W_x}\leqslant[f]$$

其中　γ_x——截面塑性发展系数，取 1.05；

　　　$[f]$——钢材的抗压强度设计值，$[f]=205.00\text{N/mm}^2$。

次梁槽钢的最大应力计算值 $\sigma=4.78\times10^3/(1.05\times39.70)=114.79\text{N/mm}^2$。

次梁槽钢的最大应力计算值 $\sigma=114.789\text{N/mm}^2$，小于次梁槽钢的抗压强度设计值 $[f]=205\text{N/mm}^2$，满足要求！

（4）整体稳定性验算

$$\sigma=\frac{M}{\varphi_b W_x}\leqslant f$$

其中　φ_b——均匀弯曲的受弯构件整体稳定系数，按照下式计算：

$$\varphi_b=\frac{570tb}{lh}\times\frac{235}{f_y}$$

经过计算得到

$\varphi_b=570\times8.50\times48.00\times235/(2100.00\times100.00\times235.0)=1.11$；

由于 φ_b 大于 0.6，按照下面公式调整：

$$\varphi'_b=1.07-\frac{0.282}{\varphi_b}\leqslant1.0$$

得到　　　　　　　　　　$\varphi_b'=0.815$；

次梁槽钢的稳定性验算 $\sigma=4.78\times10^3/(0.815\times39.700)=147.82\text{N/mm}^2$；

次梁槽钢的稳定性验算 $\sigma=147.824\text{N/mm}^2$，小于次梁槽钢的抗压强度设计值 $[f]=205\text{N/mm}^2$，满足要求！

3. 主梁的验算

根据现场实际情况和一般做法，卸料平台的内钢绳作为安全储备不参与内力的计算。

主梁选择 18 号槽钢槽口水平 [，其截面特性为：

面积 $A=29.29\text{cm}^2$；

惯性矩 $I_x=1369.9\text{cm}^4$；

转动惯量 $W_x=152.2\text{cm}^3$；

回转半径 $i_x=6.84\text{cm}$；

截面尺寸，$b=70\text{mm}$，$h=180\text{mm}$，$t=10.5\text{mm}$。

（1）荷载验算

1）栏杆与挡脚手板自重标准值：本例采用栏杆、冲压钢脚手板挡板，标准值为 0.11kN/m

$Q_1=0.11\text{kN/m}$。

2）槽钢自重荷载 $Q_2=0.23\text{kN/m}$

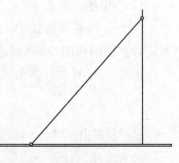

图 3-209　悬挑卸料平台示意图

静荷载设计值 $q=1.2\times(Q_1+Q_2)=1.2\times(0.11+0.23)=0.40\text{kN/m}$;
次梁传递的集中荷载取次梁支座力 R。

（2）内力验算

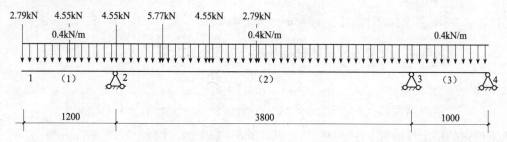

图 3-210 悬挑卸料平台水平钢梁计算简图

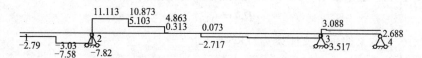

图 3-211 悬挑水平钢梁支撑梁剪力图（kN）

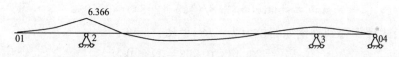

图 3-212 悬挑水平钢梁支撑梁弯矩图（kN·m）

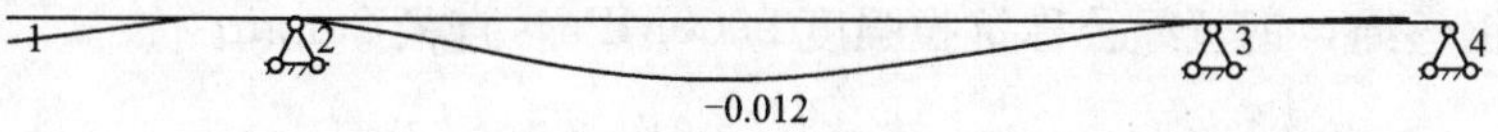

图 3-213 悬挑水平钢梁支撑梁变形图（mm）

卸料平台的主梁按照集中荷载 P 和均布荷载 q 作用下的连续梁计算，由矩阵位移法，从左至右各支座反力：

$$R[1]=23.483\text{kN};$$
$$R[2]=6.605\text{kN};$$
$$R[3]=-2.688\text{kN}。$$

最大支座反力为 $R_{max}=6.605\text{kN}$；

最大弯矩 $M_{max}=6.366\text{kN·m}$；

最大挠度 $v=0.012\text{mm}$。

（3）抗弯强度验算

$$\sigma=\frac{M}{\gamma_x W_x}+\frac{N}{A}\leqslant[f]$$

其中 γ_x——截面塑性发展系数，取 1.05；

$[f]$——钢材抗压强度设计值，$[f]=205.00\text{N/mm}^2$。

主梁槽钢的最大应力计算值 $\sigma=6.366\times10^6/1.05/152200.0+8.96\times10^3/2929.000=42.895\text{N/mm}^2$；

主梁槽钢的最大应力计算值42.895N/mm², 小于主梁槽钢的抗压强度设计值[f] = 205.00N/mm², 满足要求!

(4) 整体稳定性验算

$$\sigma = \frac{M}{\varphi_b W_x} \leqslant f$$

其中 φ_b——均匀弯曲的受弯构件整体稳定系数, 按照下式计算:

$$\varphi_b = \frac{570tb}{lh} \times \frac{235}{f_y}$$

$\varphi_b = 570 \times 10.5 \times 70.0 \times 235/(6000.0 \times 180.0 \times 235.0) = 0.388$;

主梁槽钢的稳定性验算 $\sigma = 6.366 \times 10^6/(0.388 \times 152200.00) = 107.82 \text{N/mm}^2$;

主梁槽钢的稳定性验算 $\sigma = 107.82 \text{N/mm}^2$, 小于 $[f] = 205.00$, 满足要求!

4. 钢丝拉绳的内力验算

水平钢梁的垂直支座反力 R_{Ci} 和拉钢绳的轴力 R_{Ui} 按照下面计算,

$$R_{Ci} = R_{Ui} \sin\theta_i$$

其中 R_{Ci}——水平钢梁的垂直支座反力 (kN);

R_{Ui}——拉钢绳的轴力 (kN);

θ_i——拉钢绳的轴力与水平钢梁的垂直支座反力的夹角;

$\sin\theta_i = \sin\arctan(2.8/(1.5+2.3)) = 0.593$;

根据以上公式计算得到外钢绳的拉力为: $R_{Ui} = R_{Ci}/\sin\theta_i$;

$R_{Ui} = 23.483/0.593 = 39.59 \text{kN}$。

5. 钢丝拉绳的强度验算

选择6×19钢丝绳, 钢丝绳公称抗拉强度2000MPa, 直径20mm。

$$[F_g] = \frac{\alpha F_g}{K}$$

其中 $[F_g]$——钢丝绳的容许拉力 (kN);

F_g——钢丝绳的钢丝破断拉力总和 (kN), 查表得 $F_g = 302$kN;

α——钢丝绳之间的荷载不均匀系数, 对6×19、6×37、6×61钢丝绳分别取0.85、0.82和0.8。$\alpha = 0.85$;

K——钢丝绳使用安全系数, K=6。

得到 $[F_g] = 42.783 \text{kN} > R_u = 39.588 \text{kN}$。

经计算, 选此型号钢丝绳能够满足要求。

6. 钢丝拉绳拉环的强度验算

取钢丝拉绳(斜拉杆)的轴力最大值 R_U 进行计算, 作为拉环的拉力 N 为:

$$N = R_U = 39587.520 \text{N}。$$

拉环强度计算公式为:

$$\sigma = \frac{N}{A} \leqslant [f]$$

其中, [f] 为拉环钢筋抗拉强度, 按照《混凝土结构设计规范》10.9.8所述在物件的自重标准值作用下, 每个拉环是按2个截面计算的。拉环的应力不应大于50N/mm², 故拉环钢筋的抗拉强度设计值 [f] = 50.0N/mm²;

所需要的拉环最小直径＝[39587.5×4/(3.142×50.00×2)]$^{1/2}$＝22.5mm。

7. 操作平台安全要求

（1）卸料平台的上部拉结点，必须设于建筑物上，不得设置在脚手架等施工设备上；

（2）卸料平台安装时，钢丝绳应采用专用的挂钩挂牢，建筑物锐角口围系钢丝绳处应加补软垫物，平台外口应略高于内口；

（3）卸料平台左右两侧必须装置固定的防护栏；

（4）卸料平台吊装，需要横梁支撑点电焊固定，接好钢丝绳，经过检验后才能松卸起重吊钩；

（5）卸料平台使用时，应有专人负责检查，发现钢丝绳有锈蚀损坏应及时调换，焊缝脱焊应及时修复；

（6）操作平台上应显著标明容许荷载，人员和物料总重量严禁超过设计容许荷载，配专人监督。

2.9.6　安全生产措施及操作要求

1. 安全生产措施

（1）参与编制、审核、搭拆的作业人员必须持证挂牌上岗。

（2）架子工在搭拆脚手架时，严格按照《建筑施工高处作业安全技术规范》，必须戴好安全帽和系好安全带。

（3）架子搭设前应向施工人员进行书面的技术和安全交底，并由班长签名后方可进行搭设。

（4）架子工在搭设过程中，对于弯曲、锈蚀严重的钢管应剔除。

（5）遇有大雾，大雨，大雪和六级以上大风天气，严禁在架上进行高处作业。

（6）在悬挑处排立杆时，塔吊运输不要碰外架。

（7）立杆高于1.2m，待到下一步再接立杆。

（8）对冬季施工，遇到雪、冰要及时清理干净；对预埋件处加强防冻防护措施。

2. 操作要求

（1）操作人员岗前必须经过三级教育，并持有效证件上岗，对患有高血压，心脏病及不适合高空作业的人员禁止雇用上岗作业。

（2）操作人员上岗时必须佩带安全帽，系好安全带，穿工作服装，及穿软底防滑鞋。

（3）认真听从施工单位指挥安排，对于现场机电不要随意乱动。

（4）不准在架体上嬉笑打闹，不准在外架上躺坐休息。

（5）与其他作业人员之间要和谐相处，不准与他人打架斗殴。

（6）下班时应收集好工具材料，做到工完、料尽、场地清。

2.9.7　脚手架验收

脚手架搭设完成后，由项目部自检合格后填表申报公司安全科进行验收，对验收中出现的一些问题立即进行整改。当验收合格再次交付于使用单位，双方验收合格后办理交接手续，方可投入使用。主要检查是：悬挑杆件的型号，U形环的型号和锚固长度、预埋间距，杆件的设置和连接，连墙件、支撑、钢丝绳的斜拉角度和绳径等构造是否符合要求；垫板是否松动，立杆是否悬空；扣件是否符合要求；安全措施是否符合要求；立杆的沉降与垂直差是否符合规范要求；是否超载；每搭设5步架后，遇有六级大风和大雪后，停用超过一个月等，均应履行检查验收手续。脚手架要保证纵成线、横成方、立杆杆身垂直。搭接交替错开，纵向水平杆平直，横向水平杆平齐，立杆间距、步距、纵距、横距等均符合规范要求。架子剪刀撑连续设置绑牢，架子与建筑物连接牢固，保持架子整体牢固、稳定、安全、适用、美观。

2.9.8 脚手架的工程管理

1. 脚手架的技术管理

脚手架工程设计审批后，在实施前要向有关人员进行交底，参加人员应包括该项工程施工的有关管理人员和作业班长，不仅施工员要参加，材料员、安全员等都要参加，使用脚手架的施工人员也要参加。交底的目的是使上述人员了解脚手架的设计意图，脚手架的搭设和拆除中的安全措施，使用脚手架的安全要求，以确保使用和搭设符合安全和设计意图。

2. 脚手架的安全管理

（1）搭设后的验收，由公司安全科组织验收，现场专职安全员、搭设班组长、使用班组长参加，验收合格后方可使用，验收合格的脚手架应挂牌。

（2）使用中的例行保养和日常检查，可由使用者与专职人员结合进行。

（3）定期全面检查，对于查出的问题要限期改正，改正要经验收合格后方可再次使用。

（4）在大风、雨、雪后和暂停使用后重新使用的脚手架，都要全面检查，只有合格的脚手架才能投入使用。

3. 脚手架上堆荷管理

高层建筑施工脚手架上堆荷严禁超载，即使一时的超载也不允许，支模、外挑接料平台、向室内卸荷的溜槽等不允许支承在脚手架上或与其联系。禁止振动设备与脚手架联系，禁止将其他设备的缆风绳固定于脚手架上，也禁止将垂直运输设备置于脚手架上。

4. 对脚手架施工人员的管理

参加搭设脚手架的施工人员须持证上岗，另外参加搭设和拆除脚手架的施工人员事先要进行体检，对不适合高处作业的人员不得安排从事搭设脚手架。对从事脚手架作业的人员要经常进行安全教育，在施工前要进行安全交底。

2.9.9 拆除脚手架的方法和安全要求

1. 工程施工完毕经全面检查，确定不再需要使用脚手架时，由工程负责人签证后，方可进行拆除。安全员和技术员要向架子工进行书面技术交底，并有交接人签字。

2. 拆除脚手架，应设置警戒区。同时要专人负责监护，拆除前，应将存放在脚手架上的材料、杂物等清除干净，以防落物伤人。

3. 拆除顺序应自上而下，按后装构件先拆、一步一清原则，依次进行，不得上下同时拆除作业，严禁采用踏步式、分段、分立面拆除法。若确因装饰等特殊需要保留某立面脚手架时，应在该立面脚手架开口两端随着其他立面脚手架进度（不超过二步架）及时设置与建筑物拉结牢固的横向支撑。拆下的杆件、竹笆板、安全网等应依靠垂直运输设置运送到地面，严禁从高处向下抛。运到地面的杆件、物品等应及时按品种、分规格堆放整齐，妥善保管。剪刀撑、立杆不准一次性全部拆除，要求拆到哪一层，剪刀撑、立杆拆到哪一层。在搭设和拆除过程中，中途不得换人。如果在中途更换人员应作详细交底，方可操作。

4. 参加搭拆的所有作业人员一律不准酒后作业，必须思想集中保持严肃，不准擅自离开工作岗位。同时严禁违章作业，野蛮施工。

2.9.10 脚手架整体倒塌应急预案

1. 目的

为有效、及时地抢救伤员，防止事故的扩大，减少经济损失，制定本预案。

2. 组织网络及职责

（1）由项目负责人、施工员、安全员等组成应急小组。项目负责人任应急小组组长。

（2）应急小组成员负责组织现场抢救。

（3）安全员负责组织伤员救护。

（4）项目负责人负责与医院联系。

3. 应急措施

（1）立即临时加固事故现场附近脚手架，防止进一步扩大事态。

（2）用切割机等工具抢救被脚手架压住的人员，并转移到安全地方。

（3）立即清除伤员口、鼻、咽、喉部的异物，血块、呕吐物等，保持呼吸道畅通。

（4）若伤员出现呼吸、心跳骤停，应立即进行人工胸外按压、人工呼吸等心肺复苏术。

（5）对伤员进行简易的包扎止血或骨折简易固定。

（6）立即拨打120与急救中心联系，拨打110、119寻求帮助，详细说明事故的地点、程度及本部门的联系电话，并派人到路口接应。

4. 应急物资

常备药品：消毒用品、急救物品（绷带、无菌敷料）及各种常用小夹板、担架、止痛片、抗生素、止血带、氧气袋、切割机等。

5、通讯联络

项目负责人：	手机：
安全员：	手机：
技术负责人：	手机：
医院救护中心：	120
匪警：	110
火警：	119

2.10 实训课题

（1）实训条件：提供一套完整的高层建筑、结构施工图。

（2）实训题目：编制脚手架工程专项施工方案。

（3）实训编制基本内容：

1）编制依据；

2）工程概况；

3）施工部署；

4）脚手架构造要求；

5) 脚手架的搭设和拆除施工工艺;
6) 脚手架质量事故通病与预防措施;
7) 目标和验收标准;
8) 安全文明施工保证措施及应急预案;
9) 设计计算书与脚手架施工图。

(4) 实训要求:

1) 必须结合工程所在地区、工程的特点。
2) 针对性要强,具有可操作性,能确实起到组织、指导施工的作用。其内容要根据工程规模、复杂程度而定。
3) 脚手架的搭设和拆除施工工艺要切实可行、经济合理,因为它是施工方案的核心内容。脚手架形式一般在落地式双立杆脚手架和悬挑脚手架之间选择。
4) 脚手架构造要求、脚手架质量通病与预防措施和安全文明施工保证措施要阐述透彻。
5) 要科学合理地确定施工流程、施工组织安排。
6) 要认真贯彻国家、地方的有关规范、标准以及企业标准。
7) 通过实际训练,初步掌握脚手架工程专项施工方案的编制,同时掌握脚手架构造要求、脚手架质量安全事故通病与预防措施、安全文明施工保证措施和脚手架计算等知识。

(5) 实训方式:以实训教学专用周的形式进行,时间为2.5周。

(6) 实训成果:实训结束后,每位学生提供一本脚手架工程专项施工方案,字数在12000~15000之间,要求图文并茂并附完整计算书。

2.11 复习思考题与能力测试题

1. 复习思考题

(1) 搭设扣件式钢管脚手架的程序是什么?各步骤有哪些具体内容?
(2) 横杆、立杆、剪刀撑的接长有什么要求?
(3) 连墙件起什么作用?应怎样设置连墙件?
(4) 紧固扣件要注意哪些问题?
(5) 架上行走及传递架料要注意哪些问题?
(6) 搭架前的架料检查有哪些项目?应怎样处理?
(7) 为什么剪刀撑不允许用"对接"扣件连接?
(8) 安全栏杆的高度是以什么为标准确定的?为什么安全栏杆要求设置两道?
(9) 在熟悉搭设方案时,要明确哪些事项?
(10) 拆除脚手架应遵循什么原则?拆除操作的要点是什么?
(11) 悬挑脚手架有什么特点?搭设悬挑脚手架有哪些注意事项?
(12) 分段悬挑脚手架的支承方式有哪几种?各种形式的构造做法是什么?
(13) 搭拆和使用分段悬挑脚手架,在安全上有什么特别的注意事项?
(14) 拆除脚手架应遵循什么原则?拆除操作的要点是什么?
(15) 挑脚手架有什么特点?搭设挑脚手架有哪些注意事项?
(16) 分段支承的高层建筑脚手架其荷载传递途径是什么?

(17) 搭设分段悬挑式脚手架的架体时,要注意哪些问题?

(18) 搭拆和使用分段悬挑脚手架,在安全上有哪些特别的注意事项?

(19) 挂脚手架有什么特点?挂脚手架的使用要注意哪些问题?

(20) 挂脚手架的挂架有哪些方式?各种方式的构造方法是什么?

2. 能力测试题

背景材料:双排钢管落地脚手架,立杆纵距1.8m,横距1.05m(平铺四排竹串脚手板,每块竹串脚手板宽250mm,长2500mm),步距1.8m,脚手架高为36m,连墙件按二步三跨布置。结构施工阶段只起安全围护作用,即主要用于装修施工阶段,按两层作业,每层$2kN/m^2$,竹串脚手板自重按满铺8层考虑,满铺脚手板层的横向水平杆间距为0.9m,即除中心节点外立杆纵距的中间设置一根横向水平杆。

计算一:横向水平杆的抗弯强度验算和变形验算。

计算二:按规范5.1.9条验算立杆长细比,按规范5.3.3条计算立杆计算长度l_a。

计算三:不组合风荷载时,立杆段的轴向力已知,$N_{G1k}=4.99kN$,$N_{G2k}=2.34kN$,试计算$\sum N_{Qk}$并验算不组合风荷载时立杆的稳定性。

计算四:本外架为密目式安全网全封闭脚手架,安全网的网目密度为2300目/100cm^2,每目空隙面积约为$A_0=1.3mm^2$,其挡风系数$\varphi=0.866$;杭州市基本风压:0.45kN/m^2,市区内地面粗糙度为C类,脚手架背靠建筑物为框架结构,请按规范4.2.3条计算水平风荷载标准值w_k。

项目 4

塔吊基础专项施工方案

能力目标：懂得塔机分类、构造，学会塔机选用与布置；能进行各种典型情况下塔式起重机（塔吊）基础计算和附着设计计算。通过塔吊基础设计真实情景的模拟训练，使学生初步掌握塔吊基础专项施工方案的编写。

1.1 编制依据与编制主要内容

塔式起重机（塔吊）是现代工业与民用建筑的主要施工机械之一。特别是在高层建筑施工中，塔吊起升高度和工作幅度的性能优势，使其被广泛应用。而高层塔吊安装、使用、拆除的安全技术管理要求极高，稍有不慎，极易造成恶性事故。因此，高层塔吊装、拆卸方案的编制，是控制安全事故的一个重要环节。

1.1.1 方案编制的准备工作

（1）总承包单位项目管理部是高层塔吊的使用单位。方案编制前应汇同高层塔吊的专业施工（产权）单位，对本工程所需塔吊进行合理选型，对专业施工单位在方案编制中涉及的图纸、有关的土建计算数据，应及时、准确提供给专业施工单位。

（2）专业施工单位是高层塔吊安装、拆除施工方案的编制单位。在编制方案前，必须查看施工现场，详细阅读工程施工图及地质报告，特别要了解建筑物外形尺寸（高度、施工层面积）、构件的最大重量、建筑施工工艺、施工工期、建筑物周围环境（周边建筑物和高压线）等。

1.1.2 编制依据

(1)《塔式起重机使用说明书》；
(2)《岩土工程勘察报告》；
(3)《建筑地基基础设计规范》(GB 50007—2002)；
(4)《建筑地基基础工程施工质量验收规范》(GB 50202—2002)；
(5)《混凝土结构设计规范》(GB 50010—2002)；
(6)《混凝土结构工程施工质量验收规范》(GB 50204—2002)；
(7)《钢结构设计规范》(GB 50017—2003)；
(8)《钢结构工程施工质量验收规范》(GB 50205—2001)。

1.1.3 工程概况

工程名称、地址、结构类型、施工面积、总高度、层数、标准层高、计划工期等。

1.1.4 塔吊基础设计

塔吊的有关技术性能主要参数：型号、规格、起重力矩、起重量、回转半径、起升（安装）高度、附墙道数、整机（主要零部件）重量和尺寸、塔吊基础受力、用电负荷，包括安装、拆除用起重机械的技术参数等；塔吊基础处理；承载力的验算。

1.1.5 塔吊基础设计计算书

因塔吊在非工作状况时为最不利情况，故只需计算塔吊非工作状况受力，在进行荷载分析时，弯矩和剪力取塔吊非工作状态数值，竖向荷载取塔吊安装到最终安装高度时数值为安全取值。

(1) 基本数据，根据塔吊使用说明书，塔吊非工作状况受力数据。

(2) 承载力计算，根据《塔式起重机设计规范》(GB/T 13752—1992) 及高层塔吊说明书提供的塔吊基础所承受的自重、倾覆力矩、扭矩及水平力的值进行本工程塔吊基础承载能力计算，确定塔吊基础几何尺寸、钢筋配置、混凝土强度等级等。

(3) 配筋计算。

(4) 承台受力计算。

(5) 抗倾覆验算。

(6) 塔吊附着装置的定位。塔吊附着高度、间距、预埋件的制作应根据塔吊说明书及工程结构实际进行，预埋节点一般设置在结构的梁、柱、板交接处附近。

(7) 内爬塔吊钢梁设计，拆除时台楞吊钢梁强度、刚度计算、屋面承载能力验算。

(8) 辅助机械设备支承点承载能力验算（如汽车式起重机在地下室顶板上支承点承载能力验算，以确定地下室顶板加固措施）。

1.1.6 有关质量和安全方面内容

(1) 塔吊安装、加节、拆除的步骤及质量要求：塔吊整体安装、拆除顺序；附墙装置安装及标高和间距控制措施；塔身加节、油缸顶升的步骤，垂直度的控制要求等。都必须严格按照塔吊说明书及《建筑机械使用安全技术规程》(JGJ33—2001) 的要求编写。

(2) 塔吊安装、拆除的人员组织：参加装拆人员应按岗位进行分工，协调作业。绘制安装、拆除作业组织网络图，制定各类专业人员的岗位责任制。

(3) 安装、拆除的安全技术措施：基础混凝土浇捣、预埋件设置的质量及隐蔽工程验收要求；安装以后的使用验收，设备检测措施；每一道附墙、加节以后的验收要求；台楞吊安装完毕后螺栓、焊缝的质量验收要求、试吊措施；塔吊安装、拆除前由机械施工员组织技术员、质量员、安全员对有关操作人员进行安全技术签字交底要求等。

(4) 施工现场从事塔吊拆装作业的单位必须取得专业承包资质。拆装作业人员必须经专业安全技术培训，实行持证上岗。

(5) 建立高层塔吊安装、拆除施工方案二级审批制度。塔吊在拆装前必须根据施工现场的环境和条件、塔吊机械性能以及辅助起重设备特性，编制装、拆卸方案和针对性的安全技术措施，并由专业施工单位和总承包单位技术负责人审批，总监理工程师签字后实施。

(6) 按已审批的高层塔吊装、拆施工方案实施。高层塔吊整体安装前应对其基础进行验收；安装及拆卸作业前，必须进行针对性安全技术签字交底，按照操作程序分工负责，统一指挥；拆装作业中各工序应定人、定岗、定责，专人统一指挥。拆装作业应设置警戒区，并设专人监护。

(7) 必须保证安装、拆卸过程中各种状态下塔吊的稳定性。高层塔吊附墙直件的布置和间隔，应符合说明书的规定。

(8) 塔吊升、降节时应严格遵守说明书规定。顶升作业时液压系统应进行空载运转，调整顶升套架滚轮与塔身标准节的间隙，使起重力矩与平衡力矩保持平衡；顶升过程中将回转机械制动，严禁塔吊回转和其他作业；顶升作业应在白天进行，风力在四级及以上时必须停止；在塔吊未拆卸至允许悬臂高度前，严禁拆卸附墙杆。

(9) 严格执行高层塔吊使用验收、检测管理制度。塔吊整体安装完毕，必须经总承包单位、分包单位（使用单位）、出租单位、安装单位共同验收，并委托经建设行政主管部门认可的有关定检测资质的单位进行检测。未通过验收，未经检测单位检测合格的高层塔吊不得投入使用。

（10）行业主管部门要加强高层塔吊监督管理，逐步建立塔吊租赁企业的资质管理制度，同时加强对安装、拆卸专业单位的资质管理。安全监督机构也要加强对进入施工现场的高层塔吊监督管理，建立高层塔吊安装备案、登记制度。

1.1.7 塔吊施工图

（1）塔吊平面布置及塔吊桩位定位图（包括离建筑物、高压线的距离，附墙杆平面布置及附墙结点详图等）；塔吊立面布置图、附墙杆标高；基础图及地基、基础结构加固剖面图；内爬塔吊爬升过程图；塔吊安装、拆除过程中所需辅助起重机械平面布置图及辅助起重机械支承点加固图；重要部件吊装位置图等。

（2）塔吊钻孔灌注桩配筋及格构柱详图。

（3）塔吊支撑立面图。

（4）承台配筋及立柱桩、塔吊标准节、承台节点构造图。

1.2 塔式起重机（塔吊）基本知识

塔式起重机是目前高层建筑施工的重要垂直运输设备，主要有轨道式塔式起重机、附着式塔式起重机和内爬式塔式起重机，其中尤以附着式塔式起重机和内爬式塔式起重机应用最为广泛。国产自升塔式起重机如图 4-1 所示。

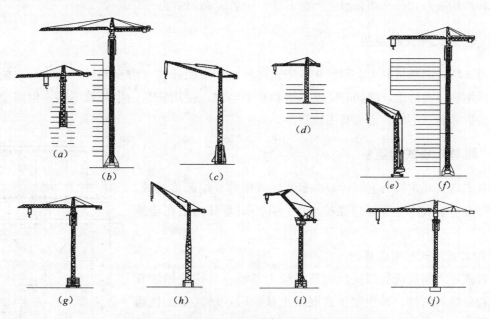

图 4-1 高层建筑施工用国产塔式起重机示意图

(a) QT80A 型塔式起重机；(b) QT_4-10、QT_4-10A、QTZ200 型塔式起重机；
(c) TQ90 型塔式起重机；(d) QT_5-4/20 型塔式起重机；(e) QTG60 型塔式起重机；
(f) ZT120 型塔式起重机；(g) QT80 型塔式起重机；(h) TQ60/80 型塔式起重机；
(i) Z80、ZT80 型塔式起重机；(j) QTF80 型塔式起重机

1.2.1 塔机分类（如表4-1所示）

塔式起重机型号分类及表示方法（ZBJ04008—88） 表4-1

分 类	组 别	型 号	特 性	代 号	代号含义	主参数 名 称	主参数 单位表示法
建筑起重机	塔式起重机 Q、T（起、塔）	轨道式	— Z（自） A（下） K（快）	QT QTZ QTA QTK	上回转式塔式起重机 上回转自升式塔式起重机 下回转式塔式起重机 快速安装式塔式起重机	额定起重力矩	kN·m×10⁻¹
		固定式 G（固）	—	QTG	固定式塔式起重机		
		内爬升式 P（爬）	—	QTP	内爬升式塔式起重机		
		轮胎 L（轮）	—	QTL	轮胎式塔式起重机		
		汽车式 Q（汽）	—	QTQ	汽车式塔式起重机		
		履带式 U（履）	—	QTU	履带式塔式起重机		

（注：主参数单位的指数应为 $kN \cdot m \times 10^{-1}$）

（1）按有无行走机构分类：分为固定式和移动式两种。

（2）按回转形式分类：塔式起重机按其回转形式可分为上回转和下回转两种。

（3）按变幅方式分类：塔式起重机按其变幅方式可分为水平臂架小车变幅和动臂变幅两种。

（4）按安装形式分类：塔式起重机按其安装形式可分为自升式、整体快速拆装和拼装式三种。

（5）按构造形式分类：轨道式、爬升式、附着式和固定式。

1.2.2 轨道式塔式起重机

轨道式塔式起重机分为上回转式（塔顶回转）和下回转式（塔身回转）两类。它能负荷在直线和弧形轨道上行走，能同时完成垂直和水平运输，使用安全，生产效率高。但需要铺设轨道，且装拆和转移不便，台班费用较高。

1.2.3 附着式塔式起重机

附着式塔式起重机为上回转、小车变幅或俯仰变幅起重机械。塔身由标准节组成，相互间用螺栓连接，并用附着杆锚固在建筑结构上。

1. 附着式塔式起重机基础

附着式塔式起重机底部应设钢筋混凝土基础，其构造做法有整体式和分块式两种。采用整体式混凝土基础时，塔式起重机通过专用塔身基础节和预埋地脚螺栓固定在混凝土基础上，如图4-2所示；采用分块式混凝土基础时，塔身结构固定在行走架，而行走架的四个支座则通过垫板支在四个混凝土基础上，如图4-3所示。基础尺寸应根据地基承载力和防止塔吊倾覆的需要确定。

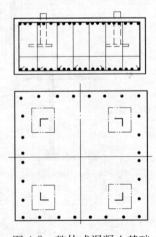

图4-2 整体式混凝土基础

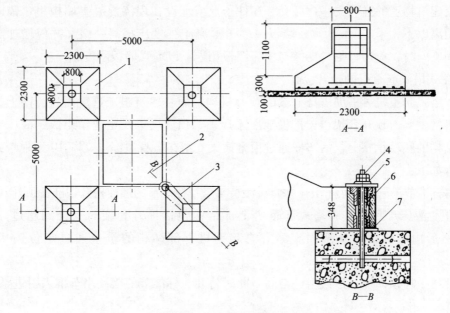

图 4-3 分块式混凝土基础
1—钢筋混凝土基础；2—塔式起重机底座；3—支腿；
4—紧固螺母；5—垫圈；6—钢套；7—钢板调整片（上下各一）

在高层建筑深基础施工阶段，如需在基坑近旁构筑附着式塔式起重机基础时，可采用灌注桩承台式钢筋混凝土基础。在高层建筑综合体施工阶段，如需在地下室顶板或裙房屋顶楼板上安装附着式塔式起重机时，应对安装塔吊处的楼板结构进行验算和加固，并在楼板下面加设支撑（至少连续两层）以保证安全。

2. 附着式塔式起重机的锚固

附着式塔式起重机在塔身高度超过限定自由高度时，即应加设附着装置与建筑结构拉结。一般说来，设置2~3道锚固即可满足施工需要。第一道锚固装置在距塔式起重机基础表面30~40m处，自第一道锚固装置向上，每隔16~20m设一道锚固装置。在进行超高层建筑施工时，不必设置过多的锚固装置，可将下部锚固装置抽换到上部使用。

附着装置由锚固环和附着杆组成。锚固环由两块钢板或型钢组焊成的"U"形梁拼装而成。锚固环宜设置在塔身标准节对接处或有水平腹杆的断面处，塔身节主弦杆应视需要加以补强。锚固环必须箍紧塔身结构，不得松脱。附着杆由型钢、无缝钢管组成，也可以是型钢组焊的桁架结构。安装和固定附着杆时，必须用经纬仪对塔身结构的垂直度进行检查。如发现塔身偏斜时，可通过调节螺母来调整附着杆的长度，以消除垂直偏差。锚固装置应尽可能保持水平，附着杆件最大倾角不得大于10°。附着装置如图4-4所示。

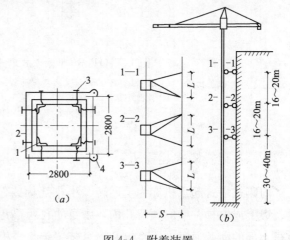

图 4-4 附着装置
(a) 锚固环；(b) 附着装置设置
1—塔身；2—锚固环；3—螺旋千斤顶；4—耳环

固定在建筑物上的锚固支座,可套装在柱子上或埋设在现浇混凝土墙板里,锚固点应紧靠楼板,其距离以不大于20cm为宜。墙板或柱子混凝土强度应提高一级,并应增加配筋。在墙板上设锚固支座时,应通过临时支撑与相邻墙板相连,以增强墙板刚度。

3. 附着式塔式起重机的顶升接高

附着式塔式起重机可借助塔身上端的顶升机构,随着建筑施工进度而自行向上接高。自升液压顶升机构主要由顶升套架、长行程液压千斤顶、顶升横梁及定位销组成。液压千斤顶装在塔身上部结构的底端承座上,活塞杆通过顶升横梁支承在塔身顶部。QT_4-10型附着式塔式起重机顶升过程如下:

(1) 将标准节吊到摆渡小车上,并将过渡节与塔身标准节的螺栓松开,准备顶升(图4-5a)。

(2) 开动液压千斤顶,将塔式起重机上部结构包括顶升套架向上升到超过一个标准节的高度,然后用定位销将套架固定。塔式起重机上部结构的重量通过定位销传递到塔身(图4-5b)。

(3) 液压千斤顶回缩,形成引进空间,此时将装有标准节的摆渡小车推入引进空间内。(图4-5c)。

(4) 利用液压千斤顶将待接高的标准节稍微提起,退出摆渡小车,然后将其平稳地落在下面的塔身上,并用螺栓加以连接(图4-5d)。

(5) 再用液压千斤顶稍微向上顶起,拔出定位销,下降过度节,使之与已接高的塔身连成整体(图4-5e)。

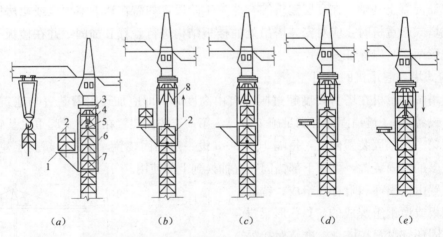

图4-5 QT_4-10型附着式塔式起重机顶升过程示意图

(a) 准备状态;(b) 顶升塔顶;(c) 推入塔身标准节;(d) 安装塔身标准节;(e) 塔顶与塔身连成整体
1—摆渡小车;2—标准节;3—承座;4—液压千斤顶;5—顶升横梁;
6—顶升套架;7—定位销;8—过渡节

1.2.4 内爬式塔式起重机

内爬式塔式起重机亦为上回转、小车变幅或俯仰变幅起重机械。其塔身支撑在建筑结构的梁、板上或电梯井壁的预留孔内,塔身的自由高度为30m,楼层中嵌固段高度为10~14m,起重机上部的荷载通过支承系统和楔紧装置传给楼板结构。

1. 内爬式塔式起重机的爬升

塔式起重机可借助爬升千斤顶、爬梯、爬爪、上下横梁和液压爬升系统,使上、下横梁两端的爬爪沿着爬梯逐级自行爬升，一般每隔2～3层楼便要爬升一次。德国产70HC型、88HC型和我国自制的QTP-60型内爬式塔式起重机的爬升过程如下：

(1) 将下爬升支腿（下爬爪）支承在爬梯踏步上，准备爬升（图4-6a）。

(2) 开动液压爬升千斤顶，使活塞杆顶起塔身，上横梁和上爬升支腿（上爬爪）随着塔身上升亦上升。此时塔身的重量由下横梁经下支腿支承在爬梯上，再经爬梯横梁支承在建筑物上（图4-6b）。

(3) 将上爬升支腿支承在爬梯的上一级踏步上后，使液压爬升千斤顶回缩活塞杆，同时使下横梁、下爬升支腿向上提起，并支承到爬梯的上一级踏步上（图4-6c）。此时塔身的重量由上横梁经上爬升支腿支承在爬梯上。由此反复逐级向上爬升，这样塔式起重机可随着建筑物的施工进度，逐级向上爬升。

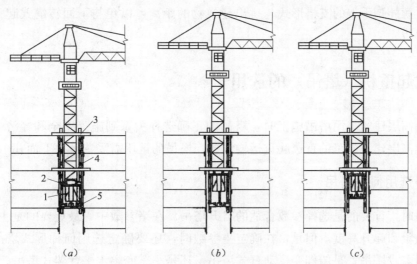

图4-6 内爬式塔式起重机的爬升过程示意图
1—千斤顶；2—上爬爪和上横梁；3—爬梯横梁；4—爬梯；5—下爬爪和下横梁

2. 内爬式塔式起重机的拆除

内爬式塔式起重机拆除时需利用设置在建筑物屋面上的屋面起重机或台灵架，也可利用搭设在屋面的人字扒杆进行。

1.2.5 塔式起重机的选用

塔式起重机的选用要综合考虑建筑物的高度；建筑物的结构类型；构件的尺寸和重量；施工进度、施工流水段的划分和工程量；现场的平面布置和周围环境条件等各种情况。同时要兼顾装、拆塔式起重机的场地和建筑结构满足塔架锚固、爬升的要求。

首先，根据施工对象确定所要求的参数，包括幅度（又称回转半径）、起重量、起重力矩和吊钩高度等；然后根据塔式起重机的技术性能，选定塔式起重机的型号。

其次，根据施工进度、施工流水段的划分及工程量和所需吊次、现场的平面布置，确定塔式起重机的配量台数、安装位置及轨道基础的走向等。

根据施工经验，16层及其以下的高层建筑采用轨道式塔式起重机最为经济；25层以上的高层建筑，宜选用附着式塔式起重机或内爬式塔式起重机。

选用塔式起重机时,应注意以下事项:

(1) 在确定塔式起重机形式及高度时,应考虑塔身锚固点与建筑物相对应的位置以及塔式起重机平衡臂是否影响臂架正常回转等问题。

(2) 在多台塔式起重机作业条件下,应处理好相邻塔式起重机塔身高度差,以防止两塔碰撞,使彼此互不干扰。

(3) 在考虑塔式起重机安装的同时,应考虑塔式起重机的顶升、接高、锚固以及完工后的落塔、拆运等事项。如起重臂和平衡臂是否落在建筑物上、辅机停车位置及作业条件、场内运输道路有无阻碍等。

(4) 在考虑塔式起重机安装时,应保证顶升套架的安装位置(即塔架引进平台或引进轨道应与臂架同向)及锚固环的安装位置正确无误。

(5) 应注意外脚手架的支搭形式与挑出建筑物的距离,以免与下回转塔式起重机转台尾部回转时发生矛盾。

1.3 塔式起重机(塔吊)的选用

高层和超高层建筑采用塔吊施工时,塔吊的正确选择关系到施工安全和经济效益。自升塔吊是高层和超高层建筑施工的首选起重运输设备,塔吊的选用需妥善解决下面几个问题。

1.3.1 关于选用何种塔吊

选用塔吊时,首要的是选择参数合适的自升塔吊。在诸参数中,最重要的是主参数:幅度、最大幅度起重量和起升高度。但是,在确定主参数时,还要确定选用何种形式塔吊:是内爬式塔吊,还是附着式塔吊;是俯仰变幅动臂式塔吊,还是小车变幅水平臂架式塔吊。

经验表明,1台40t·m级内爬塔吊的功能可抵上1台80t·m级附着式塔吊的功能。采用附着式塔吊需配用较多的塔身标准节,并要备有必需数量的附着杆和相应的锚固件。因此,从节省一次性投资出发,选用内爬式塔吊是经济合理的。但是,为保证安全生产和取得最好的效益,应做好采用内爬塔吊进行吊装施工的施工组织设计和结构竣工后的塔吊拆卸方案。

目前,国产自升塔吊多为小车变幅水平臂架自升塔吊,仅少数工厂生产少量俯仰变幅动臂式塔吊。因此,从供货货源来看,以选用水平臂架塔吊较为方便。但是,在高层建筑如林的环境中要见缝插针地兴建一幢塔状高楼时,俯仰变幅动臂式塔吊乃是合理的选择。因为压杆臂架可以俯仰自如,吊臂既不会在邻近高层建筑上空挥舞,也不会与周围高层建筑相碰撞。正是由于动臂式自升塔吊具有上述特点,所以香港汇丰银行大厦在兴建时使用了6台动臂式自升塔吊。基于同样原因,一些东南亚国家近年来纷纷从我国引进一些动臂式自升塔吊,供高层建筑施工使用。

1.3.2 买塔吊还是租塔吊

买1台120t·m级塔吊约需款110万元,对一个建筑承包商而言并非一个小数目。另外,除利息外,每个月还必须负担司机、维修机工和电工的工资、奖金,以及动力、油料和备件费用。工程竣工后,还要将整台机器运往基地存放和保养,这又需要一笔开支。

租1台塔吊的有利之处是：（1）无需专人负责照管塔机，有关塔机驾驶、保养和维修事务均由租赁公司负责；（2）有关塔机进退场以及入库存放、检修等事务亦无需过问。这也就是说，只要按月交付租金，便可得到所希望的吊装服务，其他均可不管。

关于塔吊月租金的计算，迄今尚无统一规定可循，下面介绍两种不同的塔吊月租金计算方法。

其一为投资利润法（Interest on Capital Outlay）。

120t·m级塔吊，臂根铰点高度80m，吊臂长50m，售价110万元，使用寿命8年，年工作10个月。

(1) 塔吊一次性投资110万元；

(2) 年利率12%，8年利息合计105.6万元；

(3) 年折旧率10%，8年折旧合计88万元；

(4) 年保养维修费10%，8年支出合计88万元；

(5) 保险、经营、管理杂项开支年率5%，合计44万元；

(6) 8年后残值20万元。

其二为Baugerate法。

120t·m级塔吊，臂根铰点高度80m，吊臂长50m，售价110万元，使用寿命10年，年工作9个月。

(1) 塔吊一次性投资110万元；

(2) 月利息和折旧率1.5%，10年合计198万元；

(3) 月维护检修经营管理杂项开支1.1%，合计108.9万元；

(4) 10年后残值15万元。

塔吊月租金受市场经济影响波动很大，前两年求过于供，月租金取决于卖方市场，居高不下，高峰时曾达到7万元/月。目前塔吊月租金回落很大，与此处计算结果相近。如按月租金5.5万元计算，2年之后便可收回全部投资（购塔机的费用）。因此，如果有后继工程等待塔吊施工，或在基地和后勤管理上都具备一定条件，则以购进1台塔吊作为固定资产似较合算。

通过对比分析，如确定购进1台塔吊，那么就需要研究买1台什么样塔吊最为经济合算。

对塔吊造价分析表明，50m吊臂塔吊的造价比40m吊臂塔吊造价约高10%左右。但是50m吊臂塔吊的有效作业范围却比40m吊臂塔吊的作业范围约大35%，采用长一些吊臂可为施工带来较多方便和灵活性，扩大了塔吊的服务面。

对塔吊造价分析还表明，在起重能力相同的情况下（或者同型号塔吊），轨道式塔吊的造价要比固定式塔吊造价高出很多，从节约购置塔吊费用出发，应该购买固定式塔吊。但是，必须注意固定式塔吊又分为两种：一种是底架固定式，一种是塔身基础节固定式。选购塔身基础节固定式塔吊最为便宜，可比轨道式塔吊造价便宜10%~12.5%。

1.4 塔式起重机（塔吊）基础的作法

轨道式塔吊基础的习惯作法为：先将地基夯实或做1层3:7灰土垫层，再铺碎石道渣，然后安放木轨枕，在木轨枕上铺设钢轨。这种作法木材消耗量大，使用寿命短，对重型塔吊极不适宜。当今推荐的作法为：在夯实的地基上架设钢筋混凝土底板或钢筋混凝土轨枕梁，在底板或轨枕梁上用预埋件固定安装工字钢，然后再在工字钢上安装钢轨。为提高铺轨效率，节省铺轨费用，常把钢筋混凝土轨枕梁、工字钢支托和钢轨组装在一起，形成一条长 12.5m 的装配式钢筋混凝土钢轨基础。这种轨道基础非常适合 FO/23B、HK40/21B、H3/36B 等重型自升塔吊使用。

底架固定式自升塔吊以采用分块式钢筋混凝土基础最为合适，在地基承载力较高的地基上，这种混凝土基础板块尺寸可取为 200cm×200cm×50cm，板块的顶部和底部均应双向配筋。如塔机必须安装在深基坑近旁，则应采用钻孔灌注桩承台基础，以保证塔机基础的坚固和稳定，并要采取措施，防止基坑边坡塌方。

塔身固定式自升塔吊的基础必须满足两项要求：一是将塔机上部荷载均匀地传给地基并不得超过地基承载力；二是要使塔机在各种不利工况下均能保持整体稳定而不致倾翻。因此，这种塔机基础体积相当庞大，基础重量要相当于塔机压重的重量。这种固定式塔机基础重量与塔机自由高度密切相关，自由高度越高基础重量越大。以 FO/23B 塔吊为例，当其自由高度为 59.8m 时，混凝土基础尺寸需达 6.5m×6.5m×1.7m。若塔机需在基础施工阶段架设在深基坑近旁，表层土质条件又比较差，则这种基础还必须由钻孔灌注桩支承。因此，为节省基础构筑费用，宜将这种整块大体积混凝土基础分解为若干个预制混凝土条块，从而构成一个装配式钢筋混凝土基础，以便做到多次反复使用，使分解到每个工程项目上的塔机基础费用降至最低。

1.5　塔式起重机（塔吊）基础计算

一般情况下，为了保证塔吊基础的稳定和强度在允许范围内，应按塔吊生产厂家提供的基础图纸施工，但在实际施工过程中，往往周围环境满足不了塔基的稳定要求，因此需要进行变更，重新进行设计。

1.5.1　独立基础计算

1. 固定式塔机基础的主要形式

固定式塔机基础分为带底架和无底架两种方式。固定式塔机基础有多种不同的形式，包括现浇分体式、整体式和组合预制装配式。带底架的塔机基础分为 X 形整体基础、四个独立块体和组合装配式基础。不带底架的塔机基础采用整体式方块基础。

（1）X 形整体式钢筋混凝土基础：图 4-7 所示 X 形整体基础的形状和平面尺寸与塔式起重机 X 形底架基本相似，塔机的 X 形底架通过预埋地脚螺栓和压板与混凝土基础连接。这种混凝土基础不仅将塔机的自重和载荷传给地基，同时还可全部作为压重或部分作为压重使用，保证塔机的整机稳定性。中小型塔机多采用这种基础。

（2）四个独立混凝土块体组成的基础：这种分块式基础由四个独立混凝土块体组成（见图 4-8），分别承受底架的四个支座传递的整机自重和载荷。钢筋混凝土块体的构造尺寸根据塔机的支反力大小及地基承载力而定。

采用四块分体式混凝土基础的塔机，一般均需在底架上放置压重，以保证塔机整机抗倾翻稳定性。

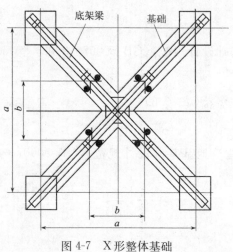

图 4-7 X 形整体基础

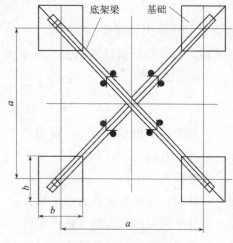

图 4-8 分块式基础

（3）整体式方块混凝土基础：无底架固定式塔机的混凝土基础，必须是大块整体式混凝土基础（见图 4-9）。塔机的塔身结构通过预埋基础件固定在钢筋混凝土基础上，将塔机的自重和载荷全部传给地基。由于整体式钢筋混凝土基础的构造尺寸是根据塔机的最大支反力、地面承载力设计的，因而能确保塔机在最不利工况下安全工作。整体式混凝土基础需验算塔机抗倾翻稳定性，因此塔机不需另加中心压重。

（4）组合装配式钢筋混凝土基础：现浇固定式塔机基础的缺点是混凝土用量大，一次性投资大，利用率低，短期使用后埋于地下的塔机基础形成了施工废弃物，污染环境，其清理增加施工费用。构筑工序复杂，必须待混凝土达到设计强度后才能安装塔机。

组合装配式钢筋混凝土基础（见图 4-10）的优点是预制基础构件体积小、单件重量小、易于搬运，使用寿命长，可多次重复使用，费用少；对于大型塔机，可以根据塔机独立高度的不同而调整预制构件数，机动灵活，节约运力、加快安装速度，减少占地面积；安装完毕后可立即进行立塔施工，迅速方便；部分预制基础构件可与底架梁连接作为塔机混凝土压重，节省运输转场费用。

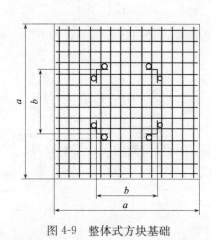

图 4-9 整体式方块基础

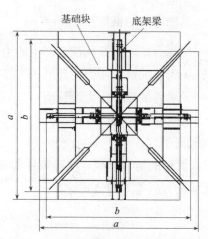

图 4-10 组合装配式基础

组合装配式钢筋混凝土基础应满足以下要求：支承面积必须满足传递塔机最大支承力的需要；预制钢筋混凝土构件应尽可能取代压重。组合装配式混凝土基础可组合成多种形式，应用示例见图 4-10。

2. 地基基础承载力特征值

地基基础承载力特征值计算依据《建筑地基基础设计规范》(GB 50007—2002) 第 5.2.3, 5.2.4 条。计算公式如下：

$$f_a = f_{ak} + \eta_b \gamma (b-3) + \eta_d \gamma_m (d-0.5)$$

式中 f_a——修正后的地基承载力特征值；

f_{ak}——地基承载力特征值（kN/m²）；按《建筑地基基础设计规范》(GB 50007—2002) 第 5.2.3 定；

η_b——基础宽度地基承载力修正系数；

η_d——基础埋深地基承载力修正系数；

γ——基础底面以下土的重度（kN/m³）；

γ_m——基础底面以上土的加权平均重度（kN/m³）；

b——基础底面宽度（m）；

d——基础埋置深度（m）。

3. 基础底面积

依据《建筑地基基础设计规范》(GB 50007—2002) 第 5.2 条承载力计算。

当不考虑附着时的基础设计值计算公式：

$$P_{max} = \frac{F+G}{b^2} + \frac{M}{W}, \quad P_{min} = \frac{F+G}{b^2} - \frac{M}{W}$$

考虑附着时的基础设计值计算公式：

$$P = \frac{F+G}{b^2}$$

式中 F——塔吊作用于基础的竖向力，它包括塔吊自重，压重和最大起重荷载；

G——基础自重与基础上面土自重；

b——基础底面的宽度；

W——基础底面的抵抗矩，$W = \frac{b^3}{6}$；

M——倾覆力矩，包括风荷载产生的力矩和最大起重力矩，经过计算得到；

P_{max}——无附着的最大压力设计值；

P_{min}——无附着的最小压力设计值；

P——有附着的压力设计值。

4. 抗冲切计算

对矩形截面柱的矩形基础，应验算柱与基础交接处以及基础变阶处的受冲切承载力；

受冲切承载力应按下列公式验算：

$$F_l \leqslant 0.7 \beta_{hp} f_t a_m h_0$$

$$a_m = (a_t + a_b)/2$$

$$F_l = p_j A_l$$

式中 β_{hp}——受冲切承载力截面截面影响系数，当 h 不大于 800mm 时，β_{hp} 取 1；当 h 大于等于2000mm时，β_{hp}取0.9，其间按线性内插法取用；

f_t——混凝土轴心抗拉强度设计值；

a_m——基础冲切破坏锥体的有效高度；

h_0——冲切破坏锥体最不利一侧计算长度；

a_t——冲切破坏锥体最不利一侧斜截面的上边长；

a_b——冲切破坏锥体最不利一侧斜截面的上边长；

p_j——扣除基础自重及其上土重后相应于荷载效应基本组合时的地基土单位面积净反力，对偏心受压基础可取基础边缘处的最大地基土单位面积净反力；

A_l——冲切验算时取用的部分基底面积；

F_l——相应于荷载就基本组合时作用在上的地基土净反力设计值。

5. 基础底板的配筋

基础底板的配筋，应按抗弯计算确定。

在轴心荷载或单向荷载作用下底板受弯可按下列简化方法计算：

对于矩形基础，当台阶的宽高比小于或等于2.5和偏心距小于或等于1/6基础宽度时（图4-11），任意截面的弯矩可按下列公式计算：

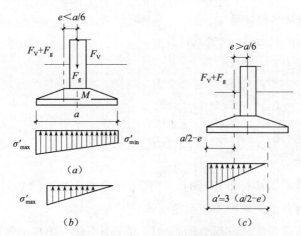

图4-11 偏心受压基础的地基反力分布

$$M_{\mathrm{I}} = \frac{1}{12} a_1^2 \left[(2l+a') \left(p_{\max} + p - \frac{2G}{A} \right) + (p_{\max} - p) l \right]$$

$$M_{\mathrm{II}} = \frac{1}{48} (l-a')^2 (2b+b') \left(p_{\max} + p_{\min} - \frac{2G}{A} \right)$$

式中 M_{I}、M_{II}——任意截面Ⅰ—Ⅰ、Ⅱ—Ⅱ处相应于荷载基本组合时的弯矩设计值；

a_1——截面Ⅰ—Ⅰ至其底边缘最大反力处的距离；

l、b——基础底面的边长；

$p_{\max}$、$p_{\min}$——相应于荷载将就基本组合时的基础底面边缘最大和最小地基反力设计值（图4-12）；

p——相应于荷载将就基本组合时在任意截面Ⅰ-Ⅰ处基础底面地基反力设计值；

G——考虑荷载分项系数的基础自重及其上的土自重。

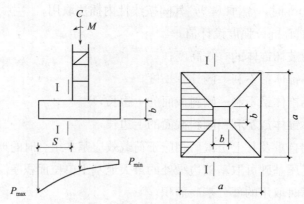

图 4-12 基础承压力示意图

1.5.2 桩基础计算

当塔机安装在软弱地基上,地基承载力达不到设计要求,或者塔机必须安装在深基坑近旁时,均应采用钻孔灌注桩或预制桩承台基础,即将塔机的混凝土基础支承在灌注桩或预制桩上,塔机自重及全部载荷由混凝土基础传给支承桩。

1. 群桩中单桩桩顶竖向力计算

群桩中单桩桩顶竖向力应按下列公式计算:

轴心竖向力作用下:$Q_k = \dfrac{F_k + G_k}{n}$

偏心竖向力作用下:$Q_{ik} = \dfrac{F_k + G_k}{n} \pm \dfrac{M_{xk} y_i}{\sum y_i^2} \pm \dfrac{M_{yk} x_i}{\sum x_i^2}$

水平力作用下:$H_{ik} = \dfrac{H_k}{n}$

式中 F_k——相应于荷载效应标准组合时,作用于桩基承台顶面的竖向力;

G_k——桩基承台自重及承台上土自重标准值;

Q_k——相应于荷载效应标准组合轴心竖向力作用下任一单桩的竖向力;

n——桩基中的桩数;

Q_{ik}——相应于荷载效应标准组合偏心竖向力作用下第 i 根桩的竖向力;

M_{xk}、M_{yk}——相应于荷载效应标准组合作用于承台底面通过桩群形心的 x、y 轴的力矩;

H_k——相应于荷载效应标准组合时,作用于承台底面的水平力;

H_{ik}——相应于荷载效应标准组合时,作用于任一单桩的水平力。

2. 单桩竖向承载力特征值的确定

初步设计时单桩竖向承载力特征值可按下式估算:

$$R_a = q_{pa} A_P + u_p \sum q_{sia} l_i$$

式中 R_a——单桩竖向承载力特征值;

q_{pa},q_{sia}——桩端端阻力、桩侧阻力特征值,由当地静载荷试验结果统计分析算得;

A_P——桩底端横截面面积;

u_p——桩身周边长度;

l_i——第 i 层岩土的厚度。

当桩端嵌入完整及较完整的硬质岩中时，可按下式估算单桩竖向承载力特征值：

$$R_a = q_{pm} A_p$$

式中 q_{pm}——桩端岩石承载力特征值。

3. 单桩承载力计算

单桩承载力计算应符合下列表达式：

轴心竖向力作用下

$$Q_k \leqslant R_a$$

偏心竖向力作用下，除满足上述公式外，尚应满足下列要求：

$$Q_{ikmax} \leqslant 1.2 R_a$$

式中 R_a——单桩竖向承载力特征值。

4. 桩身混凝土验算

桩身混凝土强度应满足桩的承载力设计要求。计算中应按桩的类型和成桩工艺的不同将混凝土的轴心抗压强度设计值×工作条件系数 φ_c，桩身强度应符合下式要求：

轴心受压时：
$$Q \leqslant A_p f_c \varphi_c$$

式中 f_c——混凝土轴心抗压强度设计值；

Q——相应于荷载效应基本组合时的单桩竖向力设计值；

A_p——桩身横截面积；

φ_c——工作条件系数，预制桩取 0.75，灌注桩取 0.6～0.7。

5. 桩基抗拔验算

当桩基承受拔力时，应对桩基进行抗拔验算及桩身抗裂验算。

6. 承台抗剪验算

柱下桩基独立承台应分别对柱边和桩边、变阶处和桩边连线形成的斜截面进行受剪计算。当柱边外有多排桩形成多个剪切斜截面时，尚应对每个斜截面进行验算。斜截面受剪承载力可按下列公式计算：

$$V \leqslant \beta_{hs} \beta f_t b_0 h_0$$

$$\beta = \frac{1.75}{\alpha + 10}$$

式中 V——扣除承台及其上填土自重后相应于荷载效应基本组合时斜截面的最大剪力设计值；

b_0——承台计算截面处的计算宽度；

h_0——计算宽度处的承台有效高度；

β——剪切系数；

β_{hs}——受剪切承载力截面高度影响系数；

α——计算截面的剪跨比。

7. 抗冲切验算

(1) 塔身对承台的冲切验算。

(2) 单桩抗冲切验算：抗冲切验算按《建筑地基基础设计规范》(GB 50007—2002) 8.5.17 条规定计算，本部分从略。

8. 承台抗弯验算

柱下桩基承台的弯矩可按以下简化计算确定：

多桩矩形基础承台计算截面取在柱边和承台高度变化处

$$m_x = \sum N_i y_i$$

$$m_y = \sum N_i x_i$$

式中 m_x、m_y——分别为垂直 Y 轴和 X 轴方向计算截面处的弯矩设计值；

x_i、y_i——分别为垂直 Y 轴和 X 轴方向自桩轴线到相应计算截面的距离；

N_i——扣除承台和其上填土自重相应于荷载效应基本组合时第 i 桩竖向力设计值。

9. 承台配钢筋计算

$$A_s = \frac{kM}{0.9 f_y h_0}$$

式中 M——计算截面处的弯矩设计值（kN·m）；

k——安全系数，取 1.4；

h——承台计算截面处的计算高度（mm）；

f_y——钢筋受拉强度设计值（N/mm²）。

10. 桩和桩基的构造

（1）摩擦型桩的中心距不宜小于桩身直径的 3 倍；扩底灌注桩的中心距不宜小于直径的 1.5 倍，当扩底直径大于 2m 时，桩端净距不宜小于 1m。在确定桩距时尚应考虑施工工艺中挤土等效应对邻近桩的影响。

（2）扩底灌注桩的扩底直径，不应大于桩身直径的 3 倍。

（3）桩底进入持力层的深度，根据地质条件、荷载及施工工艺确定，宜为桩身直径的 1~3 倍。在确定桩底进入持力层深度时，尚应考虑特殊土、岩溶以及震陷液化等影响。嵌岩桩周边嵌入完整和较完整的未风化、微风化、中风化硬质岩体的最小深度，不宜小于 0.5m。

（4）布置桩位时宜使桩基承载力合力点与竖向永久荷载合力作用点重合。

（5）预制桩的混凝土强度等级不应低于 C30；灌注桩不应低于 C20；预应力桩不应低于 C40。

（6）桩的主筋应经计算确定。打入式预制桩的最小配筋率不宜小于 0.8%；静压预制桩的最小配筋率不宜小于 0.6%；灌注桩最小配筋率不宜小于 0.2%~0.65%。

（7）配筋长度：受水平荷载和弯矩较大的桩，配筋长度应通过计算确定；桩基承台下存在淤泥、淤泥质土或液化土层时，配筋长度应穿过淤泥、淤泥质土层或液化土层；坡地岸边的桩、8 度以上地震区的桩、抗拔桩、嵌岩端承桩应通长配筋。

（8）桩顶嵌入承台内不宜小于 50mm。主筋伸入承台内的锚固长度不宜小于钢筋直径的 30 倍。对于大直径灌注桩，当采用一柱一桩时，可设置承台或将桩与柱直接连接。桩和柱的连接可按本规范第 8.2.6 条高杯口基础的要求选择截面尺寸和配筋，柱纵筋插入桩身的长度应满足锚固长度的要求。

（9）在承台及地下室周围的回填中，应满足土密实性的要求。

11. 桩基承台的构造

桩基承台的构造，除满足抗冲切、抗剪切、抗弯承载力和上部结构的要求外，尚应符合下列要求：

（1）承台的宽度不应小于 500mm。边桩中心至承台边缘的距离不得小于桩的直径或边长，且桩的外边缘至承台边缘的距离不小于 150mm。对于条形承台梁，桩的外边缘至承台梁边缘的距离不小于75mm。

（2）承台的最小厚度不应小于300mm。

（3）承台的配筋，对于矩形承台其钢筋应按双向均匀通长布置，钢筋直径不宜小于10mm，间距不宜大于200mm；承台梁的主筋除满足计算要求外，尚应符合现行《混凝土结构设计规范》(GB 50010—2002)关于最小配筋率的规定，主筋直径不宜小于12mm，架立筋直径不宜小于10mm，箍筋直径不宜小于6mm。

（4）承台混凝土强度等级不应低于C20，纵向钢筋的混凝土保护层厚度不应小于70mm，当有混凝土垫层时，不应小于40mm。

1.6 塔式起重机（塔吊）附着设计计算

塔机安装位置至建筑物距离超过使用说明规定，需要增长附着杆或附着杆与建筑物连接的两支座间距改变时，需要进行附着的计算。

主要包括附着杆计算、附着支座计算和锚固环计算。

1.6.1 支座力计算

塔机按照说明书与建筑物附着时，最上面一道附着装置的负荷最大，因此以此道附着杆的负荷作为设计或校核附着杆截面的依据。附着式塔机的塔身可以视为一个带悬臂的刚性支撑连续梁，其内力及支座反力计算简图见图4-13、图4-14。

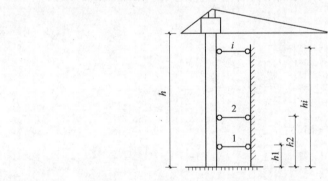

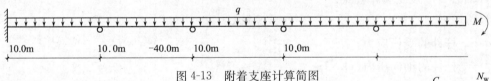

图4-13 附着支座计算简图

1.6.2 附着杆内力计算

计算单元的平衡方程为：

$$\sum F_x = 0$$

$$T_1\cos\alpha_1 + T_2\cos\alpha_2 - T_3\cos\alpha_3 = -N_w\cos\theta$$

$$\sum F_y = 0$$

$$T_1\sin\alpha_1 + T_2\sin\alpha_2 + T_3\sin\alpha_3 = -N_w\sin\theta$$

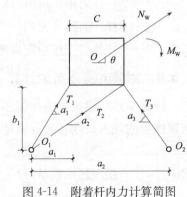

图4-14 附着杆内力计算简图

$$\sum M_O = 0$$

$T_1[(b_1+c/2)\cos\alpha_1-(a_1+c/2)\sin\alpha_1]+T_2[(b_1+c/2)\cos\alpha_2-(a_1+c/2)\sin\alpha_2]+T_3[-(b_1+c/2)\cos\alpha_3+(a_2-a_1-c/2)\sin\alpha_3]=M_w$

其中：$\alpha_1=\arctan[b_1/a_1]$　　$\alpha_2=\arctan[b_1/(a_1+c)]$

$\alpha_3=\arctan[b_1/(a_2-a_1-c)]$

1. 第一种工况的计算

塔机满载工作，风向垂直于起重臂，考虑塔身在最上层截面的回转惯性力产生的扭矩和风荷载扭矩。

将上面的方程组求解，其中 θ 从 0°~360°循环，分别取正负两种情况，求得各附着最大的轴压力和轴拉力：

杆 1 的最大轴向压力为（kN）

杆 2 的最大轴向压力为（kN）

杆 3 的最大轴向压力为（kN）

杆 1 的最大轴向拉力为（kN）

杆 2 的最大轴向拉力为（kN）

杆 3 的最大轴向拉力为（kN）

2. 第二种工况的计算

塔机非工作状态，风向顺着起重臂，不考虑扭矩的影响。将上面的方程组进行求解，其中 $\theta=45°，135°，225°，315°$，$M_w=0$，分别求得各附着杆最大的轴压力和轴拉力。

1.6.3 附着杆强度验算

杆件轴心受拉强度验算公式：

$$\sigma = N/A_n \leqslant f$$

式中　σ——杆件的受拉应力；

N——杆件的最大轴向拉力（kN）；

A_n——杆件的截面面积（m²）。

杆件轴心受压强度验算公式：

$$\sigma = N/\phi A_n \leqslant f$$

式中　σ——杆件的受压应力；

N——杆件的轴向压力（kN）；

A_n——杆件的截面面积（mm²）；

ϕ——杆件的受压稳定系数。

1.6.4 附着支座连接的计算

附着支座与建筑物的连接多采用与预埋件在建筑物构件上的螺栓连接。预埋螺栓的规格、预埋螺栓的埋入长度和数量满足下面要求：

$$0.75n\pi dlf \geqslant N$$

式中　n——预埋螺栓数量；

d——预埋螺栓直径；

l——预埋螺栓埋入长度；

f——预埋螺栓与混凝土粘结强度；

N——附着杆的轴向力。

1.7 塔式起重机（塔吊）稳定性验算

1.7.1 塔机整机的稳定性

塔机的整机稳定性，又称为整体稳定性，是指任何一台塔机在现场安装架设完毕后，都应在各种最不利的工况下和最大外载荷（峰值）组合作用下，能够正常工作并保持整机稳定而不会发生倾翻事故。

《塔式起重机设计规范》(GB/T 13752—92) 中的规定：塔吊抗倾覆稳定性计算应按下列四种工况进行（见表4-2）：

抗倾翻稳定性验算工况　　　　表4-2

工　况	说　明
1. 基本稳定性	工作状态：静态，无风
2. 动态稳定性	工作状态：动态，有风
3. 暴风侵袭	非工作状态
4. 突然卸载	工作状态，料斗卸载

各工况下的稳定条件为：塔机及其部件的位置、载荷的数值和方向取最不利组合条件下，包括自重载荷在内的各项载荷对倾翻边的力矩代数和大于零，则认为该塔机是稳定的。起稳定作用的符号为正，起倾翻作用的力矩符号为负。

$$\sum M > 0$$

计算时，《塔式起重机设计规范》(GB/T 13752—92) 规定各项荷载乘以相应的荷载系数，很明显这些荷载系数与当前土建按极限状态理论所采用的荷载分项系数是完全不同的（表4-3）。

荷载系数　　　　表4-3

工况	自重荷载	起升荷载	惯性或碰撞荷载	风荷载	说　明
1	1.0	1.5	0	0	
2	1.0	1.3	1.0	1.0	计算风压 0.25kN/m²
3	1.0	0	0	1.2	计算风压 0.8～1.1kN/m²
4	1.0	−0.2	0	1.0	计算风压 0.25kN/m²

保持塔机稳定的作用力：塔机的自重和压重。

起着倾翻塔机作用的外力是：风载荷、吊载和惯性力。

1.7.2 塔机的安装稳定性

下回转式塔机的稳定性

下回转式塔机的特点是安装时整体（塔身）竖立，拆卸时整体倒下，一般不依靠辅机，只用自身卷扬机来完成。按照《塔式起重机设计规范》(GB/T 13752—92)，下回转式塔机安装（起塔）或拆卸（倒塔）时的自身稳定性校核（图4-15）按下式进行，

$$kbP''_G \leqslant aP'_G$$

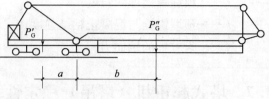

图 4-15 下回转式塔机安拆稳定性校核示意图

式中　P'_G——塔机固定部分重量；
　　　P''_G——塔机被提升部分重量；
　　　a、b——P'_G 和 P''_G 的力臂；
　　　k——考虑重量估计误差和起（制动）惯性力的超载系数，取 $k=1.2$。

自升式塔机安拆稳定性校核根据安拆过程分六种情况，见图4-16和图4-17。

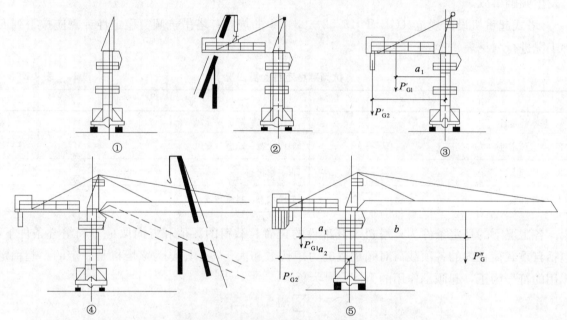

图 4-16　自升式塔机安拆稳定性校核示意图

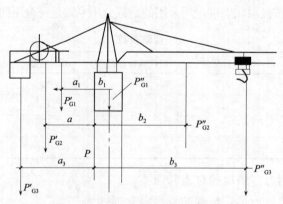

图 4-17　自升式塔机顶升稳定性校核示意图

1.7.3　基础的抗倾覆稳定性和强度条件

《塔式起重机设计规范》(GB/T 13752—92)规定固定式塔机使用的混凝土基础的设计应满

足抗倾覆稳定性和强度条件。混凝土基础的抗倾覆稳定性（图 4-18）按下列公式验算。

基础地面压力按下列公式验算。

$$p_B = \frac{2(F_V + F_g)}{3al} \leqslant [P_B]$$

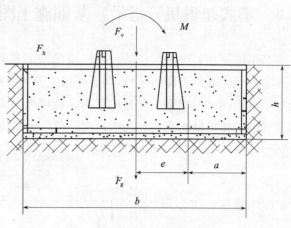

图 4-18 计算简图

式中 e ——偏心距，即地面反力的合力至基础中心的距离；

l ——垂直于力矩作用方向的基础底面边长即混凝土基础方形底面边长 b；

h ——混凝土基础的高度；

a ——地面反力的合力至基础侧边的距离；

M ——作用在基础上的弯矩；

F_V ——作用在基础上的垂直荷载；

F_h ——作用在基础上的水平荷载；

F_g ——混凝土基础的重力；

p_B ——地基计算压应力；

$[P_B]$ ——地基容许承载能力，根据地基处理情况确定。

1.7.4 例题

某塔吊制造厂提供的固定式塔吊在未采用附着装置前，基础受力为最大，有关数据如表 4-4。

固定式塔吊未附着装置前基础受力表　　　　　表 4-4

工　况	塔机垂直力 F_v (kN)	水平力 F_h (kN)	倾覆力矩 M_q (kN·m)	扭矩 M_n (kN)
工作状态	717.47	51.14	1493.89	212.5
非工作状态	496.43	98.63	2100.52	0

厂家提出：当地基承载力为 0.095MPa 时，基础尺寸为 6250mm×6250mm×1350mm，则基础混凝土重：$F_g = 6.25 \times 6.25 \times 1.35 \times 25 = 1318.36$kN

1. 核算工作状态

$e = (1493.89 + 51.14 \times 1.35)/(717.47 + 1318.36)$

$= 0.768$m $< 6.25/3 = 2.083$m,符合要求

$P_B = 2 \times (717.47 + 1318.36)/[3 \times 6.25 \times (6.25/2 - 0.768)]$

$= 92.13$kN/m² $= 0.09213$MPa $< 0.095 \times 1.2 = 0.114$MPa,安全

2. 核算非工作状态

$e = (2100.52 + 98.63 \times 1.35)/(496.43 + 1318.36)$

$= 1.231$m $< 6.25/3 = 2.083$m,符合要求

$P_B = 2 \times (496.43 + 1318.36)/[3 \times 6.25 \times (6.25/2 - 1.231)]$

$= 0.10221$MPa $< 0.095 \times 1.2 = 0.114$MPa。

1.8 塔式起重机（塔吊）基础施工图的绘制

高层塔吊相关布置图包括：高层塔吊平面布置图（包括离建筑物、高压线的距离，附墙杆平面布置及附墙结点详图等）；高层塔吊立面布置图、附墙杆标高；塔吊基础图及地基、基础结构加固剖面图；内爬塔吊爬升过程图；高层塔吊安装、拆除过程中所需辅助起重机械平面布置图及辅助起重机械支承点加固图；重要部件吊装位置图等（图4-19）。

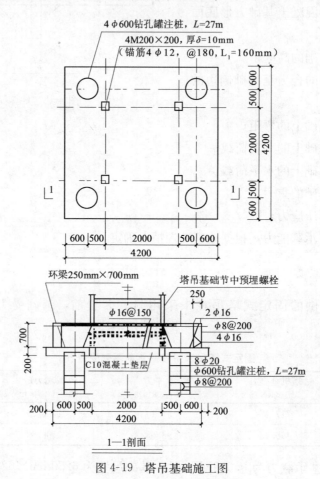

图4-19 塔吊基础施工图

1.9 塔式起重机（塔吊）案例

1.9.1 案例一（独立基础计算）

金华市某高层建筑工程，框架结构，地上22层，地下1层，建筑高度88.000m，标准层层高4.000m，总建筑面积25000.00m²，总工期500天，施工单位为浙江某建设集团公司。塔吊型号为QTZ63。

1. 参数信息

塔吊型号：QTZ63，

塔吊起升高度 $H=101.00$m，
塔吊倾覆力矩 $M=630$kN·m，
混凝土强度等级：C35，
塔身宽度 $B=1.6$m，
基础以上土的厚度 $D=2.00$m，
自重 $F_1=450.8$kN，
基础承台厚度 $h=1.65$m，
最大起重荷载 $F_2=60$kN，
基础承台宽度 $B_c=5.00$m，
钢筋级别：Ⅱ级钢。

2. 基础最小尺寸计算

(1) 最小厚度计算：依据《混凝土结构设计规范》(GB 50010—2002) 第 7.7.1 条受冲切承载力计算。

根据塔吊基础对基础的最大压力和最大拔力，按照下式进行抗冲切计算：
$$F\leqslant(0.7\beta_h f_t+0.15\sigma_{pc,m})\eta u_m h_0$$

式中　F——塔吊基础对基脚的最大压力和最大拔力，其他参数参照规范；

　　η——应按下列两个公式计算，并取其中较小值，取 1.00；

$$\eta_1=0.4+\frac{1.2}{\beta_s}$$

$$\eta_2=0.5+\frac{\alpha_s h_0}{4u_m}$$

　　η_1——局部荷载或集中反力作用面积形状的影响系数；

　　η_2——临界截面周长与板截面有效高度之比的影响系数；

　　β_h——截面高度影响系数：当 $h\leqslant 800$mm 时，取 $\beta_h=1.0$；当 $h\geqslant 2000$mm 时，取 $\beta_h=0.9$，其间按线性内插法取用；

　　f_t——混凝土轴心抗拉强度设计值，取 1.57MPa；

　　$\sigma_{pc,m}$——临界截面周长上两个方向混凝土有效预压应力按长度的加权平均值，其值宜控制在 $1.0\sim 3.5$N/mm² 范围内；

　　u_m——临界截面的周长：距离局部荷载或集中反力作用面积周边 $h_0/2$ 处板垂直截面的最不利周长；这里取（塔身宽度$+h_0$）$\times 4=9.60$m；

　　h_0——截面有效高度，取两个配筋方向的截面有效高度的平均值；

　　β_s——局部荷载或集中反力作用面积为矩形时的长边与短边尺寸的比值，β_s 不宜大于 4；当 $\beta_s<2$ 时，取 $\beta_s=2$；当面积为圆形时，取 $\beta_s=2$；这里取 $\beta_s=2$；

　　α_s——板柱结构中柱类型的影响系数：对中柱，取 $\alpha_s=40$；对边柱，取 $\alpha_s=30$；对角柱，取 $\alpha_s=20$，塔吊计算都按照中柱取值，取 $\alpha_s=40$。

计算方案：当 F 取塔吊基础对基脚的最大压力时，将 h_{01} 从 0.8m 开始，每增加 0.01m，直到满足上式，解出一个 h_{01}；当 F 取塔吊基础对基脚的最大拔力时，同理，解出一个 h_{02}，最后 h_{01} 与 h_{02} 相加，得到最小厚度 h_c。经过计算得到：

塔吊基础对基脚的最大压力 $F=200.00$kN 时，得 $h_{01}=0.80$m；

塔吊基础对基脚的最大拔力 $F=200.00\mathrm{kN}$ 时，得 $h_{02}=0.80\mathrm{m}$；

解得最小厚度 $H_0=h_{01}+h_{02}+0.05=1.65\mathrm{m}$；

实际计算取厚度为：$H_0=1.65\mathrm{m}$。

（2）最小宽度计算：建议保证基础的偏心矩小于 $B_c/4$，则用下面的公式计算：

$$B_c \geqslant \frac{4M}{F+G}$$

式中　F——塔吊作用于基础的竖向力，它包括塔吊自重，压重和最大起重荷载

$$F=1.2\times(450.80+60.00)=612.96\mathrm{kN};$$

　　　G——基础自重与基础上面的土的自重

$$G=1.2\times(25\times B_c\times B_c\times H_c+\gamma_m\times B_c\times B_c\times D)$$
$$=1.2\times(25.0\times B_c\times B_c\times 1.65+20.00\times B_c\times B_c\times 2.00);$$

　　　γ_m——土的加权平均重度；

　　　M——倾覆力矩，包括风荷载产生的力矩和最大起重力矩

$$M=1.4\times 630.00=882.00\mathrm{kN}\cdot\mathrm{m}。$$

解得最小宽度 $B_c=2.68\mathrm{m}$，

实际计算取宽度为 $B_c=5.00\mathrm{m}$。

3. 塔吊基础承载力计算

依据《建筑地基基础设计规范》(GB 50007—2002) 第5.2.2条承载力计算。

计算简图如下（图4-20）：

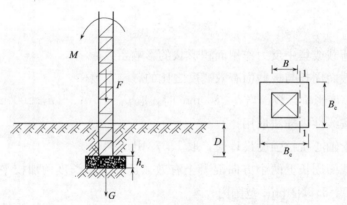

图4-20　塔吊承载力计算简图

当不考虑附着时的基础设计值计算公式：

$$P_{\max}=\frac{F+G}{B_c^2}+\frac{M}{W} \qquad P_{\min}=\frac{F+G}{B_c^2}-\frac{M}{W}$$

当考虑附着时的基础设计值计算公式：

$$P=\frac{F+G}{B_c^2}$$

当考虑偏心矩较大时的基础设计值计算公式：

$$P_{k\max}=\frac{2(F+G)}{3B_c a}$$

式中　F——塔吊作用于基础的竖向力，它包括塔吊自重，压重和最大起重荷载，$F=304.30\mathrm{kN}$；

G——基础自重与基础上面的土的自重；
$$G = 1.2 \times (25.0 \times B_c \times B_c \times H_c + \gamma_m \times B_c \times B_c \times D) = 2437.50 \text{kN};$$

γ_m——土的加权平均重度；

B_c——基础底面的宽度，取 $B_c = 5.000\text{m}$；

W——基础底面的抵抗矩，$W = B_c \times B_c \times B_c / 6 = 20.833 \text{m}^3$；

M——倾覆力矩，包括风荷载产生的力矩和最大起重力矩，$M = 1.4 \times 630.00 = 882.00 \text{kN} \cdot \text{m}$；

a——合力作用点至基础底面最大压力边缘距离（m），按下式计算
$$a = B_c/2 - \frac{M}{F+G}$$

$a = B_c/2 - M/(F+G) = 5.000/2 - 882.000/(612.960 + 2437.500) = 2.211\text{m}$。

经过计算得到：

无附着的最大压力设计值
$$P_{max} = (612.960 + 2437.500)/5.000^2 + 882.000/20.833 = 164.354 \text{kPa};$$

无附着的最小压力设计值
$$P_{min} = (612.960 + 2437.500)/5.000^2 - 882.000/20.833 = 79.682 \text{kPa};$$

有附着的压力设计值
$$P = (612.960 + 2437.500)/5.000^2 = 122.018 \text{kPa};$$

偏心矩较大时压力设计值
$$P_{kmax} = 2 \times (612.960 + 2437.500)/(3 \times 5.000 \times 2.211) = 183.968 \text{kPa}。$$

4. 地基基础承载力验算

地基基础承载力特征值计算依据《建筑地基基础设计规范》(GB 50007—2002) 第 5.2.4 条。

计算公式如下：
$$f_a = f_{ak} + \eta_b \gamma (b-3) + \eta_d \gamma_m (d-0.5)$$

式中 f_a——修正后的地基承载力特征值 (kN/m²)；

f_{ak}——地基承载力特征值，按本规范第 5.2.3 条的原则确定；取 145.000kN/m^2；

η_b、η_d——基础宽度和埋深的地基承载力修正系数；

γ——基础底面以下土的重度，地下水位以下取浮重度，取 20.000kN/m^3；

b——基础底面宽度 (m)，当基宽小于 3m 按 3m 取值，大于 6m 按 6m 取值，取 5.000m；

γ_m——基础底面以上土的加权平均重度，地下水位以下取浮重度，取 20.000kN/m^3；

d——基础埋置深度 (m)，取 2.000m。

解得地基承载力设计值：$f_a = 193.000 \text{kPa}$；

实际计算取的地基承载力设计值为：$f_a = 193.000 \text{kPa}$；

地基承载力特征值 f_a 大于最大压力设计值 $P_{max} = 164.354 \text{kPa}$，满足要求！

地基承载力特征值 f_a 的 1.2 倍大于偏心矩时的压力设计值 $P_{kmax} = 183.968 \text{kPa}$，满足要求！

5. 基础受冲切承载力验算

依据《建筑地基基础设计规范》(GB 50007—2002) 第 8.2.7 条。

验算公式如下：

$$F_l \leqslant 0.7\beta_{hp}f_t a_m h_0$$

式中 β_{hp}——受冲切承载力截面高度影响系数，当 h 不大于 800mm 时，β_{hp} 取 1.0，当 h 大于等于 2000mm 时，β_{hp} 取 0.9，其间按线性内插法取用；

f_t——混凝土轴心抗拉强度设计值；

h_0——基础冲切破坏锥体的有效高度；

a_m——冲切破坏锥体最不利一侧计算长度；

a_t——冲切破坏锥体最不利一侧斜截面的上边长，当计算柱与基础交接处的受冲切承载力时，取柱宽（即塔身宽度）；当计算基础变阶处的受冲切承载力时，取上阶宽；

a_b——冲切破坏锥体最不利一侧斜截面在基础底面积范围内的下边长，当冲切破坏锥体的底面落在基础底面以内，计算柱与基础交接处的受冲切承载力时，取柱宽加两倍基础有效高度；当计算基础变阶处的受冲切承载力时，取上阶宽加两倍该处的基础有效高度；

p_j——扣除基础自重及其上土重后相应于荷载效应基本组合时的地基土单位面积净反力，对偏心受压基础可取基础边缘处最大地基土单位面积净反力；

A_l——冲切验算时取用的部分基底面积；

F_l——相应于荷载效应基本组合时作用在 A_l 上的地基土净反力设计值。

则，β_{hp}——受冲切承载力截面高度影响系数，取 $\beta_{hp}=0.93$；

f_t——混凝土轴心抗拉强度设计值，取 $f_t=1.57$ MPa；

a_m——冲切破坏锥体最不利一侧计算长度：
$$a_m = (a_t + a_b)/2$$
$$a_m = [1.60 + (1.60 + 2 \times 1.65)]/2 = 3.25 \text{m}；$$

h_0——承台的有效高度，取 $h_0 = 1.60$m；

P_j——最大压力设计值，取 $P_j = 183.97$ kPa；

F_l——实际冲切承载力：
$$F_l = P_j A_l$$
$$F_l = 183.97 \times (5.00 + 4.90) \times ((5.00 - 4.90)/2)/2 = 45.53 \text{kN}。$$

其中 5.00 为基础宽度，$4.90 = $ 塔身宽度 $+2h$；

允许冲切力：$0.7 \times 0.93 \times 1.57 \times 3250.00 \times 1600.00 = 5310001.67$N $= 5310.00$kN；

实际冲切力不大于允许冲切力设计值，所以能满足要求！

6. 承台配筋计算

(1) 抗弯计算：依据《建筑地基基础设计规范》(GB 50007—2002) 第 8.2.7 条。计算公式如下：

$$M_I = \frac{1}{12}a_1^2\left[(2l+a')\left(p_{max}+p-\frac{2G}{A}\right)+(P_{max}-P)l\right]$$

式中 M_I——任意截面Ⅰ-Ⅰ处相应于荷载效应基本组合时的弯矩设计值；

a_1——任意截面Ⅰ-Ⅰ至基底边缘最大反力处的距离；当墙体材料为混凝土时，取 $a_1 = b$ 即取 $a_1 = 1.70$m；

P_{max}——相应于荷载效应基本组合时的基础底面边缘最大地基反力设计值，取 183.97 kN/m²；

P——相应于荷载效应基本组合时在任意截面Ⅰ-Ⅰ处基础底面地基反力设计值;

$$P = P_{\max} \times \frac{3a - a_1}{3a}$$

$P = 183.97 \times (3 \times 1.60 - 1.70)/(3 \times 1.60) = 118.81 \text{kPa};$

G——考虑荷载分项系数的基础自重及其上的土自重,取 2437.50kN/m^2;

l——基础宽度,取 $l = 5.00\text{m}$;

a——塔身宽度,取 $a = 1.60\text{m}$;

a'——截面Ⅰ-Ⅰ在基底的投影长度,取 $a' = 1.60\text{m}$。

经过计算得

$M_{\mathrm{I}} = 1.70^2 \times [(2 \times 5.00 + 1.60) \times (183.97 + 118.81 - 2 \times 2437.50/5.00^2)$
$+ (183.97 - 118.81) \times 5.00]/12 = 379.56 \text{kN} \cdot \text{m}。$

(2) 配筋面积计算:依据《混凝土结构设计规范》(GB 50010—2002) 第 7.2.1 条。公式如下:

$$A_s = \frac{M}{\gamma_s h_0 f_y}$$

$$\xi = 1 - \sqrt{1 - 2\alpha_s}$$

$$\gamma_s = 1 - \xi/2$$

$$\alpha_s = \frac{M}{\alpha_1 f_c b h_0^2}$$

式中 α_1——当混凝土强度不超过 C50 时,α_1 取为 1.0,当混凝土强度等级为 C80 时,取为 0.94,期间按线性内插法确定,取 $\alpha_1 = 1.00$;

f_c——混凝土抗压强度设计值,查表得 $f_c = 16.70 \text{kN/m}^2$;

h_0——承台的计算高度,$h_0 = 1.60\text{m}$。

经过计算得:$\alpha_s = 379.56 \times 10^6 / [1.00 \times 16.70 \times 5.00 \times 10^3 \times (1.60 \times 10^3)^2] = 0.002;$

$\xi = 1 - (1 - 2 \times 0.002)^{0.5} = 0.002;$

$\gamma_s = 1 - 0.002/2 = 0.999;$

$A_s = 379.56 \times 10^6 / (0.999 \times 1.60 \times 300.00) = 791.46 \text{mm}^2。$

由于最小配筋率为 0.15%,所以最小配筋面积为:$5000.00 \times 1650.00 \times 0.15\% = 12375.00 \text{mm}^2$。

故取 $A_s = 12375.00 \text{mm}^2$。

1.9.2 案例二(四桩基础计算)

杭州市某工程,属于框剪结构,地上 23 层,地下 2 层,建筑高度为 90.000m,标准层层高 4.000m,总建筑面积为 30000.00m²,总工期 600 天,施工单位为浙江某建筑工程公司。

1. 塔吊的基本参数信息

塔吊型号:QTZ63,

塔吊起升高度 $H = 101.000\text{m}$,

塔吊倾覆力矩 $M = 630 \text{kN} \cdot \text{m}$,

混凝土强度等级:C35,

塔身宽度 $B = 2.5\text{m}$,

基础以上土的厚度 $D=1.500m$，

自重 $F_1=450.8kN$，

基础承台厚度 $H_c=1.000m$，

最大起重荷载 $F_2=60kN$，

基础承台宽度 $B_c=5.000m$，

桩钢筋级别：HRB335 级钢，

桩直径或者方桩边长 $=0.600m$，

桩间距 $a=3.5m$，

承台箍筋间距 $S=200.000mm$，

承台混凝土的保护层厚度 $=50.000mm$。

2. 塔吊基础承台顶面的竖向力和弯矩计算

塔吊自重（包括压重）$F_1=450.80kN$，

塔吊最大起重荷载 $F_2=60.00kN$，

作用于桩基承台顶面的竖向力 $F=1.2\times(F_1+F_2)=612.96kN$，

塔吊的倾覆力矩 $M=1.4\times630.00=882.00kN$。

3. 矩形承台弯矩及单桩桩顶竖向力的计算

图 4-21 中 x 轴的方向是随机变化的，设计计算时应按照倾覆力矩 M 最不利方向进行验算。

（1）桩顶竖向力的计算：依据《建筑桩基技术规范》(JGJ 94—94) 第 5.1.1 条。

$$N_i=\frac{F+G}{n}\pm\frac{M_x y_i}{\sum y_i^2}\pm\frac{M_y x_i}{\sum x_i^2}$$

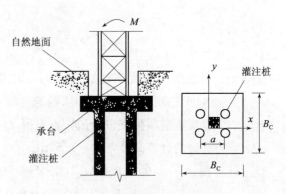

图 4-21 矩形承台计算简图

式中 n——单桩个数，$n=4$；

F——作用于桩基承台顶面的竖向力设计值，$F=612.96kN$；

G——桩基承台的自重；

$$G=1.2\times(25\times B_c\times B_c\times H_c/4+20\times B_c\times B_c\times D/4)$$
$$=1.2\times(25\times5.00\times5.00\times1.00+20\times5.00\times5.00\times1.50)=1650.00kN;$$

M_x,M_y——承台底面的弯矩设计值，取 $882.00kN\cdot m$；

x_i,y_i——单桩相对承台中心轴的 X、Y 方向距离 $a/2=1.75m$；

N_i——单桩桩顶竖向力设计值（kN）。

经计算得到单桩桩顶竖向力设计值。

最大压力： $N=(612.96+1650.00)/4+882.00\times1.75/(4\times1.75^2)=691.74kN$。

（2）矩形承台弯矩的计算：依据《建筑桩基技术规范》(JGJ94—94) 第 5.6.1 条。

式中 M_{x1},M_{y1}——计算截面处 X、Y 方向的弯矩设计值（kN·m）；

x_i,y_i——单桩相对承台中心轴的 X、Y 方向距离取 $a/2-B/2=0.50m$；

N_{i1}——扣除承台自重的单桩桩顶竖向力设计值（kN），$N_{i1}=N_i-G/n=279.24kN/m^2$；

经过计算得到弯矩设计值：
$$M_{x1}=M_{y1}=2\times 279.24\times 0.50=279.24 \text{kN}\cdot\text{m}$$

4. 矩形承台截面主筋的计算

依据《混凝土结构设计规范》(GB 50010—2002)第 7.2.1 条受弯构件承载力计算。

$$\alpha_s=\frac{M}{\alpha_1 f_c b h_0^2}$$

$$\xi=1-\sqrt{1-2\alpha_s}$$

$$\gamma_s=1-\xi/2$$

$$A_s=\frac{M}{\gamma_s h_0 f_y}$$

式中 α_1——系数，当混凝土强度不超过 C50 时，α_1 取为 1.0，当混凝土强度等级为 C80 时，α_1 取为 0.94，期间按线性内插法得 1.00；

f_c——混凝土抗压强度设计值查表得 16.70N/mm²；

h_0——承台的计算高度 H_c－50.00＝950.00mm；

f_y——钢筋受拉强度设计值，$f_y=300.00$N/mm²。

经过计算得：$\alpha_s=279.24\times 10^6/(1.00\times 16.70\times 5000.00\times 950.00^2)=0.004$；

$\xi=1-(1-2\times 0.004)^{0.5}=0.004$；

$\gamma_s=1-0.004/2=0.998$；

$A_{sx}=A_{sy}=279.24\times 10^6/(0.998\times 950.00\times 300.00)=981.61 \text{mm}^2$。

5. 矩形承台斜截面抗剪切计算

依据《建筑桩基技术规范》(JGJ 94—94)第 5.6.8 条和第 5.6.11 条。

根据第二步的计算方案可以得到 X、Y 方向桩对矩形承台的最大剪切力，考虑对称性，记为 $V=691.74$kN 我们考虑承台配置箍筋的情况，斜截面受剪承载力满足下面公式：

$$\gamma_0 V \leqslant \beta f_c b_0 h_0$$

式中 γ_0——建筑桩基重要性系数，取 1.00；

b_0——承台计算截面处的计算宽度，$b_0=5000$mm；

h_0——承台计算截面处的计算高度，$h_0=950$mm；

λ——计算截面的剪跨比，$\lambda_x=a_x/h_0$，$\lambda_y=a_y/h_0$。

此处，a_x、a_y 为柱边(墙边)或承台变阶处至 x,y 方向计算一排桩的桩边的水平距离，得 $(B_c/2-B/2)-(B_c/2-a/2)=500.00$mm；

当 $\lambda<0.3$ 时，取 $\lambda=0.3$；当 $\lambda>3$ 时，取 $\lambda=3$，满足 0.3～3.0 范围；

在 0.3～3.0 范围内按插值法取值，得 $\lambda=0.53$；

β——剪切系数，当 $0.3\leqslant\lambda<1.4$ 时，$\beta=0.12/(\lambda+0.3)$；当 $1.4\leqslant\lambda\leqslant 3.0$ 时，$\beta=0.2/(\lambda+1.5)$，得 $\beta=0.15$；

f_c——混凝土轴心抗压强度设计值，$f_c=16.70$N/mm²；

f_y——钢筋受拉强度设计值，$f_y=300.00$N/mm²；

S——箍筋的间距，$S=200$mm。

则 $1.00\times 691.74=6.92\times 10^5N\leqslant 0.15\times 16.70\times 5000\times 950=1.19\times 10^7$N；

经过计算承台已满足抗剪要求，只需构造配箍筋！

6. 桩承载力验算

桩承载力计算依据《建筑桩基技术规范》(JGJ94—94) 第4.1.1条。

根据第二步的计算方案可以得到桩的轴向压力设计值，取其中最大值 $N=691.74\text{kN}$；

桩顶轴向压力设计值应满足下面的公式：

$$\gamma_0 N \leqslant f_c A$$

式中　γ_0——建筑桩基重要性系数，取1.00；

f_c——混凝土轴心抗压强度设计值，$f_c=16.70\text{N/mm}^2$；

A——桩的截面面积，$A=2.83\times 10^5 \text{mm}^2$。

则 $1.00\times 691740.00=6.92\times 10^5\text{N} \leqslant 16.70\times 2.83\times 10^5=4.72\times 10^6\text{N}$；

经过计算得到桩顶轴向压力设计值满足要求，只需构造配筋！

7. 桩竖向极限承载力验算

桩承载力计算依据《建筑桩基技术规范》(JGJ94—94) 第5.2.2—3条；

根据第二步的计算方案可以得到桩的轴向压力设计值，取其中最大值 $N=691.74\text{kN}$；

单桩竖向承载力设计值按下面的公式计算：

$$R=\eta_s Q_{sk}/\gamma_s + \eta_p Q_{pk}/\gamma_p + \eta_c Q_{ck}/\gamma_c$$

式中　　R——单桩的竖向承载力设计值；

Q_{sk}——单桩总极限侧阻力标准值：

$$Q_{sk}=\mu \sum q_{sik} l_i$$

Q_{pk}——单桩总极限端阻力标准值：

$$Q_{pk}=q_{ak} A_p$$

Q_{ck}——相应于任一复合基桩的承台底地基土总极限阻力标准值：

$$Q_{ck}=q_{ck} \cdot A_c/n$$

q_{ck}——承台底1/2承台宽度深度范围（$\leqslant 5\text{m}$）内地基土极限阻力标准值，取 $q_{ck}=500.000\text{kPa}$；

A_c——承台底地基土净面积；取 $A_c=5.000\times 5.000-4\times 0.283=23.869\text{m}^2$；

n——桩数量；取 $n=4$；

η_c——承台底土阻力群桩效应系数；按下式取值：

$$\eta_c = \eta_c^i \frac{A_c^i}{A_c} + \eta_c^e \frac{A_c^e}{A_c}$$

η_s, η_p, η_c——分别为桩侧阻群桩效应系数，桩端阻群桩效应系数，承台底土阻力群桩效应系数；

$\gamma_s, \gamma_p, \gamma_c$——分别为桩侧阻抗力分项系数，桩端阻抗力分项系数，承台底土阻抗力分项系数；

q_{sik}——桩侧第 i 层土的极限侧阻力标准值；

q_{pk}——极限端阻力标准值；

u——桩身的周长，$u=1.885\text{m}$；

A_p——桩端面积，取 $A_p=0.283\text{m}^2$；

l_i——第 i 层土层的厚度。

各土层厚度及阻力标准值如下表：

序　号	土厚度（m）	土侧阻力标准值（kPa）	土端阻力标准值（kPa）	土　名　称
1	4.00	22.00	1350.00	黏性土
2	12.00	58.00	2500.00	黏性土

由于桩的入土深度为 10.00m，所以桩端是在第 2 层土层。

单桩竖向承载力验算：$R = 1.88 \times (4.00 \times 22.00 \times 0.99 + 6.00 \times 58.00 \times 0.99)/1.67 + 1.15 \times 2500.00 \times 0.283/1.67 + 0.55 \times (500.000 \times 23.869/4)/1.650 = 1.97 \times 10^3$ kN > $N = 691.74$ kN；

上式计算的 R 的值大于最大压力 691.74kN，所以满足要求！

1.9.3　案例三（附着计算）

杭州市某工程，属于框剪结构，地上 23 层，地下 2 层，建筑高度为 90.000m，标准层层高 4.000m，总建筑面积为 30000.00m²，总工期 600 天，施工单位为浙江某建筑工程公司。

塔机安装位置至附墙或建筑物距离超过使用说明规定时，需要增设附着杆，附着杆与附墙连接或者附着杆与建筑物连接的两支座间距改变时，必须进行附着计算。主要包括附着支座计算、附着杆计算、锚固环计算。

1. 支座力计算

塔机按照说明书与建筑物附着时，最上面一道附着装置的负荷最大，因此以此道附着杆的负荷作为设计或校核附着杆截面的依据。

附着式塔机的塔身可以简化为一个带悬臂的刚性支撑连续梁，其内力及支座反力计算如下（图 4-22）：

风荷载取值：$Q = 0.22$ kN；

塔吊的最大倾覆力矩：$M = 500.00$ kN；

计算结果：$N_w = 30.4603$ kN。

2. 附着杆内力计算（图 4-23）

计算单元的平衡方程：

$$\sum F_x = 0$$

$$T_1 \cos\alpha_1 + T_2 \cos\alpha_2 - T_3 \cos\alpha_3 = -N_w \cos\theta$$

$$\sum F_y = 0$$

$$T_1 \sin\alpha_1 + T_2 \sin\alpha_2 + T_3 \sin\alpha_3 = -N_w \sin\theta$$

$$\sum M_o = 0$$

$T_1[(b_1+c/2)\cos\alpha_1 - (a_1+c/2)\sin\alpha_1] + T_2[(b_1+c/2)\cos\alpha_2 - (a_1+c/2)\sin\alpha_2] + T_3[-(b_1+c/2)\cos\alpha_3 + (a_2-a_1-c/2)\sin\alpha_3] = M_w$

其中：

$$a_1 = \arctan[b_1/a_1] \quad a_2 = \arctan[b_1/(a_1+c)] \quad a_3 = \arctan[b_1/(a_2-a_1-c)]$$

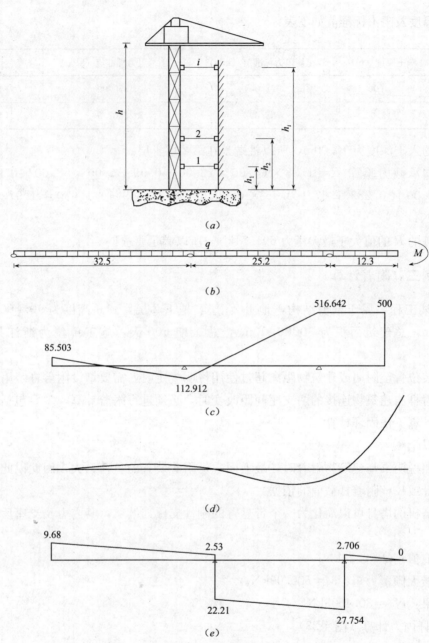

图 4-22 塔吊支座内力图

(a) 塔吊示意图；(b) 受力情况图；(c) 弯矩图；(d) 变形图；(e) 剪力图

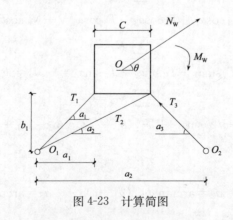

图 4-23 计算简图

(1) 第一种工况的计算：

塔机满载工作，风向垂直于起重臂，考虑塔身在最上层截面的回转惯性力产生的扭矩和风荷载扭矩。

将上面的方程组求解，其中 θ 从 $0°\sim360°$ 循环，分别取正负两种情况，求得各附着最大的。塔机满载工作，风向垂直于起重臂，考虑塔身在最上层截面的回转惯性力产生的扭矩和。

杆 1 的最大轴向压力为：50.36kN；

杆 2 的最大轴向压力为：0.00kN；

杆 3 的最大轴向压力为：25.74kN；

杆 1 的最大轴向拉力为：3.49kN；

杆 2 的最大轴向拉力为：28.67kN；

杆 3 的最大轴向拉力为：35.60kN。

(2) 第二种工况的计算：

塔机非工作状态，风向顺着起重臂，不考虑扭矩的影响。

将上面的方程组求解，其中 $\theta=45°、135°、225°、315°$，$M_w=0$，分别求得各附着最大的轴压和轴拉力。

杆 1 的最大轴向压力为：26.92kN；

杆 2 的最大轴向压力为：4.32kN；

杆 3 的最大轴向压力为：30.47kN；

杆 1 的最大轴向拉力为：26.92kN；

杆 2 的最大轴向拉力为：4.32kN；

杆 3 的最大轴向拉力为：30.47kN。

(3) 附着杆强度验算：

(1) 杆件轴心受拉强度验算：验算公式：$\sigma=N/A_n \leqslant f$

式中　σ——杆件的受拉应力；

N——杆件的最大轴向拉力，取 $N=35.605$kN；

A_n——杆件的截面面积，本工程选取的是 10 号工字钢。

查表可知 $A_n=1430.00\text{mm}^2$。

经计算，杆件的最大受拉应力 $\sigma=35604.735/1430.00=24.898\text{N/mm}^2$，

最大拉应力不大于拉杆的允许拉应力 215N/mm^2，满足要求。

(2) 杆件轴心受压强度验算：验算公式：$\sigma=N/\varphi A_n \leqslant f$

式中　σ——杆件的受压应力；

N——杆件的轴向压力，杆 1：取 $N=50.361$kN；

杆 2：取 $N=4.319$kN；杆 3：取 $N=30.466$kN；

A_n——杆件的截面面积，本工程选取的是 10 号工字钢。

查表可知 $A_n=1430.00\text{mm}^2$。

λ——杆件长细比，杆 1：取 $\lambda=121$，杆 2：取 $\lambda=147$，杆 3：取 $\lambda=121$

φ——杆件的受压稳定系数，是根据 λ 查表计算得：

杆 1：取 $\varphi=0.432$，杆 2：取 $\varphi=0.318$，杆 3：取 $\varphi=0.432$；

经计算，杆件的最大受压应力 $\sigma=81.522\text{N/mm}^2$，

最大拉应力不大于拉杆的允许拉应力 215N/mm²，满足要求。

4. 附着支座连接的计算

附着支座与建筑物的连接多采用与预埋件在建筑物构件上的螺栓连接。预埋螺栓的规格和施工要求如果说明书没有规定，应该按照下面要求确定：

(1) 预埋螺栓必须用 Q235 钢制作；

(2) 附着的建筑物构件混凝土强度等级不应低于 C20；

(3) 预埋螺栓的直径大于 24mm；

(4) 预埋螺栓的埋入长度和数量满足下面要求：

$$0.75n\pi dl f = N$$

式中　n——预埋螺栓数量；

　　　d——预埋螺栓直径；

　　　l——预埋螺栓埋入长度；

　　　f——预埋螺栓与混凝土粘结强度（C20 为 1.5N/mm²，C30 为 3.0N/mm²）；

　　　N——附着杆的轴向力。

(5) 预埋螺栓数量，单耳支座不少于 4 只，双耳支座不少于 8 只；预埋螺栓埋入长度不少于 15d；螺栓埋入端应作弯钩并加横向锚固钢筋。

5. 附着设计与施工的注意事项

锚固装置附着杆在建筑结构上的固定点要满足以下原则：

(1) 附着固定点应设置在丁字墙（承重隔墙和外墙交汇点）和外墙转角处，切不可设置在轻质隔墙与外墙汇交的节点处；

(2) 对于框架结构，附着点宜布置在靠近柱根部；

(3) 在无外墙转角或承重隔墙可利用的情况下，可以通过窗洞使附着杆固定在承重内墙上；

(4) 附着固定点应布设在靠近楼板处，以利于传力和便于安装。

1.9.4　案例四（稳定性计算）

杭州市某工程，属于框剪结构，地上 23 层，地下 2 层，建筑高度为 90.000m，标准层层高 4.000m，总建筑面积为 30000.00m²，总工期 600 天，施工单位为浙江某建筑工程公司。

1. 塔吊有荷载时稳定性验算

塔吊有荷载时，计算简图（图 4-24）：

塔吊有荷载时，稳定安全系数可按下式验算：

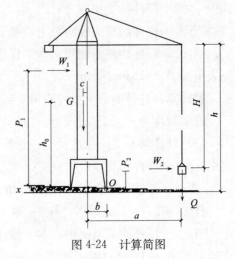

图 4-24　计算简图

$$K_1 = \frac{1}{Q(a-b)}\left[G(c - h_0 \sin\alpha + b) - \frac{Q_v(a-b)}{gt}\right.$$

$$\left. - W_1 P_1 - W_2 P_2 - \frac{Qn^2 ah}{900 - Hn^2}\right] \geqslant 1.15$$

式中　K_1——塔吊有荷载时稳定安全系数，允许稳定安全系数最小取 1.15；

　　　G——塔吊自重力（包括配重，压重），$G = 400.00$kN；

　　　c——塔吊重心至旋转中心的距离，$c = 1.50$m；

h_0——塔吊重心至支承平面距离，$h_0=6.00$m；

b——塔吊旋转中心至倾覆边缘的距离，$b=2.50$m；

Q——最大工作荷载，$Q=100.00$kN；

g——重力加速度 m/s²，取 9.81；

v——起升速度，$v=0.50$m/s；

t——制动时间，$t=20.00$s；

a——塔吊旋转中心至悬挂物重心的水平距离，$a=15.00$m；

W_1——作用在塔吊上的风力，$W_1=4.00$kN；

W_2——作用在荷载上的风力，$W_2=0.30$kN；

P_1——自 W_1 作用线至倾覆点的垂直距离，$P_1=8.00$m；

P_2——自 W_2 作用线至倾覆点的垂直距离，$P_2=2.50$m；

h——吊杆端部至支承平面的垂直距离，$h=30.00$m；

n——塔吊的旋转速度，$n=1.00$r/min；

H——吊杆端部到重物最低位置时的重心距离，$H=28.00$m；

α——塔吊的倾斜角（轨道或道路的坡度），$\alpha=2°$。

经过计算得到 $K_1=1.184$；

由于 $K_1 \geq 1.15$，所以当塔吊有荷载时，稳定安全系数满足要求！

2. 塔吊无荷载时稳定性验算

塔吊无荷载时，计算简图（图 4-25）：

塔吊无荷载时，稳定安全系数可按下式验算：

$$K_2=\frac{G_1(b+c_1-h_1\sin\alpha)}{G_2(c_2-b+h_2\sin\alpha)+W_3P_3} \geq 1.15$$

式中 K_2——塔吊无荷载时稳定安全系数，允许稳定安全系数最小取 1.15；

G_1——后倾覆点前面塔吊各部分的重力，$G_1=320.00$kN；

c_1——G_1 至旋转中心的距离，$c_1=2.00$m；

b——塔吊旋转中心至倾覆边缘的距离，$b=2.00$m；

h_1——G_1 至支承平面的距离，$h_1=6.00$m；

G_2——使塔吊倾覆部分的重力，$G_2=80.00$kN；

c_2——G_2 至旋转中心的距离，$c_2=3.50$m；

h_2——G_2 至支承平面的距离，$h_2=30.00$m；

W_3——作用在塔吊上的风力，$W_3=5.00$kN；

P_3——W_3 至倾覆点的距离，$P_3=15.00$m；

α——塔吊的倾斜角（轨道或道路的坡度），$\alpha=2°$。

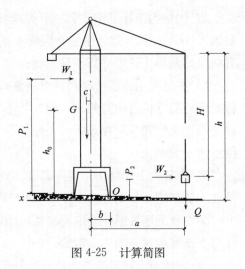

图 4-25 计算简图

经过计算得到 $K_2=4.351$；

由于 $K_2 \geq 1.15$，所以当塔吊无荷载时，稳定安全系数满足要求！

1.9.5 案例五（QTZ63自升塔式起重机的安装与拆卸方案）

QTZ63自升塔式起重机是由浙江虎霸建设机械有限公司及重庆升立建设机械集团公司设计的新型建筑用塔式起重机，该机为水平臂架，小车变幅，上回转自升式多用途塔机，其标准臂长为45m，加长臂可达50m，最大起重量为6t，额定起重力矩为76t·m（45m臂）最大起重力矩为87t·m。它由金属结构、工作机构、液压顶升系统、绳轮系统及倍率装置和电气控制系统组成。其中金属结构主要包括：塔身标准节、起重臂、平衡臂、爬升架以及附着架等；工作机构包括：起升机构、回转机构、小车牵引机构等。

本工程根据施工组织设计的要求选用独立固定式工作方式，最大起升高为40m。

1. 塔式起重机安装程序及要求

QTZ63B固定式自升塔式起重机的最大安装高度约17m（距地面），最大安装重量为6.3t，最大安装重量重心高度为9.5m（距地面），选用一台20t的汽车吊装。

（1）安装前的准备工作：

1）了解现场布局和土质情况，清理障碍物。

2）根据建筑物的布局决定基础的铺设位置，按混凝土基础图上所规定的技术要求进行基础设置。注意：地基必须夯实到能承受0.13MPa的载荷。

3）准备吊装机械以及足量的钢丝、杉木、旧钢丝绳、绳扣等常用工具。

（2）安装步骤：塔机采用固定式工作时，起升高度40m自上而下的组成为：混凝土基础，2节标准节Ⅰ，8节标准节Ⅱ，6节标准节Ⅲ，下支座和上面回转部分。

1）先将两节标准节Ⅰ和一节标准节Ⅱ用16个M30高强度螺栓连接为一体（螺栓的预紧力矩为2.5kN·m），然后吊装在混凝土基础上面，并用8个M30高强度螺栓固定好，安装时注意有踏步的两根主弦要平行于建筑物。

2）在地面上将爬升架栏杆等拼装成整体，并装好液压系统，然后将爬升架吊起，套在三节标准节外面（值得注意的是，爬升架的外伸框架要与建筑物方向平行，以便施工完成后拆塔），并使套架上的爬爪搁在最下一个标准节Ⅰ的下一个踏步上（套架上有油缸的一面对准塔身上有踏步的一面套入）。

3）在地面上先将上下支座以及回转机构，回转支承，平台等装为一体，然后将这一套部件吊起安装在塔身节上，有8个M30的高强度螺栓将下支座与塔身节相连（注意：回转支承与上、下支座的连接螺栓一定要拧紧，预紧力矩为640N·m，开动液压系统，使爬升架上升，装好与下支座相对连的4个销轴。

4）在地面上将塔顶与平衡臂拉杆的第一节用销轴连好，然后吊起，用4个销轴与上支座连接，安装塔顶时要注意区分塔顶哪边是与起重臂相连，此边回转限位器和司机室处于同一侧。

5）在平地上拼装好平衡臂，并将卷扬机、配电箱等装在平衡臂上，接好各部分所需的电线，然后将平衡臂吊起来与上支座用销轴固接完毕后，再抬起平衡臂与水平线成一角度至平衡拉杆的安装位置，装好平衡臂拉杆后，再将吊车卸载。

6）吊起重2.2t的平衡重一块，放在平衡臂最根部的一块配重处。

7）在地面上，先将司机室的各电气设备检查好以后，将司机室吊起到上支座的上面，然后用销轴将司机室与上支座连接好。

8）起重臂与起重臂拉杆的安装：

① 起重臂节的配置见说明书，次序不得混乱。

② 按照说明书组合吊臂长度，用相应销轴把它们装配在一起，把第Ⅰ节臂和第Ⅱ节臂连接后，装上小车，并把小车固定在吊臂根部，指导吊臂搁置在 1m 高左右的支架上，使小车离开地面装上小车牵引机构。所有销轴都要装上开口销，并将开口销充分打开。

③ 按照说明书组全吊臂拉杆，用销轴把它们连接起来，置在吊臂上弦杆上的拉杆架内。

④ 检查吊臂上的电路是否完善，并穿绕小车牵引钢丝绳。先不穿绕起升钢丝绳。

⑤ 用汽车起重机将吊臂总体平稳提升，提升中必须保持吊臂处于水平位置，使得吊臂能够顺利地安装到上支座的吊臂铰点上。

⑥ 在吊臂连接完毕后，继续提升吊臂，使吊臂头部稍微抬起。

⑦ 这时穿绕起升绳，开动起升机构拉起拉杆，先使短拉杆的连接板能够用销轴连接到塔顶相应的拉板上，然后再开动起升机构调整长位杆的高度位置，使得长拉杆的连接板也能够用销轴连接到塔顶相应的拉板上。

注意：这时汽车吊使吊臂头部稍微抬起，当开动起升机构时，起升绳拉起起重臂拉杆，起重臂拉杆并不受力，否则起升机构负不起这么大的载荷。

⑧ 把吊臂缓慢放下，使拉杆处于拉紧状态。

9）吊装平衡重：根据所使用的臂架长度，按规定安装不同重量的平衡量（50m 臂，平衡重 12t，45m 臂，平衡重 11t）然后在各平衡重块之间用板连接成串。

10）穿绕起升钢丝绳，将起升钢丝绳引经塔顶导向滑轮后，绕过在起重臂根部上的起重量限制器滑轮，再引向小车滑轮与吊钩滑轮穿绕，最后，将绳端固定在臂头上。

11）把小车升至最根部使小车与吊臂碰块撞车，转动小车上带有棘轮的小储绳卷筒，把牵引绳尽力张紧。

（3）塔身标准节的安装方法及顺序：

1）由于塔身标准节主弦杆的规格有三种，因此，在安装标准节时，应根据标准节Ⅰ、Ⅱ、Ⅲ依次从下到上安装塔身标准节，独立固定时，从下到上塔身组成为：2节标准节Ⅰ，8节标准Ⅱ，6节标准Ⅲ，严禁次序混乱。

2）将起重臂放置至引入塔身标准节的方向（起重臂位于爬升架上外伸框架的正上方）锁住回转机构。

3）放松电缆长度略大于总的爬升高度。

4）在地面上先将四个引进滚轮固定在塔身标准节下部横腹杆的四个角上，然后吊起标准节并安放在外伸框架上，吊起一个标准节，调整小车位置，使得塔吊的上部重心落在顶升油缸梁的位置上。

5）开动液压系统，将顶升横梁顶在塔身就近一个踏步上，再开动液压系统使活塞杆伸出约 1.25m，稍缩活塞杆，使爬爪搁在塔身的踏步上，然后，油缸全部缩回，重新使顶升横梁顶在塔身上一个踏步上，全部伸出油缸，此时塔身上方恰好能有装入一个标准节，利用引进滚轮在外伸框架滚动，人力把标准节引运在塔身的正下方，对标准节的螺栓连接孔，稍缩油缸至上下标准节接触时用 8 个 M30 高强度螺栓将上下塔身标准节连接牢靠，预紧力矩为 2.5kN·m。卸下引进滚轮调整油缸的伸缩长度，将下支座与塔身连接牢固，即完成一节标准节的加节工作，若连续加几节标准节，则可按照以上步骤连续几次即可。

6）顶升工作全部完成后，可以将爬升架下降到塔身底部并加以固定以降低整个塔机的重心和减少迎风面积。

7) 塔机加节完毕,应空载旋臂架至不同的角度,检查塔身节各接头处,高强度螺栓的拧紧问题(哪一根塔身主弦杆位于平衡臂正下方时,就把此弦杆上从下运载上的所有螺栓拧紧)。

注意事项:

① 顶升过程中必须利用回转机构制动器将吊臂锁住,严禁吊臂回转,保证起重臂与引入塔身标准节的方向一致。

② 若要连续装几个标准节,则每加完一节后,用塔机自身起吊下一个标准节前,塔身与下支座必须连接牢固,至少要连牢对角线上的四个螺栓。

③ 所有标准节的踏步,必须与已有的塔身节对准。

(4) 检查调试:当吊装完毕后,应对各部件及部件的连接处进行一次认真检查,看是否连接可靠正确,检查处的钢丝绳是否处于正常的工作状态。并同时进行电气系统的安装调试,使其各种限位器和力矩限制器等安全装置灵敏可靠。最后进行整体的检查,即每一工序的检查结果均为正常后,方可进行试车运转。

1) 先将起升机械进行试车,将吊车上下进行三次,看钢丝绳在卷筒上面缠绕是否整齐,润滑是否良好,有无断丝和磨损现象,各部位滑轮转动是否灵活、可靠,有无卡塞现象。

2) 对小车变幅机构进行试车,让小车前后运行三次。

3) 以回转机构进行试车,让回转部分左右旋转三次,每次一圈。

(5) 塔机的使用:

1) 塔吊指挥、司机应持证上岗,统一指挥信号,专人负责指挥。了解机械的构造和使用,必须熟知机械的保养和安全操作规程,非安装、维护人员未经许可不可攀登塔机。

2) 塔机正常工作气温为$-20℃\sim+40℃$,风速低于六级。

3) 在夜间工作时,除塔机本身备有照明外,施工现场必须备有充分的照明设备。

4) 塔机必须有良好的电气接地措施,防止雷击,遇有雷雨,严禁在底架附近走动(接地电阻不大于4Ω)。

5) 塔机应定机定人,专机专人负责制,非机组人员不得进入司机室和擅自操作,在处理电气事故时,必须有专职维修人员两人以上。

6) 司机必须在得到指挥信号后,方可进行操作,操作必须鸣笛,操作时要精神集中。

7) 司机必须严格按起重机性能表中规定的幅度和起重量进行工作,不许超载使用。

8) 工作时严禁闲人走近臂架活动范围以内,工作中塔梯上严禁有人,并不得在工作中进行调整或维修机械等作业。

9) 起重机应经常进行检查、维护和保养,传动部分应有足够的润滑油,对易损件必须经常检查、维修或更换,对机械的螺栓,特别是经常振动的零件,如塔身连接螺栓应进行检查是否松动,如有松动必须及时拧紧或更换。

2. 锚固装置的安装与拆卸

(1) 锚固环必须装设在塔身标准节对接处或设置在有水平腹杆的断面处,塔身节主弦杆应视需要加以补强。锚固环必须牢固、紧密地箍紧塔身结构,不得松脱。

(2) 安装和固定附着杆时,必须用经纬仪对塔身结构的垂直度进行检查。如发现塔身偏斜时,应通过调节附着杆的长度进行调直。附着杆件必须安装牢靠,其水平夹角不得大于10°。

(3) 在塔机使用过程中,应经常对锚固装置各个部件及连接件进行仔细检查,如发现有松动或短缺，必须立即加以紧固并补齐。

（4）锚固装置的间距必须符合塔吊使用说明书的规定，锚固完毕后经过详细核查确认安全后，方可投入施工。

（5）一定要使降落塔身与拆除附着杆系同步进行。严禁先期拆卸附着杆，随后再逐节拆卸塔身节，以免骤刮大风造成塔身扭曲倒毁事故。

3. 塔机的拆卸

塔机的拆卸方法与安装方法基本相同，只是工作程序与安装时相反，即后装的先拆，先装的后拆，但是，在拆卸过程中不能马虎大意，否则将发生人身及设备安全事故。

4. 其他特别注意事项

（1）基础混凝土强度达到75%以上才能安装塔机。塔吊的安装是从底架、十字架的安装开始的，先将底架、十字架组好，吊到已验收合格的基础上，抄平，如有不平者，可用薄钢板塞入垫平。塔身与平面的垂直度偏差不得超过2/1000。

（2）塔吊安装与拆除必须是由有资质的专业队伍进行操作，必须有专人负责，统一指挥，安装与拆除前必须组织学习塔吊的设备说明书，严格按说明书的要求进行。

（3）安装与拆除现场必须按规定设警戒线，非安装与拆除作业人员不得随便进入。

（4）六级以上（含六级）大风天气，严禁进行安装与拆除作业。

（5）任何人员上塔帽、吊臂、平衡臂的高空部位检查修理时，必须佩带安全带。

（6）塔吊安装后，须经过主管部门检查验收，合格后方可投入使用。

1.10 塔吊基础专项施工方案实例

1.10.1 编制依据

（1）《塔式起重机使用说明书》；

（2）《岩土工程勘察报告》；

（3）《建筑地基基础设计规范》（GB 50007—2002）；

（4）《建筑地基基础工程施工质量验收规范》（GB 50202—2002）；

（5）《混凝土结构设计规范》（GB 50010—2002）；

（6）《混凝土结构工程施工质量验收规范》（GB 50204—2002）；

（7）《钢结构设计规范》（GB 50017—2003）；

（8）《钢结构工程施工质量验收规范》（GB 50205—2001）；

（9）××大学建筑设计研究院提供的设计施工图纸；

（10）施工现场平面布置图。

1.10.2 工程概况

1. 建筑结构概况

本工程位于××市市府路与惠民路交叉口，南面为在建工程，其他三面临近道路，±0.000相当于黄海高程5.400m，现有自然地面高程4.700m，即相对标高为−0.700m。基础形式为钻孔灌注桩基础。

本工程为两层地下室，负二层底板顶标高－9.800m，板厚600mm，垫层为150mm厚，C15素混凝土找平层150mm厚片石灌砂；基坑设计开挖深度：10.20m（地梁垫层底），10.70m（1300mm高承台垫层底），11.20m（1800mm高承台垫层底）；负一层底板除局部标高－5.300m外，其他均为－5.000m，板厚150～250mm。基坑平面形状呈不规则长方形。

本工程总建筑面积73785m²，其中地上23层，建筑面积52699 m²；地下两层，建筑面积21086 m²；裙房3层与电信楼采用钢结构走廊相连，高度15.3m，层高为5m；主楼高度为98.6m，钢筋混凝土框架—核心筒结构，1～4层层高5m；5～21层层高3.9m；21～23层层高6m；标准层高3.9m。

本工程基础设计等级甲级，建筑结构安全等级为二级，耐火等级二级，地下防水等级一级，屋面防水等级Ⅱ级，抗震设防烈度六度，地下人防按甲类核6级、常6级防空设计。

质安监督：××市质量安全监督总站
建设单位：××集团有限公司
设计单位：××大学建筑设计研究院
勘察单位：××市勘察测绘研究院
监理单位：××工程顾问（上海）有限公司
围护设计单位：××市勘察测绘研究院
施工单位：浙江宝业建设集团有限公司

2. 场区内工程地质及水文地质情况

根据岩土工程勘察报告，基坑开挖深度影响范围内的土层自上而下依次为：

(1) 杂填土：杂色，以黏性土、碎块石、垃圾混杂组成，层厚0.2～2.0m，局部缺失；

(2) 黏土：灰褐色，为地表硬壳层，层厚0.7～1.9m，个别孔缺失；

(3)－1淤泥：灰色，夹薄层粉细砂，下部为淤泥夹细粉砂，层厚8.9～10.3m，全场分布；

(4)－2粉砂夹淤泥：灰色，含少量腐殖物，零星贝壳，淤泥含量在5%～20%，层厚0.8～2.0m，均有分布；

(5)－3淤泥：青灰色，含少量腐殖物，零星贝壳，粉细砂；

(6)－4淤泥质黏土：灰色，含少量腐殖物，局部夹有少量薄层粉细砂，层厚1.5～4.7m，局部缺失；

(7)－1黏土：灰褐、灰绿色，夹少量薄层粉细砂，局部为粉质黏土，层厚1.9～8.6m，局部缺失。

基坑开挖影响深度内地下水主要为孔隙潜水，赋存于杂填土、黏性土及淤积软土层，地下水径流条件复杂，主要由邻近地表水体及大气降水补给，勘察期间测得稳定地下水水位埋深0.95～1.67m，高程为2.79～3.61m；年变化幅度约1.0～2.0m；浅部(3)－2层粉砂夹淤泥土层中，具微承压水，含水层层顶深度11.00～12.00m，厚0.8～2.0m，其透水性受淤泥控制，承压水位在6.0m左右。

3. 周边环境情况

经现场实际踏勘和资料查询，本工程现场条件及现状主要表现为：

施工用地较为狭小，南侧临在建工程，西侧临惠民路，北侧临市府路。

(1) 西侧临惠民路，搭设临时办公区域，临时办公楼为2层×25间/层=50间；

(2) 南侧临在建工程，是工程主出入口，为施工的主要通道及施工操作区，南侧主通道6~8m宽，在主道路上将是施工期间混凝土运输、钢筋运输、材料堆放等主要通道；

(3) 北侧临市府路，此处考虑主要为农民工食堂、宿舍及浴厕等辅助用房。

1.10.3 塔吊概况及计算书

1号塔吊

1. 参数信息

塔吊型号：QTZ63；自重（包括压重）$F_1=480.00$kN，实际安装重量约320kN，最大起重荷载$F_2=60.00$kN，塔吊倾覆力距$M=1000.00$kN·m；混凝土强度：C25，承台采用方形（详见施工图，边长2.5m），承台厚度$H_c=1.20$m 桩外径$d=0.80$m，桩间距$a=1.80$m。

2. 塔吊基础承台顶面的竖向力与弯矩计算

(1) 塔吊自重（包括压重）$F_1=480.00$kN

(2) 塔吊最大起重荷载$F_2=60.00$kN

作用于桩基承台顶面的竖向力$f=F_1+F_2=540.00$kN

塔吊的倾覆力矩$M=850.00$kN·m

承台面积为6.25m²，承台重量$g=25\times6.25\times1.2=187.5$kN

3. 矩形承台弯矩的计算

计算简图如图4-26所示。

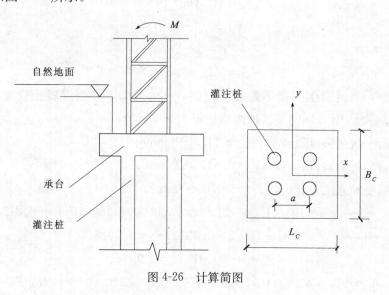

图4-26 计算简图

图中x轴的方向是随机变化的，设计计算时应按照倾覆力矩M最不利方向进行验算。

桩顶竖向力的计算（依据《建筑桩基技术规范》JGJ 94—2008 的第4.1条）

$$N_i=\frac{F+G}{n}\pm\frac{M_x y_i}{\sum y_i^2}\pm\frac{M_y x_i}{\sum x_i^2}$$

其中　n——单桩个数，$n=4$；

　　　F——作用于桩基承台顶面的竖向力标准值；

　　　G——桩基承台的自重；

M_x，M_y——承台底面的弯矩设计值（kN·m）；

x_i，y_i——单桩相对承台中心轴的 XY 方向距离（m）；

N_i——单桩桩顶竖向力设计值（kN）。

经计算得到单桩桩顶竖向力标准值：

最大压力：

$$N=(540.00+187.5)/4+1000.00/1.414/1.8=182+392.9=574.9\text{kN}$$

拔力：

$$N_2=1000/1.8/1.414-(130+320+13)/4=277\text{kN}$$

4. 矩形承台截面主筋的计算

依据《建筑桩技术规范》(JGJ 94—2008) 的第 5.6.1 条

$$M_x=\sum N_i y_i$$
$$M_y=\sum N_i x_i$$

式中 M_x，M_y——计算截面处 XY 方向的弯矩设计值；

x_i，y_i——单桩相对承台中心轴的 XY 方向距离取 $a/2-B/2=0.05\text{m}$；

N_{i1}——扣除承台自重的单桩桩顶竖向力设计值，$N_{i1}=N_i-G/n=574.9-480/4=454.9\text{kN}$。

经过计算得到弯矩设计值：$M_x=M_y=2\times454.9\times0.05=45.5\text{kN}\cdot\text{m}$。

依据《混凝土结构设计规范》(GB 50010—2002) 第 7.2 条受弯构件承载力计算

$$\alpha_s=M/(\alpha_1 f_c b h_0^2)$$
$$\zeta=1-(1-2\alpha_s)^{1/2}$$
$$\gamma_s=1-\zeta/2$$
$$A_s=M/(\gamma_s h_0 f_y)$$

式中 α_1——系数，当混凝土强度不超过 C50 时，α_1 取为 1.0，当混凝土强度等级为 C80 时，α_1 取为 0.94，期间按线性内插法得 1.00；

f_c——混凝土抗压强度设计值查表得 11.90N/mm^2；

h_0——承台的计算高度：$H_c-50.00=1150.00\text{mm}$；

f_y——钢筋受拉强度设计值，$f_y=300.00\text{N/mm}^2$。

经过计算得：$\alpha_s=45.5\times10^6/(1.00\times11.90\times2500.00\times1150.00^2)=0.0012$；

$$\xi=1-(1-2\times0.0012)^{0.5}=0.0012；$$
$$\gamma_s=1-0.0012/2=0.999；$$
$$A_{sx}=A_{sy}=45.5\times10^6/(0.999\times1150.00\times300.00)=132\text{mm}^2。$$

由于最小配筋率为 0.15%，所以构造最小配筋面积为：

$2500.00\times1200.00\times0.15\%=4500.00\text{mm}^2$。

配直径 20mm HRB335 钢筋 18 根即承台底面单向根数 18 根，实际配筋值 5655mm^2。

5. 桩承载力验算

桩承载力计算依据《建筑桩基技术规范》(JGJ 94—2008) 的第 4.1 条，根据第二步的计算方案可以得到桩的轴向压力设计值，取其中最大值 $Q_{uk}=2N=1149.8\text{kN}$。

桩顶轴向压力设计值应满足下面的公式：

$$\gamma_0 N \leqslant f_c A$$

式中 γ_0——建筑桩基重要性系数,取 1.0;

f_c——混凝土轴心抗压强度设计值,$f_c=11.9\text{N/mm}^2$;

A——桩的截面面积,$A=0.4\text{m}^2$。

经过计算得到桩顶轴向压力设计值满足要求,只需按构造配筋!

6. 桩竖向极限承载力验算及桩长计算

桩承载力计算依据《建筑桩基技术规范》(JGJ 94—2008)的第 5.2 条

桩竖向极限承载力应满足下面的公式:

$$Q_{Uk}=Q_{sk}+Q_{pk}=u\sum_{i=1}^{n}q_{sik}l_i+q_{pk}A_P$$

其中 q_{sik}——桩侧第 i 层土的极限侧阻力标准值,取值如下表;

q_{pk}——桩侧第 i 层土的极限端阻力标准值,取值如下表;

u——桩身的周长,$u=2.512\text{m}$;

A_p——桩端面积,取 $A_p=0.5\text{m}^2$;

l_i——第 i 层土层的厚度,取值见表 4-5;

第 i 层土层厚度及阻力值   表 4-5

序 号	第 i 层厚度(m)	第 i 层土侧阻力特征值(kPa)	第 i 层土端阻力特征值(kPa)
1	5.3	10	
2	8.3	16	
3	5	24	
4	4.3	46	450
5	5.5	34	330

由于桩的入土深度为 24.3m,所以桩端是在第 5 层土层,进入持力层深度 1.4m。

最大压力验算:

$Q_{uk}=2.512×(10×5.3+16×8.3+24×5+46×4.3+34×1.4)+330.00×0.5$

$=1384.6+165=1549.6\text{kN}$

上式计算的值大于桩的轴向压力设计值 1149.8kN,所以满足要求!

7. 桩抗拔验算

桩自重:$G_p=0.8×0.8×0.7854×25×15=188.5\text{kN}$

抗拔承载力 $T_{uk}=1384.6×0.7/2=484.6\text{kN}$

$$N_k=G_p+T_{uk}=188.5+484.6=673.1\text{kN}$$

大于桩拉力 2 倍,满足要求。

2 号塔吊

1. 参数信息

塔吊型号:TC5810;自重(包括压重)$F_1=480.00\text{kN}$,实际独立安装重量约 320kN,最大起重荷载 $F_2=60.00\text{kN}$,塔吊倾覆力矩 $M=1000.00\text{kN·m}$。

混凝土强度:C25,钢筋级别:HPB335 级,承台采用方形(详见施工图,边长 3.6m),桩外径 $d=0.80\text{m}$,桩间距 $a=2.20\text{m}$,承台厚度 $H_c=1.35\text{m}$。

2. 塔吊基础承台顶面的竖向力与弯矩计算

(1) 塔吊自重(包括压重)$F_1=480.00\text{kN}$

（2）塔吊最大起重荷载 $F_2=60.00\text{kN}$

作用于桩基承台顶面的竖向力 $F=F_1+F_2=540.00\text{kN}$

塔吊的倾覆力矩 $M=1000.00\text{kN.m}$

承台体积为 17.5m^3，承台重量 $g=25\times14.44=437.5\text{kN}$

3. 矩形承台弯矩的计算

计算简图如图 4-27 所示。

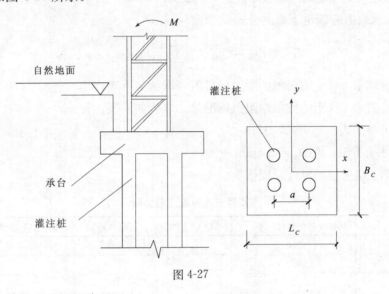

图 4-27

图中 x 轴的方向是随机变化的，设计计算时应按照倾覆力矩 M 最不利方向进行验算。

桩顶竖向力的计算，依据《建筑桩基技术规范》JGJ 94—2008 的第 5.1.1 条

$$N_i=\frac{F+G}{n}\pm\frac{M_xy_i}{\sum y_i^2}\pm\frac{M_yx_i}{\sum x_i^2}$$

其中　　n——单桩个数，$n=4$；

F——作用于桩基承台顶面的竖向力设计值；

G——桩基承台的自重；

M_x,M_y——承台底面的弯矩设计值（kN·m）；

x_i,y_i——单桩相对承台中心轴的 XY 方向距离（m）；

N_i——单桩桩顶竖向力设计值（kN）。

经计算得到单桩桩顶竖向力标准值：

最大压力：

$N=(540.00+437)/4+1000.00/1.414/2.2=244.25+321.5=565.75\text{kN}$

拔力：$N_2=1000/2.2/1.414-(437+320+13)/4=129.25\text{KN}$

4. 矩形承台截面主筋的计算

由于弯矩设计值很小（计算略），承台按构造配筋。最小配筋率为 0.15%，所以构造最小配筋面积为：

$3600.00\times1350.00\times0.15\%=7290.00\text{mm}^2$。

配直径 22mmHRB335 钢筋 20 根即承台底面单向根数 20 根，实际配筋值 7603mm^2。

5. 桩承载力验算

桩承载力计算依据《建筑桩技术规范》(JGJ 94—2008)的第5.1条，根据第二步的计算方案可以得到桩的轴向压力设计值，取其中最大值 $Q_{uk}=2N=1131.5\text{kN}$

桩顶轴向压力设计值应满足下面的公式：

$$\gamma_0 N \leqslant f_c A$$

其中 γ_0——建筑桩基重要性系数，取 1.0；

f_c——混凝土轴心抗压强度设计值，$f_c=11.90\text{N/mm}^2$；

A——桩的截面面积，$A=0.5\text{m}^2$。

经过计算得到桩顶轴向压力设计值满足要求，只需按构造配筋！

6. 桩竖向极限承载力验算及桩长计算

依据《建筑桩基础技术规范》(JGJ 94—2008)的第5.2.2条，根据第二步的计算方案可以得到桩的轴向压力标准值。

桩竖向极限承载力验算应满足下面的公式：

$$Q_{Uk}=Q_{sk}+Q_{pk}=u\sum_{i=1}^{n}q_{sik}l_i+q_{pk}A_p$$

其中 q_{sik}——桩侧第 i 层土的极限侧阻力标准值，取值如下表；

q_{pk}——桩侧第 i 层土的极限端阻力标准值，取值如下表；

u——桩身的周长，$u=2.512/2.826\text{m}$；

A_p——桩端面积，取 $A_p=0.5\text{m}^2$；

l_i——第 i 层土层的厚度，取值见表4-6。

第 i 层土层厚度及侧阻力标准值（土支承力从基坑下算起） 表 4-6

序号	第 i 层土厚度（m）	第 i 层土侧阻力特征值（kPa）	第 i 层土端阻力特征值（kPa）
1	5.0	10	
2	8.7	16	
3	6.3	24	
4	9.2	34	330

由于桩的入土深度为 22.72m，所以桩端是在第 4 层土层，进入持力层深度 2.72m。

最大压力验算：

$Q_{uk}=2.512\times(10\times5+8.7\times16+6.3\times24+2.72\times34)+330\times0.5=1252.4\text{kN}$ 满足要求！

7. 桩抗拔验算

桩自重：$G_p=0.8\times0.8\times0.7854\times22\times25=275\text{kN}$

抗拔承载力 $T_{uk}=R\times0.7/2=380\text{kN}$

$$N_k=G_p+T_{uk}=655\text{kN}$$

大于桩拉力 2 倍，满足要求。

1.10.4 塔机位置选择及确定

1. 选择依据

(1) ××大学建筑设计研究院提供设计施工图纸。

(2) 施工现场平面布置图。

2. 选择原则

(1) 力争覆盖整个在建工程作业面，每一塔机起吊运输工作量大体均衡，并互相衔接，满足施工需要。

(2) 塔机基础位置不影响工程桩、承台及上部结构的施工，且方便附着安装。

(3) 确保基坑放坡开挖和支护时对塔基安全不受影响和稳定。

(4) 方便塔机安装及后期拆除。

3. 塔机位置的确定

综合上述要求，根据道路及临时加工区布置情况，经认真分析及经济比较，决定安装QTZ63（5810）、QTZ63（5510）塔机各一台，可以满足正常施工作业要求。

具体位置如下：

1号塔机QTZ63（5510）：安装地下室中的7－8/M－N轴部位。

2号塔机QTZ63（5810）：安装在地下室外的9－10/B轴部位。

详见附图：1号、2号塔机平面布置图。

1.10.5 塔机基础施工与验收

1. 1号塔机QTZ63（5510）

安装地下室中间，采用4根直径为$\phi800$的支撑桩及4根480mm×480mm的钢格构柱支撑系统。支撑桩采用机械钻孔灌注桩，桩身采用C25混凝土，主筋保护层厚度50mm，桩位水平偏差要求≤50mm，垂直度偏差不得大于桩长的0.5%，沉渣厚度＜100mm，坍落度180～220mm，加灌高度1000mm。立柱上部嵌入基础600mm，支撑桩垂直度要求偏差小于1/200，上部钢立柱要求伸入支撑桩2.0m，施工时应采取有效措施防止机械设备对钢立柱的碰撞，钢立柱穿越底板处施工底板时应加止水片，钢立柱采用四根140mm×14mm的角钢和450mm×150mm×8mm的缀条焊接，角钢型号为Q235，焊条采用E43型焊接。详见附图。

2. 2号塔机QTZ63（5810）

安装在地下室外侧，采用2根直径为$\phi900$的围护桩和2根补打直径为$\phi800$的钢筋混凝土灌注桩支撑系统，基础桩采用机械钻孔灌注桩，桩身采用C25混凝土，主筋保护层厚度50mm，桩位水平偏差要求≤50mm，垂直度偏差不得大于桩长的0.5%，沉渣厚度＜100mm，坍落度180～220mm，加灌高度500mm。详见附图。

3. 施工工艺

(1) 钻孔灌注桩施工

1) 测量、放样

测量定位选用高精度的经纬仪和钢卷尺，工程测量基准点埋设用混凝土浇筑固定，并安装防护标志，按施工图纸，将钻孔灌注桩的桩位用钢筋定位。

2) 制泥浆

① 造孔泥浆按以下标准控制：

比重：1.1～1.25g/cm³；

黏度：18～20s；

含砂量：小于4%～8%。

② 循环使用的泥浆采用高压泵供浆，开钻时将储浆池的泥浆打入孔内进行钻孔护壁，钻孔

时排出的废浆经轴流泵排至泥浆池,经沉淀净化的泥浆用泥浆泵打入孔内使用,一次循环,废浆则通过泥浆泵排出。

3) 造孔

① 钻机就位前应对各项准备工作进行检查,钻机就位后,做到平整、稳固,确保施工时不发生倾斜、移位,钻孔中心与施工图纸要求桩位中心偏差应不大于5cm。

② 造孔固壁:采用正循环泥浆固壁。

③ 钻孔成孔工艺:电动机带动钻杆和钻头,由钻头转动切削孔内土层。同时由泥浆泵通过钻孔(空心)将泥浆打入孔底,形成孔内泥浆由孔底向孔口流动,再加上钻头的旋转扰动,将钻渣随泥浆排出孔外,依次循环钻进,直至施工图纸要求深度。

④ 钻孔深度控制:采用钻杆与测绳双控进行监测,并由质检员测记最终钻孔深度,测试沉渣不能大于规范及施工图纸要求。

⑤ 成孔验收:当钻孔达到设计孔深时,项目部质检员会同监理工程师进行检查验收。

⑥ 验收合格后,立即下放钢筋笼和导管。

4) 清孔

利用钻机循环换浆。回转钻机造孔结束后,用高压泥浆通过钻杆供浆,对孔底残渣进行冲洗,废浆由孔口外排。

5) 成孔检验

① 孔深:以钻杆累计长度及标准测绳得到的数据校验后确认。

② 淤积:成孔结束后,用测绳测定的孔深与清孔结束,混凝土浇灌前测定的孔深之差即为淤积厚度,测绳采用标准绳。

③ 钻孔验收项目及标准:

孔径:满足设计要求;

孔深:达到设计要求+10cm;

其他部分严格遵照《建筑桩基技术规范》(JGJ 94——2008)施工。

6) 成孔

① 机具配备:施工前按施工图纸要求孔深配置钻杆,预先由质检员和机长一起丈量,核准其钻头直径和长度,然后请监理方到现场检验,经核准后的器具不得随意更换。若需更换时,必须事先报质检员认可,经监理核查同意后方可更换使用。

本工程成孔采用正循环钻进施工工艺,钻头均选用三翼条形刮刀钻头。钻进孔深达到施工图纸要求等各方确认终孔。

② 正循环钻进参数控制范围如下:施工中应根据地层情况,合理选择钻进参数,一般开孔宜轻压慢转,正常钻进时钻进速度控制在6~8m/h左右,临近终孔前放慢速度以便及时排出钻屑,减少孔内沉渣。根据本工程的地质报告分析和设计要求,本工程钻孔桩桩端进黏土层,同时钻孔深度较大。故根据以上特点配备"双排合金筒式钻头"以加快卵石层进入。

③ 护壁:通过3PN泥浆泵将循环池内的泥浆经钻具泵入孔底,钻头切削土体形成的泥浆及钻屑通过泥浆浮力返至孔口,再通过泥浆循环沟过滤(人工清渣)排入循环池,从而形成泥浆循环系统。

为防止相邻桩串孔影响邻桩的成桩质量,相邻桩的成孔回旋钻进施工以满足4d或成桩不少于36小时为宜。

选用原地层自然造浆，根据不同的地质情况，选用不同的泥浆性能参数来平衡土层的侧压力，以保证孔壁的稳定性，防止塌孔。

泥浆性能参数控制范围如下：

漏斗黏度：18～25S；

泥浆比重：1.20～1.25g/cm³；

含砂率：≤4%。

本工程泥浆性能参数选择原则是：

泥浆比重黏土层控制1.2～1.25g/cm³；砂土层和角砾层控制在1.25～1.35g/cm³。

泥浆性能主要通过上海地质仪器厂生产的NB-1型泥浆比重计来测试，成孔施工中机、班长必须常检测护壁泥浆比重，并根据地层情况调整泥浆性能，以确保成孔质量。

④ 终孔：本工程终孔控制依据为确保有效桩长达设计要求，终孔提钻前必须进行第一次清孔。

7）清孔

清孔是钻孔灌注桩施工重要的一道工序，清孔质量的好坏直接影响水下混凝土灌注施工、桩身质量与承载力的大小。为了保证清孔质量，本工程采用两次清孔。在保证泥浆性能的同时，必须在终孔后清孔一次和灌注前清孔一次。

为保证清孔后沉渣满足设计要求，在钻进将至终孔深度时，减缓钻进速度，使土层颗粒充分水化分散，为清孔的顺利进行，作好必要的前期准备。一清、二清采用正循环清孔。

第一次清孔在成孔结束时进行，用钻具清孔，孔内返出的泥浆经沉淀再经循环池泵入钻具送入孔底循环，时间一般控制在1小时左右。

第二次清孔是在下好钢筋笼和导管后，利用3PN泵向管内输浆，使浆液沉渣经孔底由孔口返出，从而达到钻渣清除干净之目的。第二次清孔结束，孔底内沉渣厚度＜100mm，泥浆性能、沉渣验收合格后，须在30分钟内及时灌注混凝土，否则还须重新验收，必要时再重新清孔。

8）钢筋笼制作与安装

① 采用现场分段制作，分段长度为9m。

② 分段钢筋笼用人工运至孔口，然后由桩机起吊，在孔口焊接后，逐段沉入孔内。

③ 钢筋笼沉放前，由质检员和监理工程师对钢筋笼尺寸、焊接点等进行严格检查，合格后会签"隐蔽工程验收记录"，方可吊运沉放。

④ 钢筋笼保护层采用水泥砂浆预制空心圆盘套入箍筋内实现，沿钢筋笼周边均匀布置3个，空心圆盘外径100mm，盘厚4～5cm，保护层应满足设计要求。

⑤ 钢筋笼起吊时应避免吊钩在箍筋上，要对准孔位，吊起扶直，稳稳放下，避免碰撞孔壁，下放到设计要求位置立即固定。

⑥ 钢筋笼的焊接点和节间搭接焊缝长度按设计和规范要求控制。

⑦ 为使钢筋笼不卡住导管接头，主筋接头的焊接沿环向并列，严禁沿径向并列。

⑧ 格构柱安装：根据设计要求，在现场分段制成成品格构柱，再用汽车吊安装到位。

9）混凝土浇筑

① 混凝土浇筑前，先进行第二次清孔，以保证淤积厚度≤50mm。

② 混凝土浇筑采用垂直导管水下混凝土灌注法，导管内径为250mm、219mm，导管分节长度0.5m和2.5m，第一节底管长度大于4m，节间用丝扣连接，并用橡胶圈密封防水，导管总长度根据孔深和工艺要求配备。

③ 导管使用前，认真检查其完好情况，必要时做压水试验，保证灌注混凝土时孔内泥浆不进入导管内。

④ 导管放置在孔内的中心位置，下放时应先放到孔底，复测以下孔深，然后再提管30～40cm待浇。

⑤ 导管沉放和拆卸由专人依照实际情况进行记录，来控制导管埋入混凝土深度。

⑥ 开浇时采用隔板分隔泥浆与混凝土。孔内与料斗内装满混凝土，并在孔扣平台上贮备好足够的混凝土再开浇，以满足开浇厚使导管底端埋入混凝土中1.0m以上深度的要求，随着混凝土的上升，要适时提升导管和拆卸导管，导管底部埋入混凝土内一般为3～10m，不得小于1.5m，一次提管拆管不得超过6m。

⑦ 在混凝土灌注时，试验人员控制混凝土坍落度为180～220mm，并由专人用测绳经常测量混凝土的上升情况，做好原始记录，防止导管堵塞，埋管及钢筋上浮等情况。

(2) 基础混凝土结构施工

1) 土方开挖至基础底标高应立即进行混凝土垫层施工，垫层混凝土用平板振动器压密实后，用木抹子将表面抹平。

2) 垫层达到一定强度后，在其上弹线、支模、放钢筋网和扎梁筋，并对桩顶进行清理，凿除桩顶超灌部分及浮浆。

3) 模板选用16mm厚胶合板，按施工图中构件的尺寸进行组配设计。

4) 钢筋进场前要按公司的检验与试验程序取样试验，下料前应按施工图纸进行翻样，按施工图中的钢筋规格、尺寸，几何形状等进行制作。钢筋绑扎时，钢筋交叉点全部逐点采用顺扣或八字扣绑扎，扎丝长度根据现场试绑扎后，找出最佳的长度，绑扎完的丝头压在底板钢筋上，方向一致，长度一致，保证扎丝绑扎规矩，钢筋不位移。

5) 在浇筑混凝土前，按照施工图要求，做好塔吊标准节和螺栓的预埋工作，模板和钢筋上的垃圾、泥土和钢筋上油污等杂物，清除干净。

6) 混凝土采用商品混凝土，浇捣前做坍落度测试，配备专业混凝土工进行操作，保证混凝土的密实度，确保混凝土质量。并做好混凝土试块，注意混凝土的养护工作，确保混凝土整体质量。混凝土浇筑完毕，应在混凝土终凝后，硬化前12小时以内，对外露表面加以覆盖保护，浇水养护。在养护期内要经常浇水，保证混凝土处于足够的润湿状态。一般情况下，浇水养护7d。

7) 土方开挖后，应根据开挖深度，对塔吊基础格构柱按设计要求采用14a槽钢焊成"Z"形，增强其稳定性。

8) 沉降观测采用精密水准仪。精度可达0.3mm。沉降观测点在基础施工完后即将沉降观测点安装到位，高度统一在基础面四个角。每月进行沉降观测。每次观测沉降前都要检查沉降观测水准点的准确性，检查测量仪器的完好率，按二等水准测量要求观测，观测时要定点定路线，定专人与专用仪器，在天气条件保证成像清晰时进行。

1.10.6 附塔机基础施工图与平面布置图

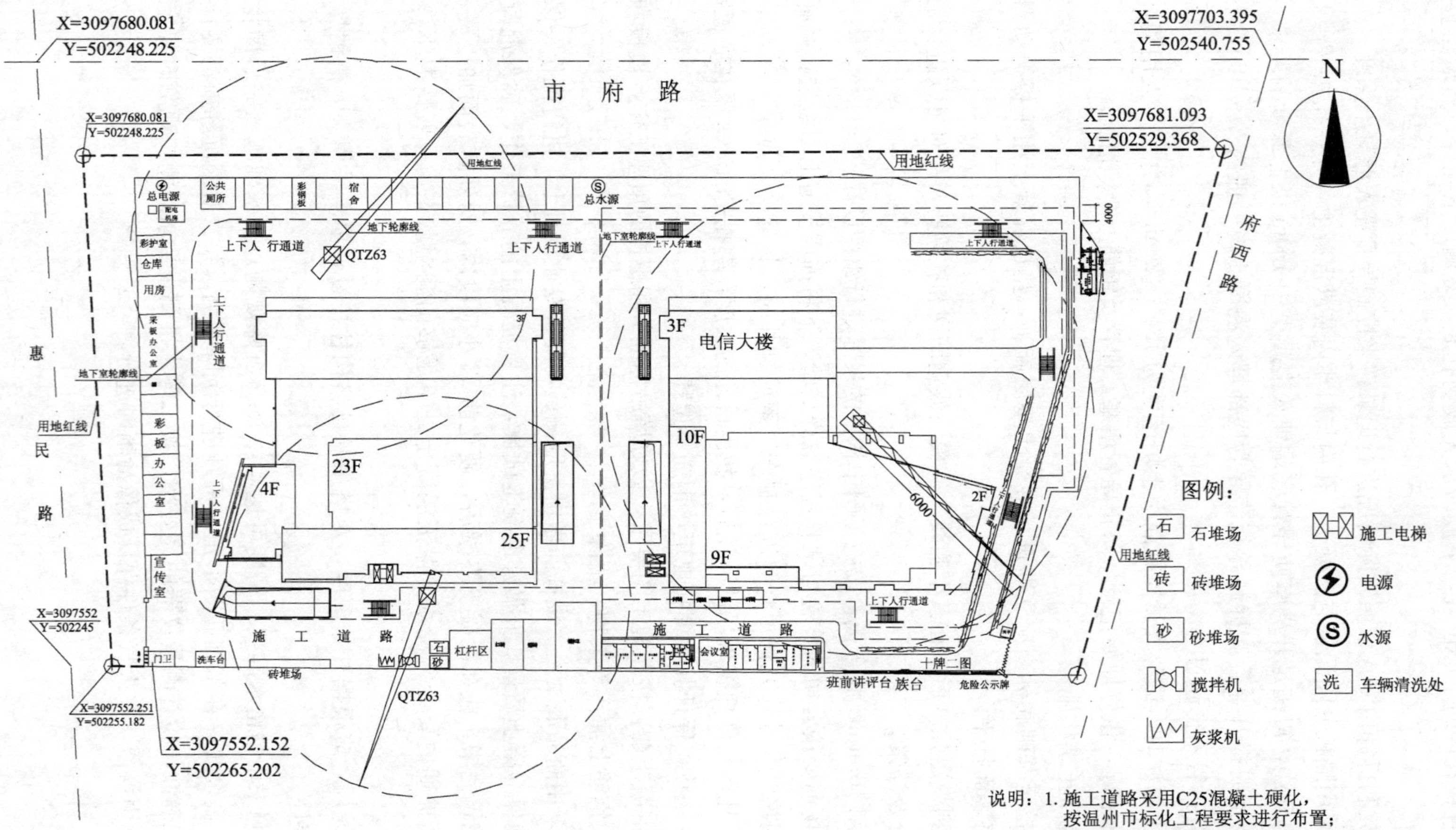

说明：1. 施工道路采用C25混凝土硬化，按温州市标化工程要求进行布置；
2.本工程排水采用明沟排水，排水沟沿建筑四周和道路布置，确保现场排水畅通。

图 4-28　××大楼工程施工总平面布置图

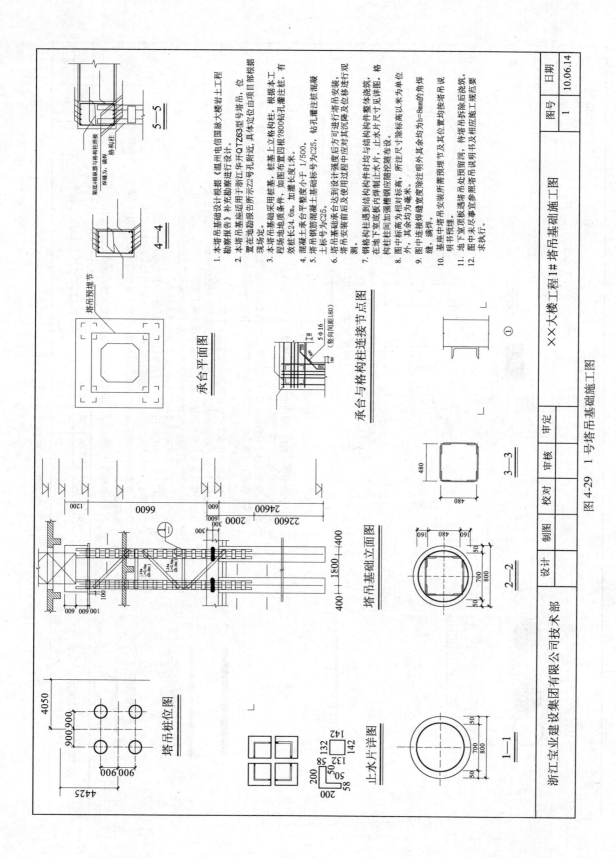

图 4-29 1 号塔吊基础施工图

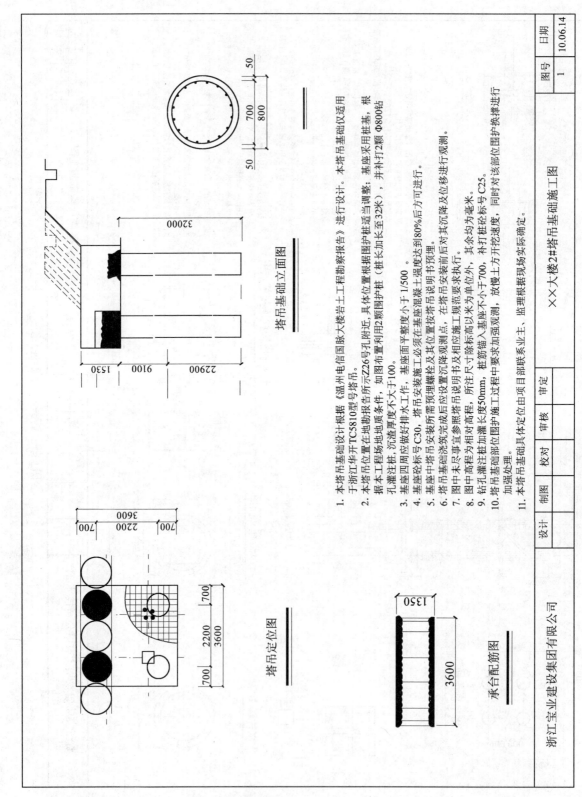

图 4-30 2号塔吊基础施工图

1.11 实训课题

(1) 实训条件：提供一套完整的建筑、结构、设备、安装、施工图，并附上详细的勘察设计文件、工程现场施工条件等。

(2) 实训题目：编制某高层塔吊基础施工方案。

(3) 实训编制基本内容：

1) 编制依据；
2) 工程概况；
3) 塔吊概况；
4) 塔吊基础设计与验算；
5) 塔吊基础施工；
6) 塔吊附墙处的结构加固；
7) 安全保证措施；
8) 塔吊基础附图。

(4) 实训要求：

1) 必须结合工程所在地区、工程的特点、工程规模、施工现场的周围环境以及施工塔吊的特点。
2) 针对性要强，具有可操作性，能确实起到组织、指导施工的作用。其内容要根据工程规模、复杂程度、场地条件而定。
3) 塔吊基础的设计计算和附着设计计算要做到概念清晰，计算书正确，设计合理可靠。
4) 塔吊基础施工图表达规范清楚，熟练用CAD软件制图完成。
5) 要认真贯彻国家、地方的有关规范、标准以及企业标准。

(5) 实训方式：以实训教学专用周的形式进行，时间为1.5周。

(6) 实训成果：实训结束后，每位学生提供一本图文并茂的某高层塔吊基础施工方案，字数在7000~9000之间。

1.12 复习思考题与能力测试题

1. 复习思考题

(1) 塔机的分类包括哪些？
(2) 高层建筑如何选用与布置塔机？
(3) 塔机基础常见的形式有哪些？如何选择适合的基础形式？
(4) 塔机基础的设计一般套用哪本设计规范？
(5) 塔机安装程序是怎样的？如何验收？

2. 能力测试题

塔吊基础设计

某教学楼工程，二~五层框架结构，建筑物最大高度为23.1m。根据建筑物平面布置和施工场地情况以及工期要求，拟设置一台QTZ63塔吊。

该塔吊的主要技术参数如下：

自重（包括压重）$F_1=593.00$kN，最大起重荷载 $F_2=60.00$kN，塔吊倾覆力矩 $M=1651.00$kN·m，最大工作幅度 45m，塔吊起重高度 $H=35.00$m，塔身宽度 $B=1.6$m。

该塔吊对基础的主要要求如下：

混凝土等级不低于 C30

基础总重量不得小于 80t

混凝土的捣制参照有关规定执行，要求表面平整

地面基础的承压能力不得低于 0.2MPa

塔吊布置位置在⑥教学楼西北侧②-⑥～②-⑦轴附近。为安全使用，在⑥教学楼五层结构层梁处设附墙一处。塔吊布置位置的地质情况如下（表 4-7）：

表 4-7

层序	岩土名称	含水量 ω（%）	重度 γ $\left(\dfrac{kN}{m^3}\right)$	孔隙比 e_0	土粒相对密度 G_s	内聚力 c（kPa）	摩擦角 ϕ（°）	标贯 N 击/30cm	压缩模量 E_s（MPa）	地基承载力 f_{ak}	预制桩 侧阻力 q_{sa}	预制桩 端阻力 q_{pa}
1-1	杂填土											
1-2	素填土											
2-1	黏质粉土	27.9	19.3	0.796	2.70	8.8	24.0	13.1	8.56	120.0	20	1500
2-2	黏质粉土	29.4	19.1	0.827	2.70	8.0	24.0	12.7	8.00	110.0	15	1400
3-1	砂质粉土	32.1	19.0	0.874	2.70	13.0	25.5	12.3	12.00	160.0	20	1500
3-2	粉砂	27.8	19.3	0.784	2.69	6.9	28.7	17.4	13.00	220.0	30	1800
3-3	黏质粉土	25.5	19.5	0.738	2.70	7.5	25.0	10.0	9.00	130.0	23	
5	淤泥质粉质黏土	38.4	18.1	1.076	2.72	14.4	16.0		3.00	80.0	11	

根据以上资料计算一：如做浅基础，试通过计算确定基础埋深和基础尺寸。

计算二：如做桩基础，试通过计算确定桩基持力层和承台尺寸。

附图（专项施工方案实例配图）

××师范大学有机硅重点实验室工程基坑围护、土方工程施工进度计划

工程名称：××师范大学有机硅重点实验室工程　　建筑面积：41105m²　　结构类型：框架　　施工单位：浙江宝业建设集团有限公司

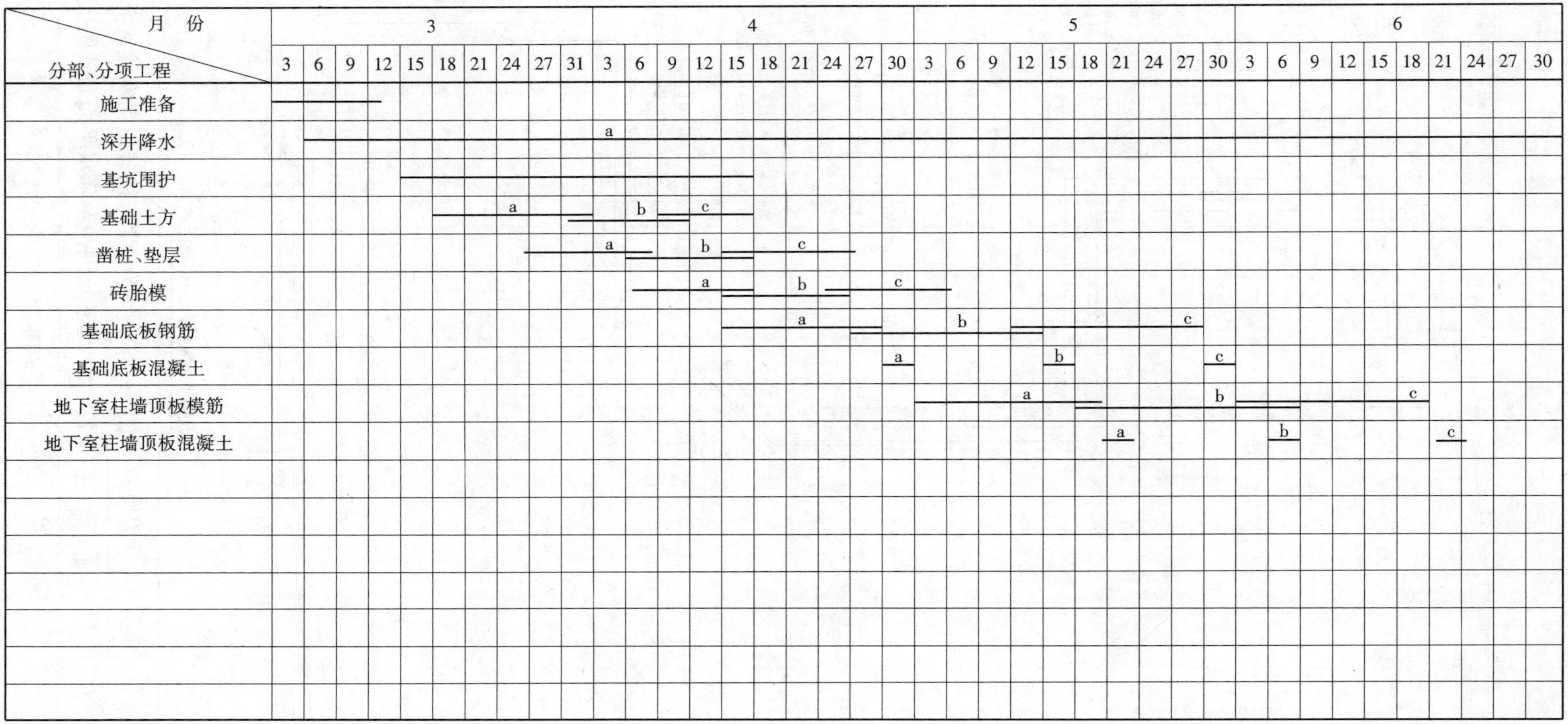

分部、分项工程 \ 月份	3										4										5										6										
	3	6	9	12	15	18	21	24	27	31	3	6	9	12	15	18	21	24	27	30	3	6	9	12	15	18	21	24	27	30	3	6	9	12	15	18	21	24	27	30	
施工准备																																									
深井降水									a																																
基坑围护													a			b			c																						
基础土方															a		b			c																					
灌桩、垫层																	a				b			c																	
砖胎模																				a			b			c															
基础底板钢筋																						a			b				c												
基础底板混凝土																							a			b			c												
地下室柱墙顶板模筋																									a			b			c										
地下室柱墙顶板混凝土																													a			b			c						

编制：　　　审核：　　　审批：　　　编制日期：

附图 1

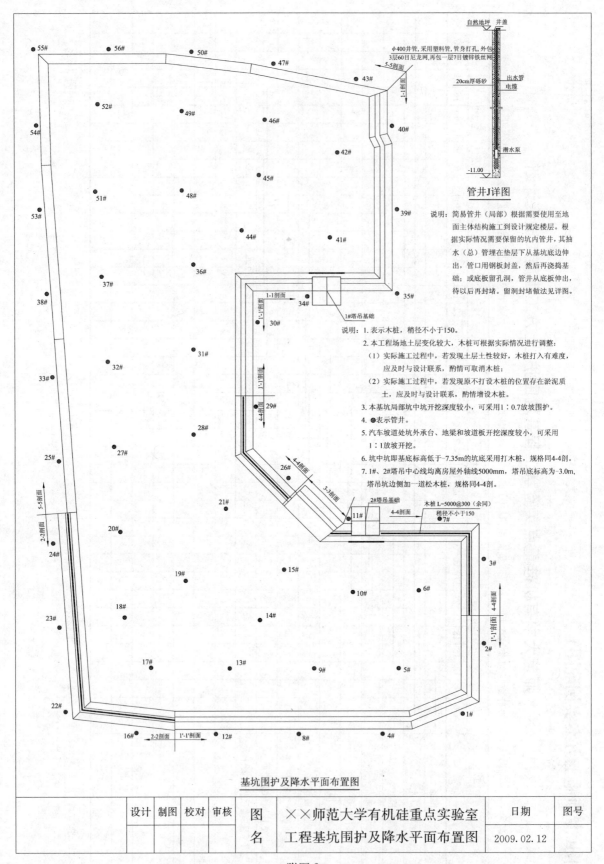

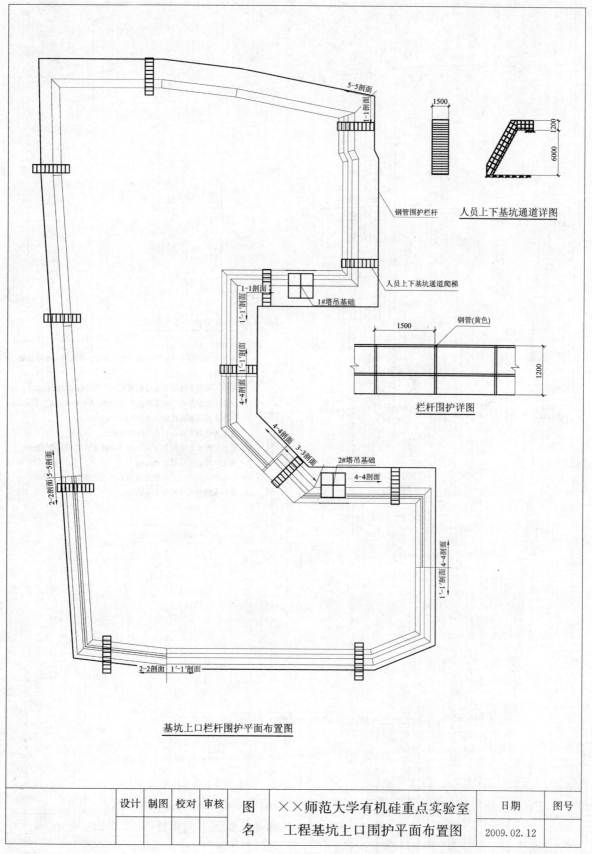

附图3

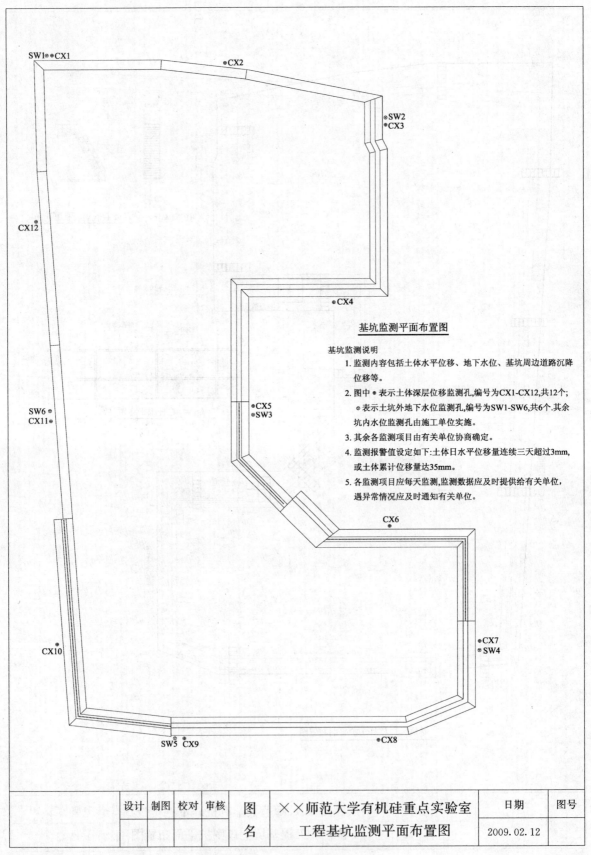

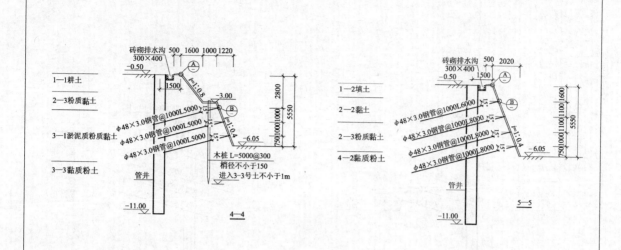

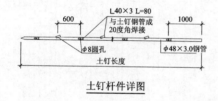

土钉杆件详图

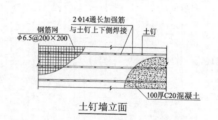

土钉墙立面

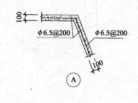

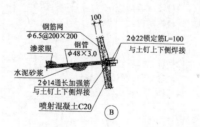

设计	制图	校对	审核	××师范大学有机硅重点实验室	日期	图号
				工程4—4，5—5及土钉节点详图	2009.02.06	

附图5

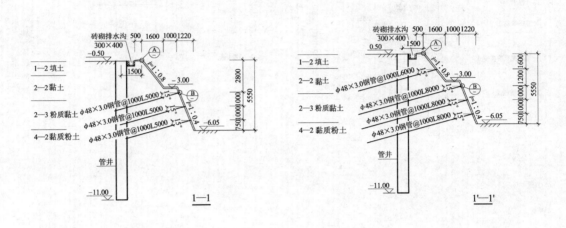

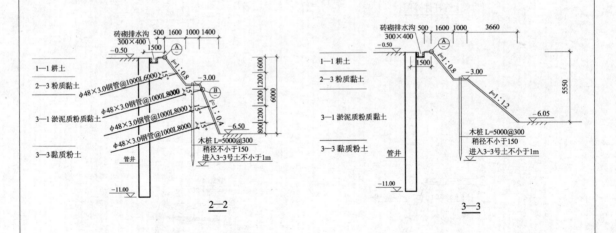

附图 6

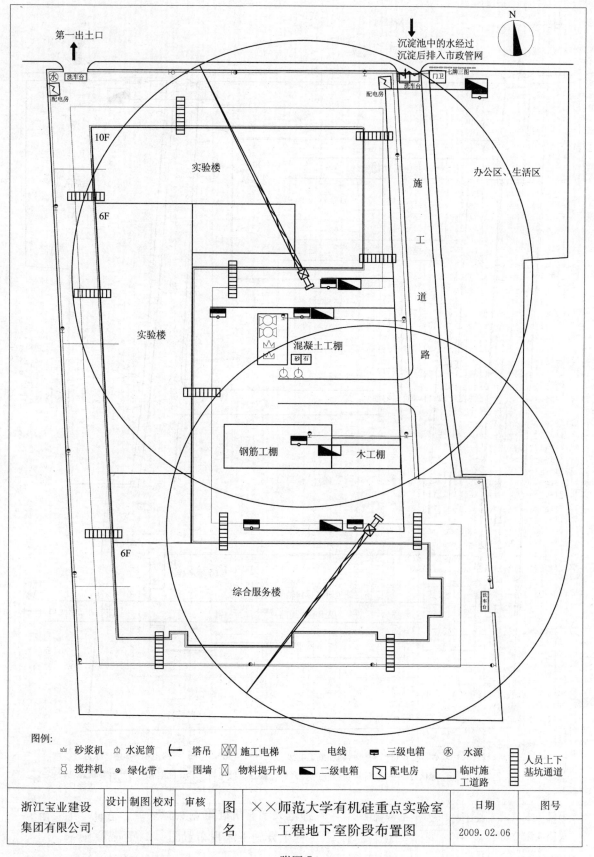

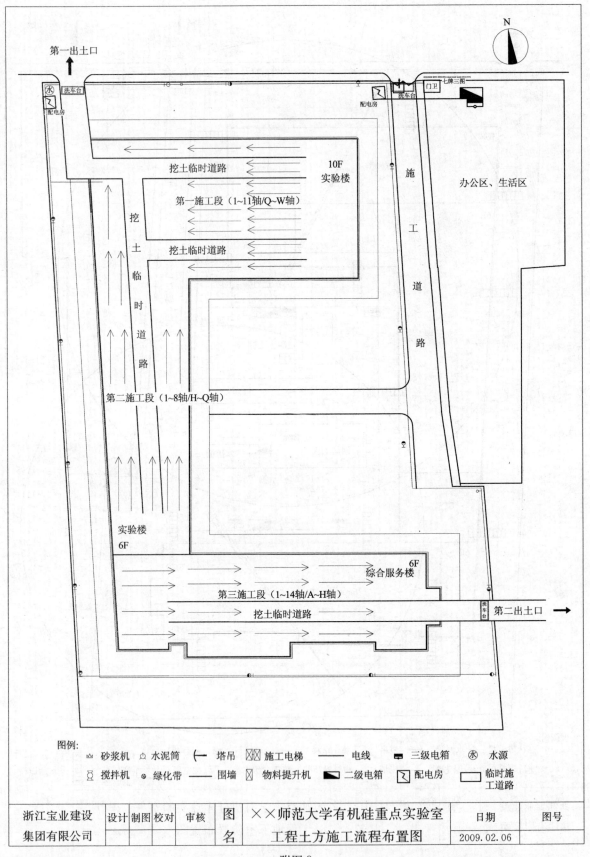

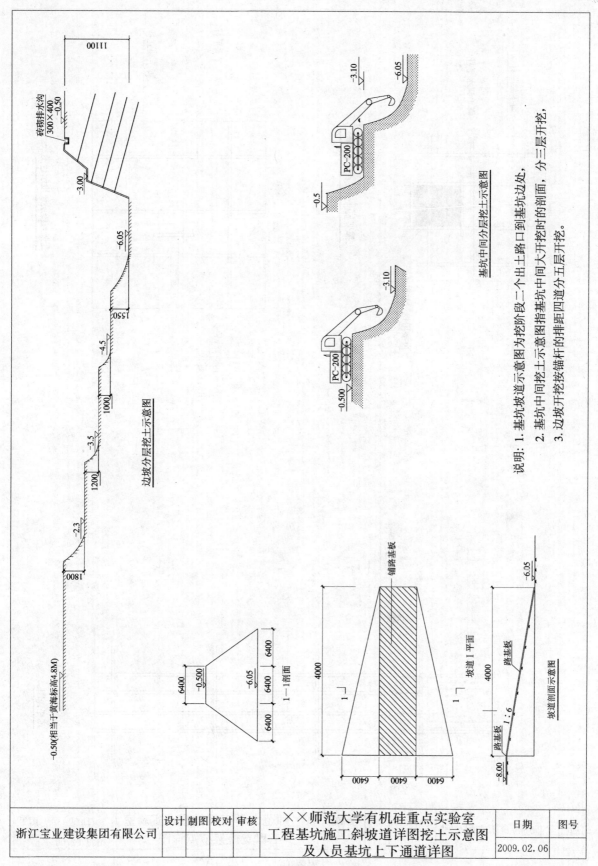

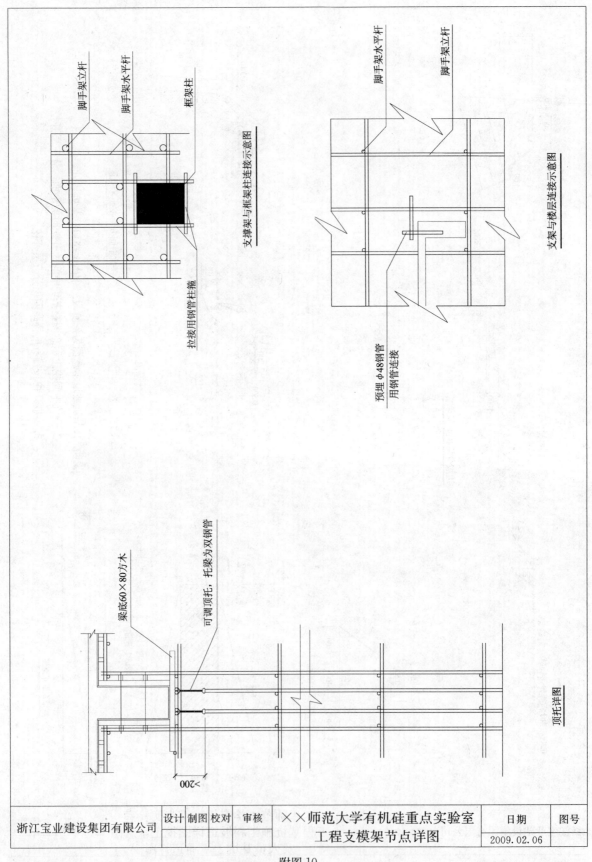

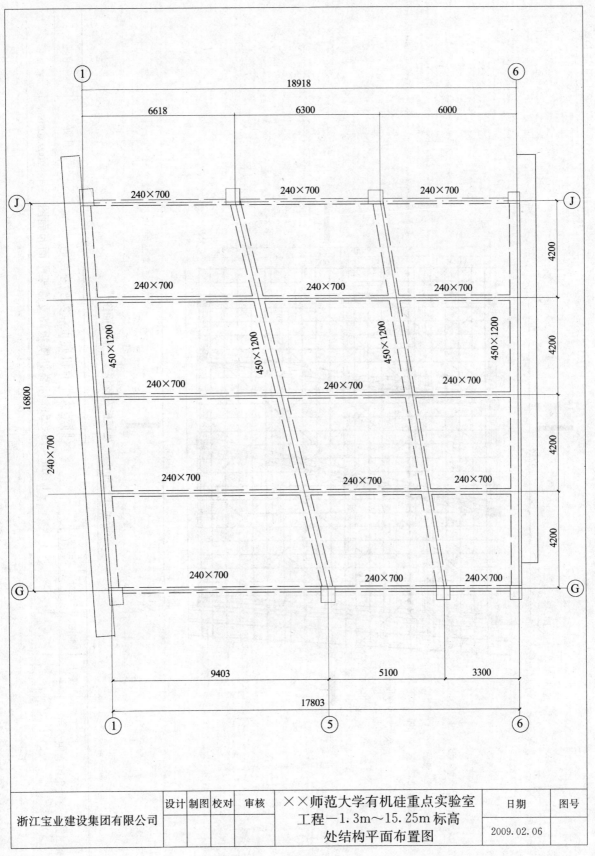

附图11

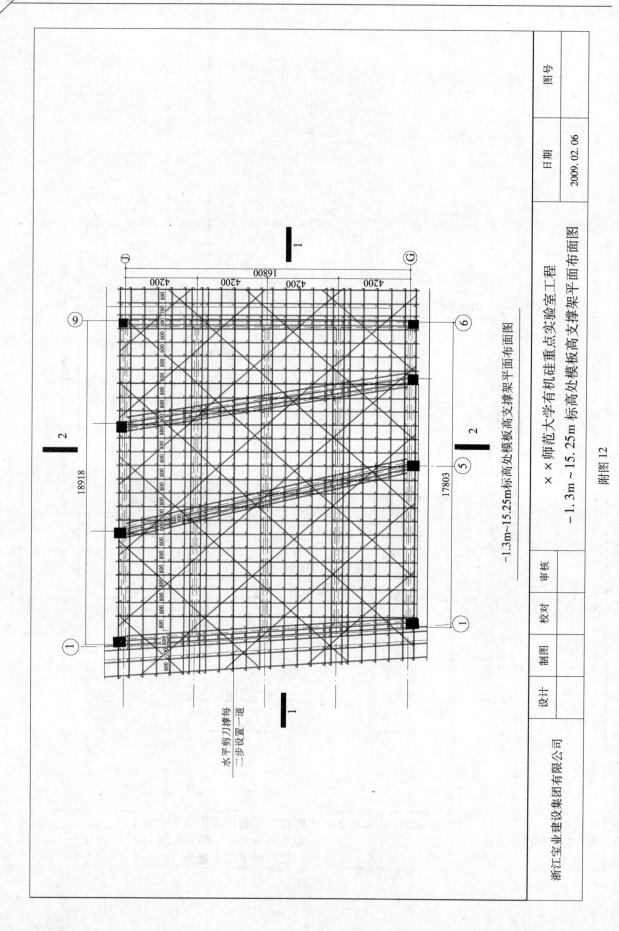

附图 12

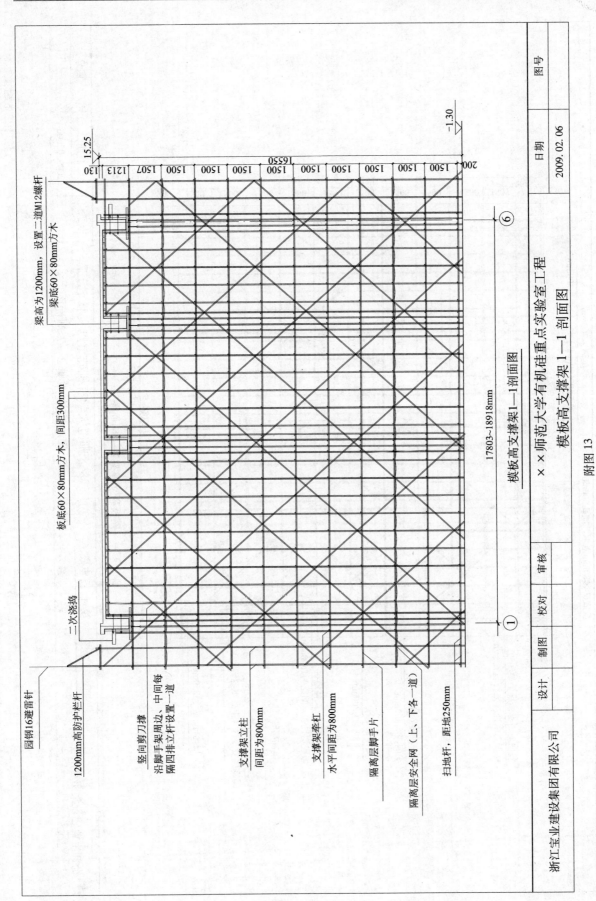

附图 13

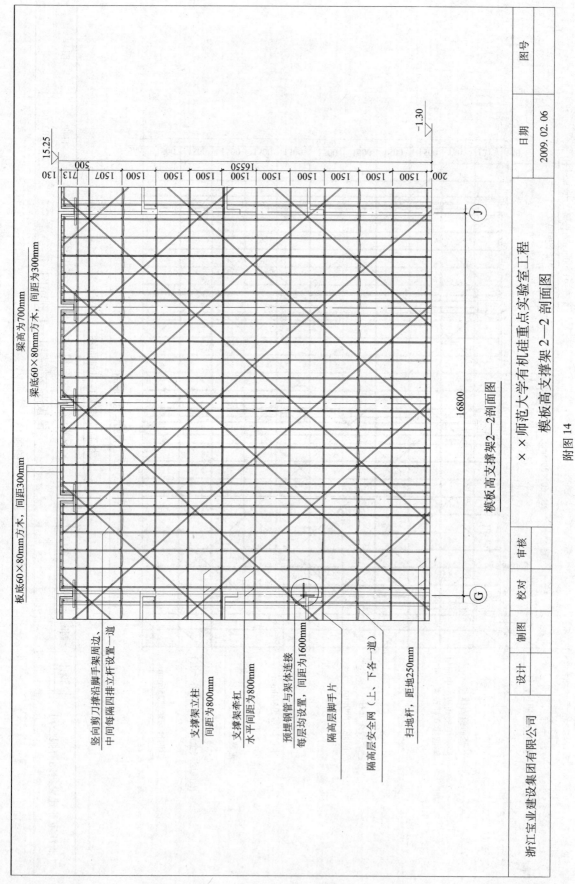

附图 14

主要参考文献

[1] 王剑峰等. 施工方案范例50篇. 北京：中国建筑工业出版社，2004第一版.
[2] 北京土木建筑学会. 建筑工程施工组织设计与施工方案. 北京：经济科学出版社，2005.
[3] 杨茨信等. 建筑工程模板施工手册. 北京：中国建筑工业出版社，2004.
[4] 基坑土钉支护技术规程.
[5] 方先和. 建筑施工. 武汉：武汉大学出版社，2004.
[6] 卢循. 建筑施工技术. 北京：中国建筑工业出版社，1995.
[7] 陈肇元，崔京浩主编. 土钉支护在基坑工程中的应用. 北京：中国建筑工业出版社.2000第二版.
[8] 郑大勇主编. 混凝土结构工程施工系列图集. 北京：中国建材工业出版社，2004.
[9] 刘继业，刘福臣编著. 建筑施工质量问题与防治措施. 北京：中国建材工业出版社，2003.
[10] 浙江省建筑业现场管理知识培训教材—安全管理实务. 杭州：浙江省建设培训中心，2005.
[11] 中国建筑科学研究院. JGJ 130—2001建筑施工扣件钢管脚手架安全技术规范. 北京：中国建筑工业出版社，2002.
[12] 劳动和社会保障部组织编写. 国家职业资格培训教程-架子工. 北京：中国城市出版社，2003.
[13] 哈尔滨工业大学. JGJ 128—2000建筑施工门式钢管脚手架安全技术规范. 北京：中国建筑工业出版社，2000.
[14] 天津建工集团总公司. JGJ 59—99建筑施工安全检查标准. 北京：中国建筑工业出版社，1999.
[15] 中华人民共和国建设部. GB 50007—2002建筑地基基础设计规范. 北京：中国建筑工业出版社，2002.
[16] 中华人民共和国建设部. GB 50017—2003钢结构设计规范. 北京：中国计划出版社，2003.
[17] 国家技术监督局. GB/T 13752—1992塔式起重机设计规范. 北京：中国标准出版社，1992.
[18] 中华人民共和国建设部. GB 50007—2002建筑地基基础设计规范. 北京：中国建筑工业出版社，2002.
[19] 中国建筑科学研究院. GB 50010—2002混凝土结构设计规范. 北京：中国建筑工业出版社，2002.
[20] 蔡雪峰，周继忠. 塔吊基础设计系统的研究与开发. 华北科技学院学报，2005.
[21] 贾存娟，李淑珍. 中小型塔机基础设计和施工浅析. 建筑技术开发，2003.
[22] 刘振钰. 高层建筑施工中塔吊的选用及地基基础计算. 山西建筑，2005.
[23] 郭文耀，徐德民. 合理的选择和使用塔吊. 建筑经济，2001.
[24] 朱森林. 塔机的稳定性计算浅析. 建筑安全，2002.
[25] 李鸿. 高层建筑中使用塔机施工的几个问题. 建筑安全，2003.
[26] 陈中元. 高层建筑自升式塔吊桩基础的设计与施工. 山西建筑，2002.